国家"十二五"规划重点图书

中国地质调查局
青藏高原1:25万区域地质调查成果系列

中华人民共和国
区域地质调查报告

比例尺 1:250 000

比如县幅

(H46C001003)

项目名称：1:25万比如县幅区域地质调查

项目编号：200313000022

项目负责：胡敬仁

图幅负责：胡敬仁

报告编写：胡敬仁　高体钢　陈国结

　　　　　　孙洪波　柯东昂　崔永泉

　　　　　　胡福根

编写单位：西藏自治区地质调查院

单位负责：苑举斌（院长）

　　　　　　杜光伟（总工程师）

内 容 摘 要

1:25万比如县幅(H46C001003)区域地质调查报告是青藏高原空白区区域地质调查的成果总结。该图区位于青藏高原北羌塘盆地和"中央隆起带"及双湖-澜沧江结合带。

本书系统介绍了测区的地层序列,涉及(构造)岩石地层单位、侵入岩序列及火山活动、变质作用等特征。重点对特提斯海西—印支期两期造山旋回(两个威尔逊旋回)做了系统的研究。总结了研究区的成矿规律、生态地质、灾害地质、旅游地质等专项成果。

本书内容丰富,资料翔实,观点、思路新颖,新发现和取得了许多珍贵野外资料和测试数据,特别是中元古代变质侵入体的新发现及晚二叠世同碰撞花岗岩的发现、早二叠世超镁铁质、镁铁质岩的新发现等研究成果为羌塘地块研究增加了新的内容,为青藏高原特提斯演化研究提出了一些新观点,对科研生产、教学等方面有较大的参考价值。

图书在版编目(CIP)数据

中华人民共和国区域地质调查报告·比如县幅(H46C001003):比例尺 1:250 000/胡敬仁等著.—武汉:中国地质大学出版社,2014.7

ISBN 978-7-5625-3449-5

Ⅰ.①中…

Ⅱ.①胡…

Ⅲ.①区域地质调查-调查报告-中国②区域地质调查-调查报告-比如县

Ⅳ.①P562

中国版本图书馆 CIP 数据核字(2014)第 120223 号

中华人民共和国区域地质调查报告	胡敬仁 高体钢 陈国结 等著
比如县幅(H46C001003) 比例尺 1:250 000	

责任编辑:王 荣 刘桂涛	责任校对:戴 莹

出版发行:中国地质大学出版社(武汉市洪山区鲁磨路388号)　　　　邮政编码:430074
电　　话:(027)67883511　　　传　　真:67883580　　　E-mail:cbb@cug.edu.cn
经　　销:全国新华书店　　　　　　　　　　　　　　　　　http://www.cugp.cug.edu.cn
开本:880mm×1 230mm 1/16　　　字数:535千字　印张:15　图版:13　插页:4　附图:1
版次:2014年7月第1版　　　　　　印次:2014年7月第1次印刷
印刷:武汉市籍缘印刷厂　　　　　　印数:1—1 500册
ISBN 978-7-5625-3449-5　　　　　　　　　　　　　　　　　定价:450.00元

如有印装质量问题请与印刷厂联系调换

前 言

青藏高原包括西藏自治区、青海省及新疆维吾尔自治区南部、甘肃省南部、四川省西部和云南省西北部,面积达 260 万 km^2,是我国藏民族聚居地区,平均海拔 4500m 以上,被誉为"地球第三极"。青藏高原是全球最年轻的高原,记录着地球演化最新历史,是研究岩石圈形成演化过程和动力学的理想区域,是"打开地球动力学大门的金钥匙"。

青藏高原蕴藏着丰富的矿产资源,是我国重要的资源后备基地。青藏高原是地球表面的一道天然屏障,影响着中国乃至全球的气候变化。青藏高原也是我国主要大江大河和一些重要国际河流的发源地,孕育着中华民族的繁生和发展。开展青藏高原地质调查与研究,对于推动地球科学研究、保障我国资源战略储备、促进边疆经济发展、维护民族团结、巩固国防建设具有非常重要的现实意义和深远的历史意义。

1999 年国家启动了"新一轮国土资源大调查"专项,按照温家宝总理"新一轮国土资源大调查要围绕填补和更新一批基础地质图件"的指示精神。中国地质调查局组织开展了青藏高原空白区 1:25 万区域地质调查攻坚战,历时 6 年多,投入 3 亿多,调集了 25 个来自全国省(自治区)地质调查院、研究所、大专院校等单位组成的精干区域地质调查队伍,每年近千名地质工作者,奋战在世界屋脊,徒步遍及雪域高原,完成了全部空白区 158 万 km^2 共 112 个图幅的区域地质调查工作,实现了我国陆域中比例尺区域地质调查的全面覆盖,在中国地质工作历史上树立了新的丰碑。

西藏 1:25 万 H46C001003(比如县幅)区域地质调查项目,由西藏自治区地质调查院承担,工作区位于藏北羌塘高原腹地。该区横跨羌塘-三江、班公错-怒江、冈底斯-念青唐古拉等构造单元,出露有比较多的基性、超基性岩。按照《1:25 万区域地质调查技术要求(暂行)》和《青藏高原艰险地区 1:25 万区域地质调查要求(暂行)》及其他相关的规范、指南,参照造山带填图的新方法,应用遥感等新技术手段,以区域构造调查与研究为先导,合理划分测区的构造单元,对测区不同地质单元、复合造山带不同的构造-地层单位采用不同的填图方法进行全面的区域地质调查,通过对沉积建造、变质变形、岩浆作用的综合分析,以及对构造样式及构造系列配置,复合造山带性质研究、各造山带物质组成等调查,建立测区构造模式,反演区域地质演化史,本着图幅带专题的原则,进行(蛇绿岩)带的构造组成、演化及岩浆作用等重大地质问题专题研究,为探讨青藏高原构造演化及区域地质找矿提供新的基础地质资料;开展生态环境地质调查,编制相关图件和矿产图。

H46C001003(比如县幅)地质调查工作时间为 2003—2005 年,图幅总面积为 15 964km^2,累计完成地质填图面积为 14 416km^2,实测地层剖面 367.9km,实测岩体剖面 26.21km,地质构造剖面 252.76km。地质路线 1594km,采集各类样品 2374 件,多数超额完成了设计工作量,部分工作量进行调整,部分地段因地方关系难以进入,采用遥感解译补充。主要成果有:①对分布于嘉黎断裂带南侧的原蒙拉群进行了解体,划分出 4 个岩组(中新元古代念青唐古拉岩群 a 岩组、b 岩组,前奥陶纪雷龙库组、岔萨岗组)。②新发现一批重要化石。在丁青县色扎硅质岩中新采获早侏罗世皮狄隆菊石化石;在折级蛇绿岩质砂岩中首次发现斯氏始心蛤、西藏剑鞘珊瑚、短盾蛤等中侏罗世化石;在雀莫错组、布曲组中新采获双壳类、桦树等化石,为研究丁青-索县结合带的闭合时限提供了化石依据。在来姑组、洛巴堆组、拉贡塘组、多尼组及边坝组中采获大量的古生物化石,初步建立了12个化石带,在年代地层划分和沉积环境分析等方面取得了重要进展。③新发现折级拉-亚宗-苏如卡构造混杂岩带、央钦-安达-藏布倾构造混杂岩带,并对基质和岩片进行了较详细的划分,提高了班公错-怒江结合带的研究程度。④在原多尼组上部建立早白垩世边坝组,为一套泻湖-潮坪环境的碎屑岩和碳酸盐岩组合,含有丰富的淡水双壳类化石。⑤新发现巴格、八达、折级拉、色扎蛇绿岩(套)。其时代分别为C—P、T_3、J_1。通过岩石学、岩石化学、地球化学等研究,对蛇绿混杂岩的形成环境及班公错-怒江结合带的演化历程进行了探讨。⑥从原蒙拉群中解体出十多个侵入体,据同位素测年确定侵位时代分别为D_1、P_1、J_1。论证了测区存在海西—印支期的岩浆活动,为探讨雅鲁藏布江结合带及念青唐古拉板片的演化历史提供了新的重要资料。⑦重新厘定了班公错-怒江结合带在测区内的南部边界为动威拉-安达-藏布倾断裂带,北部边界为岗拉-涌达-郎它断裂带。⑧对嘉黎-易贡藏布断裂带的空间展布及运动学、动力学特征进行了较详细的研究,并认为该断裂后期经历了大规模的右行平移。⑨注重了新构造运动的调查研究。对测区不同的河流阶地进行了ESR年龄测定,确定阶地形成时代为20.3 ± 1.7ka～59.5 ± 4.91ka,为晚更新世。通过对嘉黎断裂带南北层状地貌结构的分析及裂变径迹研究,表明在峡谷形成以前经历了较长时期的内陆盆地发育阶段及两侧升降不平衡。

2006年4月,中国地质调查局组织专家对项目进行最终成果验收,评审认为,该项目成果内容丰富,资料翔实,立论有据,文图并茂,系统全面真实地反映了区调地质成果,在地层、岩浆岩、变质岩、构造、矿产资源和环境等方面取得重要进展,一致建议该项目报告通过评审,比如县幅为良好级(89分)。

参加报告编写的主要有胡敬仁、柯东昂、胡福根、崔永泉、陈国结、高体钢、孙洪波,由胡敬仁编纂定稿。

先后参加野外工作的还有巴桑次仁、孙中良、罗建军、王琪斌、杨飞、刘宏飞、尼玛、八珠、扎西。项目在实施过程中得到了中国地质调查局、成都地质矿产研究所、西南项目办、西藏地质调查院及一分院各级领导的高度重视和亲切关怀。西藏地质调查院苑举斌院长、刘鸿飞副院长、杜光伟总工程师自始至终大力支持并给予明确指导,且多次莅临实地现场指导。同时得到一分院夏抱本队长兼总工程师、次仁书记的大力支持和热情帮助。得到王根厚教授、梁定益教授、李尚林教授级高工、贾建成高工[中国地质大学(北京)]等在生活上的关心和业务上的帮助,另外得到成都地质矿产研究所丁俊所长、潘桂棠研究员、王立全研究员、郑海翔研究员、王大可研究员、罗建宁研究员等的关心和帮助。尤其得到质检专家夏代祥教授级高工(西藏自治区地质矿产勘查开发局)、周详教授级高工(西藏地质调查院)、李才教授(吉林大学)等人的细心指导,同时更得到任纪舜院士、肖序常院士、李廷栋院士的关心、鼓励,并进行交流和探讨。该项目在野外作业和实施过程中,得到了社会各界的大力支持和密切配合,在许多方面提供了方便。尤其得到那曲地委、行署、地区矿管局,比如县、索县、巴青县以及边坝县等县、乡、村各级政府的热情支持和协助,报告编写过程中得到湖北省地质调查院、中国地质大学(北京)、中国地质大学(武汉)等的帮助,报告排版工作由毛国政完成,在此一并致谢。

为了充分发挥青藏高原1:25万区域地质调查成果的作用,全面向社会提供使用,中国地质调查局组织开展了青藏高原1:25万地质图的公开出版工作,由中国地质调查局成都地调中心与项目完成单位共同组织实施。出版编辑工作得到了国家测绘局孔金辉、翟义青及陈克强、王保良等一批专家的指导和帮助,在此表示诚挚的谢意。

鉴于本次区调成果出版工作时间紧、参加单位较多、项目组织协调任务重以及工作经验和水平所限,成果出版中可能存在不足与疏漏之处,敬请读者批评指正。

"青藏高原1∶25万区调成果总结"项目组

2010年9月

目 录

第一章 绪言 ··· (1)
  第一节 交通、位置及自然地理 ··· (1)
    一、交通、位置 ··· (1)
    二、自然地理 ·· (1)
  第二节 工作条件与任务要求 ·· (2)
    一、工作条件 ·· (2)
    二、任务要求 ·· (2)
  第三节 研究程度概况 ·· (3)
    一、地质调查研究历史 ··· (3)
    二、调查研究程度及主要成果 ·· (4)
  第四节 完成任务情况及人员分工 ·· (5)
    一、完成实物工作量 ·· (5)
    二、项目人员分工 ·· (6)
    三、致谢 ·· (6)

第二章 地层及沉积岩 ·· (8)
  第一节 羌南-保山地层区 ·· (9)
    一、前石炭系 ·· (10)
    二、三叠系 ··· (12)
    三、侏罗系 ··· (25)
  第二节 班公错-怒江地层区 ·· (30)
  第三节 冈底斯-腾冲地层区 ·· (31)
    一、前石炭系 ·· (31)
    二、侏罗系 ··· (31)
    三、白垩系 ··· (41)
    四、古近系 ··· (52)
    五、新近系 ··· (54)
  第四节 第四系 ·· (58)
  第五节 沉积盆地分析综述 ··· (62)
    一、概述 ·· (62)
    二、沉积盆地的分类 ·· (63)
    三、沉积盆地分析的内容 ·· (63)
    四、沉积盆地分析的原则 ·· (63)
  第六节 沉积盆地类型及特征 ·· (64)
    一、三叠纪沉积盆地 ·· (64)
    二、侏罗纪沉积盆地 ·· (67)
    三、白垩纪沉积盆地 ·· (74)
    四、第三纪沉积盆地 ·· (77)

五、第四纪沉积盆地 …………………………………………………………………… (78)
　第七节　沉积盆地演化及模式 ………………………………………………………………… (79)

第三章　岩浆岩 ……………………………………………………………………………………… (82)
　第一节　基性—超基性侵入岩 ………………………………………………………………… (82)
　　一、概况 …………………………………………………………………………………… (82)
　　二、蛇绿岩剖面 …………………………………………………………………………… (82)
　　三、岩石学、矿物学特征 ………………………………………………………………… (85)
　　四、岩石化学及地球化学特征 …………………………………………………………… (87)
　　五、蛇绿岩对比 …………………………………………………………………………… (97)
　　六、蛇绿岩时代、成因及环境 …………………………………………………………… (98)
　第二节　中酸性侵入岩 ………………………………………………………………………… (99)
　　一、概述 …………………………………………………………………………………… (99)
　　二、唐古拉构造侵入岩带 ………………………………………………………………… (100)
　　三、冈底斯-念青唐古拉构造侵入岩带 ………………………………………………… (106)
　　四、花岗岩类的演化特征 ………………………………………………………………… (122)
　　五、花岗岩类的成因类型、形成环境及就位机制探讨 ………………………………… (127)
　　六、岩浆物源及成岩温度与压力分析 …………………………………………………… (130)
　　七、脉岩 …………………………………………………………………………………… (132)
　第三节　火山岩 ………………………………………………………………………………… (138)
　　一、概况 …………………………………………………………………………………… (138)
　　二、唐古拉构造-火山岩带 ……………………………………………………………… (139)
　　三、冈底斯-念青唐古拉构造-火山岩带 ………………………………………………… (143)
　　四、火山岩小结 …………………………………………………………………………… (148)

第四章　变质岩 ……………………………………………………………………………………… (149)
　第一节　概述 …………………………………………………………………………………… (149)
　　一、变质地质单元划分 …………………………………………………………………… (149)
　　二、变质岩石类型划分 …………………………………………………………………… (149)
　　三、变质作用类型划分 …………………………………………………………………… (149)
　　四、变质相带、相系划分 ………………………………………………………………… (150)
　第二节　区域动力热流变质作用与变质岩 …………………………………………………… (150)
　　一、麻木日阿-白兰卡变质岩带 ………………………………………………………… (150)
　　二、宋米日-旁日龙变质岩带 …………………………………………………………… (157)
　　三、多娃乡-郎尼玛变质岩带 …………………………………………………………… (160)
　第三节　区域埋深变质作用及变质岩 ………………………………………………………… (160)
　　一、概述 …………………………………………………………………………………… (160)
　　二、区域埋深变质作用及变质岩 ………………………………………………………… (160)
　　三、区域中高压埋深变质作用与变质岩 ………………………………………………… (162)
　第四节　接触变质作用及变质岩 ……………………………………………………………… (162)
　　一、概述 …………………………………………………………………………………… (162)
　　二、接触变质作用及变质岩 ……………………………………………………………… (162)
　　三、接触交代变质作用及变质岩 ………………………………………………………… (164)
　第五节　气-液变质作用与变质岩 …………………………………………………………… (164)
　　一、蛇纹石化岩石 ………………………………………………………………………… (164)

二、青磐岩化岩石 …………………………………………………………………… (164)
　　三、云英岩化岩石 …………………………………………………………………… (165)
 第六节　动力变质作用与变质岩 ………………………………………………………… (165)
　　一、脆性动力变质作用及变质岩 …………………………………………………… (165)
　　二、韧性动力变质作用及变质岩 …………………………………………………… (166)
 第七节　变质作用期次 …………………………………………………………………… (166)
　　一、华力西期变质作用 ……………………………………………………………… (167)
　　二、燕山期变质作用 ………………………………………………………………… (167)

第五章　地质构造及构造演化史 …………………………………………………………… (168)
 第一节　概述 ……………………………………………………………………………… (168)
　　一、测区大地构造位置 ……………………………………………………………… (168)
　　二、测区构造单元划分 ……………………………………………………………… (170)
 第二节　测区地球物理特征 ……………………………………………………………… (172)
　　一、重力场特征 ……………………………………………………………………… (172)
　　二、磁场特征 ………………………………………………………………………… (173)
 第三节　各构造单元构造建造特征 ……………………………………………………… (176)
　　一、唐古拉板片（Ⅰ） ………………………………………………………………… (177)
　　二、班公错-索县-丁青-怒江结合带（Ⅱ） …………………………………………… (178)
　　三、冈底斯-念青唐古拉板片（Ⅲ） …………………………………………………… (179)
 第四节　构造单元边界断裂和区域断裂特征 …………………………………………… (182)
　　一、岗拉-涌达-郎它断裂（F_1） …………………………………………………… (182)
　　二、动威拉-安达-藏布倾北断裂（F_3） …………………………………………… (183)
　　三、穷隆格-茶崩拉韧性断层 ………………………………………………………… (184)
　　四、夏弄多-莫斯卡脆韧性断裂（F_{21}） …………………………………………… (185)
 第五节　各构造单元的构造变形特征 …………………………………………………… (187)
　　一、唐古拉板片 ……………………………………………………………………… (187)
　　二、班公错-索县-丁青-怒江结合带 ………………………………………………… (191)
　　三、冈底斯-念青唐古拉板片 ………………………………………………………… (195)
 第六节　构造变形相和变形序列 ………………………………………………………… (200)
　　一、构造变形相 ……………………………………………………………………… (200)
　　二、构造变形序列 …………………………………………………………………… (205)
 第七节　新构造运动 ……………………………………………………………………… (208)
　　一、概述 ……………………………………………………………………………… (208)
　　二、新构造断裂特征 ………………………………………………………………… (209)
　　三、新构造运动表现特征 …………………………………………………………… (212)
　　四、新构造运动与湖泊的关系 ……………………………………………………… (214)
　　五、新构造运动与测区隆升 ………………………………………………………… (214)
 第八节　构造演化史 ……………………………………………………………………… (216)
　　一、陆壳基底形成阶段（Pt—S） …………………………………………………… (217)
　　二、古特提斯阶段（C—T_2） ……………………………………………………… (217)
　　三、新特提斯阶段（T_3—K_2） …………………………………………………… (218)
　　四、碰撞造山阶段（K_2—N_2） …………………………………………………… (219)
　　五、高原隆升阶段（Q） ……………………………………………………………… (219)

第六章 结束语 …………………………………………………………………………………（221）
　　一、主要成果和重要进展 ……………………………………………………………（221）
　　二、存在的主要问题 …………………………………………………………………（222）
主要参考文献 ………………………………………………………………………………（223）
图版说明及图版 ……………………………………………………………………………（226）
附图　1∶25 万比如县幅（H46C001003）地质图及说明书

第一章 绪 言

第一节 交通、位置及自然地理

一、交通、位置

测区位处青藏高原中东部,地理位置上处于西藏自治区东北部,行政区划上隶属那曲地区比如县、索县、巴青县;西跨那曲县,南跨嘉黎县、边坝县。索县、巴青县、比如县政府驻地均在区内(图1-1)。

测区内交通尚为便利,黑昌(那曲—昌都、国道G317)公路近东西向弯曲状斜贯图幅北缘,夏比(夏曲镇—比如县、省道S303)公路蜿蜒于测区中部,各县间均有简易公路相通,县乡间均有简易公路或便道相连。但雨季时洪水肆虐,水流湍急,多发生崩塌、垮塌和泥(水)石流、滑坡等灾害,堵塞道路并中断交通,开展工作非常困难。

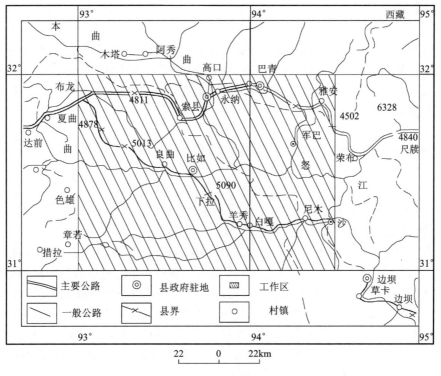

图1-1 交通位置图

二、自然地理

测区整体位于青藏高原腹地怒江流域的高山峡谷区,地形呈近东西向,唐古拉山脉的东延——他念他翁山脉横亘测区东北部,测区地势特点是西高东低,东陡西缓,南北高耸,中部低缓。其中西南部比如县一带以高山丘陵为主,间有高山峡谷,北部索县位于藏北高原和藏东高山峡谷的结合部,属南羌塘大湖盆区，地势为西高东低，由西向东逐渐倾斜；北部巴青县地势北高南低；东部丁青县属藏东峡谷区，群山巍峨，沟壑纵横。

测区内海拔5000m以上山峰比比皆是，最高峰是测区西南部达塘乡之南的南日阿木嘎(5841m)，最低处位于边坝县沙丁乡(3596m)。测区北部海拔多在5000m以上，相对高差为1500～2245m，南部怒江河谷一带相对高差在1000m以上。

测区内水系均属怒江水系，一级水系自西向东流淌，二级水系主要有索曲、岗曲、姐曲、七曲、热曲、益曲、郭欠曲、扎曲、嘎曲、打曲、沙曲等，流向多为近南北向，支流极为发育，以树枝状为主，湖泊主要有澎错等。

测区属于高原亚寒带半湿润季风气候区。空气稀薄，雨雪较多，昼夜温差较大，冬春多大风。常见的自然灾害有大风、暴雨、雪灾、冰雹、霜灾等。

第二节 工作条件与任务要求

一、工作条件

测区自然环境恶劣、地理条件艰险、外部环境极差，各地交通状况和其他条件均不一，加之资金缺口较大及自然灾害的频发，部分地段工作难以开展。

二、任务要求

中国地质调查局于2003年3月26日以中地调函[2003]77号下达编号为基[2003]002-20的地质调查工作内容任务书，将1∶25万比如县幅、丁青县幅区域地质调查项目下达给西藏自治区地质调查院。

项目名称：西藏1∶25万比如县幅(H46C001003)、丁青县幅(H46C001004)区域地质调查

测区范围及面积：地理坐标东经93°00′—94°30′，北纬31°00′—32°00′，实测面积约15 818km²

项目编号：200313000022

所属项目：青藏高原南部空白区基础地质调查与研究

实施单位：成都地质矿产研究所

工作性质：基础地质调查

工作年限：2003年1月—2005年12月

工作单位：西藏自治区地质调查院

该项目工作周期为3年，并要求2003年12月提交项目设计，2005年7月提交项目野外验收成果，2005年12月提交最终成果。本项目严格遵守中国地质调查局各年度的项目任务进行合理部署和精心安排，且同时依照设计评审专家组和西藏自治区地质调查院(以下简称"西藏地调院")的建议及其他具体情况进行工作。严格按照中国地质调查局认定后的设计书实施，并按照年度要求提前完成整个项目工作任务。任务书下达的总体目标任务是：按照《1∶25万区域地质调查技术要求(暂行)》及其他相关的规范、要求、指南，参照造山带填图的新方法，应用现代地质学的新理论、新方法，充分应用遥感技术，全面开展区域地质调查工作。填图总面积15 964km²。

总体目标任务：该区横跨羌塘-三江、班公错-怒江、冈底斯-念青唐古拉等构造单元，出露有比较多的基性、超基性岩。按照《1∶25万区域地质调查技术要求(暂行)》和《青藏高原艰险地区1∶25万区域地质调查要求(暂行)》及其他相关的规范、指南，参照造山带填图的新方法，应用遥感等新技术手段，以区域构造调查与研究为先导，合理划分测区的构造单元，对测区不同地质单元、复合造山带不同的构造-地层单位采用不同的填图方法进行全面的区域地质调查，通过对沉积建造、变质变形、岩浆作用的综合分析，构造样式及构造系列配置，复合造山带性质研究、各造山带物质组成等调查，建立测区构造模式，反演区域地质演化史，本着图幅带专题的原则，进行(蛇绿岩)带的构造组成、演化及岩浆作用等重大地质

问题专题研究,为探讨青藏高原构造演化及区域地质找矿提供新的基础地质资料;开展生态环境地质调查,编制相关图件和矿产图。

根据任务书要求,2003年完成资料收集、野外踏勘、剖面测制、遥感初译和试填图面积 4000km², 12月提交项目设计书,2005年7月野外验收,2005年12月提交最终成果。

针对目标任务,根据2003年6—9月野外详细踏勘和取得的初步成果,提出以下具体任务。

(1)以《西藏自治区岩石地层》(以下简称《西藏岩石地层》,1997)为基础,全面清理测区内岩石地层单位,确定其界线性质,查明岩石组合,地层结构,建立填图标志,完善测区地层序列。

(2)将"班公错-怒江缝合带"作为测区研究重点,并设专题,研究其内的蛇绿岩、构造混杂岩、沉积混杂岩的组成、结构及成因,探讨青藏高原构造演化历史。

(3)以构造解析为纲,以缝合带及边界断裂研究为主线,对测区区域构造的几何学、运动学和动力学特征进行研究,建立测区构造变形序列及构造演化模式。

(4)以盆地演化、盆-山转换为指导,对测区中生代、新生代不同时期各类盆地的沉积建造、层序结构及盆地演化和构造变形历史及其与大地构造的关系进行研究,进而探讨青藏高原的构造进程。

(5)调查研究吉塘岩群、嘉玉桥岩群变形、变质、变位特征,探讨变形机理。

第三节　研究程度概况

一、地质调查研究历史

总体上测区前人工作程度和研究程度较低,系统全面的基础地质调查工作薄弱(图1-2、表1-1)。

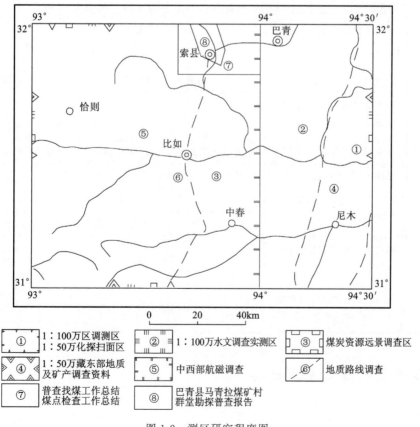

图1-2　测区研究程度图

表 1-1 测区地质调查历史简表

序号	调查时间	作者、单位	成果、名称	编报或出版时间	
1	1951—1954 年	李璞等	西藏东部地质矿产调查(1:50 万)	1954 年	内部资料
2	1957 年	青海、西藏石油普查大队	西藏高原东部石油地质普查报告(1:100 万)	1957 年	内部资料
3	1964 年	西藏地质局	西藏巴青-聂荣县彭曲中下游路线地质找煤报告	1964 年	内部资料
4	1971 年	西藏地质局第二地质大队	西藏航磁异常检查及工作总结	1971 年	内部资料
5	1972 年	西藏地质队	西藏比如-嘉黎-桑雄地区路线地质工作总结	1972 年	内部资料
6	1972 年	国家计委地质局航磁物探大队 902 队	西藏地质航空磁测结果报告(试验生产)(1:50 万)	1972 年	内部资料
7	1972 年	西藏地质局第四地质大队	西藏那曲-索县石油地质概查报告(1:25 万)	1972 年	内部资料
8	1973 年	西藏地质局第四地质大队	西藏那曲-聂荣-索县找煤路线及马查拉煤矿评价报告(1:50 万)	1973 年	内部资料
9	1974 年	西藏地质局第三地质大队	西藏巴青县马青拉煤矿村群堂勘探普查报告(1:2.5 万)	1975 年	内部资料
10	1975 年	西藏地质局第三地质大队	西藏索县-巴青县普查找煤工作总结	1975 年	内部资料
11	1975 年	西藏地质局第三地质大队	西藏索县-亚拉乡-窝纳乡煤点检查工作总结(1:10 万)	1975 年	内部资料
12	1975 年	中国地质科学院	西藏索县-阿扎区路线地质野外工作小结	1975 年	内部资料
13	1975 年	中国科学院青藏高原综合科学考察队	青藏高原"三趾动物群"的新发现及其地层古生物学定义(摘录)	1976 年	内部资料
14	1974—1979 年	西藏地质局综合普查大队	拉萨幅区域地质(矿产)调查报告(1:100 万)	1979 年	内部资料
15	1980 年	中国科学院高原地质所	青藏高原地质图(1:50 万)	1980 年	内部资料
16	1983 年	中国科学院青藏高原综合科学考察队李炳元等	西藏第四纪地质	1983 年	地质出版社
17	1985—1986 年	航空物探遥感中心杨华等	青藏高原东部航磁特征及其与构造成矿带的关系	1991 年	地质出版社
18	1989 年	地质矿产部 915 水文地质大队	拉萨幅区域水文地质普查报告(1:100 万)	1991 年	内部资料
19	1987—1993 年	西藏地质矿产局	西藏自治区区域地质志	1993 年	地质出版社
20	1989—1992 年	江西物化探队	嘉黎幅(8-46-乙)地球化学图说明书(1:50 万)	1992 年	内部资料
21	1992—1997 年	西藏地质矿产局区域地质调查大队	西藏自治区岩石地层	1997 年	中国地质大学出版社
22	1998—2000 年	中国国土资源航空物探遥感中心	青藏高原中西部航磁调查	2001 年	地质出版社

二、调查研究程度及主要成果

以下仅对与本次区调有关联的和影响范围大的,且较为系统的填图工作进行评估。

1951—1954 年,李璞等在测区沙丁、荣布、尺牍及丁青一带调查时,指出该区岩石变质较深、褶曲复杂、断层众多、化石稀少。且发现位于晚侏罗世至早白垩世化石层位之下的长约 270km、宽约 80km 的一套黑色板岩、千枚岩、变质砂岩,夹少量火山岩的复理石沉积,命名为"沙丁板岩系",时代为中生代(Mz)。此后,该岩系虽经许多单位工作,但其层序和时代却长期存在争议,众说纷纭,从而给构造分析也带来了诸多不同的认识。

1:100 万拉萨幅区域地质调查范围内的测区面积为 21 074km^2,为本次区调实测区。工作区内有主干路线一条,长度 135km,辅助路线 7 条,长 169km,实测剖面 7 条,长 126km,并采集到丰富化石标本。其填图路线资料在索县—比如县—山扎区一带精度较高。控制了班公错-怒江缝合带北界。在巴青县玛尔群达村以北,对上古生界(Pz_2)地质体研究较为详细。除此之外,测区内地质路线稀少,地质体无路线和地质点控制,填图单元划分精度较低。其应用地质力学分析方法和多旋回构造运动说的观点分别对测区进行了构造单元划分。填图单元划分基本合理,区内重要地质界线有地质点控制。建立了与填图比例尺相适应的岩石地层单位系统,为《西藏自治区区域地质志》(以下简称《西藏地质志》,1993)及《西藏岩石地层》的编写提供了依据。对区内的基性—超基性岩,部分中酸性岩类等进行了调查,初步研究了其岩石学、岩石化学、地球化学或年代学特征。发现了比较多的矿(化)点,找矿效果比较明显,特别是对基性—超基性岩的含矿性特征研究较好。其主干路线调查资料和少量岩矿及化石成果可资利用。路线密度稀,且大部分地区无地质点,对地质体控制程度较差。填图单元划分较粗,区内大面积分布的多尼组、拉贡塘组地层结构和划分依据、界线等欠妥,老地层及陆相盖层划分研究粗略。尤其是测区西部出露的大面积多尼组地层仅有很少的填图路线穿过,研究程度薄弱。对测区内岩体划分粗略,所圈界线部分与实际情况不符。地质图信息量不够丰富。

1:100 万拉萨幅区调工作采取填编结合的方法进行填图,取得了区域地质的系统认识和成果,为后续各种地质研究工作和本次区调提供了基础成果资料。在测区所采样品较少且不配套,且多为与找矿有关的简项化学分析样和光谱半定量分析样等,特别是化石极少,完整性差。薄片、硅酸盐样等的测试精度和质量基本达到当时的有关标准,其成果可在本次区调中鉴别利用。同位素年龄样仅有一件,为在测区北侧超基性岩中采得 K-Ar 法同位素测年样,因测试方法陈旧,仅供参考。

随后的其他专项找矿和科研项目均为专属性工作,大多为在本次区调的修测区内,针对性地采有比较多的化学分析样和古生物化石。

前人在测区内的面积型地质调查工作仅限于 1:100 万拉萨幅区调,除其较为系统外,其他地质工作多为专业性、课题性调研项目,仅部分地区做过路线地质调查或矿产、矿点检查,因受工作程度、工作重点和工作范围的限制,资料各有侧重,其填图资料及图件的统一性、连续性较差。

《西藏地质志》、《西藏岩石地层》中的地层单位和地层序列建立是前人基础调查工作的总结和缩影,因此较 1:100 万拉萨幅翔实、准确,为本书地层序列的建立提供了依据。

《青藏高原及邻区地层划分与对比》是在上述基础工作之上,根据大区域、大范围、大系统、大综合并以新理论、新方法为指导而综合编制的一套划分方案,因此也是本书地层序列建立的基础。

第四节 完成任务情况及人员分工

一、完成实物工作量

1:25 万比如县幅区域地质调查工作自始至终得到西藏地调院和一分院各级领导的高度重视,从人、财、物等诸方面给予优先保障。近三年来,项目组成员克服气候恶劣、高寒缺氧、地势陡峻、地形复杂、自然条件艰苦、地质灾害频发、外部环境较差等重重困难,顺利地完成了任务书所下达的各项调查任务,实际完成实物工作量见表 1-2。

表1-2 完成实物工作量表

序号	项目名称	单位	完成量	设计量	序号	项目名称	单位	完成量	设计量
1	实测填图面积	km²	14 416	13 918	26	包体测温	件		20
2	实测路线长度	km	1594	1780	27	热释光样	件	13	
3	航译路线长度	km	230	220	28	ESR样	件	25	10
4	解译填图面积	km²	1802	2300	29	^{14}C测年样	件	2	
5	地质观测点数	个	1013	313	30	同位素年龄样	件	10	
6	航译地质点数	个	57		31	同位素组成样	件	4	
7	实测地层剖面	km	367.9	109.2	32	白云母bo值	件		
8	实测岩体剖面	km	26.21	25	33	大化石	件	244	40
9	地质构造剖面	km	252.76	120	34	微体化石	件	13	10
10	陈列样品	件	1823	1685	35	孢粉样	件	26	6
11	岩矿薄片	件	1155	876	36	放射虫样	件	36	
12	矿石光片	件	15		37	对比人工重砂	件		
13	硅酸盐样	件	142	114	38	找矿人工重砂	件	7	5
14	碳酸盐样	件	17	15	39	溪流人工重砂	件	21	
15	定量光谱	件	208	125	40	阶地人工重砂	件	58	
16	稀土分析	件	94	10	41	重砂异常检查	处		
17	微量分析	件	7	7	42	土壤分析	件	5	
18	试金分析	件	4	12	43	水样分析	件	6	
19	化学简项	件	33		44	矿(化)点检查	处	3	
20	成分分析	件	6		45	矿石样	件	14	
21	油页岩分析	件	19		46	探槽剥土	m³		
22	煤质分析	件			47	地质照片	张	638	
23	粒度分析	件	162	25	48	数码照片	张	3558	
24	定向薄片	件	16	10	49	录像资料	分钟	270	
25	电子探针	件	46	40					

二、项目人员分工

参加项目野外工作的技术人员有:胡敬仁(担任1:25万比如县幅项目负责、技术负责)、高体钢、陈国结(2003年担任本图幅副技术负责)、孙洪波、胡福根、巴桑次仁、柯东昂、崔永泉、孙中良。后勤人员有:罗建军、王琪斌、杨飞、刘宏飞、尼玛、八珠、扎西。

报告编写人员为胡敬仁、柯东昂、胡福根、崔永泉、陈国结、高体钢、孙洪波。报告最终由胡敬仁修改、统纂、定稿。地质图及相关图件由胡敬仁、高体钢、孙洪波等编制。最终编辑报告由毛国政完成。

三、致　谢

本项目自组建以来,得到了各级领导的高度重视和亲切关注,也得到了所有参加人员的鼎力相助和同心合作,该地质成果是一份共同努力、集体智慧的结晶。

项目在实施过程中得到了中国地质调查局、成都地质矿产研究所、西南项目办、西藏地调院、一分院各级领导的高度重视和亲切关怀。西藏地调院苑举斌院长、刘鸿飞副院长、杜光伟总工程师自始至终大力支持并给予明确指导,且多次莅临实地现场指导。同时得到一分院夏抱本队长兼总工程师、次仁书记的大力支持和热情帮助。得到王根厚教授、梁定益教授、李尚林教授级高工、贾建成高工[中国地质大学(北京)]等在生活上的关心和业务上的帮助,另外还得到成都地质矿产研究所丁俊所长、潘桂棠研究员、王立全研究员、郑海翔研究员、王大可研究员、罗建宁研究员等的关心和帮助。尤其得到质检专家夏代祥教授级高工(西藏自治区地质矿产勘查开发局)、周详教授级高工(西藏地调院)、李才教授(吉林大学)等人的细心指导,同时更得到任纪舜院士、肖序常院士、李廷栋院士的关心、鼓励,并进行交流和探讨。

该项目在野外作业和实施过程中,同时得到了社会各界的大力支持和密切配合,在许多方面提供了方便。尤其得到那曲地委、行署、地区矿管局,比如县、索县、巴青县以及边坝县等县、乡、村各级政府的热情支持和协助,报告编写过程中得到湖北省地质调查院、中国地质大学(北京)、中国地质大学(武汉)等的帮助,在此一并致谢。

谨此,对以上给予本项目各方面关心、支持、帮助、指导的各位领导和各位专家表示由衷的感谢。对参加本次调研的工作人员和鼎力支持本项目工作的相关科室人员致以诚挚的谢意。

第二章　地层及沉积岩

测区内地层分布极为广泛,主要发育前石炭纪、中生代、新生代地层,尤以中生界三叠系、侏罗系、白垩系最为发育,占测区面积80%以上,前石炭系分布于测区东北隅,面积不足300km²,古近系、新近系集中分布于测区西部周边一线,北部亦有零星分布,面积约500km²,第四系分布于现代河谷和湖泊周围。中生代及其以前地层分布与区域主构造方向相同,即北西西向,且复式褶皱发育,地层重复频繁。根据所处大地构造部位及沉积相、构造环境的不同,将测区构造地层区划为三个地层区(图2-1)。以班公错-索县-丁青-怒江结合带为界,其北为羌南-保山地层区的丁青-吉塘分区,主要发育前石炭系吉塘岩群、上三叠统结扎群和中侏罗统雁石坪群;结合带内为班公错-怒江地层区,主要分布侏罗系木嘎岗日群、索县蛇绿岩套和被裹进的部分雁石坪群;结合带以南为冈底斯-腾冲地层区班戈-八宿地层分区,广泛分布侏罗系希湖组、拉贡塘组,尤以希湖组占主导地位,另外发育部分嘉玉桥岩群、马里组和桑卡拉佣组。白垩系多尼组多分布于图幅南侧,竞柱山组多沿班公错-怒江结合带分布,古近系、新近系多为孤立的陆相山间盆地堆积,分布在图幅西侧。

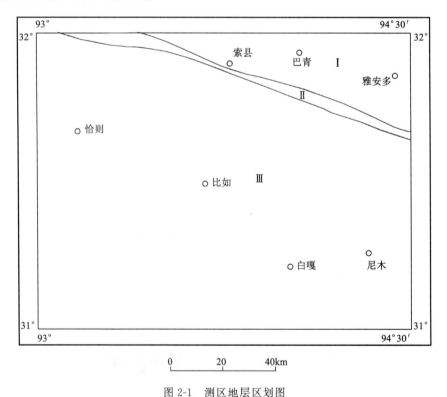

图2-1　测区地层区划图

Ⅰ:羌南-保山地层区;Ⅱ:班公错-怒江地层区;Ⅲ:冈底斯-腾冲地层区

本次区调中以沉积岩区、变质岩区填图方法指南为指导,对沉积地层进行了岩石地层、层序地层、生物地层、年代地层等多重地层划分研究,对变质地层进行了构造-地(岩)层-事件法研究和划分,在分析研究地层的岩性、岩相特征、古生物面貌、变质程度一致性等要素基础上,对区内岩石地层单位进行了全面清理,最终划分群级地层单位5个,组级岩石地层单位18个,段级岩石地层单位7个,系统建立起区内地层系统(表2-1)。

表 2-1 岩石地层单位序列表

地层区\地质年代		地质世代	冈底斯-腾冲地层区		班公错-怒江地层区		羌南-保山地层区		
新生代	第四纪	全新世		Qh^{al}　Qh^{pal}　Qh^{pl}　Qh^{f}　Qh^{sl}　Qh^{ch}					
		更新世 晚世		Qp_3^{al}　Qp_3^{l}　Qp_3^{gl}　Qp_3^{ch}					
		更新世 中世		Qp_2^{al}					
		更新世 早世		Qp_1^{al}　Qp_1^{l}					
	新近纪	上新世	布隆组　N_2b						
		中新世	康托组　N_1k						
	古近纪	古新世—始新世		牛堡组　$E_{1-2}n$					
中生代	白垩纪	晚白垩世	竞柱山组　K_2j						
			边坝组　K_1b						
		早白垩世	多尼组 K_1d	二段 K_1d^2					
				一段 K_1d^1					
	侏罗纪	中侏罗世—晚侏罗世	拉贡塘组　$J_{2-3}l$		木嘎岗日群 JM				
		中侏罗世	桑卡拉佣组　J_2s						
			马里组　J_2m				雁石坪群 J_2Y	布曲组　J_2b	
			希湖组 J_2xh	三段 J_2xh^3				雀莫错组　J_2q	
				二段 J_2xh^2					
				一段 J_2xh^1					
	三叠纪						结扎群 T_3J	巴贡组　T_3bg	二段 T_3bg^2
									一段 T_3bg^1
								波里拉组　T_3b	二段 T_3b^2
									一段 T_3b^1
								甲丕拉组　T_3j	
								东达村组　T_3d	
古生代	前石炭纪		嘉玉桥岩群 $AnCJy.$	二岩组 $AnCJy.^2$			吉塘岩群 $AnCJt.$	三岩组　$AnCJt.^3$	
								二岩组　$AnCJt.^2$	
								一岩组　$AnCJt.^1$	

第一节　羌南-保山地层区

本区隶属滇藏地层大区羌南-保山地层区丁青-吉塘地层分区,位于图幅北—东北隅,面积约2000km²。主要发育三套地层,前石炭纪吉塘岩群为绿片岩相、局部角闪岩相变质岩系,从下至上可划分三个岩组;上三叠统结扎群轻微变质岩系,出露甲丕拉组、波里拉组和巴贡组,反映晚三叠世弧后盆地从形成—发展—消亡的一套沉积组合;中侏罗统雁石坪群区内仅出露雀莫错组和布曲组,为滨浅海碎屑岩和浅海碳酸盐岩台地沉积。此外,图幅北缘尚发育古近系牛堡组陆相红色碎屑岩沉积。

一、前石炭系

本区前石炭系分布于巴青县城—雅安多乡一线以北,出露面积约250km²,北西西向带状分布,向北延入1:25万仓来拉幅,向东延入1:25万丁青县幅,为前石炭系吉塘岩群,与《西藏地质志》、《西藏岩石地层》中所划分的吉塘群上部片岩层位(酉西组)相当,亦可与昌都地区的吉塘群对比。从下至上可划分为三个岩组,详细叙述如下。

(一)剖面描述

1. 丁青县干岩乡干岩村-上衣乡-百会洞前石炭纪吉塘岩群实测剖面

剖面位于东邻丁青县幅干岩乡—上衣乡一带,为本幅代用剖面(图2-2)。

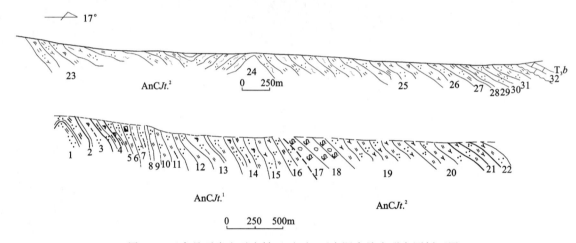

图2-2 丁青县干岩乡干岩村-上衣乡-百会洞吉塘岩群实测剖面图

上覆地层:上三叠统波里拉组(T_3b) 灰色中厚层状细晶灰岩
~~~~~~~~~~~~~~~~ 角度不整合 ~~~~~~~~~~~~~~~~

吉塘岩群（AnCJt.）	总厚＞3935.21m
二岩组（AnCJt.²）	厚2309.16m
31. 灰色含硅线石白云石英片岩	95.95m
30. 灰色块层状变质细粒石英砂岩夹含硅线石白云石英片岩	7.29m
29. 灰色含硅线石白云石英片岩	7.05m
28. 灰色块层状变质细粒石英砂岩与硅线石白云石英片岩互层	15.78m
27. 灰色含硅线石白云石英片岩	6.37m
26. 灰褐—黄褐色含硅线石白云石英片岩	61.25m
25. 灰绿色硅线石堇青石白云石英片岩	212.01m
24. 暗绿色绿泥白云石英片岩	378.26m
23. 灰绿色硅线石堇青石白云石英片岩	260.16m
22. 灰—暗灰色硅线石白云石英片岩	280.48m
21. 灰色白云母硅线石石英片岩	304.42m
20. 暗绿色白云母硅线石石英片岩	128.55m
19. 灰色硅线石白云石英片岩	319.3m
18. 褐黄色厚层硅质砾岩、灰黄色片理化变质含砾砂岩、变质石英砂岩组成的韵律层	147.73m
17. 浅褐色块层状变质硅质细砾岩	84.56m

============ 断层 ============

一岩组（AnCJt.¹）	厚＞1626.05m
16. 灰色片理化白云石英岩	95.81m

15. 暗绿色硅线石白云石英片岩	154.94m
14. 暗绿色堇青石二云石英片岩	289.56m
13. 灰绿—暗绿色堇青石二云石英片岩夹白色绢云石英岩	412.85m
12. 灰褐色轻微褐铁矿化绢云石英岩夹堇青石二云石英片岩	43.08m
11. 灰褐色二云石英片岩	90.07m
10. 浅灰黄色白云石英片岩	66.15m
9. 浅褐色白白云母石英岩	44.65m
8. 深灰色黑云长英变粒岩	28.11m
7. 褐黄色二云石英片岩	65.11m
6. 灰褐黄色褐铁矿化含白云石英岩	33.53m
5. 棕褐色二云石英片岩	31.05m
4. 灰绿—暗绿色含堇青石黑云石英片岩	105.96m
3. 暗绿色斜长角闪岩	19.60m
2. 褐黄色变质含砾石英砂岩	73.65m
1. 土黄褐色含白云石英岩	>71.93m

（未见底）

2. 巴青县雅安多乡郭欠弄前石炭纪吉塘岩群路线剖面

剖面位于巴青县雅安多乡北郭欠弄沟内，南距317国道5km，交通方便，露头良好，为吉塘岩群辅助剖面（图2-3）。

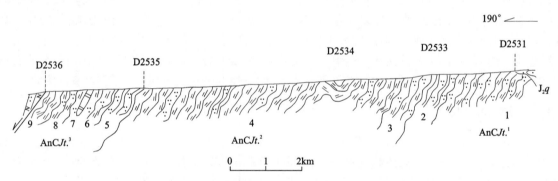

图2-3 巴青县雅安多乡郭欠弄前石炭纪吉塘岩群路线剖面图

竞柱山组（K_2j）　砖红色厚层状中粒长石石英砂岩
========= 断层 =========

吉塘岩群（$AnCJt.$）	总厚>8483m
三岩组（$AnCJt.^3$）	**厚2338m**
9. 浅灰白色绢云片岩	520m
8. 浅灰白色绢云石英片岩	433m
7. 浅灰白色大理岩	260m
6. 浅灰白色绢云石英片岩	606m
5. 浅灰白色石英岩夹绢云石英片岩	519m

————— 整合 —————

二岩组（$AnCJt.^2$）	**厚4936m**
4. 浅灰绿色绢云片岩夹浅灰绿色石英片岩，偶夹灰白色石英岩	4330m
3. 浅灰绿色绢云石英片岩	606m

————— 整合 —————

一岩组（$AnCJt.^1$）	**厚1209m**
2. 浅灰白色石英岩	346m
1. 浅灰白色白云石英片岩	>863m

（未见底）

（二）构造-地（岩）层单位特征

吉塘岩群虽为一套绿片岩相变质地层，但从严格意义上讲，其应为构造-岩层单位，考虑到该套地层内所夹石英岩、石英砂岩、砾岩、大理岩和基性火山岩等可显示沉积地层的某些特征，可以认为该群总体有序，内部（或局部）无序，仍可以采用地层学的方法建立其总体层序，剖面描述中各层厚度非地层真厚度。吉塘岩群据其岩性组合可划分为三个岩组。

1. 一岩组（$AnCJt_1$）

本组在主干剖面上（东邻干岩剖面）主要由灰白、灰黄、黄褐、灰绿色白云石英片岩、（堇青）二云石英片岩组成，夹白云（二云）石英岩、石英岩、黑云（绿泥、角闪）石英片岩、石榴黑云石英片岩，偶夹黑云长英变粒岩、斜长角闪岩等。总体上以浅色岩石为主，石英岩层数量较多为特征。据岩石化学成分、稀土元素及微量元素特征，恢复原岩为石英砂岩、长石石英砂岩夹杂砂岩、泥质岩石及少量基性火山岩。假厚度大于1626.05m。在巴青县打扎乡——雅安多乡一带以北，本组为浅灰白色白云石英片岩、石英片岩、浅灰白色石英岩、变质石英砂岩，被中侏罗统雀莫错组不整合覆盖，假厚度大于1209m。

2. 二岩组（$AnCJt_2$）

该岩组分布在东邻干岩一带，岩性组合以灰、灰绿色硅线石白云石英片岩、白云二长钠长片岩、绿泥钠长片岩、绿泥白云钠长石英片岩为主，夹硅线石堇青石白云石英片岩、白云母硅线石石英片岩、绿泥白云钠长石英片岩为主，夹绿泥（绿帘）石英片岩、白云斜长片岩等，颜色以浅灰绿、浅灰为主，变质矿物中多含硅线石、堇青石、斜长石，恢复原岩为灰石英砂岩、杂砂岩、泥质岩、中酸性火山岩，底部发育一套硅质砾岩，与一组间为一沉积间断，假厚度大于2309.6m。在巴青县打扎乡郭欠弄—郭穷弄一带亦为一套浅灰绿色岩石组合，岩性主要以浅灰绿色绢云石英片岩、绢云片岩、石英片岩为主，夹灰白色变质石英砂岩、石英岩，假厚度4936（郭欠弄）~2701m（郭穷弄）。二岩组与一组间未见砾岩，应为整合接触。

3. 三岩组（$AnCJt_3$）

三岩组在本区以浅灰白色绢云石英片岩、绢云片岩为主，下部发育一套浅灰白色石英岩夹绢云石英片岩，中部夹一大理岩呈大透镜体状分布，沿走向延长3km，厚度大于200m。本岩组向东，在干岩一带三岩组中，以灰白色白云石英片岩为主，夹白云钠长片岩、绿泥白云石英片岩、大理岩及变基性火山岩，假厚度2338~1866~1249.93m，从西向东厚度有渐薄之势。

（三）地质时代讨论

本图幅吉塘岩群分布面积较小，仅在图幅东北角，局限于两条断裂之间，面积二百余平方千米。本次工作未专门对其进行同位素年代学测试及研究，仅据地质特征、邻幅资料和区域对比，确定其地质年代。

吉塘岩群被上三叠统结扎群甲丕拉组、中侏罗统雀莫错组不整合覆盖，不整合面上、下地层岩石组合、变质程度、变形特征等截然不同；在东邻1:25万丁青县幅他念他翁复式深成岩体局部侵入于吉塘岩群，该岩体各种同位素年龄在269~342Ma之间，1:20万丁青县幅在一岩组石英片岩中获取全岩Rb-Sr等时线年龄340±2Ma。区域上，雍永源（1987）在相当于吉塘岩群的察雅县公多雄沟酉西片岩中获得全岩Rb-Sr等时线年龄371±50Ma。说明吉塘岩群变质时代应为华力西早期，而原岩时代应早于石炭纪。据上所述，本书将吉塘岩群的地质时代置于前石炭纪。

二、三叠系

三叠系出露于班公错-索县-丁青-怒江结合带以北广大地区，呈北西西向狭长分布，面积约1300km²，主要出露上三叠统巴贡组，而甲丕拉组、波里拉组、东达村组仅零星分布于图幅东北隅，分布面积小于20km²。该套地层不整合于吉塘岩群之上，又被中侏罗统雁石坪群不整合覆盖，向西延伸直至土门格拉一带,向东通过1:25万丁青县幅、类乌齐幅可至昌都地区。前人对这套地层划分归属有多种方案(表2-2),本书沿用《西藏岩石地层》划分方案。

表2-2 本区上三叠统结扎群划分沿革表

藏北地质队(1956)		青海区调队(1970)		1:100万拉萨幅(1979)		张作铭(1984)	1:20万洛隆幅(1990)	《西藏地质志》(1993)		1:20万丁青县幅、洛隆县幅(1994)		《西藏岩石地层》(1997)	本书	
中上侏罗统	土门煤组	中侏罗统	结扎群	上石灰岩组	中侏罗统	土门格拉组	桑多组	夺盖拉组	上三叠统	土门格拉群	桑多组	巴贡组	巴贡组	三段
				灰色碎屑岩组										二段
														一段
				下石灰岩组		上三叠统	上三叠统	阿堵拉组			各雍组	结扎群	波里拉组	二段
														一段
				紫红色砂砾岩组	上三叠统	波里拉组	碳酸盐岩组	乱泥巴组	波里拉组		乱泥巴组		波里拉组	甲丕拉组
							碎屑岩组	锅雪普组	甲丕拉组		锅雪普组		甲丕拉组	东达村组

(一)剖面描述

1. 巴青县江棉乡坡布陇上三叠统东达村组(T_3d)剖面

测区内东达村组仅分布于巴青县北一带,面积甚小。在此引用1:25万仓来拉幅实测剖面(图2-4),其位于北临巴青县江棉乡坡布隆一带。

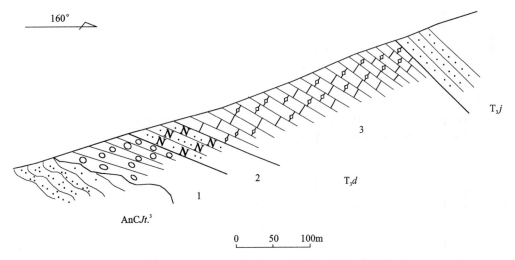

图2-4 巴青县江棉乡坡布陇上三叠统东达村组剖面图

上覆地层:甲丕拉组(T_3j) 灰色中粒砂岩
———————— 整合 ————————

东达村组(T_3d)   厚 311.10m
3. 暗灰色粉晶灰岩,含菊石、腕足类和双壳类等化石碎片,发育鸡笼网格构造,干缩角砾状构造、
   块状层理、角砾状构造、网络状及鸟眼构造,米级旋回发育   233.60m
2. 褐灰色中细粒长石石英砂岩,发育平行层理和低角度冲洗层理   30.00m
1. 褐灰色砾岩,杂色砾岩,具杂基支撑结构,块状构造   47.50m
～～～～～～ 角度不整合 ～～～～～～

下伏地层:前石炭系吉塘岩群(AnCJt³) 灰白色白云石英片岩

2. 丁青县干岩乡热龙打上三叠统甲丕拉组(T_3j)、波里拉组一段(T_3b^1)剖面

测区甲丕拉组、波里拉组分布于巴青县北及图区东北角,面积较小,引用1∶25万丁青县幅实测剖面(图2-5),其位于干岩乡政府北东3km处,为甲丕拉组、波里拉组一段的代表性剖面。

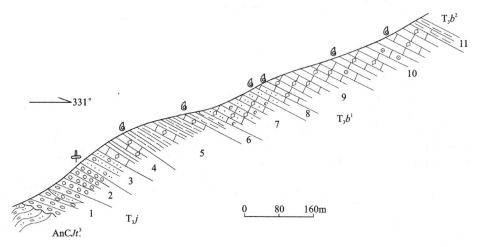

图2-5 丁青县干岩乡热龙打上三叠统甲丕拉组、波里拉组一段剖面图

上覆地层:上三叠统波里拉组二段(T_3b^2) 红色厚层状钙质泥岩

———————— 整合 ————————

上三叠统波里拉组一段(T_3b^1) **厚379.39m**

10. 灰色厚层—巨厚层状微晶灰岩,局部夹微晶鲕粒灰岩。产双壳类化石及珊瑚化石 157.13m
    双壳类:*Chlamys*(*Praechlamys*)*mysica*(Bittner)
      Shafhaeutlia astartiformis(Munster)
      Indopecten sp.

9. 灰色中厚层状微晶灰岩 105.05m
    双壳类:*Chlamys*(*Praechlamys*)*mysica*(Bittner)
      Indopecten himalayensis Wen et Lan
      Mytilus sp.

8. 灰色中厚层状含砂屑泥晶灰岩 23.44m
    双壳类:*Indopecten* cf. *glabra* Douglas
      I. himalayensis variocastatrs Wen et Lan
      I. sp.
      Chlamys(*Praechlamys*) sp.
      Modiolus sp.

7. 灰色中薄层状含炭微晶砂屑灰岩夹深灰色薄层含炭砂屑灰岩 93.77m

———————— 整合 ————————

上三叠统甲丕拉组(T_3j) **厚313.49m**

6. 灰色钙质泥岩夹少量泥晶灰岩团块或条带 30.83m
    双壳类:*Palaeocardita singularis*(Healey)
      P. pichleri Bittner

5. 灰色泥岩夹薄层状—透镜状微晶灰岩 110.95m
    双壳类:*Halobia superbescens* Kttl
      H. fallo Mojsisovics
      H. sp.

4. 灰黑色中薄层状微晶灰岩夹少量灰黑色页岩,层面发育细弱水平虫管 45.39m

3. 灰白色中厚层状含砾不等粒石英砂岩,发育平行层理,上部含大量炭化植物碎片 *Neocalamites* sp. 32.14m

2. 紫红色厚层状砾岩,砾石成分以石英岩为主   37.99m
1. 紫红色巨厚层状巨砾岩,上部夹透镜状紫红色细粒岩屑石英砂岩;砾石成分以片岩为主   56.19m

~~~~~~~~~~~~~~~ 角度不整合 ~~~~~~~~~~~~~~~

下伏地层:前石炭系吉塘岩群($AnCJt_3^3$)   灰白色白云石英片岩

3. 丁青县嘎塔乡各雍上三叠统波里拉组二段(T_3b^2)剖面

剖面(图 2-6)位于嘎塔乡东北 4km 处各雍。露头良好、构造简单。

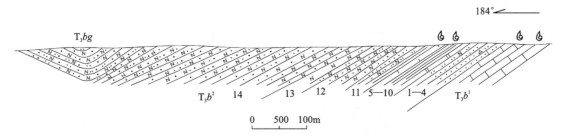

图 2-6 丁青县嘎塔乡上三叠统波里拉组二段剖面图

上覆地层:上三叠统巴贡组(T_3bg)   灰黑色粉砂岩

———————— 整合 ————————

上三叠统波里拉组二段(T_3b^2)   **厚 296.50m**

14. 肉红色巨厚层状含砾不等粒长石砂岩,偶夹紫红色细粒岩屑长石砂岩,发育模糊的低角度
  楔状交错层理   158.30m
13. 灰白色厚层状不等粒长石砂岩夹少量薄层状细粒长石杂砂岩   16.00m
12. 肉红色厚层状中粗粒长石砂岩与紫红色细粒长石砂岩不等厚互层   24.50m
11. 紫红色厚层状细粒长石砂岩与紫红色厚层粉砂岩成段互层,砂岩发育板状交错层理,粉砂
  岩发育小型沙纹交错层理   18.00m
10. 紫红色泥岩,下部含紫灰色泥晶灰岩团块   9.80m
9. 灰白色厚层状含燧石团块泥晶白云质灰岩   0.97m
8. 紫红色粉砂岩,含团块状、条带状斑块,中部夹 17cm 厚含生物碎屑微晶灰岩   11.70m
7. 下部为浅灰色厚层状含生物碎屑微晶灰岩,上部为深灰色厚层微晶灰岩   3.00m
  双壳类:*Cardium*(*Tulongocardium*) *martin* Boeuger
    C.(*T.*) *cloacinum* Quenstedt
    C.(*T.*) *nequam* Healy
    C.(*T.*) sp.
    Myophoria(*Elegantinia*)? sp.
6. 杂色泥岩,含粉砂泥岩夹一层厚 30cm 含生物碎屑泥晶白云岩。泥岩以紫红色为主,含条
  带状、团块状灰绿色斑块   7.80m
5. 灰色薄层状粉砂质微晶白云岩,发育波状层理   12.30m
4. 灰黑色薄板状炭质粉砂岩夹少量黑色炭质泥岩,发育波状层理、脉状层理   6.35m
3. 灰色厚层状细粒长石杂砂岩   1.60m
2. 紫红色厚层状粉砂岩夹紫色薄层细粒长石杂砂岩   16.20m
1. 紫红色、砖红色粉砂岩,发育水平层理、微型沙纹交错层理   10.00m

———————— 整合 ————————

下伏地层:上三叠统波里拉组一段(T_3b^1)   灰色厚层状亮晶生物碎屑灰岩

4. 索县嘎美乡上三叠统巴贡组实测剖面

剖面(图 2-7)位于索县嘎美乡,露头良好、构造简单,底界清楚。

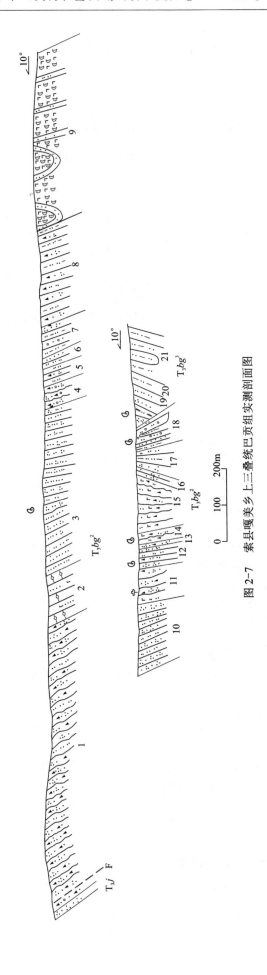

图 2-7 索县嘎美乡上三叠统巴贡组实测剖面图

上三叠统巴贡组（T_3bg）	（未见顶）	**厚＞3387.07m**
三段（T_3bg^3）		**厚＞752.75m**

21. 灰色中层状变质细粒岩屑石英砂岩(a)与灰黑色薄层粉砂质板岩、泥质粉砂质板岩(b)组成韵律层，下部单元(a)厚2～3m，上部单元(b)厚1～2m ＞606.61m

20. 灰色粉砂质板岩(a)与灰黑色泥质粉砂质板岩(b)组成韵律层，a厚20～30m，b厚10～15m 126.66m

19. 灰色中层状变质细粒岩屑石英砂岩，上部夹灰黄色、灰黑色微薄层泥质粉砂质板岩，发育波痕构造、砂棒构造 19.48m

　　双壳类：*Pichleria inaequalis* J. Chen
　　　　　Cardium（*Tulongocardium*）*nequam* Healy
　　　　　C. sp.

========== 断层 ==========

二段（T_3bg^2） **厚 2634.32m**

18. 灰色中薄层状变质细粒岩屑石英砂岩(a)、黑色微薄层状泥质粉砂岩(b)、炭质粉砂质板岩(c)组成韵律层夹煤线 733.19m

　　双壳类：*Cardium*（*Tulomgocardium*）*cloacimum* Quenstedt
　　　　　Cardium（*Tulongocardium*）*xizangense* Zhang
　　　　　Pichleria inaequalis J. Chen
　　　　　Cardium（*Tulongocardium*）cf. *nequam* Hearly

　　腹足类：*Pleuromya* sp.

17. 灰色薄—微薄层状变质细粒岩屑石英砂岩(a)与深灰色薄—微薄层粉砂质板岩(b)、泥质粉砂岩(c)组成韵律层，石英砂岩在板岩中呈几毫米宽的条带，发育波痕构造 32.77m

16. 灰色中层状变质细粒岩屑石英砂岩(a)与灰黑色薄层粉砂质板岩(b)组成韵律层，单个韵律层厚5m 18.44m

15. 灰色中层状变质细粒岩屑石英砂岩(a)与深灰色块状变质粉砂岩(b)、微薄层泥质粉砂质板岩(c)组成韵律层，夹多层煤线，煤线宽仅几厘米。岩石中脉状层理、透镜状层理发育 157.59m

14. 褐灰色中层状变质细粒岩屑石英砂岩(a)与灰黑色薄层变质钙质岩屑粉砂岩(b)组成韵律层，a:b为1:3～1:4，粉砂岩中发育有沙纹层理、脉状层理，偶见植物化石碎片 33.78m

　　双壳类：*Chlamys*（*Praechlamys*）*mysica*（Bittner）
　　　　　Cardium（*Tulongocardium*）cf. *xizangense* Zhang

13. 褐灰色厚层状夹中层状变质细粒岩屑石英砂岩 18.78m

12. 灰色中层状变质细粒岩屑石英砂岩(a)与灰黑色薄—微薄层粉砂质板岩(b)、泥质粉砂质板岩(c)组成韵律层，夹煤线。a:bc 为1:8～1:10 49.80m

　　双壳类：*Pichleria inaequalis* J. Chen
　　　　　Cardium（*Tulongocardium*）*nequam* Healy
　　　　　Arcavicula qabdoensis Zhang

11. 深灰色中层状变质细粒岩屑石英砂岩(a)与灰黑色中—薄层状变质钙质粉砂岩(b)、含有机质钙质粉砂岩(c)组成韵律层，以中部单元(b)最发育，上部单元(c)中见波痕、砂棒构造。顶部产双壳类和植物化石碎片 95.82m

　　双壳类：*Cardium*（*Tulongocardium*）sp.

10. 灰—深灰色中层状变质细粒岩屑石英砂岩(a)与灰黑色薄层状变质粉砂岩(b)组成韵律层，每韵律层一般厚小于10m，a:b 约为1:3 185.52m

9. 褐黄色中—厚层状变质细粒岩屑石英砂岩(a)与灰黑—黑色变质泥质粉砂岩(c)组成韵律层，a厚1.5～3m，c厚1～1.5m。发育纹层构造，中下部夹杏仁状玄武岩 283.78m

8. 灰色中层状变质细粒岩屑石英砂岩(a)与黑色薄层质泥质粉砂岩(b)组成韵律层，a:b 为2:1～3:1。韵律层向上增厚，由2～5m增至20m± 257.7m

7. 黑—灰黑色薄层状变质泥质粉砂岩夹灰色中薄层变质岩屑细粒石英砂岩 90.48m

6. 灰色中层状变质细粒岩屑石英砂岩(a)与灰黑色薄层变质泥质粉砂岩(c)组成韵律层，共三个韵律层，a:c 为1:2～1:3 38.10m

5. 灰黑色薄层状变质泥质粉砂岩、粉砂岩夹灰色薄层变质细粒岩屑石英砂岩　　　　　　71.44m

4. 灰色中层状变质中细粒岩屑石英砂岩、变质含泥砾中细粒岩屑石英砂岩互层,近顶部夹灰黑色变质泥质粉砂岩　　　　　　85.59m

3. 灰色中—厚层状变质岩屑石英砂岩(a)与灰黑、灰黄色薄层变质泥质粉砂岩(c)组成韵律层,a:c 由下部6:1向中、上部递减至 1:3,单层厚度 a 为 0.3～4m,c 为 0.2～12m,a 向上减薄、减少,c 增厚、增多,旋回性沉积明显,高级旋回厚可达 80m,波痕构造、砂棒构造发育,盛产化石　　　　　　320.46m

　　双壳类:*Cardium*(*Tulongocardium*)*nequam* Healy

　　　　C.(*T.*)*xizangense* Zhang

　　　　C.(*T.*)sp.

2. 灰色中—厚状变质细粒石英砂岩(a)、灰黑色微薄层条带状含有机质、钙质粉砂岩(b)组成韵律层,向上砂岩减少,底部夹黑色板状泥晶灰岩　　　　　　145.55m

1. 灰色中—厚层状变质细粒岩屑石英砂岩夹黑色薄层变质粉砂岩、细粉砂岩　　　　　　15.53m

========================== 断层 ==========================

上三叠统甲丕拉组(T_3j)　　暗红色中层状含砾岩屑中—细粒石英砂岩

5. 索县亚拉镇安达村-高口乡上三叠统巴贡组实测剖面

剖面(图 2-8)位于索县亚拉镇以南安达-高口乡鄂口,沿索曲东岸测制。

巴贡组(T_3bg)　　　　　　(未见顶)　　　　　　**总厚 3560.63m**

三段(T_3bg^3)　　　　　　　　　　　　　　　　**厚 415.28m**

57. 灰黑色泥质粉砂质板岩夹灰色薄层状变质细粒岩屑石英砂岩,砂泥比1:4～1:5,夹煤线　　　　　　118.17m

56. 灰色中—薄层状变质细粒岩屑石英砂岩(a)与灰黑色薄层泥质粉砂质板岩(c)组成韵律层,a:c 为2:1～3:1　　　　　　13.41m

55. 灰色中—薄层状变质细粒岩屑石英砂岩,偶夹灰黑色泥质粉砂质板岩　　　　　　26.82m

54. 灰—灰黄色薄—中层状变质细粒岩屑石英砂岩(a)与灰黄色微薄层变质泥质粉砂岩(c)组成韵律层,a 单元厚 1～3m,c 单元厚 0.4～1.5m,顶部夹碳酸盐化蚀变玄武岩　　　　　　103.93m

　　双壳类:*Pichleria inaequlis* J.Chen

　　　　Cardium(*Tulongocardium*)*nequam* Healy

53. 灰黄色薄—微薄层状变质泥质粉砂岩　　　　　　12.46m

51—52. 灰色中—薄层状变质细粒岩屑石英砂岩,发育波痕构造。产双壳类化石碎片　　　　　　47.84m

50. 灰色中夹薄层状变质细粒岩屑石英砂岩(a)与黑色薄—微薄层状变质泥质粉砂岩(c)组成韵律层,a 单元厚 5～8m,c 单元厚约 10m,发育纹层构造及透镜状层理　　　　　　20.72m

　　双壳类:*Cardium*(*Tulongocardium*)*xizangense* Zhang

49. 灰色薄层状变质细粒岩屑石英砂岩(a)与灰黑色薄—微薄层状变质泥质粉砂岩(c)组成小韵律　　　　　　6.33m

48. 黑—灰黑色变质粉砂质页岩、泥质页岩夹灰黑色变质粉砂岩　　　　　　43.73m

47. 灰色中薄层状变质细粒岩屑石英砂岩(a)与灰黑色薄—微薄层状变质泥质粉砂岩(b)组成韵律层,a:b 为1:3～1:4。产植物化石碎片及双壳类化石　　　　　　9.72m

　　双壳类:*Cardium*(*Tulongocardium*)*submartini* J.Chen

　　　　C.(*T.*)cf.*lanpinensis* Guo

　　　　Myophoria(*Costatoria*) cf.*miner* Chen

46. 灰、深灰色纹层状变质粉砂岩,发育波痕及砂棒构造　　　　　　4.86m

45. 灰色中薄层状变质细粒岩屑石英砂岩(a)与灰黑色薄层变质粉砂岩(b)组成韵律层,a:b 为1:1～1:2　　　　　　7.29m

========================== 整合 ==========================

二段(T_3bg^2)　　　　　　　　　　　　　　　　**厚 1841.25m**

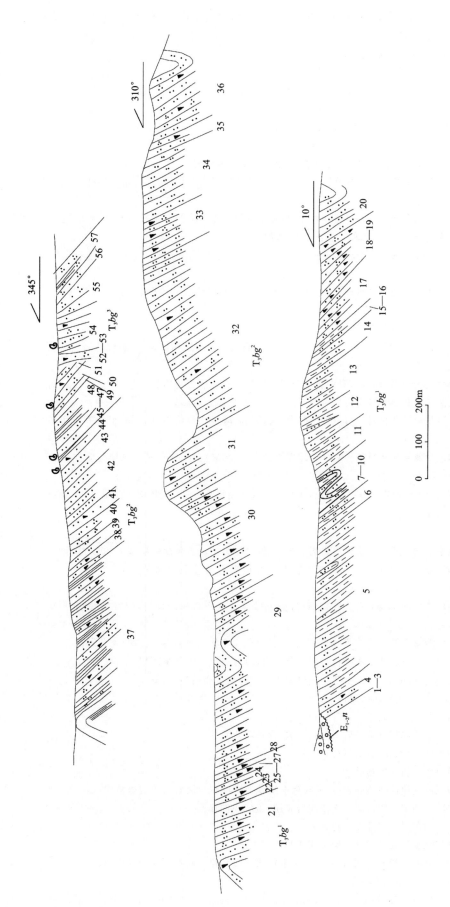

图 2-8 索县亚拉镇安达村-高口乡上三叠统巴贡组实测剖面图

44. 灰、褐灰色中—厚层状变质细粒岩屑石英砂岩(a)夹灰黑色薄层变质粉砂岩(b),波痕构造
    较发育,粉砂岩中含煤层   14.58m
    双壳类:*Cardium*(*Tulongocardium*) sp.
43. 灰黑色薄层状变质粉砂岩夹灰色薄层状变质细粒岩屑石英砂岩   26.84m
42. 灰色薄层状变质细粒岩屑石英砂岩(a)与灰黑色薄—微薄层状变质粉砂岩(b)组成韵律
    层。a:b约1:1,b中发育有砂棒构造   36.84m
41. 褐黄色中层状、厚层状变质细粒岩屑石英砂岩互层,层面上含植物化石碎片 *Equisetites* sp.   12.85m
40. 褐黄色薄层变质细粒岩屑石英砂岩夹灰黑色微薄层变质粉砂岩   17.13m
39. 暗灰色薄层状变质粉砂岩偶夹灰色薄层状变质细粒石英砂岩   15.23m
38. 灰色中薄层状变质细粒岩屑石英砂岩(a)与灰黑色薄层状变质粉砂岩(b)组成韵律层,a:b
    约3:1   29.94m
37. 灰色中薄层状变质细粒岩屑石英砂岩(a)与灰黄色薄—微薄层状变质粉砂质页岩(b)组成
    韵律层,a单元厚1~2m,b单元厚1~5m(背斜)   224.5m
36. 灰黑色薄—微薄层状变质粉砂岩夹灰色薄层状变质细粒岩屑石英砂岩,后者具沙纹层理
    构造(向斜)   71.72m
35. 灰色中薄层状变质细粒岩屑石英砂岩(a)与灰黑色微薄层状变质粉砂岩(b)组成韵律层。
    a单元厚约2m,b单元厚约3m   9.30m
34. 灰黑色微薄层变质粉砂岩   98.52m
33. 灰色中层状变质细粒岩屑石英砂岩(a)与灰黑色薄—微薄层状变质粉砂岩(b)组成韵律层,a:b
    约1:1   129.11m
32. 灰黑色微薄层状变质粉砂岩,偶夹灰色中层状变质细粒岩屑石英砂岩   520.06m
31. 灰黑色微薄层状变质粉砂岩夹灰色中层状变质细粒岩屑石英砂岩   261.84m
30. 灰色中薄层状变质细粒岩屑石英砂岩(a)与灰黑色微薄层状变质粉砂岩(b)组成韵律层,a
    厚1~1.5m,b厚大于3m   123.78m
29. 黑—灰黑色微薄层状变质粉砂岩(b)、泥质粉砂岩(c)组成韵律层,夹灰色薄层变质细粒岩
    屑石英砂岩(a)   235.69m
28. 灰色薄层状变质细粒岩屑石英砂岩(a)与灰黑色微薄层状变质粉砂岩组成小韵律层(<10cm)   13.32m

———————— 整合 ————————

一段（T_3bg^1）   厚>1304.10m

25—27. 灰色中层状变质细粒含钙质岩屑石英砂岩(a)与黑—灰黑色微薄层状变质粉砂岩(b)组
       成韵律层,a:b从下而上为1:3~4:1,发育波痕构造,中上部夹多层煤线   18.65m
24. 黑色微薄层—薄层状变质粉砂岩   34.64m
23. 灰色薄层状变质细粒岩屑石英砂岩(a)与黑色微薄层状变质粉砂岩(b)组成韵律层,a厚
    3~5m,b厚5~7m   22.40m
22. 灰色中层状变质细粒岩屑石英砂岩,向上间夹黑色薄层状变质粉砂岩,含植物化石碎片   9.78m
21. 下部为灰色中—薄层状变质细粒岩屑石英砂岩(a)与灰黑—黑色微薄层状变质粉砂岩(b)
    互层组成小韵律,厚3~6m,上部为灰黑—黑色微薄层状变质粉砂岩,厚10m±,共同组成高
    一级的约10个沉积旋回(背斜)   154.72m
20. 灰黑色薄层状变质泥质粉砂岩(向斜)   130.17m
19. 灰色中层状变质细粒含泥砾岩屑石英砂岩,含植物化石碎片   3.7m
18. 灰黑色中层状变质细粒岩屑石英砂岩   99.00m
17. 灰黑色薄层状变质泥质粉砂岩   96.54m
16. 灰黑色薄层状变质泥质粉砂岩(c)夹灰色中层状变质细粒岩屑石英砂岩透镜体(a)   10.24m
15. 灰色薄层状变质泥质粉砂岩与变质泥岩互层,组成小韵律层   2.58m
14. 灰黑色薄—微薄层状变质泥质粉砂岩   59.94m
13. 灰褐色薄层状变质粉砂岩夹灰黑色变质粉砂质泥岩   73.15m
12. 灰黑色薄层状变质粉砂质泥岩(c)夹灰色中层状变质细粒岩屑石英砂岩透镜体(a)   77.74m
11. 灰黑色薄层状变质粉砂质泥岩   78.26m
7—10. 灰黑色薄层状泥质粉砂岩与变质粉砂质泥岩互层,间夹中薄层状细粒岩屑石英砂岩透
      镜体(背斜、向斜构造发育)   410.01m

6. 灰褐色微薄层变质泥质粉砂岩,见脉状层理	47.17m
5. 褐灰色薄—微薄层状变质粉砂质泥岩(c)夹灰色中层状变质细粒岩屑石英砂岩(a)透镜体	305.85m
4. 灰黑色薄—微薄层状变质泥质粉砂岩(c)夹灰色中薄层状变质岩屑石英砂岩(a)透镜体	23.48m
3. 灰色薄—中层状变质细粒岩屑石英砂岩(a)与灰黑色薄层状变质泥质粉砂岩(c)组成韵律层	10.06m
2. 灰色微薄层状变质细粒岩屑石英砂岩(a)与灰黑色微薄层状变质粉砂岩(c)组成韵律层	32.10m
1. 灰色薄—中层状变质细粒岩屑石英砂岩(a)与灰黑色薄层状变质粉砂岩(c)组成韵律层	>13.93m

(未见底)

(二)岩石地层特征

1. 东达村组(T_3d)

本区东达村组仅零星出露于巴青县城北鹿茸曲米入布村一带,面积约 8km²,底部和下部为灰褐色复成分砾岩、中细粒长石石英砂岩,中上部为灰色粉晶灰岩。底部砾岩横向不稳定,时而尖灭,角度不整合于吉塘岩群之上,为低水位楔,冲积扇堆积;长石石英砂岩发育平行层理和低角度冲洗层理,为滨岸沉积,灰岩中发育一些鸟眼等显示暴露标志的沉积构造,为碳酸盐岩台地潮坪相沉积。总体呈现退积型层序,其上与甲丕拉组整合接触。

2. 甲丕拉组(T_3j)

该组仅在图幅东北角郭穷嘎一带少量出露,面积约 10km²。主要岩性为一套紫红色厚层状复成分砾岩、砂岩、泥岩夹灰白色厚层状不等粒长石砂岩。其不整合于吉塘岩群二岩组、三岩组之上,局部超覆于吉塘岩群一岩组浅灰绿色绿泥石英片岩之上。整套地层有轻微变质现象,与 1:25 万丁青县幅甲丕拉组完全可以对比。

3. 波里拉组(T_3b)

波里拉组仅出露于图幅东北角,北东侧被第四系覆盖,南西侧被中侏罗统雀莫错组不整合覆盖,出露面积约 6km²,可划分为两段。一段为一套浅灰色中层状微晶灰岩、生屑微晶灰岩等。二段相当于 1:20 万丁青县幅、洛隆县幅各雍组,岩性为紫红色粉砂岩、泥岩、长石杂砂岩夹灰黑色泥岩、粉砂岩及灰色微晶灰岩、微晶白云岩,向北西延入 1:25 万仓来拉幅,向南东与 1:25 万丁青县幅同层位相连,岩性可以对比。

4. 巴贡组(T_3bg)

巴贡组一名是由最初李璞(1955)"巴贡煤系"演变而来,层型剖面上其主要特征为暗色含煤细碎屑岩,含半咸水双壳动物群,厚约 400m。在本图幅沿班公错-索县-丁青-怒江结合带以北呈北西西向带状分布,范围广泛,面积约 1300km²。岩性组合完全可以和邻区及标准地点对比,但厚度巨大(3300～3500m)。与下伏波里拉组整合接触,根据其岩性组合特征可将巴贡组划分三段。

1) 一段(T_3bg^1)

本段以灰黑—黑色微薄—薄层变质粉砂岩、泥质粉砂岩、粉砂质泥岩为主,夹灰色中层状变质细粒岩屑石英砂岩,底部和顶部出现由灰色中层状变质细粒岩屑石英砂岩与灰黑色薄层变质泥质粉砂组成的韵律层,顶部夹多层薄煤线或炭质泥质粉砂岩,本段厚度 1304.10m。

2) 二段(T_3bg^2)

本段在索县一带以灰黑色微薄层变质粉砂岩、黑—灰黑色微薄层变质粉砂岩、泥质粉砂岩夹灰色中层—薄层状变质细粒岩屑石英砂岩、灰色中薄层状变质细粒岩屑石英砂岩与灰黑色微薄层变质粉砂岩组成的韵律层序为主,偶夹褐黄色中—厚层状变质细粒岩屑石英砂岩,顶部粉砂岩中夹煤层(厚 80cm),索县一带本段厚 1841.25m。在嘎美乡一带本段以灰色中层状变质细粒岩屑石英砂岩与灰黑色薄—微薄层变质粉砂岩(板岩)、变质泥质粉砂岩(板岩)组成的韵律层序为主,少量为砂岩夹板岩或板岩夹砂岩的层序组合,偶夹独立成层的灰色中层状变质中细粒岩屑石英砂岩,上部含较丰富的双壳类化石,上部至顶部夹多层煤线,本段在嘎美乡一带厚 2634.32m。

3) 三段(T_3bg^3)

本段主要由灰、灰黄色中层状或中夹薄层状变质细粒岩屑石英砂岩与灰黑色薄—微薄层变质粉砂岩(板岩)、变质泥质粉砂岩(板岩)组成的韵律层,含一定量灰黑色薄—微薄层变质粉砂岩(板岩)和变质泥质粉砂岩(板岩),夹灰色中层状变质细粒岩屑石英砂岩单层,近顶部偶夹有煤线,未见顶。索县剖面中含较丰富的双壳类化石,厚度 415.28～752.75m。

(三) 基本层序特征

组成巴贡组的基本岩性大约有三种,即砂岩、粉砂岩、泥质粉砂岩或粉砂质泥岩,在基本层序中分别用 a、b、c 表示。虽然岩性比较简单,但在地层结构中可以构成多种多样的基本层序类型(图 2-9),现重点介绍如下。

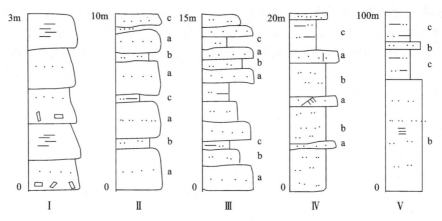

图 2-9 巴贡组基本层序图

(1) 基本层序Ⅰ:由灰色中层状变质细粒岩屑砂岩组成单一岩性的基本层序,砂岩厚度多数达 20m±,最厚者达近百米,有的砂岩底部发育滞留砾石,由黑色泥板岩之片砾构成,发育平行层理。此种基本层序在各段中均见及,但数量不多,反映为潮下高能带环境,沉积部位为三角洲砂坝。

(2) 基本层序Ⅱ:以灰色中薄层状变质细粒岩屑石英砂岩为主,夹灰黑色薄—微薄层变质粉砂岩(板岩)、泥质粉砂岩(板岩)构成基本层序。砂:泥比一般为4:1～6:1,在二、三段中局部发育,层厚一般小于 20m,最厚可达数百米,反映为潮下—潮间环境。

(3) 基本层序Ⅲ:由灰、灰黄色中层状变质细粒(中细粒)岩屑石英砂岩与灰黑色薄—微薄层变质粉砂岩(板岩)(b)或泥质粉砂岩(c)组成的韵律层,可以为 ab、ac、abc 组合,为巴贡组最为发育的基本层序类型,集中分布于二、三段中,在 c 单元可伴生炭质粉砂岩和煤线,为潮下—潮上沉积环境,三角洲—三角洲平原沼泽沉积部位。

(4) 基本层序Ⅳ:由灰黑色薄—微薄层变质粉砂岩或泥质粉砂岩为主,夹灰色中薄层状变质细粒岩屑石英砂岩组成的基本层序。在一段、三段内较为常见,为潮下坪环境三角洲前缘—前三角洲部位。

(5) 基本层序Ⅴ:由灰黑色薄—微薄层变质粉砂岩或变质泥质粉砂岩组成单一岩性基本层序,亦可由二者互层组成,在各段中均有发育,亦是本组重要的基本层序类型,有时沉积厚度巨大,达数百米,一般百米以内,为陆棚环境沉积。

(四) 生物特征及地质时代

巴贡组含古生物化石比较丰富,在实测剖面上主要采到双壳类化石:*Cardium* (*Tulongocardium*) sp., *C.* (*T.*) *nequam* Healy, *C.* (*T.*) *xizangense* Zhang, *C.* (*T.*) cf. *xizangense* Zhang, *C.* (*T.*) *cloacinum* Quenstedt, *C.* (*T.*) *submartini* J. Chen, *C.* (*T.*) cf. *lanpinensis* Zhang, *C.* (*T.*) cf. *lanpinensis* Guo, *C.* (*T.*) sp., *C.* sp., *Pichleria inaequalis* J. Chen, *Arcavicula qabdoensis* Zhang, *Chlamys* (*Praechlamys*) *mysica* (Bittner), *Myophoria* (*Costatoria*) cf. *miner* Chen。此外,在地质填图路线上巴贡组中还采到

Unionites? *rhomboidalis* Chen et Zhang, *U.*? *emeiensis* Chen et Zhang, *Promyalina yushuensis* Zhang 等。从生物组合特征分析可划分两个化石带。

1. *Cardium*(*Tulongocardium*)*nequam* 顶峰带

本带广泛分布于诺利期地层中，相当东邻丁青县幅所划四个带中的第三个带(图 2-10)。

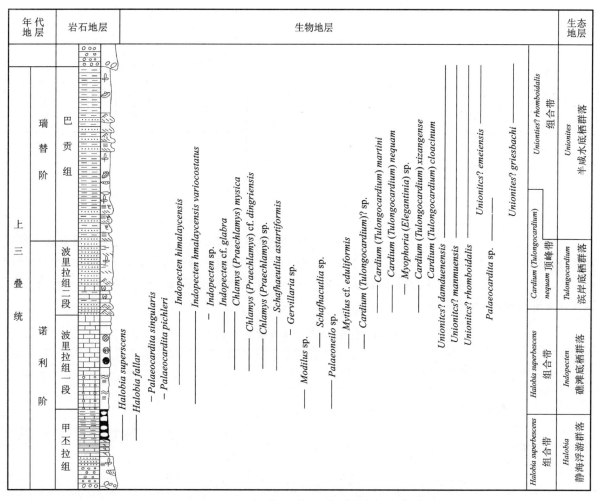

图 2-10 测区晚三叠世多重地层划分对比图

2. *Unionites* ? *rhomboidalis* 组合带

本组合带分布于巴贡组三段上部，主要分子有 *Unionites*? *rhomboidalis* Chen et Zhang, *U.*? *emeiensis* Chen et Zhang, *Promyalina yushuensis* Zhang 等，其中 *U.*? *rhomboidalis* 是四川须家河组川主庙段的典型代表，也是饶荣标等(1987)所见瑞替期 *U.*? *rhomboidalis* - *Yunnanophorus boulei* 组合带的特征分子。本带相当于对比(图 2-10)中的第四个组合带。

从以上两个化石带分析，本区巴贡组为诺利期晚期—瑞替期早期的产物，当属晚三叠世无疑。从岩石地层的角度分析，本区没有相当东邻丁青县幅波里拉组二段沉积，而由巴贡组取而代之，直接覆于布曲组一段即灰岩段之上，本区巴贡组起始形成时间向下延伸至诺利期，向东至丁青县幅及以东地区，诺利期沉积了波里拉组二段红色、杂色碎屑岩夹灰岩的一套岩石组合，而巴贡组的沉积时间延至稍后的瑞替期。根据岩石地层与生物地层的交叉关系，我们认为巴贡组沉积，从西向东其底界逐渐向上穿时性特征比较明显，且西部地层厚度亦远比东部地区地层厚度大很多。

关于结扎群年代地层划分与岩石地层划分对比关系见表 2-3。

表 2-3 测区与邻区及相关地区三叠系对比表

年代地层		羌南-保山地区	北喜马拉雅地区	藏东地区		川西义敦地区	滇西兰坪地区	青海西南部
三叠系	上统 瑞替阶	结扎群	巴贡组 三段	德日荣组	巴贡组	夺盖拉组	喇嘛垭组	麦初箐组	结扎群
			巴贡组 二段						
			巴贡组 一段						
	上统 诺利阶		波里拉组 二段	曲龙共巴组		阿堵拉组	拉纳山组		
			波里拉组 一段						
			甲丕拉组	达沙隆组		波里拉组	图姆沟组	三合洞组	
			东达村组						
	上统 卡尼阶			扎木热组		甲丕拉组	曲嘎寺组	歪古村组	
	中统 拉丁阶			赖布西组 上段		丛拉组	洁地组	上兰组	结隆群
	中统 安尼阶			赖布西组 下段		瓦拉寺组			

(五) 微量元素特征

从巴贡组各类岩石微量元素含量特征表(表2-4)中可以看出,石英砂岩类岩石中Pb、Li、Mo、Zr、B、Sn等元素含量高于黎彤(1976)平均值,W、Sb、Ga与黎氏值相近外,其他元素含量均低于黎彤(1976)平均值。其中Mo、B、Sn高出黎氏值3~4倍。板岩、变质粉砂岩类岩石中Li、Mo、B、Sn等元素高于黎氏值,B、Sn高出6~7倍,Pb、Zn、W、Sb、Ba、Nb、Ta、Zr、Ga等元素含量与黎氏值相近,其余各元素均低于黎氏值。综合特征及区域对比分析,据该组碎屑岩中Pb、Zn等元素普遍较高的背景值,易于构成构造-热液蚀变型铅锌多金属矿产。

表 2-4 巴贡组微量元素含量表($\times 10^{-6}$)

样号	岩性	Cu	Pb	Zn	Cr	Ni	Co	Li	W	Mo	Sb	Sr	Ba	Nb	Ta	Zr	B	Ga	Sn
P19 28-2	石英砂岩	53.0	<1	39.9	64.1	19.3	11.3	17.2	0.42	3.80	0.28	113	455	9.56	1.07	234	31.4	12.7	5.80
32-1	石英砂岩	27.3	3.00	59.2	51.4	16.7	10.7	15.5	0.28	3.96	0.23	68.1	210	8.42	<0.5	248	26.4	14.6	8.00
51-1	石英砂岩	25.7	118	132	45.2	21.3	9.30	48.5	1.65	1.92	0.53	61.2	188	9.15	1.39	347	33.6	13.4	4.60
52-1	石英砂岩	33.9	16.0	67.0	64.7	25.1	13.8	55.5	1.30	2.10	0.48	71.3	286	9.76	1.09	189	48.1	16.0	3.20
56-1	石英砂岩	19.4	19.0	75.6	41.3	25.9	8.90	38.1	0.59	2.26	0.41	59.3	181	10.5	<0.5	179	22.7	13.3	3.80
67-1	石英砂岩	17.0	9.00	24.3	45.8	16.8	11.8	18.4	1.53	1.50	0.32	130	204	8.99	<0.5	301	31.2	14.6	3.80
86-1	石英砂岩	18.0	18.0	60.1	48.7	16.4	8.80	22.0	1.30	4.34	0.34	72.7	171	9.52	0.54	330	32.0	12.0	4.60
97-1	石英砂岩	18.8	32.0	102	40.6	28.6	11.4	40.5	1.47	2.25	0.30	84.6	158	10.8	0.81	238	24.6	17.7	4.10
104-1	石英砂岩	29.1	12.0	38.5	56.0	14.3	7.80	18.6	0.9	2.22	0.96	198	175	9.81	1.55	441	34.2	17.2	5.20
P17 43-3	石英砂岩	11.1	9.00	27.8	63.2	8.10	13.2	32.5	2.15	4.82	0.37	47.3	130	9.93	2.27	338	18.3	8.58	7.50
44-1	石英砂岩	11.4	<1	19.0	70.5	27.8	9.15	62.0	1.04	4.38	0.27	43.6	190	10.8	0.74	238	34.0	12.4	5.10
49-1	石英砂岩	66.2	5.00	54.1	179	80.4	37.9	51.6	0.56	5.82	0.37	102	292	21.7	2.86	127	49.5	26.2	3.00
51-1	石英砂岩	22.6	<1	16.1	35.2	27.7	8.30	23.4	0.70	1.16	0.30	80.4	192	5.86	0.97	133	25.1	9.93	2.70
53-1	石英砂岩	26.0	<1	21.0	44.3	27.5	11.8	22.2	0.88	5.33	0.16	64.4	300	9.22	0.69	172	36.0	10.8	4.00
61-1	石英砂岩	45.7	4.00	35.6	61.8	23.3	14.1	10.6	1.05	3.06	0.18	93.7	249	9.45	1.32	210	34.2	13.7	7.00
$\bar{X}$		28.32	16.47	51.5	50.05	26.47	12.21	31.77	1.03	3.26	0.36	86.0	225	10.23	10.7	248	32.1	14.2	4.83
黎彤(1976)		63	12	94	110	89	25	21	1.1	1.3	0.6	480	390	19	1.6	130	7.6	18	1.7
P19 19-1	板岩(粉砂岩)	44.9	10.0	79.0	106	42.2	16.9	41.2	1.68	4.54	0.22	93.1	467	17.3	0.51	236	103	26.7	9.20
33-1	板岩(粉砂岩)	50.9	21.0	111	104	48.8	24.9	44.4	1.05	0.47	1.66	91.3	587	15.1	1.12	149	72.7	31.5	7.20
34-1	板岩(粉砂岩)	47.1	19.5	115	103	43.4	20.7	40.0	0.98	2.16	0.73	98.5	588	17.1	1.74	200	74.3	32.0	8.50
37-1	板岩(粉砂岩)	44.4	50.0	105	106	38.0	18.2	47.0	2.24	1.68	1.32	122	510	16.1	1.49	160	55.9	27.9	7.00
42-1	板岩(粉砂岩)	45.7	5.00	106	110	50.3	19.6	57.0	2.04	0.96	0.43	60.2	665	16.4	<0.5	135	65.0	32.6	7.00
P17 43-1	板岩(粉砂岩)	8.20	<1	21.0	6.60	9.50	3.90	17.2	0.70	2.08	0.16	282	87.0	2.95	<0.5	46.2	60.1	4.33	30.0
43-2	板岩(粉砂岩)	16.6	27.0	38.2	36.9	24.8	9.90	31.5	2.45	4.10	0.18	199	199	16.9	1.91	112	17.2	12.2	23.0
51-2	板岩(粉砂岩)	26.3	20.0	62.9	71.9	37.8	11.9	21.0	1.56	1.16	0.59	425	425	13.3	1.23	174	56.7	22.0	3.60
51-3	板岩(粉砂岩)	19.3	41.0	76.8	46.6	32.1	12.6	20.8	0.98	1.91	1.28	237	358	11.5	1.11	122	52.6	17.7	2.00
54-1	板岩(粉砂岩)	25.5	5.00	72.0	67.5	46.0	14.3	16.3	2.03	5.28	0.37	110	551	13.9	1.26	268	66.2	20.0	6.00
$\bar{X}$		32.89	19.9	78.69	75.85	37.28	15.26	32.64	1.62	2.47	0.72	112.4	433.7	14.0	1.09	160	57.0	26.6	10.35
黎彤(1976)		63	12	94	110	89	25	21	1.1	1.3	0.6	480	390	19	1.6	130	7.6	18	1.7

三、侏罗系

本区侏罗系分布于班公错-索县-丁青-怒江结合带以北,呈北西西向狭长带状分布,主要分布于测区北东角和北西部,雅安多乡南亦有零星出露,面积约 450km²。区内侏罗系为雁石坪群,仅出露雀莫错组和布曲组,前者不整合于上三叠统巴贡组之上,与布曲组整合接触。雀莫错组和布曲组向南与结合带呈断层接触。对雁石坪群的划分不同时期均有不同的划分意见,其划分沿革见表 2-5,本书采用《西藏岩石地层》的划分方案。

表 2-5 羌南-保山地层区雁石坪群划分沿革表

作者\地层		1:100万拉萨幅(1979)	青海省地层表(1980)	杨遵仪等(1988)	白生海(1989)		《西藏地质志》(1993)	1:20万洛隆幅(1990)	1:20万类乌齐幅(1993)	1:20万丁青县、洛隆县幅(1994)	本书
侏罗系	上统				吉日群	夏里组	柳湾组		日阿沙组	夏里组	雁石坪群
	中统	雁石坪群	雁石坪群	上灰岩段				雁石坪群			
				上砂岩段					北腾组		
				下灰岩段	夏里组	布曲组			结弄组	沱沱河组	布曲组
				下砂岩段	沱沱河组	沱沱河组		第二组	货乃组	玛托组	
					玛托组	雁石坪群					
					雀莫错组	雀莫错组		第一组	埃买组	雀莫错组	雀莫错组
	下统						仁青卡群				

(一)剖面描述

1. 丁青县尺牍镇雪拉山中侏罗统雀莫错组实测剖面

剖面(图 2-11)位于丁青县尺牍镇雪拉山。

雀莫错组(J_2q) （未见顶） 厚>1459.67m

86. 由灰黄色中层状变质中细粒岩屑石英砂岩(a)、暗紫色中薄层状变质含钙质岩屑细砂岩(b)、变质含钙质岩屑粉砂质细砂岩(c)组成韵律层夹纹层状细粉砂岩、钙质粉砂岩。下部单元(a)厚 15～20m,中部单元(b)厚约 10m,上部单元(c)厚小于 10m,细砂岩中见楔状交错层理和脉状层理 >93.39m
85. 紫红色薄层状变质含钙质岩屑砂岩,偶夹变质岩屑细粒石英砂岩 16.82m
84. 紫红色中—厚层状变质不等粒岩屑石英砂岩夹紫红色含砾粗砂岩透镜体 3.72m
83. 紫红色中薄层状变质含钙质粉砂夹灰绿色薄层砂岩和紫红色含细砾粗砂岩 7.45m
82. 灰白—灰黄褐色—厚层状变质细粒岩屑石英砂岩,局部夹含砾粗砂岩透镜体 72.69m
81. 灰黑色薄层泥质粉砂岩、泥质粉砂质页岩 8.55m

植物:*Equisetites* sp.

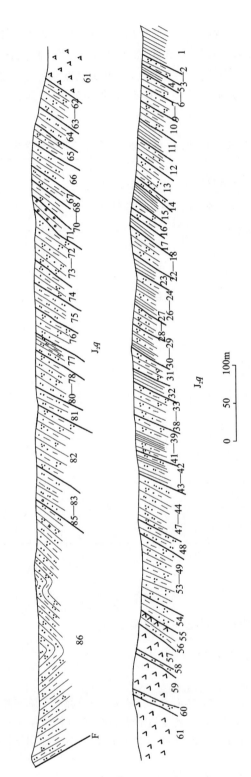

图2-11 丁青县尺犊镇雪拉山中侏罗统雀莫错组实测剖面图

Clathripteris sp.

80.	灰色中—厚层状变质细粒岩屑石英砂岩	7.70m
79.	由灰黑色薄层粉砂岩(a)与灰黑色粉砂质页岩(b)组成韵律层,以上部单元(b)为主	8.55m
78.	灰黄、灰褐色厚层状变质细粒岩屑石英砂岩。局部含砾,砂球构造较发育,间夹两层泥质粉砂质页岩,层厚5m±	42.57m

　　植物:*Equisetites* sp.

77.	灰黄—浅灰绿色薄层—微薄层状细粉砂岩与粉砂质泥质页岩互层,各单层厚1~3cm,粉砂岩:页岩为1:1.5~1:2,水平层理发育。产植物化石碎片	15.88m
76.	灰黄、灰色厚层状变质中细粒岩屑石英砂岩,具正粒序层理构造	46.65m
75.	黄灰褐色微薄层状钙质泥质粉砂岩,水平层理,偶夹细粒岩屑石英砂岩	31.17m
74.	灰黄色中—厚层状变质细粒岩屑石英砂岩(a)、灰黄褐色薄—微薄层变质粉砂岩(b)、黄灰色粉砂泥质页岩(c)组成基本层序。下部单元(a)厚30~60cm,中、上部单元(b)、(c)各厚几厘米至10cm±	23.67m
73.	灰白色中层状变质细粒岩屑石英砂岩	13.41m
72.	暗红褐色中薄层变质细粒岩屑石英砂岩夹灰红色厚层复成分岩屑砂岩、含砾粗砂岩透镜体	43.91m
71.	灰色中层状复成分中细砾岩,砾石大小5~20mm,次圆状,分选中等	5.25m
70.	紫红色中层状泥岩	7.03m
69.	暗红褐色中层状变质细粒岩屑石英砂岩	2.96m
68.	紫红色中层状泥岩	2.22m
67.	暗红褐色中层状变质细粒岩屑石英砂岩,发育有平行层理	7.03m
66.	黄褐色薄—微薄层状变质泥质粉砂岩	12.58m
65.	灰色中层状变质中细粒岩屑石英砂岩	22.37m
64.	黄褐色微薄层状变质泥质粉砂岩	18.23m
63.	浅灰—灰色中薄层状变质中粒岩屑石英砂岩,偶夹变质泥质粉砂岩	22.37m
62.	灰黄色中薄层状变质细粒岩屑石英砂岩	13.26m
61.	暗紫外线色杏仁状强蚀变安山岩,蚀变类型有绿泥石化(为主)、碳酸盐化、硅化、钠长石化,局部夹灰黄色薄层变质细粒岩屑石英砂岩	77.54m
60.	黄绿—灰绿色中层状含砾中粒岩屑石英砂岩	3.96m
59.	暗紫红色杏仁状蚀变安山岩	15.82m
58.	灰黑色薄层状变质泥质粉砂岩,具砂球构造	0.66m
57.	暗紫色杏仁状蚀变含磁铁安山岩,偶夹安山质角砾岩,厚1~2m	24.4m
56.	暗紫红色薄层状变质泥质粉砂岩	4.62m
55.	暗紫—灰紫色杏仁状硅化、绿泥石化安山岩	1.32m
54.	暗紫红色薄—中薄层状变质碎裂岩屑石英粉砂岩	8.63m
53.	灰色中层状变质碎裂岩屑石英粉砂岩	30.04m
52.	暗灰色薄层状变质泥质粉砂岩	17.48m
51.	灰、灰黄色中薄层状变质细粒岩屑石英砂岩	13.8m
50.	灰白色中薄层状变质细粒岩屑石英砂岩	14.72m
49.	灰黄色薄夹中层状变质中粒岩屑石英砂岩	50.66m
48.	暗灰色微薄层状变质泥质粉砂岩	20.78m
47.	灰黄色中薄层状变质中粒岩屑石英砂岩	13.86m
46.	灰黄色中层状变质细粒岩屑石英砂岩(a)与灰、灰黄色薄层变质泥质粉砂岩(b)组成韵律层(共四个)。韵律层向上增厚	25.69m
45.	灰黑色中薄层状生物碎屑亮晶灰岩	0.42m

　　Pseudolimea dublicata (Sowerby)

44.	灰黄色中薄层状变质细粒岩屑石英砂岩(a)与灰黄—暗灰色微薄层变质泥质粉砂岩(b)组成一个韵律层,砂泥比约1:3	9.97m
43.	深灰色中薄层状生物碎屑钙质细砂岩	0.83m

Camptonectes（*Camptochlamys*）*subrigdus* Lu
Camptonectes sp.

42. 暗灰色变质粉砂质页岩夹黑色页岩、灰黄色泥质粉砂岩	36.35m
41. 灰黄色中薄层状变质中粒岩屑石英砂岩	5.23m
40. 暗灰色变质粉砂质页岩	9.75m
39. 灰黄色中薄层状变质细粒岩屑石英砂岩	12.12m
38—35. 浅褐灰色薄层状变质细粒岩屑石英砂岩(a)与暗灰色变质粉砂质页岩(b)组成韵律层（共六个），泥砂比从下向上 1:3～1:1～1:3	48.15m
34. 灰黑色中薄层状薄层含生物碎屑泥晶灰岩	0.40m
33. 灰黄色、褐灰色中薄层状状变质细粒岩屑石英砂岩	5.20m
32. 暗灰色变质粉砂质页岩	16.45m
31. 灰黄色中薄层状变质细粒岩屑石英砂岩	8.30m
30. 灰色中薄层状变质含钙质细粒岩屑石英砂岩(a)与暗灰色变质粉砂质页岩(b)组成一个韵律层。砂泥比 1:1	8.30m
29. 灰色中薄层状变质含钙质细粒岩屑石英砂岩(a)和暗灰色变质粉砂质页岩(b)组成一个韵律层。砂泥比 1:1.5	7.33m
28. 暗灰色薄—微薄层状变质泥质粉砂岩	4.88m
27. 暗灰色中薄层状碎裂石英岩	8.96m
26—24. 灰黄色中薄层状变质细粒岩屑石英砂岩(a)与灰黑色变质粉砂质页岩(b)组成三个韵律层。砂泥比 1.5:1～1:1～1:6	33.19m
23. 灰黑色变质粉砂质页岩	19.26m
22. 暗灰色中薄层状泥晶灰岩	7.88m
21—18. 黄灰色中薄层变质细粒岩屑石英砂岩(a)与灰黑色变质粉砂质页岩(b)组成四个韵律层。砂泥比 1:3～1:10	51.66m
17. 暗灰色变质粉砂质页岩，偶夹变质细粒岩屑石英砂岩	27.66m
16. 灰黄色中薄层状变质细粒岩屑石英砂岩，具平行层理	13.26m
15. 暗灰色粉砂质页岩，具水平层理	11.26m
14. 灰黑色中薄层状变质碎裂细砂岩	3.00m
13. 灰黄色中薄层状变质中粒岩屑石英砂岩	37.54m
12. 土黄色蚀变粗玄岩	18.19m
11. 灰黑色变质粉砂质页岩	24.58m
10. 灰黄色中薄层状变质细粒岩屑石英砂岩	17.02m
9. 深灰色中层状变质岩屑石英粉砂岩	1.89m
8. 灰黄色中薄层变质细粒岩屑石英砂岩	7.56m
7. 灰黄色中薄层状变质细粒岩屑石英砂岩(a)与灰黑色变质粉砂质页岩组成一个韵律层，砂泥比约 2:1	12.29m
6. 灰黄色泥质粉砂岩	7.56m
5. 灰黄色中薄层状变质中粒岩屑石英砂岩	25.08m
4. 灰黑色变质岩屑泥质粉砂岩	13.58m
3. 灰黄色中薄层状变质中粒岩屑石英砂岩	1.94m
2. 灰黄色中薄层状变质中粒岩屑石英砂岩(a)与黑色变质岩屑泥质粉砂岩(b)组成四个韵律层，砂泥比为 10:1～1:10，砂岩向上减薄，粉砂岩向上加厚	17.46m
1. 黑色变质岩屑泥质粉砂岩	>47.35m

（未见底）

2. 比如县夏曲镇岗拉道班中侏罗统布曲组实测剖面

剖面（图 2-12）位于 317 国道岗拉道班北西 2km，剖面描述如下。

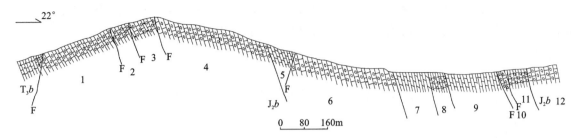

图 2-12　比如县夏曲镇岗拉道班中侏罗统布曲组实测剖面图

中侏罗统布曲组（J_2b）	（未见顶）	厚＞1311.15m
12. 浅灰色厚层状结晶灰岩		99.49m
11. 浅灰白色中—薄层状结晶灰岩		72.68m

═══════════ 断层 ═══════════

10. 紫红色、浅灰白色碎裂岩化结晶灰岩、泥灰岩	24.23m

═══════════ 断层 ═══════════

9. 紫红色中—薄层状泥灰岩	163.03m
8. 浅灰色中—薄层状结晶灰岩	45.75m
7. 紫红色中—薄层状泥灰岩	99.83m
6. 深灰色厚层状结晶灰岩偶夹中—薄层状生屑灰岩	125.12m

═══════════ 断层 ═══════════

5. 紫红色中—薄层状泥灰岩	74.29m
4. 浅灰白色厚层状结晶灰岩偶夹中层灰岩	224.96m
3. 深灰色厚层状结晶灰岩夹中—薄层状微晶灰岩	77.10m
2. 浅灰白色中—厚层状结晶灰岩	69.43m
1. 深灰色厚层状结晶灰岩，偶夹中—薄层状生屑灰岩	235.24m

　　珊瑚：*Satrea rariseptata* Liao
　　　　　Ovalastrea sp.

═══════════ 断层 ═══════════

上三叠统波里拉组（T_3b）　深灰色中层状生屑灰岩

（二）岩石地层特征及地质时代

1. 雀莫错组 J_2q

该组在东邻1∶25万丁青县幅西部雪拉山剖面上，中—下部为一套灰色细碎屑岩偶夹生屑灰岩、中性火山岩夹紫红色碎屑岩组合；中—中上部为灰色、灰黄色细碎屑岩夹紫红色细碎屑岩、砾岩；上部为紫红色岩屑石英砂岩、细砂岩夹砾岩、含砾砂岩，厚度大于1459.67m。西延至本幅索县和巴青县雅安多一带，主为一套红色碎屑岩建造，主要岩性为紫红色中—厚层复成分砾岩、含砾长石石英砂岩、泥质粉砂岩、粉砂质泥岩成各种岩性组合。厚度变小，岩性只保留了红层部分，厚度大于2000m。底部不整合于上三叠统巴贡组和前石炭系吉塘岩群之上。

在雪拉山剖面上，本组中部采到双壳类 *Pseudolimea dublicata* (Sowerby)，时代为中侏罗世。

2. 布曲组 J_2b

该组为一套碳酸盐岩沉积，下部为深灰色中—厚层状结晶灰岩偶夹中—薄层生屑灰岩，上部为浅灰—深灰色中—薄层、厚层状结晶灰岩与紫红色中—薄层状泥灰岩互层，偶夹生屑灰岩。在索县一带下与雀莫错组整合接触，上与结合带北侧边界断裂断层接触，未见顶。向北延入1∶25万仓来拉幅，厚度大于1286.92m。在东部雅安多乡一带，多孤立分布于较高山峰上，厚度较小。

在岗拉道班剖面该组产珊瑚 Satrea rariseptata Liao, Ovalastrea sp.,时代为中—上侏罗世,考虑到邻区本组大量化石限定本组时代为巴通期,故仍将本组置于中侏罗世。

第二节 班公错-怒江地层区

测区属于班公错-怒江地层区的地层只有分布在班公错-索县-丁青-怒江结合带内的侏罗系木嘎岗日群,呈北西西向断续分布,面积约200余平方千米,顶底不全,化石稀少,断裂较发育,并常含有晚三叠世确哈拉群和晚三叠世波里拉组以及中侏罗世布曲组等地层单位的岩块,破坏了木嘎岗日群的完整性、连续性从而构成构造混杂岩带。该群上覆不整合的上白垩统竞柱山组因其规模较小、出露不全,而置冈底斯-腾冲地层区中予以论述。

—— 木嘎岗日群 JM

1. 剖面描述

比如县夏曲镇岗拉道班侏罗系木嘎岗日群实测剖面(图2-13),位于比如县夏曲镇岗拉道班北西2km,剖面露头良好,为图幅内该群的唯一剖面。

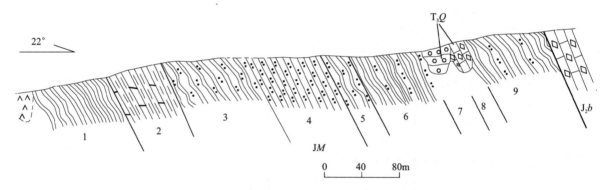

图 2-13 比如县夏曲镇岗拉道班侏罗系木嘎岗日群实测剖面图

中侏罗统布曲组(J_2b) 深灰色厚层状结晶灰岩
============== 断层 ==============

木嘎岗日群(JM) **厚>503.26m**

9. 灰黑色粉砂质板岩夹深灰色中—薄层状变质粉砂岩　　　　　　　　　　　　　　>85.17m
8. 深灰色厚层块状结晶灰岩(T_3Q)(构造岩块)
7. 浅灰色砾岩(T_3Q)(构造岩块)

============== 断层 ==============

6. 深灰色粉砂质板岩与土黄色薄层(变质)粉砂岩互层,二者比例3∶1,板岩厚3～10m,变质粉
　 砂岩厚1～3m　　　　　　　　　　　　　　　　　　　　　　　　　　　　　74.08m
5. 深灰色粉砂质板岩偶夹浅灰色中层状细粒石英砂岩　　　　　　　　　　　　　27.15m
4. 浅黄色中—薄层状变质粉砂岩,具水平纹层构造　　　　　　　　　　　　　　81.45m
3. 浅灰色粉砂质板岩　　　　　　　　　　　　　　　　　　　　　　　　　　89.85m
2. 土黄色薄层状泥灰岩与灰色薄层状泥岩互层,二者比例1∶2　　　　　　　　　59.11m
1. 灰黑色粉砂质板岩　　　　　　　　　　　　　　　　　　　　　　　　　　86.45m

============== 断层 ==============

变质橄榄岩

2. 岩石地层特征及地质时代讨论

测区木嘎岗日群构造破坏强烈,出露层序不完整,厚度较小,故出露的岩石组合比较单调,主要为一套深灰、灰黑色粉砂质板岩,另在其下部见夹一层土黄色薄层泥灰岩与灰色薄层泥岩组成的韵律层系,中部夹一层浅黄色中—薄层(变质)粉砂岩,上部由深灰色粉砂质板岩与土黄色(变质)粉砂岩互层到板岩夹粉砂岩。

根据本区木嘎岗日群基本岩性组合特征及所处大地构造部位,并与邻区对比,本书认为属木嘎岗日群并无疑义,但缺乏化石依据,确切归属其地质时代尚需积累资料后作进一步划分。本书仅据《西藏岩石地层》意见,将木嘎岗日群时代笼统确定为侏罗纪。

第三节 冈底斯-腾冲地层区

测区隶属滇藏地层大区冈底斯-腾冲地层区之班戈-八宿地层分区,位于班公错-索县-丁青-怒江结合带南侧边界断裂以南广大地区,面积约 12 000km²。主要发育前石炭系嘉玉桥岩群,中生界侏罗系、白垩系,新生界古近系、新近系。此外,山间河谷及湖泊周围堆积有第四系松散沉积物。其中侏罗系主要有中侏罗统希湖组、中侏罗统马里组、桑卡拉佣组、中—上侏罗统拉贡塘组,白垩系有下统多尼组、边坝组,上统竞柱山组,古近系古新统—始新统牛堡组、新近系中新统康托组和上新统布隆组。侏罗系为海相沉积地层,白垩系多尼组为海陆交互相沉积、边坝组为淡化泻湖相沉积,竞柱山组为陆相类磨拉石相沉积,古近系和新近系亦均为陆相山间盆地沉积,区内晚白垩世至上新世多陆相红色碎屑沉积建造。

一、前石炭系

前石炭系为嘉玉桥岩群二岩组($AnCJy^2.$),分布于测区西南部的董穷、那龙、冻多、呀龙等地。以构造残体与其南北的 K_1d 分割,也应属于断隆残片。该单元东端被北西向断裂错失,西部被 $E_{1-2}n$ 不整合覆盖。岩石类型为浅灰色绿泥白云石英片岩、绿泥石英片岩,夹安山岩和英安岩,偶夹薄层大理岩。原岩为粉砂质泥岩、中酸性火山岩和碳酸盐岩。由于各种原因,对该套地层未进行详细填图和剖面测制,与1:25万丁青县幅进行对比,具有与嘉玉桥岩群相似的岩石组合和建造基础及变形特征,表现出活动陆缘的建造特征,为冈底斯-念青唐古拉板片的基底韧性变形变质岩片。嘉玉桥岩群的时代置于前石炭纪,大致与吉塘岩群时代相当或稍晚。

二、侏罗系

(一)希湖组(J_2xh)

希湖组分布于图幅东侧,怒江北岸江达乡至加勤乡一带,面积约 400km²。

1. 剖面描述

索县江达乡足翁灯-麦倾中侏罗统希湖组三段实测剖面如图 2-14 所示。

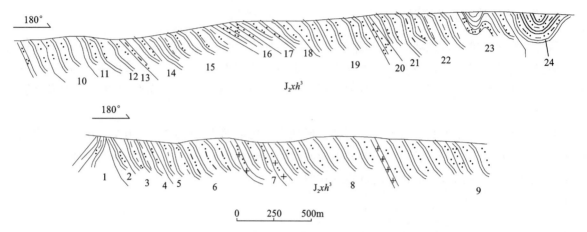

图 2-14　索县江达乡足翁灯-麦倾中侏罗统希湖组实测剖面图

希湖组三段（J_2xh^3）　　　　　　　　　　（未见顶）　　　　　　　　　　厚＞**3322.97m**

24. 灰绿色薄—微薄层状泥质粉砂质板岩夹黑色粉砂质板岩　　　　　　＞130.99m
23. 灰绿色薄—微薄层状细砂质泥板岩夹黑色粉砂质板岩　　　　　　　　33.84m
22. 灰绿色薄—微薄层状粉砂质泥质板岩　　　　　　　　　　　　　　　356.72m
21. 黑色微薄层粉砂质板岩　　　　　　　　　　　　　　　　　　　　　99.02m
20. 深灰色厚—块层状变质细粒石英砂岩　　　　　　　　　　　　　　　15.70m
19. 灰黑—黑色微薄层纹层状粉砂质板岩　　　　　　　　　　　　　　　252.28m
18. 深灰色中层状变质细粒石英砂岩（a）与灰黑色薄—微薄层状粉砂质板岩（b）组成韵律层，
    下部单元 a 厚约 20m，内夹少量板岩，上部单元 b 厚 15～20m，a:b 为 1:1～1.3:1　　111.50m
17. 灰黑—黑色微薄层粉砂质板岩　　　　　　　　　　　　　　　　　　44.63m
16. 深灰色中—厚层状变质细粒石英砂岩夹粉砂质板岩　　　　　　　　　78.73m
15. 黑、灰黑色薄—微薄层状粉砂质泥质板岩　　　　　　　　　　　　　186.22m
14. 深灰色中—厚层状变质中细粒石英砂岩夹灰黑色粉砂质板岩，砂泥比大于 2:1　　87.91m
13. 黑色微薄层泥质粉砂质板岩　　　　　　　　　　　　　　　　　　　16.84m
12. 灰黑色薄层粉砂质板岩　　　　　　　　　　　　　　　　　　　　　114.84m
11. 灰黑色薄层粉砂质板岩夹深灰色中层状变质细粒石英砂岩　　　　　　16.28m
10. 黑色微薄层粉砂质板岩　　　　　　　　　　　　　　　　　　　　　64.79m
 9. 灰黑色薄—微薄层粉砂质板岩夹深灰色中层状变质细粒石英砂岩　　　302.90m
 8. 黑色薄层砂屑泥质细—粉砂质板岩夹少量深灰色中层状变质细粒石英砂岩　　488.73m
 7. 黑色薄层粉砂质板岩　　　　　　　　　　　　　　　　　　　　　　159.89m
 6. 黑色微薄层粉砂质泥质板岩，顶部偶夹变质细粒石英砂岩　　　　　　362.41m
 5. 灰黑色薄层粉砂质板岩夹深灰色中层状变质细粒石英砂岩　　　　　　98.22m
 4. 灰黑色中—厚层状砂纹—条带状变质中—细粒石英砂岩（a）与黑色粉砂质板岩（b）组成韵
    律层，以砂岩为主，a:b＞2:1　　　　　　　　　　　　　　　　　　25.62m
 3. 深灰色中层状变质细粒石英砂岩（a）与黑—灰黑色泥质粉砂质板岩（b）组成韵律层，a:b 约 2:1　　164.71m
 2. 黑色薄层含泥质粉砂质板岩　　　　　　　　　　　　　　　　　　　39.71m
 1. 深灰—灰黑色中层状变质细粒石英砂岩与灰黑—深灰色泥质粉砂质板岩、粉砂质板岩组
    成韵律层　　　　　　　　　　　　　　　　　　　　　　　　　　　＞70.10m

（未见底）

2. 岩石地层特征

测区希湖组剖面仅控制了上部层位，即第三段，且未见顶底，主要岩性为灰黑色粉砂质板岩和深灰

色变质石英砂岩及少量灰黑、灰绿色泥质粉砂质板岩。由几种基本岩性组成不同的岩石组合,构成了较为复杂多样的沉积序列,底部以深灰—灰黑色中—厚层状变质细粒石英砂岩与灰黑—黑色泥粉砂组成的韵律层(砂泥比约2:1)为主,夹黑色薄层含泥质粉砂质板岩部分砂岩中发育纹层构造,厚约300m;下部至中上部以灰色薄(微薄)层粉砂质板岩,泥质粉砂质板岩为主,夹少量深灰色中层状变质细粒石英砂岩,厚约1700m;上部为深灰色中—厚层状变质细粒石英砂岩、灰黑色薄—微薄层粉砂质板岩组成的韵律层(砂泥比2:1～1:1)与灰黑色—黑色微薄层粉砂质板岩大套互层组成更高级别的沉积旋回,砂岩层厚可达20m,板岩中发育纹层构造,厚约700m;顶部为灰黑、黑色薄—微层粉砂质板岩及灰绿色薄—微薄层泥质粉砂质板岩、细砂质泥质板岩,厚约600m。

3. 基本层序特征

希湖组三段基本层序可划分为5种类型(图2-15),特征如下所示。

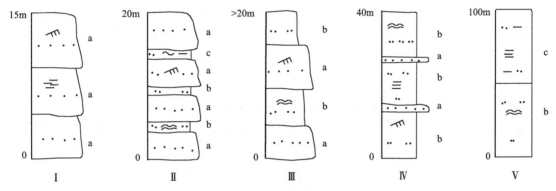

图2-15 希湖组基本层序类型图

(1)基本层序Ⅰ:由深灰色中—厚层状细粒石英砂岩组成单一岩性基本层序,发育沙纹层理或平行层理,基本层序厚5～20m。主要分布于本组底部和上部的部分砂岩层中。

(2)基本层序Ⅱ:由深灰色中层状变质细粒石英砂岩(a)夹灰黑色薄—微薄层粉砂质板岩或泥质粉砂质板岩(b、c)组成,可见沙纹构造、纹层构造或条带构造,基本层序厚5～10m。分布于本组底部和上部部分层位中。

(3)基本层序Ⅲ:为深灰—灰黑色中层(厚层)状变质细粒石英砂岩(a)与黑色薄—微薄层粉砂质板岩(b)组成韵律层,a:b为2:1～1:2,基本层序厚一般大于10m,最厚约40m,分布于本组底部和上部部分层位。

(4)基本层序Ⅳ:由灰黑—黑色薄—微薄层粉砂质板岩(b)夹深灰色中层状变质细粒石英砂岩(a)组成的基本层序。a:b一般小于1:3,基本层序厚20m,为本组最发育的基本层序类型之一,广泛分布于本组下部—中上部。

(5)基本层序Ⅴ:由黑色微薄层粉砂质板岩或灰绿色薄—微薄层泥质粉砂质板岩组成单一岩性的基本层序或灰绿色泥质粉砂板岩夹黑色粉砂质板岩组成的基本层序,亦是本组最为发育的基本层序类型之一,除灰绿色泥质粉砂质板岩、粉砂质泥质板岩仅见于本组顶部外,其余各层位均可见及,尤以下—中上部最常见,基本层序厚大于30m。

4. 地质年代讨论

测区希湖组三段为东邻1:25万丁青县幅希湖组西延部分,本幅内未发现古生物化石,仅根据丁青县幅划分意见,叙述如下。

希湖组在丁青县幅和洛隆县幅不整合于上三叠统孟阿雄群之上,而又被燕山期花岗岩侵入(同位素年龄157.1Ma),限定于该群的形成时期应在早侏罗世—中侏罗世早中期。

在丁青县桑多乡瓦拉希湖组一段距底不足300m处产菊石,经中国科学院南京地质古生物研究所

(以下简称南古所)鉴定为Perishnctidae,时代为中晚侏罗世,所产孢粉经西南地质矿产研究所鉴定为 *Classopollis* 等,时代为早中侏罗世。

在1:20万洛隆幅(1990)类马乌鄂都与希湖组相当的地层罗冬群第一组产孢粉化石 *Tuberculatosporites* sp.,*Dictyopyllidites* sp.,*Cycadopites nitidus*(Balme),*Ptyodporites* sp.,*Quadradraeoullina anellaeformis* Maljawina,*Classopollis* sp.,组合面貌显示了晚三叠世—早侏罗世,并以早侏罗世为主要特征。

综合上述,虽然有些化石显示希湖组有晚三叠世和晚侏罗世的信息,但主体仍在早一中侏罗世时限范围内,综合区域特征并结合其与中—晚侏罗世拉贡塘组整合关系分析,本书认为将希湖群时代划归中侏罗世是比较适宜的。

5. 微量元素特征

从希湖组各类岩石微量元素含量特征表(表2-6)中可以看出,砂岩类岩石只有B含量高出黎彤(1976)平均值近3倍,Pb、W、Mo、Sb、Zr、Ga、Sn等元素含量与黎氏值相近,其余元素均低于黎氏值。板岩、粉砂岩类岩石中Li、W高出黎氏值2倍以上,B高出6倍,Cu、Cr、Ni、Co、Sr等元素低于黎氏值,其余元素含量则与黎氏值相近。

表2-6 希湖组微量元素含量表($\times 10^{-6}$)

样号	岩性	Cu	Pb	Zn	Cr	Ni	Co	Li	W	Mo	Sb	Sr	Ba	Nb	Ta	Zr	B	Ga	Sn
P16 3-1	石英砂岩	26.0	11	23.2	16.2	18.4	6.3	10	1.70	1.95	0.86	11.9	82.1	4.34	<0.5	114	20.5	6.31	1.30
14-1	石英砂岩	26.1	12.9	39.8	37.8	18.0	7.4	12.5	1.92	1.96	0.56	16.6	134	7.62	1.32	222	22.2	9.62	1.80
20-3	石英砂岩	53.8	5.20	87.4	370	18.5	38.0	104	0.90	0.60	0.18	141	367	836	<0.5	166	21.9	19.1	1.40
52-1	石英砂岩	14.7	6.1	28.1	11.4	19.0	5.1	64.1	3.49	2.88	4.14	11.7	85.9	5.91	0.59	17.4	24.3	5.38	4.30
66-1	石英砂岩	15.2	8.2	25.8	19.3	20.9	6.3	23.6	3.31	0.64	0.28	20.0	147	7.60	0.56	162	32.6	8.84	1.70
81-1	石英砂岩	23.3	23.9	94.9	139	27.2	26	180	0.67	0.50	1.40	173	96.4	9.29	1.30	155	29.2	20.9	2.60
$\bar{X}$		22.7	9.6	42.7	84.4	41.2	12.7	56.3	1.71	1.22	1.06	53.4	130	6.16	0.61	142	21.5	10.02	1.44
黎彤(1976)		63	12	94	110	89	25	21	1.1	1.3	0.6	480	390	19	1.60	130	7.6	18	1.7
P16 1-1	板岩(粉砂岩)	34.3	8.70	103	82.8	44.4	16.4	54.4	2.57	0.64	0.73	76.6	377	17.9	1.68	291	68.8	32.2	2.00
8-1	板岩(粉砂岩)	22.4	12.5	74.5	54.1	27.9	12.7	39.2	3.66	0.57	0.61	128	427	15.6	1.84	162	55.4	24.0	2.20
16-1	板岩(粉砂岩)	20.7	22.9	132	78.3	45.2	13.9	59.6	1.86	0.64	0.32	113	398	16.8	1.92	141	45.0	27.2	1.80
27-1	板岩(粉砂岩)	9.60	9.40	79.7	79.8	21.5	3.90	48.2	2.02	2.46	1.38	108	324	14.7	1.45	127	47.3	25.6	2.00
31-1	板岩(粉砂岩)	37.4	18.4	99.3	90.5	39.6	11.2	55.4	2.70	1.03	0.81	99.0	356	16.0	1.46	228	49.0	27.2	2.15
34-1	板岩(粉砂岩)	23.8	14.8	84.7	55.9	41.1	18.4	49.5	1.91	0.71	0.79	65.9	334	14.4	1.84	163	49.2	22.3	2.50
36-1	板岩(粉砂岩)	40.2	20.1	88.5	39.0	47.3	15.8	51.8	2.02	2.96	0.52	43.6	214	14.2	0.60	210	38.3	17.9	1.90
62-1	板岩(粉砂岩)	33.4	36.0	99.5	63.0	37.2	16.2	51.8	3.90	1.57	0.53	76.0	275	14.4	1.25	230	36.6	20.4	2.00
72-1	板岩(粉砂岩)	21.5	21.1	99.2	67.6	35.0	15.8	50.2	2.36	0.92	0.18	75.2	296	15.6	1.58	155	42.1	20.8	2.50
$\bar{X}$		27.0	18.2	95.6	67.9	37.7	13.9	51.1	2.56	1.28	0.65	86.2	333	15.5	1.50	190	48.0	24.2	2.12
黎彤(1976)		6.3	12	94	110	89	25	21	1.1	1.3	0.6	480	390	19	1.6	130	7.6	1.8	1.7

(二)马里组(J_2m)

马里组分布于图幅西图廓怒江北岸,亭果汤—上托穷普一线,面积约40km²,近东西向分布,北侧与拉贡塘组呈断层接触,南侧上覆桑卡拉佣组,层序不全,引用西邻 1:25 万那曲县幅资料概述其特征。

1. 剖面描述

那曲县格索乡中侏罗统马里组剖面(图 2-16),位于那曲县格索乡,起点坐标:N31°42′02″,E92°49′27″。

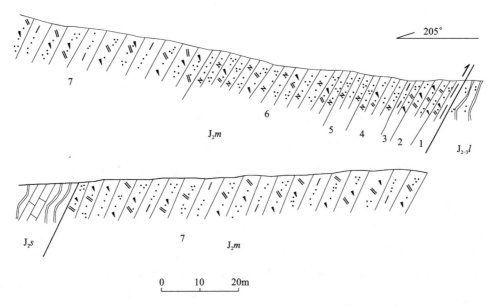

图 2-16　西藏那曲县格索乡中侏罗统马里组剖面图

上覆地层:中侏罗统桑卡拉佣组(J_2s)　深灰色板岩夹灰白色薄层灰岩
———————— 整合 ————————

中侏罗统马里组(J_2m)　　　　　　　　　　　　　　　　　　　　　　　　厚 195.72m

7. 浅灰黄、浅灰色中—厚层状白云质中粒岩屑石英砂岩夹紫红色中厚层状泥质粉砂岩,二者
   之比 3:1　　　　　　　　　　　　　　　　　　　　　　　　　　　　　　　　129.87m
6. 紫红色中—薄层状长石石英砂岩类紫红色薄层状白云质细粒岩屑石英砂岩　　　　338.00m
5. 紫红色中—薄层状长石石英砂岩夹薄层粉砂岩,二者之比 2:1　　　　　　　　　　5.63m
4. 紫红色薄层状长石石英砂岩类白云质岩屑粉砂岩　　　　　　　　　　　　　　　　9.27m
3. 紫红色中厚层状白云质中粒岩屑石英砂岩夹薄层细质粉砂岩　　　　　　　　　　　4.41m
2. 紫红色厚层状白云质细砂质岩屑粉砂岩　　　　　　　　　　　　　　　　　　　　8.19m
1. 紫红、黄色中—薄层状含砾白云质中粉岩屑砂岩夹薄层泥岩　　　　　　　　　　　4.55m

════════════ 断层 ════════════

中—上侏罗统拉贡塘组($J_{2-3}l$)　灰黑色粉砂质板岩

2. 岩石地层特征

马里组由史晓颖(1985)在洛隆县于马里创名,1:20 万丁青县幅、洛隆县幅沿用,是将原柳湾组下部的碎屑岩单独划分出来建立的。

测区内马里组出露局限,经区域对比相当于史晓颖所建的马里组第二岩性段,下与拉贡塘组呈断裂接触,上与桑卡拉佣组呈整合接触。主要岩性下部为紫红色中薄层状(部分厚层状)长石石英砂岩夹含砾白云质中粒岩屑砂岩,白云质细粒岩屑石英砂岩、粉砂岩、泥质粉砂岩、泥页岩等,中—上部为浅灰黄、浅灰色中—厚层状白云质中粒岩屑石英砂岩夹紫红色中厚层状泥质粉砂岩。其为一套由滨岸—浅海相沉积组合,厚度大于 195.72m。

3. 基本层序特征

该组主要发育三种基本层序类型(图 2-17)。

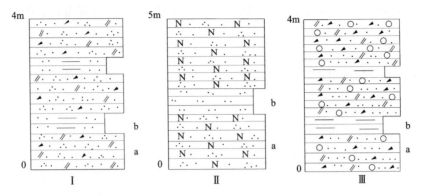

图 2-17 测区马里组基本层序(那曲县格索乡)

(1) 基本层序Ⅰ:由下部单元浅灰黄、浅灰色中—厚层状白云质中粒岩屑石英砂岩(a)与上部单元紫红色中—薄层状泥质粉砂岩(b)组成韵律性基本层序,a:b 一般为3:1,基本层序厚约 2m 或更厚,发育于本组中—上部。

(2) 基本层序Ⅱ:由下部单元紫红色中—薄层状长石石英砂岩(a)与上部单元紫红色薄层状粉砂岩(b)组成基本层序,a:b 约2:1,基本层序厚 2~3m,发育于本组下部层位。

(3) 基本层序Ⅲ:由下部单元紫红、黄色中—薄层状含砾白云质中粒岩屑砂岩(a)与上部单元薄层泥页岩(b)组成的基本层序,a:b<2:1,基本层序厚 1.5m±,分布于本组底部。

4. 古生物特征及地质时代讨论

本次工作在马里组未采获化石。前人曾在洛隆县马里剖面获得了大量的双壳类及腕足类化石(表2-7),马里组双壳类组合为:*Protocardia stricklandi - Myophorella signata* 组合。其中最重要、最丰富的是三角蛤科的 *Myophorella* 和心角蛤科的 *Protocardia*。主要分子有:*Protocardia stricklandi*(Morris et Lycrtt),*Myophorella signata*(Agassiz),*M. maliensis* sp. nov.。它们都是中侏罗统巴柔阶的曲型分子,故马里组时代置于中侏罗世是适宜的。

表 2-7 洛隆马里侏罗系腕足类、双壳类动物群组合简表

地层	时代	腕足类组合	双壳类组合
拉贡塘组	Tithonian - M. Callovian		*Entolium proeteus - Placunopsis maliensis* Ass.
桑卡拉佣组	L. Callovian	*Dorsoplicathyris - D. dorsolicata* Ass.	*Lopha qamdoensis - Pseudotrapezium cordiforme - Chlamys(Radulpecten) baimaemsis* Ass.
桑卡拉佣组	U. Bathonian	*Cererithyris intermedia - Auonothyris luolongensis* Ass.	
桑卡拉佣组	M. Bathonian	*Cererithyris richardsoni - Pseudotubithyris powerstockensis* Ass.	
桑卡拉佣组	L. Bathonian - U. Bajocian	*Sphaeroidtohyris lenthayensis - Monsardithyris ventricosa* Ass.	
马里组	M. Bajocian - L. Bajocian		*Protocardia stricklandi - Myophorella signata* Ass.

(三) 桑卡拉佣组(J_2s)

桑卡拉佣组分布于测区西部恰则乡西南部和达塘乡南怒江南岸一带，分布面积均40km²。其与拉贡塘组在多勒一带为整合接触，在达塘南等地与拉贡塘组呈鼻状构造接触，层序不全，本书援引那曲县幅资料进行叙述。

1. 剖面描述

那曲县达仁乡拔格弄巴中侏罗统桑卡拉佣组(J_2s)剖面如图2-18所示。

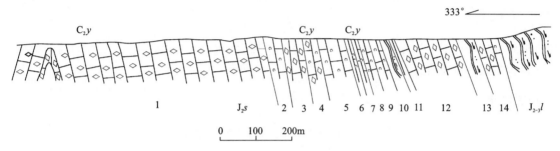

图2-18 那曲县达仁乡拔弄巴中侏罗统桑卡拉佣组剖面图

上覆地层：中—上侏罗统拉贡塘组($J_{2-3}l$)　灰黑色粉砂质绢云母板岩
———————————— 整合 ————————————

中侏罗统桑卡拉佣组(J_2s)　　　　　　　　　　　　　　　　　厚>1257.83m

14. 灰黑色生屑粉晶灰岩	60.15m
13. 灰黑色含粉砂质绢云母板岩	47.04m
12. 灰色中—厚层状粉晶灰岩	182.10m
11. 浅灰色薄层状微晶灰岩	15.16m
10. 灰黑色砂质绢云板岩	29.72m
9. 灰黑色生屑灰岩与钙质板岩互层	22.50m
8. 灰色钙质板岩夹生屑灰岩，二者比例为2∶1	25.20m
7. 深灰色中—薄层状生屑灰岩，含有海百合茎及笛管孔珊瑚碎片	19.00m
6. 浅灰色生屑灰岩夹钙质板岩，二者比例为3∶1	17.28m
5. 深灰色中—薄层状生物碎屑灰岩	9.12m
4. 浅灰色中—薄层状含生屑微晶灰岩，产海百合茎碎片	41.88m
3. 灰色厚—块层状粒晶灰色	55.52m
2. 深灰色中—薄层状生屑灰岩	30.91m
1. 浅灰色中—薄层状粉晶灰岩	642.25m

　　珊瑚类化石：*Stylina*
　　　　　　　　Gryptocoenia
　　　　　　　　Stylosmilia 等

(未见底)

2. 岩石地层特征

桑卡拉佣组为四川区调队(1996)在洛隆县马里剖面命名，原指位于洛隆县马里乡瓦合断裂南的中侏罗统灰岩地层。

测区桑卡拉佣组岩性亦为一套碳酸盐岩夹细碎屑岩，其组合特征下部为浅灰色中—薄层状粉晶灰岩，产珊瑚类化石，厚度巨大，可达642.25m；中部为浅灰—灰黑色中薄层状生屑灰岩、粉晶灰岩夹灰色钙质板岩，厚221.41m；上部为灰黑色绢云母板岩、砂质绢云母板岩与浅灰色薄层微晶灰岩、粉晶灰岩、灰黑色生屑粉晶灰岩互层，厚334.17m。本组总厚度为1257.83m。

3. 古生物特征及地质时代讨论

本组含化石较少,见少量珊瑚化石 *Stylina*,*Gryptocoenia*,*Stylosmilia* 等,此外还有海百合茎及苔藓虫碎片,时代为侏罗纪。在1∶20万丁青县幅、洛隆县幅(1994)显示,该组内产有双壳类 *Chlamys* (*Radulopecten*) *baimaensis*,为青藏高原中侏罗统常见分子,大致相当于巴通阶至下卡洛阶。此外,文世宣(1982)曾发表有产自硕般多乡日许的双壳类 *Nuculana* (*Praesaella*) *juriana*,原产于印度卡奇地区中侏罗统。*Chlamys* (*Radulopecten*) cf. *tipperi* 分布于欧洲及唐古拉地区巴通阶,据此本组归中侏罗统无疑,大致可对比为巴通阶至下卡洛阶。

(四) 拉贡塘组（$J_{2-3}l$）

拉贡塘组分布于比如县恰则乡—热西乡—尼木乡一带,面积约 4500 km²。下、上分别与希湖组三段及早白垩世多尼组一段整合接触。

1. 剖面描述

边坝县沙丁乡瑜户雄中—上侏罗统拉贡塘组实测剖面如图 2-19 所示。

中—上侏罗统拉贡塘组（$J_{2-3}l$） （未见顶）	厚＞1001.62m
19. 深灰色薄层粉砂泥质板岩	＞8.97m
========断层========	
18. 浅灰—灰色中层状变质中细粒岩屑石英砂岩(a)偶夹深灰色薄层粉砂质板岩(b),a∶b 约 7∶1,a 单元厚 5～50m	12.12m
17. 深灰色薄层粉砂质板岩夹灰色中薄层状变质中细粒岩屑石英砂岩透镜体	117.24m
========断层========	
16. 紫灰色中层状变质细粒岩屑石英砂岩(a)与深灰—灰黑色薄层粉砂质板岩(b)组成韵律层。a∶b 约 1.5∶1,a 单元厚 10～40cm,b 单元厚 5～20cm	7.44m
15. 深灰色薄层粉砂质板岩夹变质岩屑石英砂岩透镜体	51.59m
14. 紫灰、深灰色薄层状变质中细粒岩屑石英砂岩(a)与深灰色薄层粉砂质板岩(b)组成韵律层,a∶b 约 1.5∶1,a 单元厚 5～15cm,b 单元厚 3～10cm	33.49m
13. 深灰色薄层粉砂质板岩夹深灰色薄层状变质中细粒石英砂岩	47.06m
12. 浅灰色中层状中细粒变质岩屑石英砂岩夹深灰色薄层粉砂质板岩	14.48m
11. 深灰色薄层粉砂质板岩夹灰色薄层状变质细粒石英砂岩	80.77m
10. 浅灰—灰色中层状变质中细粒岩屑石英砂岩(a)与深灰色薄层粉砂质板岩、含炭屑粉砂泥质板岩(b)组成韵律层,a∶b 约 2∶1,a 单元厚 5～20cm,b 单元厚 2～10cm	17.95m
9. 深灰色薄层粉砂质板岩夹灰色中层状变质细粒岩屑石英砂岩,发育有纹层构造	53.85m
8. 紫灰色中层状变质细粒岩屑石英砂岩(a)与深灰色微薄层片状含炭粉砂泥质板岩(b)组成韵律层。a∶b 约 1.2∶1,a 单元厚 2～25cm,一般 5～10cm;b 单元厚 2～20cm,一般 2～10cm	21.32m
7. 深灰色微薄层含炭粉砂泥质板岩偶夹灰色中薄层状变质细粒岩屑石英砂岩	74.73m
6. 灰色中—薄层状变质中细粒岩屑石英砂岩(a)夹深灰色薄层粉砂质板岩,a∶b 约 4∶1,a 单元厚 5～15cm,b 单元厚 2～5cm	66.58m
5. 深灰色薄层粉砂质板岩夹灰色薄层状变质细粒岩屑石英砂岩	286.55m
4. 灰色中层状变质中细粒岩屑石英砂岩夹深灰色中层状粗粉砂岩,砂岩具透镜状层理、波状纹层状层理	34.75m
3. 深灰色薄层粉砂质板岩夹灰色中层状变质细粒岩屑石英砂岩	16.70m
2. 灰—深灰色中—厚层状变质细粒岩屑石英砂岩夹灰黑色薄层粉砂质板岩,砂泥比约 3∶1,砂岩厚 50～80cm,一般 10～20cm,板岩厚 1～30cm,一般 4～10cm	16.7m
1. 深灰色—灰黑色薄层粉砂质板岩夹灰色薄层状变质细粒岩屑石英砂岩,砂泥比 1∶3	＞33.00m

（未见底）

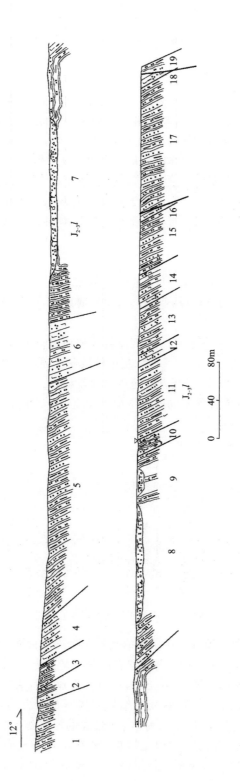

图2-19 边坝县沙丁乡输户雄中—上侏罗统拉贡塘组实测剖面图

2. 岩石地层特征

拉贡塘组在本区以类复理石沉积为主要特征,组成该地层单位的主要岩石为中细粒岩屑石英砂岩和粉砂岩或泥质粉砂岩经区域变质作用形成的变质砂岩、板岩类岩石,其中深灰色—灰黑色粉砂质板岩夹岩屑石英砂岩的岩石组合占主体地位。在瑜户雄剖面上,此种组合约占地层总厚度的77%,砂岩夹板岩的组合占15%,由砂岩和板岩组成的韵律层结构约占8%。从其垂向分布特征上看,下部为以灰黑、深灰色薄层粉砂质板岩夹灰色中—薄层变质岩屑石英砂岩为主,并与砂岩夹板岩的组合互层为特征,砂岩的含量相对较多;上部则仍以板岩夹砂岩的组合为主,间与砂岩、板岩韵律层,砂岩夹板岩组合互层,砂岩的含量相对(下部)减少,厚度减小,局部粉砂质板岩中含泥质和炭屑成分。区域上在姐曲以北地区,本组以灰色中—厚层变质细粒岩屑砂岩为主,可与薄层砂岩、粉砂质板岩组成的小韵律层互层或与薄层粉砂质板岩互层。这套以砂岩为主体的地层序列应为瑜户雄剖面拉贡塘组之下部层位,剖面上的本组可能为向上过渡到多尼组之前的过渡组合,砂岩部分减少、减薄,板岩部分相对增多、加厚。在比如县良由乡南沟、扎松—觉给—居不让一带,本组上部夹一套灰绿色安山岩,蚀变安山岩,片理化、糜棱岩化安山岩,部分地带被韧性变形带代替,岩石全部变为糜棱岩,火山岩总厚度约千米以上。

3. 基本层序特征

组成该地层单位的基本岩性可划分为四种最小的岩性单元。

a 单元:灰—深灰色厚层状变质细粒岩屑石英砂岩,中—薄层状、巨厚层状者相对较少,但在瑜户雄剖面上中薄层者较发育。

b 单元:可分两种情况。b_1:灰—深灰色条带状变质细粒岩屑石英岩与灰黑色薄层粉砂质板岩组成厘米级沉积韵律层,条带宽度大都为3～5cm。b_2:深灰色纹层状变质细—粉砂岩(板岩)。

c 单元:灰黑色薄—微薄层变质粉砂岩(板岩)、泥质粉砂质板岩。

由以上四种最小岩性单位组成各种不同的基本层序类型(图2-20)。

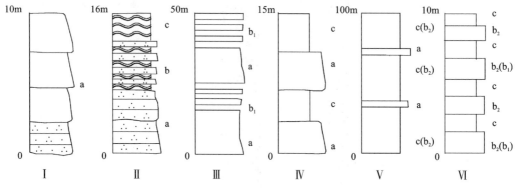

图2-20 拉贡塘组基本层序

(1) 基本层序Ⅰ:由灰—深灰色变质细—中细粒岩屑石英砂岩组成单一岩性基本层序,一般中—厚层状者较为常见,巨厚层状者较少,中薄层状或薄层状在剖面上较发育。厚度不等,一般小于10m,部分厚可达20～30m,如沙丁乡西姐曲两岸,薄者1m±,为本组较为常见的基本层序类型。

(2) 基本层序Ⅱ:由灰—深灰色中—厚层状变质细粒岩屑石英砂岩(a)、灰—深灰色条带状变质细粒岩屑石英砂岩与灰黑色薄层粉砂质板岩(变质粉砂岩)组成的厘米级韵律层(b)、灰黑色薄—微薄层粉砂质板岩(变质粉砂岩)(c)组成的基本层序,a单元厚度一般10m±,厚者可达20～30m,b单元厚3m±,最厚者可达30m,c单元厚1m至几米,本类型基本层序以 a,或 ab 较发育,c 则相对不发育为特征,本类型亦为该组较为常见类型。

(3) 基本层序Ⅲ:为由 ab 组成的基本层序,c 不发育,本类型为次要类型,较少见。

(4) 基本层序Ⅳ:由灰色中—厚层状变质细粒岩屑石英砂岩(a)与灰黑色薄层(少量微薄层)粉砂质板岩(c)组成的基本层序,a单元厚1～5m,c单元厚1～3m,为本组次要类型基本层序。

(5) 基本层序Ⅴ：亦为 ac 组合构成基本层序，但以 c 为主，a 少量或呈夹层状产出，a 单元厚 2m±，b 单元 5～10m。向上 b 单元增厚至 20～30m，几十米至上百米，而 a 单元仅几米，此为本组上部层位的基本层序类型。

(6) 基本层序Ⅵ：由深灰—灰黑色厚层状变质细粉砂岩(b_2)与深灰—灰黑色薄层变质粉砂岩（板岩）(c)组成的基本层序，有时亦可见 b_1、c 组合，均为少见类型，b 单元厚 1～2m，个别厚可达 20m，c 单元一般厚小于 1m，厚者亦达几米。

4. 古生物特征及地质年代讨论

本区拉贡塘组未采到古生物化石，据东邻丁青县幅资料作一说明。

丁青县协雄九根一带，于生屑灰岩中产双壳类 *Camptonectes* (*C.*) *laminatus* (Sowerby), *Modiolus imbricatus* (Sowerby), *Amisocardia* (*Antiquicyprina*) *trapezoidalis* Wen。可见 *Camptonectes* (*C.*) *laminatus – Modiolus imbricatus* 组合，与羌南-保山地层区雁石坪群的 *Camptonectes* (*C.*) *laminatus* 组合层位一致，属中侏罗统巴通阶。

丁青县协雄乡娃雄一带产珊瑚、苔藓虫、腕足类、双壳类、海百合等，其中双壳类为 *Chlamys* (*Radulopecten*) *baimaensis*, *Comomya gibbosa*, *Homomys*? *prolematica*。可见 *Chlamys* (*Radulopecten*) *baimaensis* 组合，与雁石坪群的同名带可以比较，属中侏罗统下卡洛阶，该组合中的 *H.? prolematica*, *C. gibbosa* 在洛隆马里出现在柳湾组下部（童金南，1987），层位似乎偏低（巴通阶），可能是由于这两个种延续时间较长。

1:20 万丁青县幅、洛隆县幅在丁青色扎乡曲尼拉采到菊石 *Euaspidoceras* (*Neaspidoceras*) *varians* Spsth, *Hoplocardioceras decipens* Spath, *Atanioceras gumheri* Oppel；双壳类 *Myophorella maliensis* Tong。该层位所产菊石 *Euaspidoceras* (*Neaspidoceras*) *varians* 是印度库奇上牛津阶的主要分子，*Rasenia* (*Eusasenia*) *triurcata*, *Rasenia* (*Involuticeras*) *carassiocostata*, *Ataxioceras guntheri*, *A. suberinum*, *Aspidoceras* cf. *babeanum*, *Pararasenia* sp., *Paratixoceras* sp., *Eurasenia* sp., *Lithacoceras* sp., *Phylloceas* sp. 等属种是欧洲下基末里阶下部 *Rasenia cymodoce – Rasenia mutabilis* 带的重要分子。*Kossmatia tenuristtriata* 在喜马拉雅聂拉木地区见于提塘阶；*Virgatosphinctes*, *Autascosphinctes* 普遍分布世界各地，是提塘阶的重要分子。有孔虫中的 *Lenticulina dileetaformis* 曾发现于印度上侏罗统牛津阶；*L. ristulae* 发现于波兰上侏罗统基末里阶，*L. ongkodes*, *L. haesitans* 均命名于非洲马达加斯加上侏罗统—下白垩统。介形虫中的 *Protocythere attendens* 曾发现于伏尔加到乌拉尔地区的上侏罗统下伏尔加阶，*Cytherella index* 始见于瑞士上侏罗统牛津阶。综合分析，该层位可对比为上侏罗统牛津阶—提塘阶。

根据上述三个化石层位的时代归属，拉贡塘组时限为中侏罗世巴通期至晚侏罗世提塘期。

三、白垩系

(一) 多尼组(K_1d)

多尼组在区内较发育，主要分布于班公错-索县-丁青结合带以南广大地区，出露于恰则乡至宁巴乡到加勤乡，以及达塘乡至良曲乡到比如镇以至羊秀乡和尼木乡等，于澎错—七曲—姐曲一线以南延入 1:25 万嘉黎县幅，其西延入那曲县幅，面积约 2500km²。据岩石组合特征可划分为两段，尤以一段分布广泛，二段多于向斜轴部带状分布，区域构造线方向总体呈北西西—近东西向。

1. 剖面描述

1) 索县加勤乡下白垩统多尼组(K_1d)实测剖面

剖面（图 2-21）位于索县加勤乡也色至凶达桶，部分地段有公路边坡揭露出来的人工露头，露头良好，层序连续，为骨干剖面。

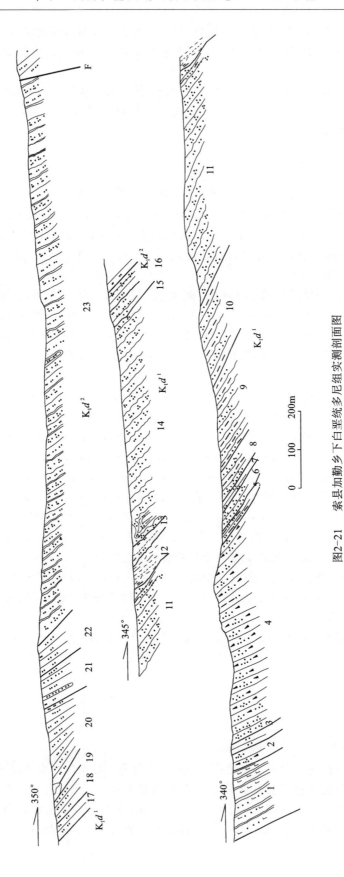

图2-21 索县加勤乡下白垩统多尼组实测剖面图

结合带南边界断裂,灰色中层状变质细粒岩屑石英砂岩

============ 断层 ============

下白垩统多尼组（K_1d）   总厚＞2697.03m

二段（K_1d^2）   厚1207.50m

23. 深灰色中—薄层状变质细粒石英砂岩(a)与灰黑色薄层粉砂质板岩(b)组成(＜1m),夹中—厚层状变质细粒石英砂岩,厚达10m   875.04m
22. 灰、灰绿色薄层泥质粉砂质板岩与灰黑色薄层泥质粉砂质板岩组成韵律层,夹灰色中薄层状变质细粒岩屑石英砂岩透镜体,长3～10m,厚10～50cm,为水道砂体   58.72m
21. 灰黑色薄层泥质粉砂质板岩夹多层灰色中薄层状变质细粒岩屑石英砂岩透镜体,板岩中含多层煤线,宽1cm±   75.17m
20. 灰、灰绿色薄层粉砂质板岩与灰黑色薄层泥质粉砂质板岩互层,夹深灰色薄层变质细粒岩屑石英砂岩,韵律性明显,单个韵律层厚小于10m   83.86m
19. 灰色中—厚层状变质石英粉砂岩夹灰黑色薄层粉砂质板岩,板岩单层厚小于40cm   8.17m
18. 灰色中薄层状变质中粒岩屑石英砂岩(a)与深灰色薄层粉砂质板岩(b)组成小韵律层,a单元厚一般10cm±,最厚20cm,b单元厚一般3～5cm   20.55m
17. 灰黑色泥质粉砂质板岩、炭质粉砂质板岩夹变质细粒岩屑石英砂岩透镜体,中部夹一煤线,厚大于1m   24.71m
16. 深灰色中层状变质中粒岩屑石英砂岩夹灰黑色泥质粉砂质板岩,砂泥比大于2∶1   30.45m
15. 深灰、灰绿色薄层粉砂质板岩夹灰色薄层状变质中粒岩屑石英砂岩,黑色薄层炭质粉砂质板岩及煤线,炭质板岩及劣煤厚约1m   30.83m

============ 整合 ============

下白垩统多尼组一段（K_1d^1）   厚＞1489.53m

14. 深灰色中—厚层状变质中粒岩屑石英砂岩夹灰黑色薄层泥质粉砂质板岩   258.07m
13. 深灰色中薄层状变质中粒岩屑石英砂岩(a)与灰黑色薄层泥质粉砂质板岩(b)组成韵律层,a+b为15～20m,a＞b   34.01m
12. 灰黑色薄层状变质泥质粉砂岩夹灰色薄层状变质中粒岩屑石英砂岩,粉砂岩遭受动力变质作用局部变为硬绿泥石绢云母千枚岩   53.85m
11. 灰—灰黄色中—厚层状变质中粒岩屑石英砂岩夹灰黑色薄层粉砂质板岩,局部动力变质为硬绿泥石绢云千枚岩   377.62m
10. 灰黑色薄层变质粉砂质泥质页岩(板岩)夹灰色薄层状变质中粒岩屑石英砂岩、粉砂岩,砂岩单层厚5cm±   63.65m
9. 灰黑色薄层粉砂质板岩、泥质粉砂质板岩夹灰色中层状变质细粒石英砂岩,砂岩单层厚8～10m   129.5m
8. 深灰色中—厚层状变质中细粒岩屑石英砂岩夹灰黑色薄层粉砂泥质板岩,砂泥比约2∶1   56.85m
7. 灰黑色薄层粉砂泥质板岩夹深灰色薄层状变质中细粒岩屑石英砂岩   18.49m
6. 灰—深灰色中—厚层状变质中细粒岩屑石英砂岩,由下至上由厚层—中层形成3个韵律层   23.77m
5. 灰黑色薄层泥质粉砂质板岩   19.19m
4. 灰色厚层状变质中粒岩屑石英砂岩夹灰黑色含粉砂泥质板岩、粉砂质板岩   362.95m
3. 黑色薄层粉砂质板岩   21.59m
2. 灰色厚层状变质中粒岩屑石英砂岩   35.98m
1. 灰黑色中层状含钙质细粉砂质板岩与黑色薄层钙泥质板岩组成韵律层   ＞34.0m

(未见底)

2）边坝县沙丁乡瑜户雄马耳九村多尼组一段实测剖面

剖面(图2-22)位于边坝县沙丁乡瑜户雄马耳九村,该剖面褶皱、断裂构造较发育,取其中一段作为辅助剖面。

多尼组一段（K_1d^1）   （未见顶）   厚＞538.61m

10. 深灰色薄—微薄层粉砂泥质板岩   ＞70.93m

============ 断层 ============

9. 浅灰—灰色厚层状变质中粒岩屑石英砂岩夹深灰—灰黑色薄层粉砂泥质板岩,砂泥比约5∶1,砂岩单层厚30～60cm,板岩单层厚6～7cm   55.44m

======= 断层 =======

8. 深灰—灰黑色薄层粉砂泥质板岩夹灰色薄层状变质中细粒岩屑石英砂岩,板岩厚15～25cm,砂岩厚8～12cm,砂泥比1:3   22.86m

7. 浅灰—灰色厚层状变质中粒岩屑石英砂岩   4.23m

6. 浅灰色薄层状变质细粒岩屑石英砂岩(a)与深灰—灰黑色粉砂泥质板岩(b)互层,砂岩单层厚3～7cm,最厚20cm,板岩厚4～6cm,砂泥比1.5:1,砂岩中波状层理、透镜状层理较发育   2.54m

5. 深灰—灰黑色薄层粉砂泥质板岩偶夹浅灰色薄层状变质细粒岩屑石英砂岩,板岩单层厚10～50cm,一般10～20cm,砂岩厚4～7cm,砂泥比约1:7   71.46m

4. 浅紫灰色薄—中层状变质中细粒含铁质岩屑石英砂岩夹灰黑色薄层含炭屑粉砂泥质板岩,砂泥比大于3:1,砂岩厚2～15cm,板岩厚1～5cm,具铁质结核   38.28m

======= 断层 =======

3. 深灰色薄—微薄层粉砂泥质板岩,偶夹浅紫灰色薄层状变质细粒岩屑石英砂岩,砂泥比1:7,具砂棒构造、铁钙质结核   205.42m

2. 浅紫灰色中薄层状变质细粒岩屑石英砂岩夹深灰色薄—微薄层粉砂质板岩,砂泥比3:1～4:1,砂岩厚10cm,板岩厚2～3cm   42.69m

1. 深灰色粉砂质板岩夹浅紫灰色薄层状变质细粒岩屑石英砂岩   >24.76m

(未见底)

3) 比如县比如镇藏木达下白垩统多尼组一段、二段(K_1d^2)实测剖面

剖面(图2-23)位于比如镇北西布弄,沿沟而测,可作为多尼组辅助剖面。

下白垩统多尼组二段（K_1d^2）   （未见顶）   **厚>1229.14m**

18. 深灰色厚层状变质细粒石英砂岩(a)与灰黑色变质沙纹层理泥质粉砂岩(b)组成韵律层,a:b为1.5:1～1:1   >121.30m

17. 灰黑色薄—微薄层泥质粉砂质板岩夹灰色薄层状变质细粒石英砂岩   160.03m

16. 灰色中—厚层纹层状变质细粒岩屑石英砂岩(a)与黑色薄—微薄层碳泥质粉砂质板岩(b)组成韵律层,a:b为1:2～2:1,由下而上,下部单元a有增厚—减薄之变化   329.08m

15. 黑色薄—微薄层炭泥质粉砂质板岩夹少量灰色中薄层状变质细粒石英砂岩,砂泥比小于1:10   99.38m

14. 灰色中—厚层状变质细粒石英砂岩(a)与黑色薄层—微薄层炭泥质粉砂质板岩(b)组成韵律层,a:b约1:2,下部单元a厚10～15m,上部单元厚20～20m   210.11m

13. 黑色薄—微薄层炭泥质粉砂质板岩   251.15m

12. 灰色中层状变质细粒石英砂岩(a)与黑色炭质粉砂质板岩(b)组成韵律,a:b约1:1,各单元厚30m±   58.09m

======= 断层 =======

下白垩统多尼组一段（K_1d^1）   **厚>1183.12m**

11. 灰色厚层状—块层状变质细粒石英砂岩,间夹微薄层粉砂质板岩   35.05m

10. 灰色中—厚层状变质细粒石英砂岩夹黑色薄—微薄层炭泥质粉砂质板岩   33.34m

9. 灰黑色薄—微薄层炭泥质粉砂质板岩夹灰色中—厚层状变质细粒石英砂岩,砂岩单元厚小于10m,板岩厚大于30m   71.88m

8. 灰—深灰色厚层状变质细粒石英砂岩   23.92m

7. 灰黑色薄—微薄层粉砂质板岩,偶夹中层变质细粒石英砂岩   223.74m

6. 灰色中—厚层状变质细粒石英砂岩   19.21m

5. 黑—灰黑色粉砂质板岩   204.91m

4. 灰—深灰色厚层状变质细粒岩屑石英砂岩夹灰黑色粉砂质板岩   27.11m

3. 灰黑色粉砂质板岩,偶夹灰色中层状变质细—中粒岩屑石英砂岩   328.09m

2. 灰色中—厚层状变质细粒岩屑石英砂岩夹灰黑色粉砂质板岩   19.15m

1. 黑色炭泥质粉砂质板岩夹灰黑色厚层状变质细粒岩屑石英砂岩   >196.72m

(未见底)

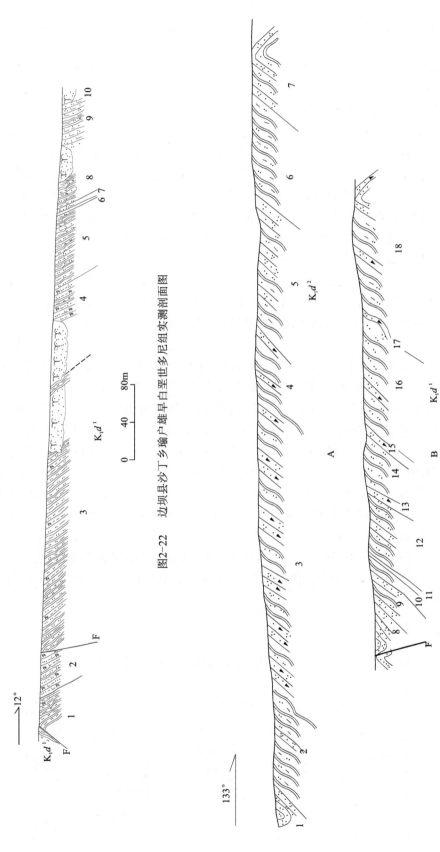

图2-22 边坝县沙丁乡瑜户雄早白垩世多尼组实测剖面图

图2-23 比如县比如镇藏木达下白垩统多尼组一、二段实测剖面图

2. 岩石地层特征

多尼组为一套暗色细碎屑沉积夹含煤岩系,根据岩性组合特征,可将多尼组划分为两段。

1) 一段(K_1d^1)

在索县加勤乡剖面上,多尼组一段以灰色中—厚层状变质细粒石英砂岩、岩屑石英砂岩为主,与灰黑色薄层粉砂质板岩构成不同的组合形式。下部由灰色厚层状中粒岩屑石英岩与黑色薄层粉砂质板岩互层和灰色厚层状变质中粒岩屑石英砂岩夹灰色含粉砂泥质板岩组成,中部主要为灰黑色薄层粉砂质板岩夹灰色中层变质中粒岩屑石英砂岩,上部以灰—灰黄、深灰色中—厚层状变质中粒岩屑石英砂岩为主,夹灰黑色泥质粉砂质板岩、粉砂质板岩。主体上以砂岩夹板岩、砂岩为主体的地层序列,厚度1489.53m。在比如县藏木达一带,一段下部为灰黑—黑色薄层粉砂质板岩、炭泥质粉砂质板岩夹灰色中—厚层状变质细粒岩屑石英砂岩;中部为灰黑—黑色薄层粉砂质板岩;上部为灰黑色薄—微薄层炭泥质粉砂质板岩、粉砂质板岩夹灰色中—厚层状变质细粒石英砂岩,一些板岩中条带状构造、纹层构造比较发育,厚度1183.12m。在边坝县沙丁乡瑜户雄一带,多尼组仅出露一段层位。下部主要为深灰—灰黑色薄—微薄层粉砂泥质板岩偶夹浅紫灰色薄层状变质细粒岩屑石英砂岩,砂泥比约1:7,具砂棒构造,钙铁质结核;上部砂岩、板岩的比例相近,由浅紫灰色中层状变质中细粒石英砂岩、浅灰—灰色厚层状变质中粒岩屑石英砂岩夹深灰色薄—中薄层粉砂泥质板岩、深灰色薄层粉砂泥质板岩、岩屑石英砂岩呈互层状产出,砂岩、板岩单层厚度较小,韵律性沉积特征较明显,厚度大于467.68m。

2) 二段(K_1d^2)

多尼组二段岩性组合主要特征是由砂岩与板岩组成的韵律层,小韵律层(厘米级)占主体地位,其次为板岩夹砂岩组合,亦见大套板岩出现,砂岩单层变薄,且没有集中发育部位。在加勤乡一带,二段中上部为深灰色中—薄层状变质细粒岩屑石英砂岩与灰黑色薄层粉砂质板岩组成的韵律层,韵律层厚大部分小于1m,偶夹灰色中层状变质细粒岩屑石英砂岩,层厚可达10m。下部为灰、灰绿色薄层泥质粉砂质板岩与灰黑色薄层泥质粉砂层板岩组成的韵律层(单个韵律层厚小于10cm),夹灰色中—中薄层状变质细粒岩屑石英砂岩(透镜体)、灰黑色薄层泥质粉砂质板岩夹灰色中薄层状变质细粒岩屑石英砂岩、灰色薄层变质中粒岩屑石英砂岩与深灰色薄层粉砂质板岩组成的韵律层(单个韵律层厚10cm±)等组合的互层式叠置。底部和下部含煤线、板岩中炭质成分较高,厚度1207.59m,在比如县藏木达一带本段由灰色中层状变质细粒石英砂岩(a)、黑色炭泥质粉砂质板岩(b)组成的韵律层与灰黑色薄—微薄层炭泥质粉砂质板岩夹灰色薄—中薄层变质细粒石英砂岩、黑色薄—微薄层炭泥质粉砂质板岩互层。在ab组成的韵律层中a:b一般为1:2,部分可达1:1,a单元厚10~30m,b单元厚20~30m,纹层构造、条带构造相对发育。厚度1229.14m。

3. 基本层序特征

多尼组的基本层序特征主要岩性为砂岩、板岩,但由于其组合形式不同,可形成多种类型的基本层序(图2-24)。

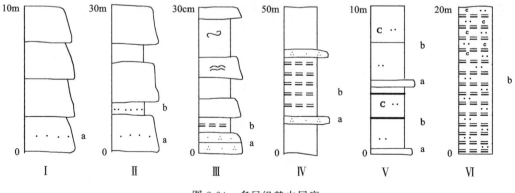

图 2-24 多尼组基本层序

(1) 基本层序Ⅰ：由灰色厚—块层状变质细粒石英砂岩组成单一岩性基本层序，厚 20～35m，主要发育于一段中，呈韵律层下部单元或厚大夹层产出，二段中一般不单独出现。

(2) 基本层序Ⅱ：由灰—灰黄、深灰色中—厚层状变质中粒岩屑石英砂岩为主夹灰黑色薄层粉砂质板岩组成，砂泥比约 4:1，基本层序厚 10～20m，主要发育于一段中。

(3) 基本层序Ⅲ：灰色中—厚层状变质中—细粒（岩屑）石英砂岩(a)与灰黑色薄层粉砂质板岩或炭泥质粉砂质板岩(b)组成韵律层，a:b 一般为 1:2～2:1，韵律层厚度大致可分为两级，一级为小于 1m 者，多数为厘米级的每个单元厚 3～5cm，纹层状，条带状构造多见，部分大于 10cm，每个单元厚 20～40cm 不等，另一级为大韵律，每个单元厚均大于 10m，一般 a 单元厚 10～20m，b 单元厚 20～30m，少部分情况 a＞b。本类型基本层序主要分布多尼组二段，一段中少见。

(4) 基本层序Ⅳ：灰黑色薄—微薄层粉砂质板岩(b)夹灰—深灰色中薄层状或厚层状变质中—细粒（岩屑）石英砂岩(a)，a:b＜1:6，a 单元厚 1～2m，b 单元厚一般大于 10m，在一、二段中均较发育，特别在一段中更为常见。

(5) 基本层序Ⅴ：以灰黑、灰绿色泥质粉砂质板岩、炭质粉砂质板岩为主，底部为灰色薄层变质细粒石英砂岩，顶部夹煤层或煤线，在加勤乡一带，该基本层序类型分布于二段底部和下部。

(6) 基本层序Ⅵ：由灰黑—黑色粉砂质板岩或含炭泥质粉砂质板岩组成单一岩性基本层序，在一、二段中均有发育，数量和厚度比例均较小。

4. 古生物特征及地质时代讨论

测区多尼组变质程度较丁青、洛隆一带深，化石不易保存，所采到的化石多不能鉴定，此仅据 1:20 万丁青县幅资料进行讨论。

多尼组在洛隆县附近格斗、贡庆拉卡产淡水双壳类 *Trigonioides* (*Diversitrigonoides*) *naquensis* Gu，*Cuneopsis sakaii* (Suzuki)；海生双壳类 *Weyla* (*Weula*) sp.；海百合 *Cyclocyclicus lhorongensis* Mu et Lin；植物 *Zamiophyllum buchianum* (Ett.)，*Podozamites* sp.，*Cladophlebis lhorongensis* Lee。在硕般多产植物 *Zamiophyllum reiculata* (Stokes et Webb)，*Onychiopsis elongata* (Geyler)。在马五乡热曲产植物 *Onychiopsis elongata* (Geyler)。

此外，西藏地质局第一地质大队(1974)曾在洛隆县城北山、硕般多、中亦松多、拉孜等地采获植物化石 *Klukia xizangensis* Lee，*K.* cf. *browniana* (Dunker)，*Onychiopsis elongata* (Geyler)，*Cladophlebis lhorongensis* Lee，*C. exiliformis* Oishi，*C.* (*Klukis?*) *koraiensis* Yabe，*Werchselina reuculata* (Stokos et Webb)，*Gleichenites* cf. *giesekiana* Heer，cf. *Frenelopsis hoheneggeri* (Ett.)，*Zamiophyllum buchianum* (Ett.)，*Podozamites* sp.，*Carpolithus* sp.，*Ptliophyllum* cf. *borealis* (Heer)，*Zamiostrobus?* sp.，*Sphenopteris cretacea* Lee。

多尼组植物群以真蕨类、苏铁类占主要地位，缺乏银杏类，与西欧早白垩世韦尔登期植物群性质相同，*Weichseliu reticulata* 是世界性早白垩世标准分子。*Zamiophyllum buchianum* 地理分布广泛，地层分布仅限于早白垩世，被视为早白垩世重要植物之一。李佩娟(1982)在研究该植物群时，认为时代可进一步确定为早白垩世早期（尼欧克姆期）。

本组所产双壳类 *Trigonioides*(*Diversitrigonioides*)属早白垩世中期 T. P. N. (*Trigonioides-Plicatounio-Nippononaia*)动物群的成员。*T.* (*D.*) *naquensis* 原产于藏北那曲地区的多尼组。

综合分析，多尼组归下白垩统，时代为早白垩世早中期。

5. 微量元素特征

从多尼组各类岩石微量元素含量表(表 2-8)中可以看出，砂岩类岩石中仅 B、Sn 高出黎彤(1976)平均值 3～5 倍，Pb、Li、W、Mo、Sb、Zr、Ga 与黎氏值相近，其余 Cu、Zn、Cr、Ni、Co、Sr、Ba、Nb、Ta 均低于黎氏值。板岩、粉砂岩类岩石中 Pb、Li、W、Mo、B、Ga、Sn 等元素高于黎氏值，其中 B 高出 10 倍，大部分高出 1 倍，Zn、Sb、Ba、Zr 与黎氏值相近，Cu、Cr、Ni、Co、Sr、Nb、Ta 均低于黎氏值。

表 2-8 多尼组微量元素含量表（$\times 10^{-6}$）

样号	岩性	Cu	Pb	Zn	Cr	Ni	Co	Li	W	Mo	Sb	Sr	Ba	Nb	Ta	Zr	B	Ga	Sn
P17 4-1	石英砂岩	41.3	22.0	86.0	122	65.3	11.2	54.6	1.56	2.80	0.29	111	216	14.2	1.55	184	76.4	17.9	4.80
5-1	石英砂岩	13.9	8.00	13.3	31.1	<1	1.70	22.4	2.15	4.54	0.90	69.7	247	11.1	1.64	263	57.5	15.4	5.40
7-3	石英砂岩	12.2	7.00	26.8	21.2	15.8	6.70	15.4	1.56	2.72	0.36	20.6	109	6.32	0.58	175	24.7	8.49	4.00
17-1	石英砂岩	12.2	7.00	37.6	33.7	19.8	12.9	13.4	1.33	1.74	0.39	49.2	209	9.47	1.52	202	29.3	14.0	6.20
26-1	石英砂岩	16.7	44.0	61.0	32.3	14.4	8.30	23.1	098	2.36	0.37	33.5	138	6.63	1.08	166	27.6	14.1	2.70
27-1	石英砂岩	16.0	11.0	35.3	15.7	19.2	14.1	8.70	0.21	0.47	0.70	214	71.8	3.32	<0.5	49.8	34.8	6.84	0.90
$\bar{X}$		18.72	16.5	43.5	42.67	22.5	9.15	22.9	1.30	2.44	0.50	83	165	8.51	1.06	173.3	41.7	12.8	4.0
黎彤(1976)		63	12	94	110	89	25	21	1.1	1.3	0.6	480	390	19	1.6	130	7.6	18	1.7
4-2	板岩(粉砂岩)	31.4	15.0	79.4	122	79.9	7.30	46.1	0.84	3.58	0.75	162	181	11.5	1.11	128	108	22.4	3.60
15-1	板岩(粉砂岩)	36.2	53.0	94.6	81.6	46.5	28.0	32.0	2.32	1.80	1.16	120	526	15.5	1.18	190	54.8	32.8	7.10
18-1	板岩(粉砂岩)	22.8	<1	79.6	66.3	35.0	14.1	64.4	1.68	2.08	0.39	83.2	362	14.5	0.89	217	68.9	25.8	6.20
18-2	板岩(粉砂岩)	29.9	24.0	92.5	67.9	32.0	16.6	46.2	1.45	0.93	0.48	116	403	14.1	1.11	148	68.8	28.2	5.20
26-2	板岩(粉砂岩)	23.6	32.5	92.6	61.4	36.4	11.9	25.0	1.97	0.80	0.42	102	440	15.8	0.99	194	67.2	28.0	3.65
26-5	板岩(粉砂岩)	16.1	20.0	92.1	93.4	13.6	6.60	52.3	4.31	7.12	0.79	134	346	18.3	1.38	152	89.2	36.3	4.40
29-1	板岩(粉砂岩)	25.9	12.0	66.8	51.5	40.0	12.7	15.6	1.80	1.33	0.48	187	259	11.3	1.39	109	84.6	18.1	2.80
$\bar{X}$		26.6	22.4	85.5	77.73	40.5	13.9	40.3	2.05	2.52	0.64	129	360	14.4	1.15	162	77.4	27.4	4.71
黎彤(1976)		63	12	94	110	89	25	21	1.1	1.3	0.6	480	390	19	1.6	130	7.6	18	1.7

（二）边坝组（K_1b）

该组于测区内不甚发育，主要出露于测区西部达塘乡至良曲乡的怒江南北两侧，面积约 $50 km^2$，总体呈近东西向，与区域构造线方向一致。本测区因外部环境较差而未测制剖面，此据 1:25 万边坝县幅予以描述。

1. 剖面描述

边坝县草卡镇冻托早白垩世边坝组（K_1b）实测剖面如图 2-25 所示。该剖面位于边坝县草卡镇冻托一带，由南向北沿公路（即曲麦河流东岸）测制。本剖面交通比较方便。露头较为连续，地质构造较为简单，由两个较大的背斜和向斜组成。该剖面以草卡镇至边坝县城之间发育最好。

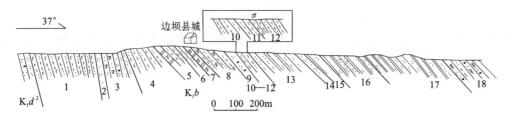

图 2-25 边坝县草卡镇冻托早白垩世边坝组实测剖面图

边坝组（K_1b） （未见项） 厚>**1233.86m**

18. 黄绿色薄层状细粒岩屑石英杂砂岩夹灰黑色深灰色粉砂质绢云母千枚板岩（向斜核部） >90.29m
17. 深灰色粉砂质绢云母千枚板岩与粉砂岩互层 133.78m

16. 深灰色粉砂质绢云母千枚板岩夹灰黑色薄层状细粒石英砂岩	65.07m
15. 灰黑色粉砂质绢云母千枚板岩夹灰色薄层状粉砂岩	39.27m
14. 灰白色薄层状细砂岩与深灰色粉砂质绢云母千枚板岩互层	25.00m
13. 灰色薄层状粉砂岩与深灰色粉砂质绢云母千枚板岩互层	128.48m
12. 深灰色薄层状粉砂质泥岩	18.99m

  双壳类：*Trigonioides*（*Diversitrigonioides*）*xizangensis* Gu（西藏类三角蚌、异饰蚌）

     Pleuromya spitiensis Hoidhaus（斯匹梯肋海螂）

     Opis（*Trigonopis*）cf. *suboligua* Gou（近斜三角钩顶蛤、相似种）

     Pleuromya sp.（肋海螂）

     Myopholas sp.（螂海笋）

     Trichomyerla sp.

     Protelliptio

11. 灰黄色薄层状粉砂质泥岩	11.39m
10. 灰绿色粉砂质泥岩夹粉砂岩	25.71m
9. 灰绿色薄层状细粒岩屑石英砂岩夹灰绿色粉砂质泥岩	7.56m
8. 紫红色粉砂质铁质泥岩	81.55m
7. 深灰色页岩夹深灰色薄层状泥晶铁白云岩	22.62m
6. 灰绿色薄层状粉砂岩	22.62m
5. 深灰色灰绿色粉砂质泥岩；下部夹灰黄色中薄层状泥晶铁白云岩	28.74m
4. 紫红色、灰绿色粉砂质白云质泥岩	53.37m
3. 紫红色铁质粉砂岩夹灰色中厚层状细粒岩屑石英砂岩夹灰色薄层状泥质粉砂岩	122.71m
2. 灰色中厚层状细粒石英砂岩与紫红色薄层状细粒石英杂砂岩互层	29.33m
1. 紫红色中厚层状粉砂质钙质泥岩	282.48m

———————— 整合 ————————

下伏地层：多尼组二段（K_1d^2） 灰黑色板理化粉砂岩夹深灰色薄层状细粒岩屑石英砂岩（磁铁矿化）

2. 岩石地层特征

1）定义及其特征

边坝组（K_1b）是本次四幅区调联测工作建立的一个新的岩石地层单位。建组剖面位于边坝县城一带。其底部以紫红色质粉砂质钙质泥岩为标志与下伏多尼组（K_1d）分界；与上覆宗给组（K_2z）呈角度不整合接触。岩性主要为紫红色、灰绿色粉砂质钙质泥岩，灰色中厚层状细粒石英砂岩与紫红色薄层状细粒石英杂砂岩互层，深灰色灰绿色粉砂质泥岩夹灰黄色中薄层泥晶铁白云岩。灰白色薄层细粒石英砂岩与深灰色粉砂质绢云母千枚板岩互层，灰黑色粉砂质绢云母千枚板岩夹灰色薄层状粉砂岩。产丰富双壳类化石。厚度1233.86m。

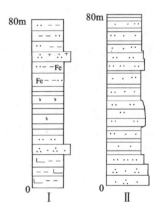

图2-26 边坝组基本层序

2）基本层序及沉积特征

边坝组可识别出两种基本层序类型（图2-26）。

基本层序Ⅰ：见于边坝组下部，由灰色中厚层细粒石英砂岩，紫红色质粉砂质钙质泥岩，深灰色灰绿色粉砂质泥岩夹灰黄色中薄层泥晶铁白云岩。反映了滨岸洲堤隔离的近海泻湖沉积。

基本层序Ⅱ：灰绿色粉砂质泥岩，产丰富双壳类化石。灰色薄层状粉砂岩与深灰色粉砂质绢云母千枚板岩互层，灰白色薄层细粒石英砂岩与深灰色粉砂质绢云母千枚板岩互层；该层序类型反映了砂泥质潮坪沉积。

3. 区域地层对比

该组于比如县达塘乡热西一带以紫红色、浅灰红色中—中厚层状泥晶铁白云岩、白云质灰岩、微晶灰岩夹钙质粉砂岩、钙质页岩等的一套组合,且在灰岩微裂隙中见有铜矿化为特征。

向南东于边坝县拉孜一带,该组底部以杂色灰黑色页岩夹粉砂岩与下伏多尼组呈整合接触。岩性主要为灰黄色钙质页岩夹灰色钙质粉砂岩、黄灰色钙质页岩与粉砂岩互层。页岩中含腕足类、双壳类化石碎片,粉砂岩中含炭化植物化石碎片,灰黑色页岩夹薄层粉砂岩、杂色页岩夹粉砂岩。厚度240m。

向东在洛隆格斗一带。该组以灰色泥岩、粉砂质泥岩。黄绿色页岩、粉砂质页岩夹黄色薄层状、透镜状粉砂岩为特征。

4. 古生物特征及地质时代讨论

双壳类 Trigonioides (Diversitrigonioides) xizangensis - Pleuromya spitiensis 组合主要产于边坝组。该组合主要分子有:Trigonioides (Diversitrigonioides) xizangensis Gu(西藏类三角蚌异饰蚌)、T. (D.) naquensis Gu, Pleuromya spitiensis Hoidhaus (斯匹梯肋海螂), Opis (Trigonopis) cf. suboligua Gou (近斜三角钩顶蛤、相似种), O. (T.) sp., Pleuromya sp. (肋海螂), Myopholas sp. (螂海笋), Trichomyerla sp., Protelliptio sp., Cuneopsis sakaii (Suzuki), Weyla (Weyla) sp.。

本组所产双壳类 Trigonioides (Diversitrigonioides) 属早白垩世中期 T. P. N. (Trigonioides - Plicatounio - Nippononaia) 动物群的成员。T. (D.) naquensis 原产于藏北那曲地区的多尼组。综合分析,边坝组归早白垩世(阿普特期—阿尔比期)。

5. 边坝组建组的意义

按照地层指南建组的原则:"岩石地层单位从典型地区逐渐向外延伸是有一定范围的。它是通过层型和次层型剖面的对比而确定的。延伸一个岩石地层单位的关键条件是两个标志层之间的岩石地层特征,必须和典型地层一致或基本一致。否则,当一个岩石地层单位在侧向上变为另一种岩石或岩石组合时,应建立新的地层单位,而且应通过填图查明其延伸情况及其相互关系。"

通过填图已查明早白垩世边坝组与早白垩世郎山组二者层位虽然相当,但二者在岩性、岩相特征及古生物组合特征却存在明显的差异。早白垩世早中期,措勤盆地郎山组为一套较稳定的碳酸盐岩沉积,夹少量碎屑岩,产圆笠虫、腹足类和固着蛤等化石;其连续于多尼组之上,厚度西段最大(4300m),向东减薄(1000~1600m),到纳木错仅厚300m。且碎屑物质增多(碳酸盐岩仅占6%)。该组是冈底斯地区白垩纪中期一次较大规模海侵的产物,同时反映了沉积盆地具边缘相的特点。该组的地层结构特征和分布特点说明,其沉积场所为一东窄西宽的楔形盆地。而比如-边坝-洛隆盆地边坝组也连续于多尼组之上,早白垩世早期多尼组主要为三角洲沉积,偶含菊石灰岩,反映早白垩世早期仍有短暂海侵;到早白垩世中期,冈底斯地区白垩纪中期(郎山组)发生一次较大规模海侵,向东未涉及到本区,与此同时,本区边坝组主要为红色粉砂质钙质泥岩、紫红色粉砂质铁质泥岩、深灰色灰绿色粉砂质泥岩夹灰黄色中薄层泥晶铁白云岩,产淡水双壳类化石,代表了泻湖-砂泥质潮坪沉积环境。因此,边坝组与郎山组对比,二者具有等时(同时)异相的特点。反映了冈底斯地区在早白垩世晚期东西地壳差异升降的变化规律。

(三) 竞柱山组(K_2j)

竞柱山组分布于班公错-索县-丁青-怒江结合带一线和比如县城周围,面积200km²。主要为一套陆相红色碎屑岩建造。李璞(1955)在班戈地区最早称此套地层为渠生堡群。西藏第四地质队(1973)创名于班戈县竞柱山,以后广为使用,《西藏地质志》肯定了竞柱山组一名并厘定了含义,并建议其他地区与此层位相当的地层单位名称停止使用,本书沿用竞柱山组一名。

1. 剖面描述

比如县比如镇布弄养次多上白垩统竞柱山组(K_2j)实测剖面如图2-27所示。剖面位于比如县城以西约 4km 养次多村,沿沟测制,露头良好。

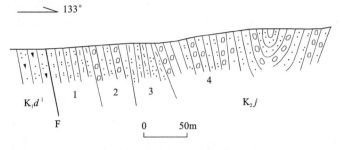

图 2-27 比如县比如镇藏木达上白垩统竞柱山组实测剖面图

| 上白垩统竞柱山组(K_2j) | （未见顶） | 厚>249.33m |

4. 灰褐—红褐色中层状复成分中细砾岩、含砾粗砂岩、灰褐色中层状粗砂岩,暗红色薄层状粉砂岩组成向上变细的韵律层,每个韵律层厚 6~10m,共 15 个韵律层。由下向上砾岩减少,砂岩增加,每个韵律厚度亦有增加,砂岩粉与砂岩比例约 1:2 　　　　>136.56m

3. 暗红色薄—微薄层状泥质粉砂岩夹灰色中薄层状中细粒岩屑石英砂岩 　　　　30.07m

2. 褐灰色厚层状复成分粗砾岩与灰—灰黄色中层状中粒岩屑石英砂岩、暗紫色微薄层状粉砂岩组成两个韵律层,砾岩层厚约 10m,砂岩、粉砂岩呈互层状,单层厚 40~50cm,层厚小于 10m 　　　　37.59m

1. 紫红色薄—微薄层状粉砂岩夹暗紫色薄层粉砂岩,泥质粉砂岩,下部发育泥包砂之砂饼,直径 5~10cm,厚小于 6cm 　　　　>45.11m

============== 断层 ==============

下白垩统多尼组一段(K_1d^1)　　灰色厚—块层状变质细粒岩屑石英砂岩

2. 岩石地层特征

竞柱山组下部为灰紫色厚—巨厚层状中—细复成分砾岩夹紫红、灰紫色中层状含砾粗砂岩,细粒岩屑石英砂岩、泥岩,底部为杂色厚层状中粗复成分砾岩与紫红色中—厚层状含砾砂岩互层,与下伏多尼组不整合接触;中部为紫红、灰黄、灰绿、灰色中层状细粒岩屑石英砂岩与紫红色中层状细粒岩屑石英砂岩夹紫红色薄层状泥岩互层;上部为由紫红色中—厚层状泥岩夹中层细粒岩屑石英砂岩与紫红色中—厚层状白云质细粒岩屑石英砂岩、紫红色中层状粉砂质泥岩、泥岩组成的韵律层不等厚互层,顶部出现紫红色薄层状含粉砂粉晶白云岩。在纠巴剖面本组厚 493.91m。

在比如镇藏木达一带,本组下部为紫红色薄—微薄层状粉砂岩夹褐灰色厚层状复成分砾岩、灰—灰黄色中—中薄层状中—细粒岩屑石英砂岩;上部则为灰褐—褐红色中层状复成分中细砾岩、含砾粗砂岩、粗砂岩、粉砂岩组成旋回性沉积层序。总厚度大于 249.33m。

3. 基本层序特征

组成竞柱山组的主要岩石有粗碎屑岩砾岩、含砾砂岩、细碎屑岩、砂岩、粉砂岩、泥岩等,由于沉积环境的变化,物源远近的不同,可形成各种类型基本层序和岩石组合(图 2-28)。

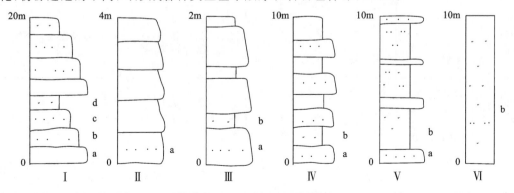

图 2-28 竞柱山组基本层序

（1）基本层序Ⅰ：由灰褐—红褐色中厚层状复成分砾岩(a)、含砾粗砂岩(b)、粗砂岩(c)、粉砂岩(d)组成向上变细的基本层序，基本层序厚6～10m。由于某一岩相单元的缺失亦可以形成abc、acd、bcd等组合形式，垂向上旋回性叠置特点显著，主要在本组下部发育。底部有时有漂砾或卵石，不整合于多尼组或以下地层上。

（2）基本层序Ⅱ：由紫红、灰绿、灰黄色中层状细粒岩屑石英砂岩、石英砂岩组成单一岩性基本层序，厚几米至十几米，主要发育本组中部，上部偶尔见及。

（3）基本层序Ⅲ：由灰紫、黄褐色中层状细粒岩屑石英砂岩(a)夹紫红色薄层状泥岩(b)组成，a:b一般3:1～4:1，a单元厚35～60cm，b单元厚10cm±，此种类型较少见，分布在本组上部和中部的一些层位中。

（4）基本层序Ⅳ：由紫红色中层状细粒岩屑石英砂岩(a)与紫红色中层状泥岩或泥质粉砂岩(b)组成韵律层，各单元厚度0.5～1.5m，a:b为1:2～2:1，此种类型亦少见，仅分布于本组上部层位。

（5）基本层序Ⅴ：由紫红色泥岩，粉砂质泥岩夹灰紫色薄—中层状细粒岩屑石英砂岩组成基本层序，砂岩厚度不等，厚者达1m，薄者几厘米，一般由下向上减薄。砂泥比1:1.5～1:10，本类型基本层序在本组上部较常见。

（6）基本层序Ⅵ：由浅灰紫色中—厚层状泥岩组成单一岩性基本层序，为少见类型，在本组中部有见。

4. 区域对比及地质时代

本区竞柱山组与东邻丁青县幅竞柱山组完全可以对比，在接图部位也是断续相连的。向西与那曲、当雄、班戈、改则等地竞柱山组的岩性组合亦可对比。它们应该是同一时代、相同气候条件下的陆相局部海陆交互相红色类磨拉石建造。本区该组虽未采到化石，但在东邻区李玉文(1985)曾在丁青县协雄乡下普竞柱山组上部发现有孔虫 *Nonion* cf. *sichuanensis* Li，介形虫 *Cyclocypris* sp.，*Cyprois* sp.，*Eucypris* sp.，*Physocypria* sp.，时代为晚白垩世至始新世。由于竞柱山组不整合于下白垩统多尼组之上，(邻区)上被上白垩统八达组覆盖，其时限已经限定，《西藏地质志》、《西藏岩石地层》等文献均将其置于晚白垩世，本书没有疑义，亦将竞柱山组归属于晚白垩世。

四、古近系

区内古近系仅发育古新统—始新统牛堡组，分布于图幅西部查曲乡达莱冲、恰则乡以西、夏曲镇江它、央欠道班及北部巴青县城北拉玛日通等处，出露面积约100km²，对这套地层存在多种划分意见(表2-9)，最终统一于《西藏地质志》的划分方案，本书亦沿用之。

表2-9 牛堡组、丁青湖组地层划分沿革表

岩 性	李璞(1955)	青海石油队王文彬等(1957)	藏北地质队(1961)	石油综合队(1966)	西藏第四地质队(1979)(1981)	南古所(1979)	西藏区调队(1983)(1987)	《西藏地质志》(1993)	《西藏岩石地层》(1997)	本书
						尼马	奇林湖 改则	班戈地区	改则、班戈	比如、丁青
			班戈-伦坡拉盆地							
灰绿、灰、紫红色泥页岩夹凝灰岩及油页岩	第三系	丁青层	牛堡组	砂页岩	伦坡拉组	丁青组	丁青组 伦坡拉群	丁青群 青石群	龙门卡群 丁青湖组	丁青湖组
		牛堡层		泥页岩	伦坡拉组 丁青组					
				页岩	牛堡组 ?	伦坡拉群				
紫红色、灰色粉砂岩夹砂砾岩、凝灰岩、油页岩		的欧层	宗曲口组	的欧段	的欧组	牛堡组	牛堡组	牛堡组 柴玛弄巴群	牛堡组	牛堡组
		宗曲口层		宗曲口群						
	接奴群						接奴群	竞柱山组	竞柱山组	多尼组、巴贡组

——牛堡组($E_{1-2}n$)

1. 剖面描述

比如县夏曲镇央欠道班古—始新统牛堡组($E_{1-2}n$)实测剖面如图 2-29 所示。

古新统—始新统牛堡组($E_{1-2}n$) （未见顶） 厚>59.50m

9. 由6~8层灰黄色巨厚层状粗砾岩(a)、灰黄色巨厚层状含砾粗砂岩(b)、灰黄色厚层状细粒杂砂岩(c)组成的沉积韵律,共2个韵律 >19.50m
8. 灰黄色厚层状细粒杂砂岩(c) 2.00m
7. 灰黄色巨厚层状含砾粗砂岩(b) 3.00m
6. 灰黄色巨厚层状粗砾岩(a)砾石大小为2~3cm,含量60%以上。分选、磨圆度较差 5.00m
5. 由1~4层浅橘红色厚层状细卵砾岩(a)、浅灰黄色巨厚层状粗砾岩(b)、浅灰黄色含砾粗砂岩(c)、浅橘红色厚层状细粒杂砂岩(d)组成的沉积韵律,共3个韵律。由下而上,粒度由粗变细 21.00m
4. 浅橘红色厚层状细粒杂砂岩(d) 1.50m
3. 浅灰黄色含砾粗砂岩(c),砾石含量小于50%,大小为1~2cm 2.00m
2. 浅灰黄色巨厚层状粗砾岩(b),砾石含量可达80%以上,大小为3~4cm,以砂岩为主,次圆状—次棱角状,略具水平定向 0.50m
1. 浅橘红色巨厚层状细卵砾岩(a),单层厚2~3m,砾石成分主要为细砂岩,大小为7~8cm,少量达15~20cm,次棱角状,略具平行层理 >5.00m

（未见底）

2. 基本层序特征

牛堡组多发育旋回性基本层序,主要有两种类型,如图 2-30 所示。

(1) 基本层序 I:由浅橘红色巨厚层状细卵砾岩(a)、浅灰黄色巨厚状粗砾岩(b)、浅灰黄色含砾粗砂岩(c)、浅橘红色厚层细粒杂砂岩(d)组成旋回性基本层序,分布于剖面下部层位,单个旋回厚7~9m。

(2) 基本层序 II:由灰黄色巨厚层状粗砾岩(a)、灰黄色巨厚层状含砾粗砂岩(b)、灰黄色厚层状细粒杂砂岩(c)组成旋回性基本层序,此种类型分布于剖面上部层位,单个旋回厚约10m。

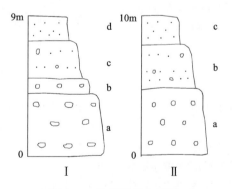

图 2-30 牛堡组基本层序

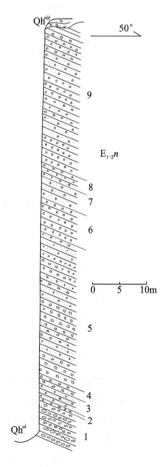

图 2-29 比如县布隆村始新统牛堡组实测剖面图

3. 时代讨论

本区牛堡组发育不全,未采到化石及孢粉化石,根据其岩性组合与下伏地层不整合叠置关系分析,相当于区域上牛堡组的下部层位,即伦坡拉盆地牛堡组第一岩性段。据《西藏岩石地层》介绍,在层型剖面牛堡组第二岩性

段中产介形虫 *Cypris-Limnocythere* 组合,在第三岩性段中产介形虫 *Cyprinotus-Candona* 组合,轮藻 *Obtusochara* 组合,孢粉 *Ephedripites-Quercoidites* 组合。并指出牛堡组中所含的介形虫、轮藻、孢粉等化石均为始新世,但其下还有数百米无化石或化石很稀少的地层(第一岩性段),可能包含古新世沉积,所以牛堡组的时代应为古新世—始新世。本书遵从《西藏岩石地层》的意见,亦将牛堡组时代置于古新世—始新世。

五、新近系

区内新近系发育中新统康托组和上新统布隆组。分布于图幅西北角,面积约 30km²。康托组自西藏区调队(1986)命名以来一直沿用至今。布隆组由中国科学院(1977)所建,命名地点在西邻那曲幅夏曲镇布隆村,与《西藏岩石地层》托林组岩性组合尚有一定区别,本书仍沿用布隆组一名,并与西邻 1:25 万那曲县幅布隆组对比。

(一)康托组(N_1k)

1. 剖面描述

1)比如县夏曲镇罗而买你南中新统康托组实测剖面

剖面(图 2-31)位于比如县夏曲镇罗而买你南东约 4km,河谷东侧,露头良好,为本组骨干剖面。

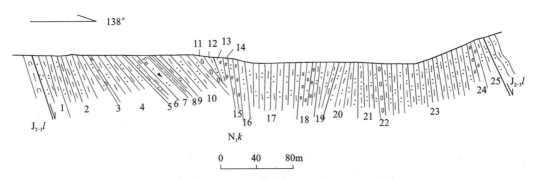

图 2-31 比如县夏曲镇罗而买你南中新统康托组实测剖面图

中—上侏罗统拉贡塘组($J_{2-3}l$)　灰黑色薄层泥质粉砂质板岩
========================= 断层 =========================

中新统康托组(N_1k)	**厚 413.05m**
25. 暗砖红色薄层状泥质粉砂岩	9.85m
24. 暗紫红色厚层状粗砾岩夹透镜状含砾粗砂岩	9.85m
23. 暗红色薄—微薄层状泥质粉砂岩与粉砂质泥岩组成韵律层,偶夹暗红色中层状中细粒砂岩,韵律层厚 2~5m	88.65m
22. 暗紫红色厚层状粗砾岩夹含砾粗砂岩不规则透镜体	4.22m
21. 暗红色中薄层状细粉砂岩与薄层泥质粉砂岩互层,单个韵律层厚 1~2m	18.9m
20. 暗红色薄层状细粉砂质泥岩夹薄层状泥质粉砂岩,粉砂岩中发育小型砂棒、砂球构造	18.9m
19. 暗红色粉砂质泥岩	18.9m
18. 暗紫红色含砾粗砂岩、砾岩与暗紫红色中粒砂岩、泥质粉砂岩组成韵律层	20.81m
17. 暗紫红色中薄层状泥质粉砂岩夹暗紫红色中层中粒砂岩,砂泥比为 1:4~1:5	60.42m
16. 下部为暗紫红色中薄层泥质粉砂岩,上部为暗紫红色中层中粗砾岩	7.73m
15. 下部暗紫红色中层状含砾粗砂岩,向上砾石增多,顶部变为砾岩	9.67m
14. 暗紫红色中层状粗砾岩夹含砾粗砂岩透镜体	2.60m

13. 暗紫红色中夹厚层状含泥质粉砂岩与薄层状泥质粉砂岩互层夹含砾粗砂岩、砾岩透镜体	5.20m
12. 暗紫红色薄层状泥质粉砂岩	5.20m
11. 暗紫红色细—中砾岩	5.20m
10. 暗紫红色块层状粉砂泥岩	23.13m
9. 暗紫红色泥质粉砂岩与粉砂质泥岩互层,二者比例约1:3	6.41m
8. 暗灰绿色中薄层状泥质粉砂岩,下部夹一层30~50cm厚的灰色薄—微薄层状泥晶—微晶灰岩	3.21m
7. 灰红色中薄层状含铁钙质细粉砂岩与暗紫红色薄—微薄层状泥质粉砂岩、粉砂质泥岩互层	8.34m
6. 暗紫红色粉砂质泥岩	8.85m
5. 深灰色微薄层纹层状泥晶灰岩向上过渡为灰色薄层泥晶灰岩	0.77m
4. 暗紫红色块层状粉砂泥岩	22.84m
3. 灰红色薄层状岩屑石英砂岩与暗紫红色薄层状泥质粉砂岩组成韵律层,砂泥比约1:3	1.70m
2. 暗紫红色块层状泥岩夹灰绿色微薄层泥质粉砂岩,共夹3层,每层厚小于0.5m	32.9m
1. 暗紫红色中薄层状泥质粉砂岩与暗紫红色泥岩组成韵律层	18.8m

================ 断层 ================

中—上侏罗统拉贡塘组($J_{2-3}l$)　灰色中—薄层状细粒岩屑石英砂岩、灰黑色薄层细粉砂岩组成韵律层,韵律层厚30~50cm

2) 比如县夏曲镇桃色曲道班(53道班)中新统康托组实测剖面

剖面(图2-32)位于比如县夏曲镇桃色曲东岸道班北西1km,剖面位于阶地陡坎,露头极佳,可惜控制厚度小,无顶底,作为本组辅助剖面。

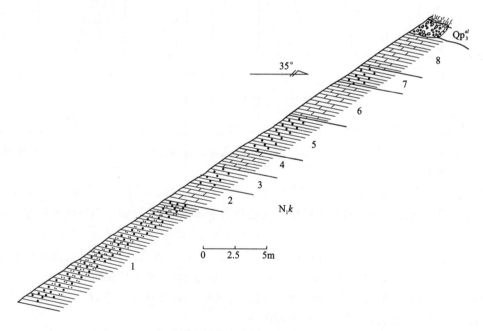

图2-32　比如县夏曲镇桃色曲道班中新统康托组实测剖面

上覆地层:上更新统Ⅱ级阶地(Qp_3^{al})　腐殖层,阶地砾石层

～～～～～～～～ 角度不整合 ～～～～～～～～

中新统康托组(N_1k)　　　　　　　　　　　　　　　　　　　　　**厚>22.78m**

8. 鲜粉红色薄层状粉砂质泥晶灰岩	2.76m
7. 鲜粉红色薄—微薄层状泥晶灰岩	1.38m
6. 鲜粉红色薄—微薄层状粉砂质泥晶灰岩	2.76m
5. 鲜粉红色薄—微薄层状含细粉砂泥晶灰岩	2.76m
4. 暗红色薄层状泥钙质粉砂岩	1.38m
3. 鲜粉红色薄—中层状泥晶灰岩	1.38m

2. 鲜粉红色中薄层状泥钙质细粉砂岩　　　　　　　　　　　　　　　　　　　　　　　1.38m
1. 鲜粉红色中—薄层状含粉砂泥晶灰岩,顶为暗红色透镜状砾岩　　　　　　　　　　　>8.98m

(未见底)

2. 岩石地层特征

本组下部以暗紫红色粉砂质泥岩、暗紫红色泥岩、泥质粉砂岩为主,偶夹灰色微薄层纹层状泥晶灰岩、泥晶灰岩和灰红色岩屑石英砂岩,上部为暗紫红色砾岩,含砾粗砂岩与暗紫红色泥质粉砂岩、粉砂质泥岩互层夹砂岩。总体表现为下细上粗的进积型层序特征。在桃色曲道班—措巴一带,发育鲜粉红色含粉砂泥晶灰岩、含泥钙质粉砂岩等,反映敞流湖盆高水位体系域泻湖相沉积。

3. 基本层序特征

康托组以泥质粉砂岩、粉砂质泥岩、泥岩为主,间夹砾岩、含砾砂岩、砂岩和泥晶灰岩,基本层序类型主要有如下几种(图2-33)。

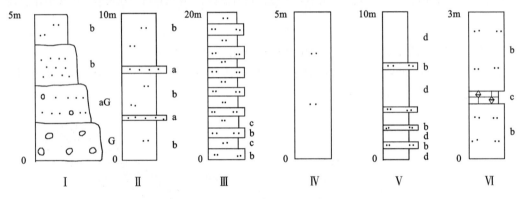

图2-33　康托组基本层序

(1) 基本层序Ⅰ:由暗紫红色砾岩、含砾粗砂岩、砂岩、泥质粉砂岩组成下粗上细退积型基本层序,亦可以形成砾岩夹含砾粗砂岩、砂岩、含砾砂岩→砾岩的不同变化,基本层序厚3~5m,多分布于本组上部层位。代表冲积扇沉积层序。

(2) 基本层序Ⅱ:由暗紫红色中薄层状泥质粉砂岩(b)夹暗紫红色中层状中粒岩屑砂岩(a)组成,b单元较厚时亦可单独构成单一岩性基本层序。主要分布于本组上部,代表三角洲沉积层序,基本层序厚10m±。

(3) 基本层序Ⅲ:由暗红色薄—微薄层状泥质粉砂岩(b)与粉砂质泥岩(c)组成韵律式基本层序,韵律层厚2~5m,旋回层序可达几十米,分布于本组上部层位,代表三角洲前缘沉积层序。

(4) 基本层序Ⅳ:由暗紫红色块层状粉砂质泥岩组成单一岩性基本层序,厚10~20m,主要分布于本组下部,上部亦有少量发育,代表前三角洲相沉积。

(5) 基本层序Ⅴ:暗紫红色泥质粉砂岩与泥岩组成韵律层,或由暗紫红色泥岩偶夹灰绿色泥质粉砂岩组成基本层序,基本层序厚5~10m,分布于本组下部层位,代表前三角洲—浅湖相沉积。

(6) 基本层序Ⅵ:由暗灰绿色中薄层状泥质粉砂岩夹灰色薄—微薄层状泥晶、微晶灰岩,或暗紫红色粉砂质泥岩夹纹层状泥晶灰岩组成基本层序,基本层序厚约3m,仅在本组下部发育,代表浅湖相沉积。

4. 地质时代讨论

康托组时代确定缺乏化石和同位素年龄资料依据,所采获孢粉样品未能作出结果。据《西藏岩石地层》在改则县康托组不整合于日贡拉组(同位素年龄值31.1Ma)的火山岩之上,时代应晚于渐新世。在洛隆县旺西所获孢粉资料显示,时代不可能晚于新近纪晚期,可能属中新世至早上新世。此外本区内属于上新世的布隆组不整合覆于康托组之上,故本书将康托组时代置于中新世。

(二)布隆组(N_2b)

布隆组仅分布于图幅西北隅,夏曲镇桃色曲以东,那欠至几木仓一带,面积约 $10km^2$。为那曲县幅布隆组向东延伸至本区的岩石地层单位,为便于与邻区对比,予以保留。

1. 剖面描述

比如县夏曲镇罗而买你上新统布隆组实测剖面如图 2-34 所示。剖面位于比如县夏曲镇罗而买你北西约 1km,桃色曲东岸,露头极佳,地层连续,为本组代表性剖面。

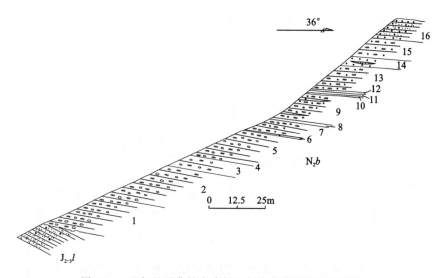

图 2-34 比如县夏曲镇布隆村上新统布隆组实测剖面图

上新统布隆组(N_2b)	（未见顶）	厚＞**86.24m**
16. 黄灰—黄褐色中层状含砾粗砂层与黄褐色中薄层状复成分细砾岩互层		＞7.07m
15. 黄褐色厚层状复成分细砾岩		7.07m
14. 灰色厚层状复成分细砾岩夹透镜状砂层		3.54m
13. 黄褐色厚层状复成分细砾岩		9.19m
12. 灰色中层状含细砾砂层		0.22m
11. 下部褐黄色厚层状复成分砾岩,向上过渡为褐黄色含砾砂层		1.04m
10. 下部灰色复成分细砾岩,上部灰色含砾、含砂亚粘土		0.22m
9. 褐黄色厚层状复成分细砾岩夹灰色砾岩和砂层透镜体		9.59m
8. 灰色薄层状复成分砾岩与黄灰色薄层粉砂岩组成沉积韵律		0.94m
7. 黄褐色厚层状复成分中砾岩		5.18m
6. 灰色薄层状含砾、含炭砂层		0.22m
5. 黄褐—灰褐色厚层状复成分中砾岩		9.17m
4. 灰色厚层状复成分中砾岩		1.62m
3. 黄褐色厚层状复成分中砾岩		4.53m
2. 灰色厚层状复成分中粗砾岩夹少量含砾砂岩透镜体		14.17m
1. 灰黄—灰褐色厚层状复成分中粗砾岩		12.47m

～～～～～～ 角度不整合 ～～～～～～

下伏地层:中—上侏罗统拉贡塘组($J_{2-3}l$) 灰色薄层状变质细粒岩屑石英砂岩、灰黑色变质粉砂岩、变质泥质粉砂岩组成的韵律层

2. 岩石地层特征

本组下部为灰黄—灰褐色厚层状复成分中粗砾岩、灰色厚层状复成分中粗砾岩夹少量含砾粗砂岩透镜体,中部为黄褐色厚层状复成分中砾岩、灰色厚层状复成分中砾岩互层夹含砾含炭砂层,上部为褐黄色厚层状复成分细砾岩、灰色厚层状复成分细砾岩夹含砂亚粘土层、砂层、含砾砂层透镜体。总体表现为向上变细的退积型层序特征,本组下与中—上侏罗统拉贡塘组呈角度不整合接触,上未见顶,与西邻那曲县幅细碎屑沉积泥岩夹石英砂层比较,沉积环境为盆地边缘冲积扇沉积体系,堆积物厚度亦较那曲县幅布隆组大。

3. 基本层序特征

布隆组基本层序可划分 4 种类型(图 2-35)。

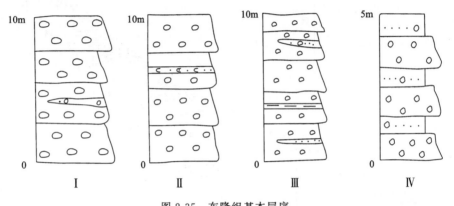

图 2-35 布隆组基本层序

(1) 基本层序Ⅰ:由褐黄或灰色厚层复成分中粗砾岩组成单一岩性基本层序。有时夹含砾粗砂岩透镜体,为分流水道砂体,基本层序厚度可任取露头一段厚度,最大层厚 10 余米。分布于本组下部。

(2) 基本层序Ⅱ:由黄褐色、灰色厚层复成分中砾岩互层夹含砾、含炭砂层组成。砂层具平行层理,含炭层宽数毫米,基本层序厚 5~10m,分布于本组中部。

(3) 基本层序Ⅲ:为黄褐色、灰色厚层复成分细砾岩夹含砾砂层或含砾、砂亚粘土层,基本层序厚一般小于 10m,分布于本组上部。

(4) 基本层序Ⅳ:由黄褐色中薄层复成分细砾岩与黄灰—黄褐色中层含砾粗砂层组成韵律性基本层序,单个韵律层厚 1~2m,分布于本组顶部。

4. 地质时代讨论

本次工作所采孢粉样品未获鉴定成果,据西邻 1:25 万那曲县幅原引前人资料,在布隆一带获大量哺乳动物及植物孢粉化石,动物化石有三趾马、犀牛等,植物有云杉、山核桃、竹林、罗汉松、雪松等,显示低山、湿润多雨的气候环境,时代置于上新世,本书亦从之。

第四节 第 四 系

测区第四系集中分布于河流沟谷及湖泊周围,由于怒江横贯测区东西,两岸地形切割剧烈,相对高差可达 2000m。新构造运动阶段性发展,第四纪气候变化和冰川作用等,使区内第四纪沉积物具有复杂多样的特点,第四系分布总面积约 900km²。

(一)剖面描述

1. 边坝县沙丁乡洞登村第四系实测剖面

剖面(图 2-36)位于沙丁乡洞登村边至怒江南岸,该段怒江可识别出五级河流阶地,堆积了河流冲积物。

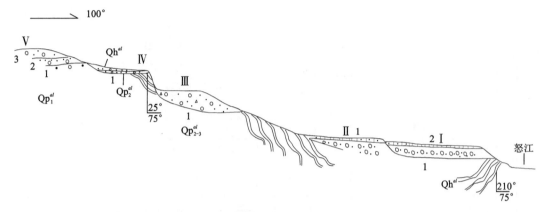

图 2-36　边坝县沙丁乡洞登村更—全新统怒江阶地实测剖面图

全新统(Qh)

Ⅰ级基座阶地,阶地高出江面约 14m,阶面宽约 110m

2. 黄土状亚砂土、偶夹砾石,在阶地前缘形成陡坎,砾石次棱角状,大小 3~5cm,含量小于 5%,表层 0.3~0.4m 为半腐殖层　　　　　　　　　　　　　　　　　　　　　　　　　　　　　1.15m

1. 阶地砾石层,砾石大小多大于 10cm,最大达 60~80cm,砾石成分主为花岗岩类,次为石英砂岩、板岩等,磨圆度较高,次圆状　　　　　　　　　　　　　　　　　　　　　　　　　　　7.46m

上更新统(Qp₃)

Ⅱ级阶地,阶地高出江面约 20m,阶面宽 50~90m

1. 黄土状含砾亚砂土,阶地前缘形成陡坎,发育柱状节理,砾石次棱角状,大小为 3~6cm,个别大于 8cm,含量大于 5%,表层为半腐殖土,为沙丁乡政府驻地,亚砂土层之下为阶地砾石层　　　2.00m

中更新统(Qp₂)

Ⅲ级基座阶地,高于江面 70m,阶面宽约 60m,前缘斜坡高约 45m

1. 阶地砂砾石层,部分盖有坡积砾石,砾石大小一般多为 5cm±,偶见大者可达 15cm,砾石含量 60%~70%,次圆状—次棱角状,砂及细砾级为 30%~40%,剖面以外可见夹有含砾粗砂层,厚约 30cm　　　　　　　　　　　　　　　　　　　　　　　　　　　　　　　　　　　　　25.49m

下更新统(Qp₁)

Ⅳ级基座阶地,阶地高出江面约 95m,阶面宽数米至 50m,剖面处阶地呈残留状,原始堆积物保留很少,前缘呈陡坎状,高约 20m

1. 阶地砂砾石层为原始堆积砂砾石与Ⅴ级阶地坡积物的混合堆积,砾石大小多小于 5cm,含量小于 50%,次棱角—次圆状　　　　　　　　　　　　　　　　　　　　　　　　　　　　　0.52m

Ⅴ级基座阶地,阶地高出江面约 125m,阶面宽大于 100m,前缘斜坡高度大于 20m,下部被阶地砂砾石层坡积后覆盖,基座在剖面处被掩埋

3. 阶地砂砾石层,剖面平坦,坐落洞登村,砾石大小多为 4~8cm,少量大砾石 10~30cm,且多堆积于本层下部—底部,砾石成分以花岗岩类为主,次为砂岩、板岩,磨圆度较好,大部分呈次圆状,部分次棱角状,该层底部具波状起伏的冲刷面　　　　　　　　　　　　　　　　　8.79m

2. 灰黄色粗砂层,粒径多为 1~2mm,少部分小于 1mm,发育平行层理,偶见小型槽状交错层理、波状层理,间夹薄砾石层,厚 5~10cm,砾石粒径多小于 1cm,中下部夹一层中细砂,厚约 20cm　　　　　　　　　　　　　　　　　　　　　　　　　　　　　　　　　　　　　　　8.55m

1. 砂砾石层，大部分被坡积砾石覆盖，砾石大小为 4~8cm，个别大者 10~20cm，砾石含量 60%±，次棱角—次圆状　　　　　　　　　　　　　　　　　　　　　　　　　　　　　　>5.00m

2. 索县高口乡扎乌瓦通第四系实测剖面

剖面（图 2-37）位于索县高口乡扎乌瓦通北西 1.5km，水曲汇入索曲处，为索曲Ⅳ级基座阶地堆积物，阶地高于现代河床 90m。

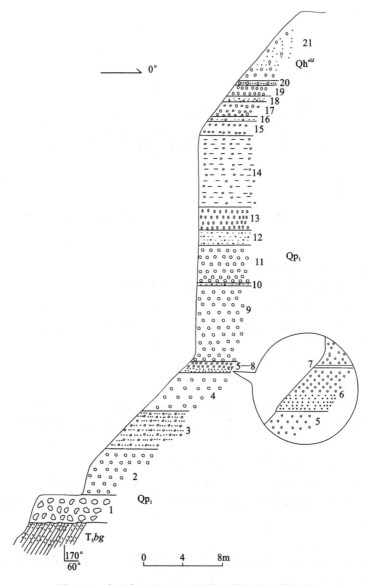

图 2-37　索县高口乡西下更新统河湖相实测剖面图

全新统残坡积（Qh^dd）

21. 细砂、粉砂、亚砂土及碎石组成，表皮有草皮腐殖层　　　　　　　　　　　　　　　>3.00m

下更新统（Qp₁）　　　　　　　　　　　　　　　　　　　　　　　　　　　　　**厚 46.70m**

20. 含砾细砂层，砾石大小多为 1cm×0.7cm，最大 5cm×10cm，次棱角状，含量约 25%　　0.40m

19. 灰色中—粗砾石层，砾石大小一般 5cm×2cm，次棱角—次圆状，砾石含量 70%左右，余为中粗砂　　　　　　　　　　　　　　　　　　　　　　　　　　　　　　　　　　　0.60m

18. 灰黄色含砾亚砂土，砾石大小多 3cm×2cm，含量为 15%±　　　　　　　　　　　　0.60m

17. 灰色中—粗砂石层，砾石含量大于 60%　　　　　　　　　　　　　　　　　　　　1.50m

16. 灰黄色含砾亚砂土，砾石含量为 30%±，大小约 4cm×3cm　　　　　　　　　　　　　　0.50m
15. 灰色粗—中砂砾石层，砾石含量小于 40%，大小一般 6cm×5cm，多次棱角状，部分次圆状　　1.50m
14. 灰黄色细砂夹含砾亚砂土　　　　　　　　　　　　　　　　　　　　　　　　　　　　　7.50m
13. 灰色中砾石层，砾石含量大于 50%，大小 1.5~4cm　　　　　　　　　　　　　　　　　2.50m
12. 灰色含砾亚砂土夹细砂层　　　　　　　　　　　　　　　　　　　　　　　　　　　　　1.50m
11. 灰色粗砾石层，砾石含量大于 50%，大小 5cm±　　　　　　　　　　　　　　　　　　　4.00m
10. 灰色含砾亚砂土，砾石含量小于 15%，多为中砾　　　　　　　　　　　　　　　　　　　0.70m
9. 灰色粗砾石层，砾大小一般 5cm 左右，含量 70%　　　　　　　　　　　　　　　　　　　8.00m
8. 微红色亚粘土　　　　　　　　　　　　　　　　　　　　　　　　　　　　　　　　　　0.10m
7. 灰色中细砾石层，大型板状交错层理，砾石大小为 2~8mm，由次棱角—棱角状板岩碎片
　（块）组成　　　　　　　　　　　　　　　　　　　　　　　　　　　　　　　　　　　0.60m
6. 黄色细砂，发育各种楔状、槽状、波状交错层理和平行层理、包卷层理　　　　　　　　　0.35m
5. 黄色细粉砂，发育水平层理　　　　　　　　　　　　　　　　　　　　　　　　　　　　0.15m
4. 灰色粗砾石层，砾石大小 4~6cm，次棱角—次圆状，含量 70%±，余为粗砂　　　　　　　4.00m
3. 浅土黄色含砾砂层，砾石含量小于 30%，大小为 5cm±，余为中粗砂　　　　　　　　　　4.00m
2. 灰色粗砾石层，砾石含量大于 70%，大小 5cm±，大者 10cm±，次圆状，显平行层理，偶夹
　含砾粗砂层透镜体　　　　　　　　　　　　　　　　　　　　　　　　　　　　　　　　5.00m
1. 灰、深灰色卵石漂砾层，砾石大小一般 40cm×20cm，大者 80cm×40cm，无定向排列，次棱
　角—次圆状　　　　　　　　　　　　　　　　　　　　　　　　　　　　　　　　　　　3.00m

~~~~~~~~~~ 角度不整合 ~~~~~~~~~~

下伏地层：上三叠统巴贡组（T_3bg）　黑色薄层粉砂质板岩，组成阶地基座，高出水面大于 40m

（二）地层划分及成因类型

综合本幅第四系剖面及路线地质资料，第四纪地层可划分为下、中、上更新统和全新统四个地层单位和多种成因类型。

1. 下更新统（Qp_1）

1）河流冲积（Qp_1^{al}）

河流冲积组成怒江及其一级支流水系如姐曲、索曲等Ⅳ级及其以上阶地，主要岩性为冲积砂砾石层、含砾粗砂层、中粗砂层等，一些砾石层分选性和磨圆度较好，而部分砾石层分选性和磨圆度较差，具有洪冲积特征，一些含砾砂层、砂层也可能是河湾堆积，仍属冲积类型。

2）湖积（Qp_1^l）

在索县一带，地层中发育有淤泥、粘土及细砂层，应为湖相堆积，与冲积相砂砾石层互层产出，或在一定层位上单独产出。

2. 中更新统（Qp_2）

——河流冲积（Qp_2^{al}）

组成河流Ⅲ级阶地，主要岩性为冲积砂砾石层，少量冲积含砾粗砂层，最大堆积厚度约25m，砾石大小一般 5cm 左右，磨圆度中等，砾石含量达 60%~70%（含砂粗砂层砾石含量 15% 左右）。

3. 上更新统（Qp_3）

1）河流冲积（Qp_3^{al}）

一般发育于河流Ⅱ级阶地上，主要堆积含细中砾粗砂层、粗砂砾石层和中细砂层，堆积厚度大于 7m，在有的阶地上，阶面上堆积有含砾亚砂土，厚几十厘米至 2m。

2）冰碛（Qp_3^{gl}）

主要分面于澎错东、南部和雪山区冰川谷中，由冰碛砾石层组成，多为侧碛垄，部分终碛垄。一般砾

石粒径粗大,不乏 1m 以上的漂砾。

3）湖积（Qp_3^l）

主要分布于澎错盆地中,由冰碛物再搬运和冰水冲积物堆积而成,由砂砾石层和泥砾组成,砾石具一定磨圆度和分选性。

4）泉华堆积（Qp_3^{ch}）

主要分布于比如县恰则乡财弄多,良曲乡亿日阿弄、嘎曲,巴青县雅安乡等多处地段,堆积物为泉华,泉华大小一般一百平方米至几百平方米,厚约 10 余米,最厚可达 20m,可成群带状分布。

4. 全新统（Qh）

1）河流冲积（Qh^{al}）

分布于现代河床、河漫滩和Ⅰ级阶地上,为松散砂砾石层,Ⅰ级阶地表面常有一层亚砂土,为耕植层。

2）洪冲积（Qh^{pal}）

洪冲积为冲积和洪积的一种过渡类型,有的以冲积为主,洪积为辅,有的则以洪积为主,冲积为辅,不再详细区分,一般堆积物分选性和磨圆度均较冲积型差,并伴生重力流堆积,一般分布于二、三级水系中、上游部位。如错布松曲。

3）洪积（Qh^{pl}）

多分布于二、三级或以下支流沟口部位,形成洪积扇堆积,如错布松曲沟口,为被破坏了的洪积扇堆积。砂砾石层中砾石分选性较差,磨圆度亦不高,高出水面 10～20m,此外,在很多山区沟谷发育小型冲出锥,也是洪积类型一种表现型式。

4）沼泽堆积（Qh^f）

主要发育于澎错盆地,在其他一些开阔平坦河谷中亦有发育,在湖泊周围和湿地,发育大量草甸,可堆积黑色淤泥、泥炭、草浆和植物根系。厚一般小于 1m。

5）坡积（Qh^{dl}）

坡积到处可见,集中分布于 5000m 上下的山坡上,为大型倒石堆堆积,活动性很大。坡陡石滑,极易向下移动。

6）泉华堆积（Qh^{ch}）

测区内温泉、热泉发育,规模较大的有二十余处,在热泉、温泉附近,伴随着泉华堆积,如比如县恰则乡财弄多、良曲乡亿日阿弄、嘎曲、茶曲乡茶目谷、巴青县雅安乡益塔等处,均分布全新世泉华堆积。其规模不等,小者几十平方米,大者几百平方米,且多个泉华体簇生。

第五节 沉积盆地分析综述

一、概述

沉积盆地是地球表面长时期相对沉降的区域。它是地球演化的档案库,可以反映古气候、古海洋和古环境及构造方面的地质信息,同时各种构造事件也通过沉积间断、构造变形、热历史等的响应被盆地记录下来,因此沉积盆地分析是非常重要的研究内容。而测区内沉积岩及浅变质岩的出露面积较大,涉及沉积类型复杂多样,所以本书从现代沉积学研究理论中引用了盆地分析方法,以期反演盆地的形成背景和时间与空间上的相互配置关系。

二、沉积盆地的分类

通过对沉积盆地的分析建立盆地的成因地层格架,恢复盆地的演化历史,建立盆地的演化模式是本书采用盆地分析理论的最终目的。

关于沉积盆地的分类是一项长期不断发展完善的工作,40年来人们对沉积盆地的分类提出了众多的划分方案。但近十几年来人们更加注重板块环境和动力学原则,因此与板块构造观点相关的分类方案越来越被地学者所接受,分类依据主要包括:①盆地形成时大陆边缘的性质;②盆地在板块边缘的位置;③盆地基底地壳的性质;④盆地的沉积建造性质。本书主要参考 Dickinson(1974),Klein(1990)及孟祥化(1982)的分类方案或盆地命名。

三、沉积盆地分析的内容

沉积盆地分析的内容可大致分为两类。①客观实体:盆地充填物和盆地形态。②抽象解释:盆地演化史及形成机制,客观实体的盆地充填物又包括岩石组合、生物化石组分、沉积组合的沉积特征(粒度、重矿物、组构、沉积体系、层序),地层格架以及盆地的含矿性等;盆地演化包括充填物的变化、海平面变化、构造演化等以及盆地与大地构造的关系。

四、沉积盆地分析的原则

沉积盆地类型不同其沉积体系也是不同的,具体表现在沉积建造或沉积建造组合特征的不同,所以沉积组合特征是盆地分析的基础。而沉积组合中对物源区的分析是至关重要的,通过对物源区的分析可以阐明盆地与板块构造的亲近关系,也即构造背景。物源区分析中对砂岩碎屑的分析是较为普遍且便利和通用的方法,本书所采用的碎屑分类为:Qm 单晶石英、Qp 多晶石英质岩屑、Q(Qm+Qp)石英颗粒,P 斜长石、K 钾长石、F(P+K)单晶长石总数;Lv 火山岩屑(火山岩、变火山岩、浅成岩),Ls 沉积岩和变质沉积岩的岩屑(燧石和硅化灰岩除外),L(R)不稳定岩屑(Lr+Ls),Lt 多晶质岩屑(L+Qp),颗粒统计数为 300~500 粒。

层序分析是沉积盆地的关键内容,也是盆地分析与地层研究的结合点,盆内沉积层序是指沉积盆地内岩相共生组合在水平与垂直方向、时间与空间上的自然展布和沉积体系的叠覆特点。对地层而言就是岩石地层的时空格架。盆内层序格架的形成受控于全球或大区域性的海平面升降变化,涉及到大地构造环境、物源区的特征、古地理、古气候等很多因素。因为不同盆地内的层序格架各不相同,所以不同性质的沉积盆地采用不同的分析方法:对被动边缘盆地、上叠盆地、陆表海盆地等稳定、次稳定盆地而言,其层序形成主要受全球海平面变化和沉积作用及沉降作用的影响,层序分析直接采用层序地层的概念格架;而对于其他活动性较强的盆地,层序形成机制较复杂,无成熟的概念格架可与之比较,只能建立以建造层序为基础的模式化盆内层序。

关于沉积旋回的划分,本书涉及第Ⅱ至第Ⅴ级旋回(表2-10)。

表2-10 沉积旋回级次划分

旋回级别	期限	划分方案超层序	实例
第Ⅱ级旋回	世	盆地演化阶段	被动边缘盆地、上叠盆地等
第Ⅲ级旋回	期	层序(准层序)	中侏罗世上叠盆地的不同层序
第Ⅳ级旋回	时	体系域、基本层序组合	高水位、低水位体系域
第Ⅴ级及Ⅴ级以下旋回		基本层序	各沉积地层的基本层序

第六节　沉积盆地类型及特征

一、三叠纪沉积盆地

在测区内被地质历史记录下来,并且具有可辨层序地层特征的地层单元始于晚三叠世的结扎群。由于晚三叠世时班公错-索县-丁青-怒江结合带处于扩张后期并向俯冲消减转化的过程中,所以结扎群是形成于被动陆缘盆地条件下的沉积单元。

——唐古拉被动陆缘盆地

该盆地发育范围为班公错-索县-丁青-怒江结合带以北,隶属羌南-保山地层分区,多与下伏地层单元吉塘岩群(AnCJt.)呈不整合接触,该盆地主要发育上三叠统结扎群。

1. 沉积组合特征

东达村组是邻区(1:25万仓来拉幅)在本轮区调工作中恢复使用的地层单位,该组在本图幅东北部零星出露。东达村组的岩性为紫红色厚层状砾岩、中厚层状含砾粗砾石英砂岩、中厚层状细砾石英砂岩与灰岩互层。其底部砾岩中砾石成分以片岩为主,石英质砾石成分次之,砾石磨圆差,呈棱角状,发育交错层理,向上砾石以石英质砾石为主,磨圆较好,次圆状—圆状。含砾砂岩发育平行层理和交错层理。石英砂岩成分成熟度高,石英质碎屑含量95%,硅质胶结,分选磨圆均较好。

甲丕拉组在测区内出露面积较小,其岩性主要为紫红色细砾岩、紫红色细粒长石杂砂岩、粉砂岩、杂色泥岩夹有少量的灰白色泥晶灰岩,总体上呈现出一套向上变细、变薄的正粒序的陆源碎屑沉积。发育平行层理和交错层理,产双壳类化石。

波里拉组在测区内出露面积也不大,其岩性为一套中—厚层状泥(微)晶灰岩,部分为泥灰岩,其顶部见少量碎屑岩,产双壳类、腕足类化石。

巴贡组为整合于波里拉组之上的地层单位,其岩性组合为灰—灰黑色板岩、长石石英砂岩夹粉砂岩、页岩及煤层。该组整体上为一套暗色碎屑岩,产植物化石、双壳类化石。该组褶皱发育,明显受成岩后期的构造影响。

2. 沉积环境分析

东达村组底部的砾石从其沉积特征上可以看出其分选差、磨圆差,不具定向性,颜色呈紫红色。该组上部具退积型海岸沉积,为海侵早期沉积物。主要表现特征是砾石成分较单一,多数是石英质的砾石,大小较均一,磨圆较好,发育平行层理,砾石之上的灰白色中厚层含砾粗砂岩和中厚层状石英细砂岩为海滩砂,粒度概率累计曲线由三个总体组成,其中跳跃总体占90%,分选好;悬浮和牵引总体含量低,斜率低,分选差。曲线特征与海滩砂类似。所以东达村组为由泥石流和片泛沉积—海岸沉积环境。

甲丕拉组的岩屑长石石英砂岩中发育平行层理和低角度楔状交错层理,砂岩成分成熟度低,可能与物源区较近有关,结构成熟度中等,磨圆较差,但分选较好。粒度曲线(图2-38)主要为跳跃总体,斜率在60°以上,具有滨海浅滩分选较好的特点。总体上碎屑岩表现为一套向上变细变薄的退积型沉积旋回组合,所以甲丕拉组为退积型海岸沉积环境。

波里拉组以碳酸盐岩沉积为主,产双壳类化石,总体上显示海侵达到最大程度、盆地沉积相对稳定、能量较低的浅海台地边缘环境。而其顶部的碎屑岩沉积组合反映出滨岸环境特点。

巴贡组以暗色细碎屑岩沉积为主,夹煤层,产双壳类和植物化石,而且波痕较为发育,可见脉状层理和透镜状层理。这些特征可以表明巴贡组为河口湾沉积环境,因为河口湾是潮汐作用较明显的地区,是向海呈漏斗状张开的河口,其层理复杂,既有潮汐环境中常见的透镜状层理、脉状层理、波状层理,又可见到受河流作用形成的板状斜层理。并且河口湾环境水文状况复杂,所以波痕较为发育。在砂岩粒度曲线图上(图2-39),可明显看到主要由跳跃总体和悬移总体组成。跳跃总体的含量为70%±,分布区间约2ϕ。将该曲线与三角洲图线中支流河道环境曲线对比,两者大致相同,说明巴贡组应是河口湾沉积环境下的产物。

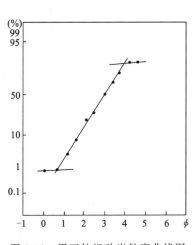

图2-38 甲丕拉组砂岩粒度曲线图

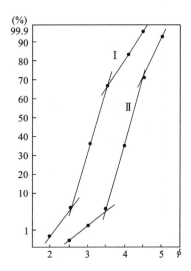

图2-39 巴贡组砂岩粒度曲线图
Ⅰ:P19LD56-1曲线;Ⅱ:P19LD67-1曲线

3. 层序分析

以结扎群为代表的被动陆源盆地发育了两个层序。层序Ⅰ(Sq_1)的底界(东达村组底部)为区域性的角度不整合,属Ⅰ型层序,由三个体系域构成(图2-40)。在本区发现甲丕拉组亦不整合于吉塘岩群之上,这可能表明甲丕拉组对吉塘岩群的上超关系。

低水位体系域(LST)为发育在不整合面之上的东达村组底部冲积扇沉积,区域分布不稳定,在靠近测区北侧的他念他翁古剥蚀区地带厚度较大,而延入测区后厚度渐薄,分布面积渐小。

海侵体系域(TST)以甲丕拉组为代表,形成一套退积型的沉积旋回,粒度向上变细,厚度向上变薄,其岩性自下而上为砾岩→含砾粗砂岩→细砂岩→粉砂岩与泥岩(细粉砂岩)互层,可推断其沉积相序应为滨海陆棚沉积。

高水位体系域(HST)明显具进积型层序。以波里拉组为代表的碳酸盐岩单层向上厚度增大的特征,表明海侵达到最大范围后相对平静的形成环境,也就是高水位体系域类型,所以波里拉组置于高水位体系域应是合理的。

巴贡组的沉积环境为河口湾沉积,代表了低水位期河流向盆地延伸时期的产物,因此巴贡组的层序应为低水位体系域(LST)。波里拉组顶部的滨岸沉积,也反映了其层序为低水位体系域(LST)。

唐古拉被动陆缘盆地与典型被动陆缘盆地相比,沉降期短,没有出现外陆棚至大陆斜坡沉积,而这正与全球性海平面下降有关。

4. 碎屑模型分析

由于结扎群在测区出露规模较小且不完整,并且东达村组、甲丕拉组、波里拉组厚度相对较小,仅巴贡组在本区内有较大范围的出露,所以在碎屑岩样品上借鉴了部分《1:20万丁青县幅区域地质调查报告》成果,统计分析结果显示:砂岩骨架颗粒成分有明显的规律性,其组合基本为QF型。

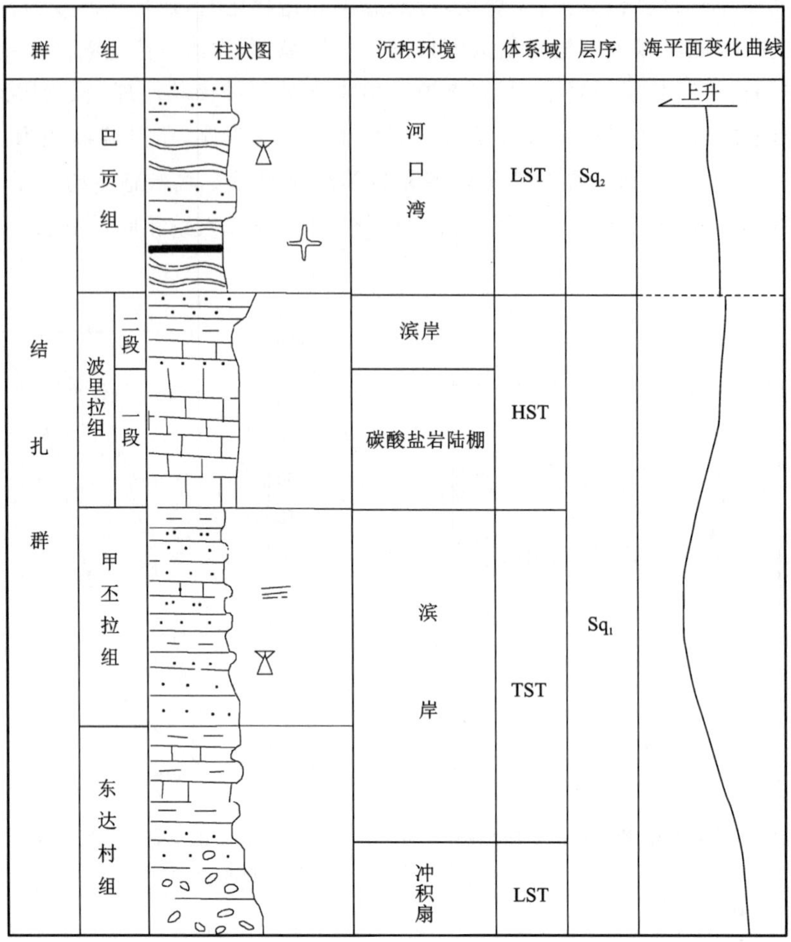

群	组	柱状图	沉积环境	体系域	层序	海平面变化曲线
结扎群	巴贡组		河口湾	LST	Sq₂	上升
	波里拉组 二段		滨岸	HST		
	波里拉组 一段		碳酸盐岩陆棚	HST		
	甲丕拉组		滨岸	TST	Sq₁	
	东达村组		冲积扇	LST		

图 2-40 结扎群的沉积层序综合柱状图（厚度未严格按比例尺绘制）

在判断盆地性质方面，众多样品在 Q-F-L 图解中，与维罗尼和梅纳德（1981）的被动边缘型（TE）碎屑沉积模型非常接近。在 Q-F-L 和 Q-F-R 图解中绝大多数投点落入被动边缘（TE）和稳定克拉通内浅海盆地（CR）（图 2-41），大部分样品集中于 TE 区，而少量的样品集中在 CR 区，演化方向为 CR→TE，反映了沉积盆地从稳定到次稳定（被动陆缘拉张活化）的演化过程。

在判断物源区类型方面，采用 Dickinson（1985）的三个三角图解，Q-F-L 及 Qm-F-Lt 图中投点多落入稳定性较低的陆块物源区或基底隆起地区，在 Qp-Lv-Ls 图中落入碰撞造山带内（图 2-42），这个结果较好地证明了在雅安镇附近结扎群发育的被动陆源盆地物源区为他念他翁前石炭纪变质基底隆起区，即在该盆地生成时其北侧物源区已完成碰撞造山过程并且遭受剥蚀。

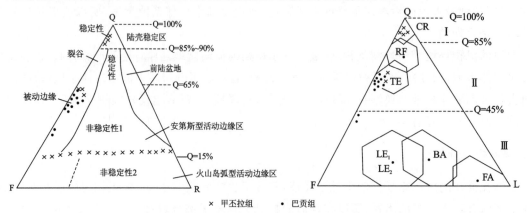

图 2-41 甲丕拉组、巴贡组砂岩骨架颗粒图

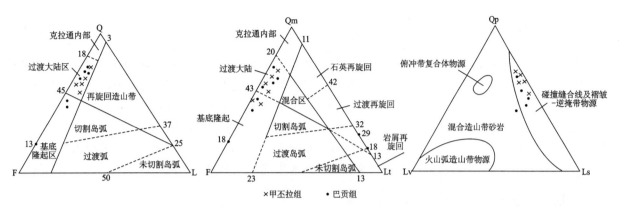

图 2-42　甲丕拉组、巴贡组砂岩碎屑模型图

通过对巴贡组中的样品随机抽取两个样品进行稀土分析发现(里德常数),其稀土元素特征(表 2-11)和曲线模式(图 2-43)与 Bhatia(1985)的球粒陨石标准化曲线比较套合,且该曲线类型与被动边缘曲线较为吻合,曲线右倾,斜率不大,Eu 呈明显负异常,这也较好地证明了结扎群所处的盆地性质为被动边缘的构造环境。

表 2-11　巴贡组稀土元素特征表 $\times(10^{-6})$

样号	La	Ce	Pr	Nb	Sm	Eu	Gd	Tb	Dy	Ao	Er	Tm	Yb
P19XT34-1	132	84.5	68.3	51.0	31.2	16.9	19.7	17.4	16.7	14.1	13.3	13.0	12.4
P19XT97-1	113	70.7	56.5	43.4	25.5	12.4	16.5	15.0	13.8	11.9	12.8	10.8	10.4

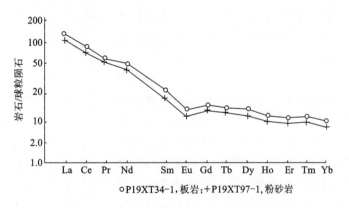

图 2-43　巴贡组稀土元素配分模式图

二、侏罗纪沉积盆地

青藏高原在侏罗纪时沉积物广泛发育,而在这个时期构造活动也较为频繁。测区正是班公错-索县-丁青-怒江结合带的中端,所以测区内侏罗纪盆地的充填物各不相同,盆地的成因各异,时空格架也独具特点,促使其演化也别具特色,总之侏罗纪盆地在测区内表现得广、杂、奇。由于班公错-索县-丁青-怒江结合带在早侏罗世的逐步闭合和消失,这时在冈底斯-念青唐古拉板片北缘生成前陆盆地,称为希湖前陆盆地,该结合带也在此间有短暂的上升并同时遭受了剥蚀。中、晚侏罗世发生广泛海侵,所以在中、晚侏罗世又形成了一系列具上叠盆地性质的沉积物,但中、晚侏罗世构造运动不再那么剧烈,上叠盆地成为跨覆缝合线或形成统一个缓坡盆地。

（一）希湖前陆盆地

前陆盆地一词,使用较为混乱,简而言之前陆盆地就是指在碰撞造山带的边缘地区和造山带内部断陷盆地(山间凹陷)形成的新的沉积区。与碰撞有关的前陆盆地类型主要有两种,即周缘前陆盆地和弧后-前陆盆地。本书的前陆盆地是指周缘前陆盆地,它形成于大陆壳表面向下拖曳与碰撞造山缝合带相接之处,蛇绿岩套较岩浆岩和火山岩(岩浆弧)更靠近盆地,在测区内希湖前陆盆地为1:25万丁青县幅该盆地的西延部分,分布在班公错-索县-丁青-怒江结合带之南,此盆地是该结合带中残余海盆发生洋内俯冲消减时,冈底斯-念青唐古拉板片北缘大陆壳前缘表面发生下陷而形成的。

1. 沉积组合特征

据《西藏岩石地层》和《1:20万丁青县幅、洛隆县幅区域地质调查报告》分析成果,加之本次工作的填图和剖面的控制情况,发现中侏罗统希湖组属阿尔卑斯型陆源复理石建造,希湖组岩性主要由泥质(板)岩、粉砂质(板)岩、石英砂岩等浊流沉积组成。沉积厚度巨大,在区域上分布不大,而邻区(1:25万丁青县幅)则分布广泛。希湖组岩性单调,空间上平行于班公错-索县-丁青-怒江结合带展布。

在希湖组的韵律层中可大体划分出三个单元:单元Ⅰ,主要为细粒石英砂岩,该单元厚度不一,总体呈向上变厚的趋势;单元Ⅱ,主要为粉砂质板岩(粉砂岩),发育水平层理、脉状层理;单元Ⅲ,主要为黑色泥质板岩(泥岩),局部地段可见含炭质的板岩出露,发育微细水平层理。这三个单元组成了一个细粒浊积层序。总体上希湖组为一套细碎屑沉积物,以粉砂质(板)岩和泥质(板)岩占主体。

2. 沉积环境分析

通过前面沉积充填物的分析,可以看出希湖组是一套浊流沉积的复理石地层体,明显可见浊积岩的特点。由于在中侏罗世时,班公错-索县-丁青-怒江结合带还存在构造活动,而在冈底斯-念青唐古拉板片北缘与班公错-怒江缝合带残余海盆的中间区域,还有一系列的活动地带,诸如活动海槽这样的地带在接受沉积,它们往往会形成复理石沉积,所以也可以理解希湖组就是在该结合带残余海盆地带形成的沉积地层体。关于局部地段可见波痕发育这一情况,本书认为前陆盆地具有特殊的地理位置,决定其沉积受全球海平面变化和构造沉降机制的双重影响,所以沉积物有时会在浪基面之上形成波痕或为深部底流的作用。通过希湖群砂岩粒度曲线(图2-44)得出:粒度分布区间较宽,跳跃总体的分选较好,曲线斜率较低,具有海下浊积扇的特征。

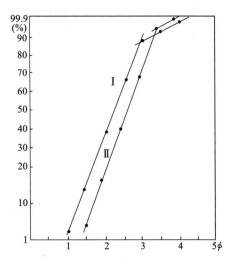

图2-44 希湖组砂岩粒度曲线图
Ⅰ:P16LD102-1曲线;Ⅱ:P16LD20-1曲线

3. 层序分析

前陆盆地的特殊地理位置决定了其形成机制比较复杂,所以对其层序地层分析尚无成熟的研究方法可借鉴,在这里只能对希湖组沉积层序做些粗浅分析(图2-45)。

因本次工作范围的限制,所以对希湖组三个岩性段未能完全地测制,致使在层序分析方面只能结合已有的相关资料简单描述一下。在1:20万丁青县幅、洛隆县幅区域地质调查工作中发现希湖组与下伏地层的不整合面之上并没有浅水沉积标志,而是靠希湖组底部的一套含泥砾的板岩或透镜状砾岩直接覆盖于嘉玉桥群的风化壳之上,这表明前陆盆地早期快速沉降的特点。希湖组一段的下部发现很多透镜状砾岩或含泥质砾石板岩,砾石大小混杂(5~20cm为主),成分以灰岩、片岩为主,分布杂乱,基质多为粉砂质,成层不规则,夹于泥质板岩中,这种岩性往往多形成于具有坡度的海下谷内的产物。一段上部为远源相泥质浊积岩。二段以中粒浊积岩为主,并出现单层的砂岩经常合并成厚的岩层,显然应属于近源相的。三段出现以中粒浊积岩为主,但有泥质浊积岩与之交互,总体仍以近源相为主。

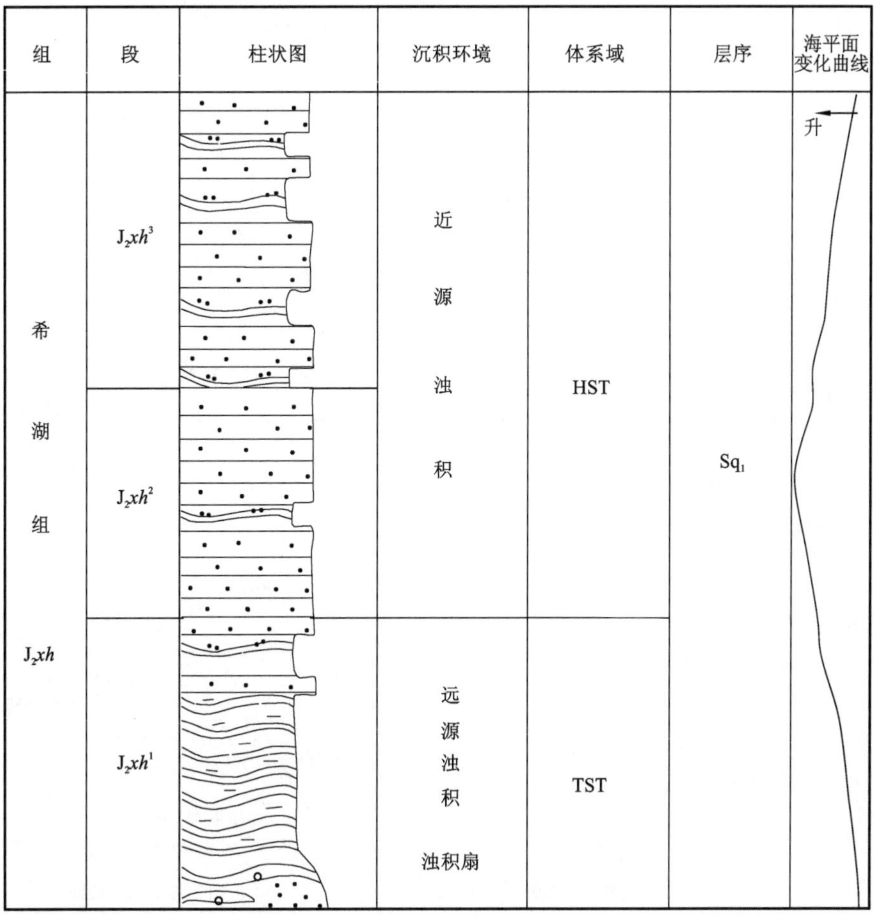

组	段	柱状图	沉积环境	体系域	层序	海平面变化曲线
希湖组	J_2xh^3		近源浊积	HST	Sq_1	升
	J_2xh^2					
	J_2xh^1		远源浊积 浊积扇	TST		

图 2-45　希湖组沉积层序综合柱状图

前陆盆地的海平面变化受到多种因素制约,其中最主要的就是全球海平面变化与构造沉降速度的影响。希湖组一段具有退积型的沉积特征,向上粒度变细,而且从近源浊积岩到远源浊积岩,这一过程反映了海平面相对上升的海侵过程。二段、三段的近源浊积岩是相对海平面上升到最大之后相对平静再转化为开始海退阶段的产物,也就是高水位期的沉积产物。

对于浊流的形成机理,我们需强调三点:第一点,维塞尔(Weser,1978)认为浊流形成要有足够的水深,并且大多数人认为浊流形成深水环境,如加利福尼亚 Neogeno 浊积岩形成深度在 1500～1800m 以下,而近来发现浊流也形成浅水环境,水深 100～125m,位于浪基面以下,所以希湖组的形成也不一定是深水环境就可以成立的;第二点是不稳定的斜坡,不稳定斜坡的临界角是变化的,这点在希湖组所处的前陆盆地位置是变化的,由于南侧为嘉玉桥群,也就是在前石炭世处于陆隆状况,而班公错-怒江缝合带后期才碰撞、俯冲,形成坡度是必然的;第三点,有效的浪退,处于前陆位置这点显然是必备的,所以关于希湖组成因属浊流机制是有据可考的。

4. 碎屑模型分析

希湖组砂岩以石英砂岩、岩屑石英砂岩为主,骨架颗粒成分主要是单晶石英(Qm 为 70%～90%)、多晶石英质岩屑(Qp 为 15%～25%)、沉积岩和变质沉积岩的岩屑(Ls 为 10%～20%)、长石(F)很少,一般不含火山岩屑(Lv)基本组合为 QL 型。将部分砂岩样点投影在库克(1974)的 $Q-F-R$ 体系图解中,其全部落入前陆盆地范围(图 2-46)。在迪金森(1985)$Q-F-L$,$Qm-F-Lt$,$Qp-Lv-Ls$ 体系图中,投点分别落入再旋回造山带、石英再旋回、碰撞造山带物源区内(图 2-46),并且与迪金森(1985)对再旋回造山带的解释相吻合,进一步揭示了前陆盆地所特有的物源区的特性。

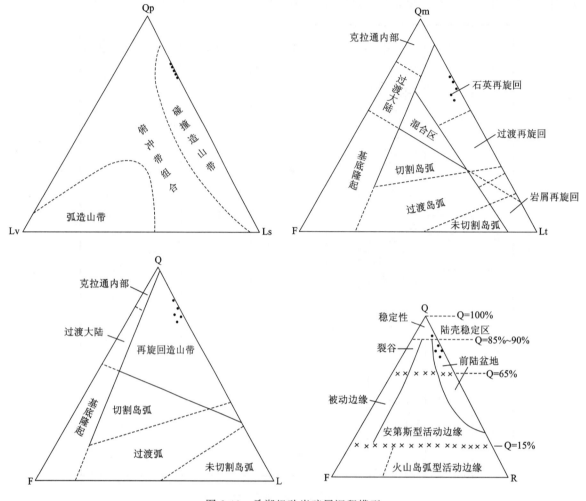

图 2-46 希湖组砂岩碎屑沉积模型

(二) 中、晚侏罗世上叠盆地

上叠盆地一名源于 Klein(1990)盆地分类划分方案,它是俯冲造山期后因两陆块的继续挤压碰撞而在板块缝合线附近生成的盆地。孟祥化(1985)称之为造山期后板块缝合线盆地,在凯皮(1981)的盆地分类中属内渊盆地。在测区内,该盆地范围较广,盆地中心应在索县南一带,包括羌南-保山地层区的中侏罗统雁石坪群和冈底斯-念青唐古拉地层区的中、上侏罗统拉贡塘组及发育在班公错-索县-丁青-怒江结合带内的木嘎岗日群。

1. 沉积组合特征

雀莫错组岩性组合为紫红色的砾岩、中厚层状粗粒砂岩、细粒石英砂岩、粉砂岩,上部夹有薄层状微(泥)晶灰岩,且下部多出现暗紫红色细砂岩与灰色泥岩、粉砂质泥岩互层特征。砾岩多出现在该组下部,砾石成分较为复杂,砾石大小不一,直径 2mm～6cm,分选极差,但磨圆好,普遍呈次圆状,砾石成分多为石英质、硅质岩、灰岩类,砾岩层为厚层状—块状或呈透镜状产出。该组碎屑岩中发育波状层理、水平层理,局部地段含有"砂球"且含植物化石碎片、腹足类、腕足类化石。其垂向上具有粒度向上变细、层厚变薄的特点,即具有正粒序变化特征,而在下部还表现出明显的旋回性。其碎屑岩粒度分析结果显示:概率图上有三个总体(图 2-47),其中牵引总体和悬浮总体发育,而跳跃总体只占很少的百分比,斜度小,分选差。

布曲组是一套灰色厚层状亮晶含砾屑鲕粒灰岩、微晶灰岩、生屑灰岩夹少量黑色页岩、粉砂岩的沉积组合。含浅海相双壳类、腕足类化石。布曲组总体以碳酸盐岩沉积为主。

拉贡塘组主要岩性为灰黑色板岩、粉砂质(板)岩,夹有中厚层状细粒石英砂岩,并夹有薄层状微晶灰岩。该组发育水平层理、斜层理、波痕等沉积构造,更主要的是在其中的黑色泥质板岩或灰黑色页岩中多处发现赋存饼状或近圆状、椭圆状的结核,结核中含有黄铁矿晶粒,结核大小较悬殊,大者15cm×20cm,小者3cm×2cm,结核表面多具硅化现象。该组的碎屑岩粒度分析结果显示:粒度曲线以跳跃为主(图2-48),斜率大于60°,分选性较好,其偏度(SK)为0.28,属正偏态,这些特征表明其形成环境可能为浅海环境。因为从粒度曲线上可以反映出两个次级总体,这主要是波浪冲刷作用形成的。

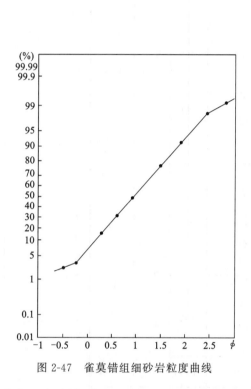

图2-47 雀莫错组细砂岩粒度曲线

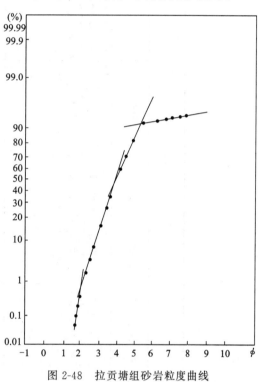

图2-48 拉贡塘组砂岩粒度曲线

分布于班公错-索县-丁青-怒江结合带内的木嘎岗日群为一套浅变质的复理石沉积,其岩性主要为深色、灰黑色泥质板岩、粉砂质(板)岩夹灰岩透镜体。灰岩呈无根状产出,为外来岩块,其出露位置较高,往往分布于山坡或半山坡的位置上,外来灰岩块与基质之间常为断层接触。基质中发育水平层理,灰岩中产双壳类化石。空间上其只在结合带内延伸。

2. 沉积环境分析

雀莫错组的复成分砾岩表现出陆上冲积扇的特征,而向上变细、变薄的碎屑岩中含有植物化石,这种特征又表现为三角洲的特点,并且具有砂、泥(粉砂)互层的特点,所以该组为冲积扇—三角洲环境下的沉积物。

布曲组为一套碳酸盐岩沉积体,含丰富的浅海相化石,这些特征与水位较浅,透光性好,氧含量和营养较充分的碳酸盐岩台地环境相吻合。所以布曲组应为开阔的碳酸盐岩台地环境下的沉积体。

拉贡塘组根据其黑色板岩、石英砂岩,且在灰黑色(板)页岩中发育饼状、圆形结核,结核内部含有菊石化石(比如县恰则乡)或黄铁矿晶体(岗位道班)的特征,推断其形成环境具有还原条件下的较深水沉积和潮下带环境,总体上是从浅海到滨海潮坪环境下的沉积地层体。

木嘎岗日群则应为次深海环境到陆棚边缘环境。根据木嘎岗日群中的无根状灰岩岩块产状,说明这些岩块为外来滑落体,而这些特征多发生在具有一定坡度的陆棚边缘,并常伴有构造运动的发生;而黑色复理石沉积可能为次深海环境下的产物,并且略具近源沉积岩的特征,可见槽模、沟模等沉积构造。

3. 层序分析

中、晚侏罗世是全球性海平面变化频繁的时期,加之构造沉降机制的影响,促使沉积物在垂向上表现为多个层序叠置(图2-49)。

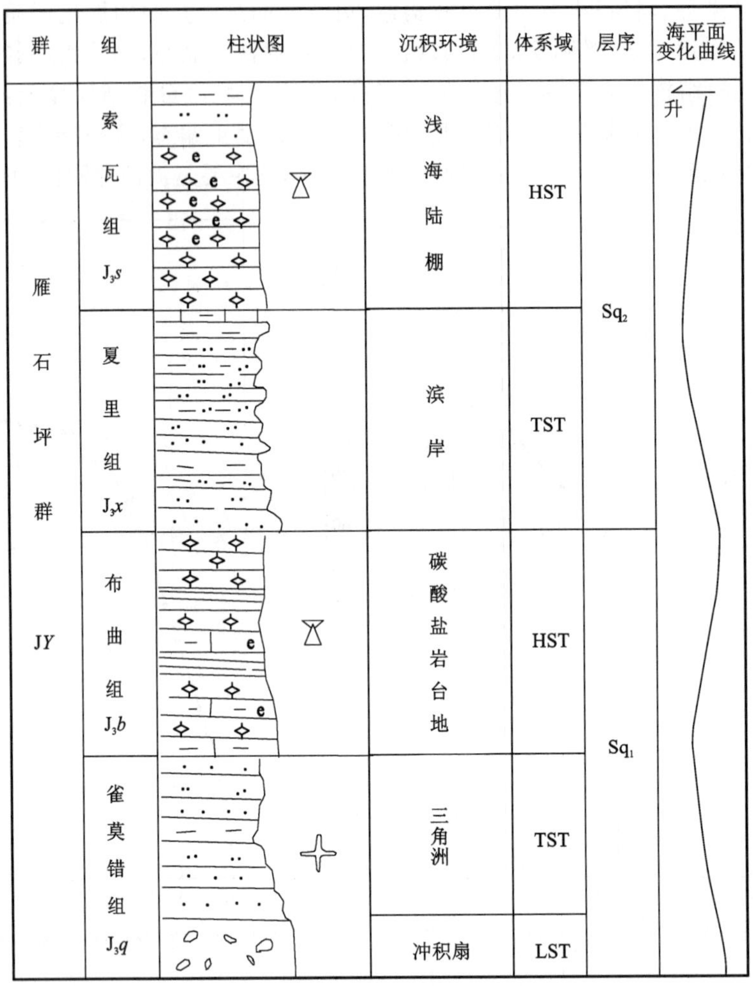

群	组	柱状图	沉积环境	体系域	层序	海平面变化曲线
雁石坪群 JY	索瓦组 J_3s		浅海陆棚	HST	Sq_2	升
	夏里组 J_3x		滨岸	TST		
	布曲组 J_3b		碳酸盐岩台地	HST	Sq_1	
	雀莫错组 J_3q		三角洲	TST		
			冲积扇	LST		

图2-49 雁石坪群沉积层序柱状图

1)层序1(Sq_1)

低水位体系域(LST)主要出现在雀莫错组底部,其底部出现具冲积扇性质的砾岩,所以表现为低水位体系域。

海侵体系域(TST)同样表现在雀莫错组中,该组上部紫红色细粒石英砂岩,灰色含岩屑石英砂岩的岩性组合,表明为三角洲环境下的产物。从冲积扇(部)到三角洲相沉积,这无疑是海水侵进过程的作用,所以雀莫错组上部碎屑岩应为海侵体系域。

高水位体系域(HST)主要由布曲组构成。该组主要为一套碳酸盐岩(巨厚层状)构成。代表了海侵达到最大范围后相对静止后再向海退转化的一个特殊阶段。

2)层序2(Sq_2)

由于测区缺失雁石坪群上部层位的夏里组、索瓦组的沉积,故此不能进行层序2(Sq_2)的综合分析。此处仅据1:25万丁青县幅调研成果予以简述。夏里组为属海侵体系域(TST),由一系列退积型副层序构成,碎屑物呈现向上变细、变薄的特点,其沉积相可划分为潮坪→陆棚。饥饿段(CS)主要出现在夏里组的上部,具有加积型特征,深灰色含炭泥晶灰岩与黑色页岩韵律式互层,灰岩中含浮游菊石,层面发育大量细弱而密集的虫迹;页岩中含黄铁矿晶粒。高水位体系域(HST)主要由索瓦组构成,具加积—进积型地层结构特征,下部为深灰色中薄层泥(微)晶灰岩夹黑色页岩,向上变为厚层状生屑灰岩、鲕粒灰岩,沉积相为静水灰泥相→台地边缘浅滩相。

3)层序3(Sq_3)

下面仅对拉贡塘组作粗浅的层序分析(图2-50)。

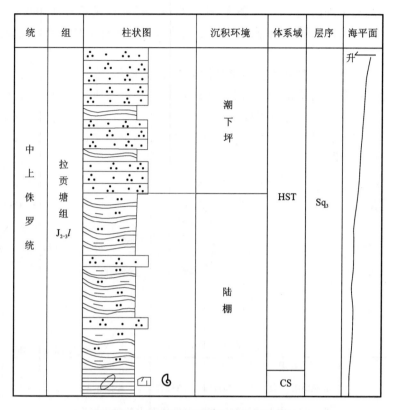

图 2-50 拉贡塘组沉积层序综合柱状图

高水位体系域(HST):拉贡塘组主要表现为一系列进积型基本层序叠置而成,其粒度从下而上由细变粗,砂岩厚度由薄到厚,沉积相序垂向上表现为浅海陆棚→近滨海相,而拉贡塘组含黄铁矿或菊石结核地段则可以理解为饥饿段沉积,是海侵范围达到最大范围时期的特殊地质记录。

4. 碎屑模型分析

由于该盆地分布广泛,构成的地层单位较多,尤其是砂岩层位较为发育。大量样品统计结果表明,每个地层单位的砂岩骨架颗粒成分都有一个较为接近的组合指数,此处对其进行了统计处理,求得砂岩骨架颗粒成分平均指数(表 2-12),需要说明的是,统计中组合样品部分借鉴了1:20万丁青县幅成果。将平均指数投影到孟祥化(1984) Q-F-L 图解中,除夏里组的点外,均落入稳定克拉通浅海盆地区(CR)(图 2-51),表明该盆地构造背景总体上较为稳定。雁石坪群底部至顶部有一种 Q 趋减、F 趋增的特征,夏里组落入了被动边缘(TE)区,较好地显示了稳定盆地活化过程,这一情况可能与班公错-索县-丁青-怒江结合带的活动有关,拉贡塘组有一种趋向于前陆盆地和安第斯型活动边缘区的特征。

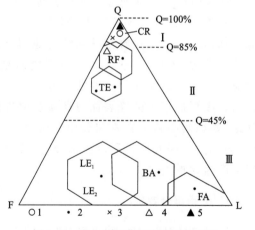

图 2-51 中上侏罗统砂岩碎屑模型图
1. 雀莫错组;2. 夏里组;3. 德极国组;
4. 德吉弄组;5. 拉贡塘组

表 2-12 中—晚侏罗世砂岩碎屑颗粒成分平均指数特征表

组	样品数	Q	F	L	Qm	Qp	P	K	Lv	Ls	基本碎屑组合
雀莫错组	10	94.57	4.35	1.08	90.22	4.35	2.17	2.17	0	1.08	QF
拉贡塘组	20	87.33	9.05	4.62	78.80	9.53	7.00	2.05	0	4.62	QF

将平均指数投影到迪金森的Q-F-L图上,投点均落入过渡区及石英质再旋回造山带,表明物源区具有从陆壳性质到次稳定的性质,而拉贡塘组则表明物源主要来自于结合带及冈底斯-念青唐古拉板片北缘。

中上侏罗统的砂岩在判断物源中的投影模型图如图2-52所示,在此处需强调一点,拉贡塘组的出露位置取代了希湖组前陆盆地的位置,虽然拉贡塘组处于原前陆盆地位置,但其沉积环境却已大为改变。因为中、晚侏罗世时,结合带已完成了碰撞过程,此时的沉积物则跨越结合带,所以关于拉贡塘组的物源问题,不排除来自北侧的碎屑物,或者理解为其物源可能与羌塘地区的剥蚀、结合带内的以及冈底斯-念青唐古拉地区的物源供给。

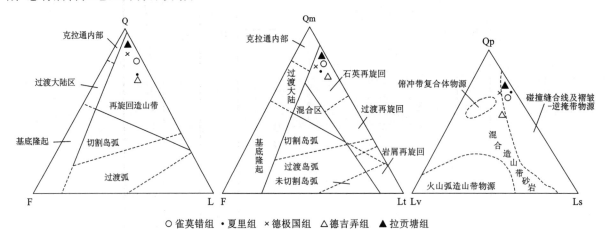

○ 雀莫错组 · 夏里组 × 德极国组 △ 德吉弄组 ▲ 拉贡塘组

图2-52 中上侏罗统砂岩在判断物源中的投影模型图

三、白垩纪沉积盆地

测区内侏罗纪盆地分布面积较为广泛,但到白垩纪时由于海水及区构造动动的变化,盆地面积大为缩小,在区内仅发育于班公错-索县-丁青-怒江结合带以南,从区域情况看,西藏白垩纪盆地自南而北为喜马拉雅被动陆缘盆地、低分水岭深海-洋底盆地、雅鲁藏布江洋底盆地、冈底斯南缘弧前盆地、冈底斯-念青唐古拉弧内盆地、冈底斯北缘弧背盆地(余光明、王成善,1990)。测区内应为冈底斯北缘弧背盆地的一部分。弧背盆地又称为弧后前陆盆地,是前陆盆地的一种类型,该盆地多形成于大陆壳表面向岛弧造山带的后侧方向下拖曳处,相邻造山带遥远地倒向这类前陆盆地,蛇绿岩消减杂岩体和火山岩带远离这类盆地。但在本区内该盆地赋存位置决定了其特殊性,因此处于冈底斯弧和班公错-怒江缝合带之间,所以该盆地是受这两个方面制约形成的,具有残余海盆地的特征。

1. 沉积组合特征

侏罗纪沉积地层体中,多尼组发育较为广泛,其岩性可分为上、下两段。下段主要为灰黑色泥(页)岩、粉砂岩夹灰色薄层状细粒长石石英砂岩,局部夹透镜状灰岩,普遍含植物化石或植物屑,粉砂中发育脉状层理、波状层理、透镜状层理。上段岩性下部为灰白色厚层状中粒石英砂岩,上部为灰色、黄绿色、紫红色泥(页)岩,粉砂岩夹灰色薄层细粒长石石英砂岩及煤线,发育交错层理。该组应属含煤陆屑建造,所含化石多为植物类,在南侧含化石层位较多,而在本图区内只见到岩层中夹有煤线的情况。从此特征可以看出多尼组主要为一套三角洲沉积组合。

竞柱山的岩性主要为红色、灰紫色砾岩、砂岩、粉砂岩、泥岩、泥灰岩等,表现为陆上冲积扇→扇三角洲相的沉积组合特征。该组发育斜层理,波痕等沉积构造。区域上产双壳类、圆笠片等化石,由此可见竞柱山组的组合特征应以河湖相为主。

2. 沉积环境分析

多尼组在区域上沉积环境存在一定差异,而且横向上也有变化,但在本区较为稳定。从其沉积组合特征上分析,多尼组主要应为稳定的河控三角洲沉积环境,下面对其沉积环境作简要分析。三角洲的前积层(三角洲前缘)由于其处于三角洲向海前进的前坡位置,总体位于水面以下,可达浪基面附近,所以常由砂岩、粉砂岩等组成,且发育水平层理,这些正好与多尼组上部的特征较为吻合,其中细粒岩屑石英砂岩应属于河口坝沉积物。通过其粒度分析显示,砂岩成分成熟度高,石英成分为主,结构成熟度也较高,概率图上发育两到三个总体,其中以跳跃总体为主,分选较好(图 2-53),整个前积层显示向上变粗层序,多尼组下部可能多为三角洲平原(顶积层)沉积,其岩性特征多以灰黑色粉砂质(板)岩为主,夹有细粉砂岩,且含有植物化石碎片和夹有煤线。这些特征表现为分支河道的砂质沉积和泛滥平原沉积。

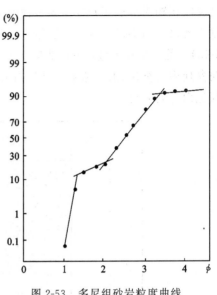

图 2-53 多尼组砂岩粒度曲线

竞柱山组的底部紫红色复成分砾岩,成分相对复杂,磨圆较好,其形成环境应为冲积扇远端沉积,而灰红色细砂岩、细粉砂岩或泥质粉砂岩应为扇三角洲前积层(三角洲前缘)环境下的产物,并且可见细砂岩与粉砂岩或泥质粉砂岩呈韵律层状产出的特性,所以竞柱山组的沉积环境应为陆上冲积扇→扇三角洲沉积,但其环境也有局部地段显示出具干旱环境特点,由于个别地方可见粉晶质白云岩的产出,说明其局部地段可达潮上坪沉积环境。

3. 层序分析

多尼组层序可划分为三个基本层序(图 2-54)。海侵体系域(TST)主要由多尼组上部构成,其岩性多为粉砂岩类,夹有细粒砂岩,局部地域可见植物化石碎片,这些岩性组合表现为海平面上升时三角洲平原的沉积产物。饥饿段(CS)在纵向上表现为欠发育,在多尼组中部粉砂质板岩、泥质板岩相对发育的地段,可视其为海侵达到最大范围时期,陆源物质供应较少的低能环境下的产物。高水位体系域(HST)主要为三角洲前缘环境下沉积的以粉砂岩或粉砂质板岩与泥质粉砂岩为主的沉积物,夹有砂坝沉积物,总体看来多尼组具有从近岸到三角洲沉积的特征,形成向上变浅的海盆下超现象(图 2-54)。

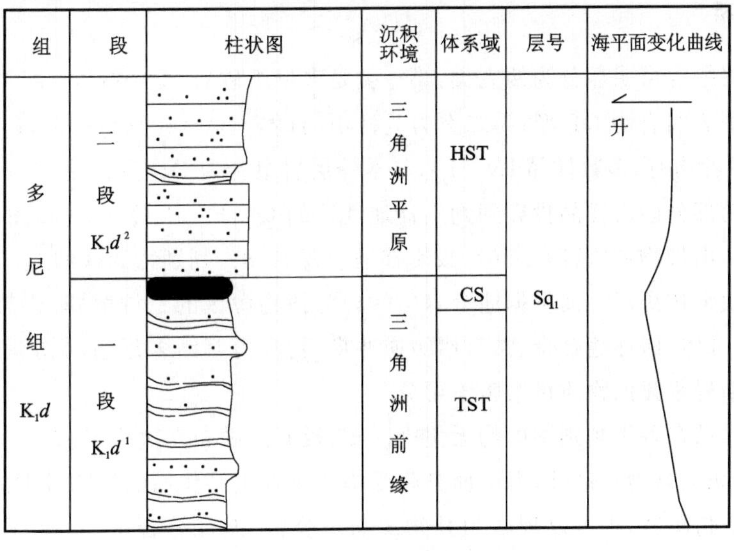

组	段	柱状图	沉积环境	体系域	层号	海平面变化曲线
多尼组 K_1d	二段 K_1d^2		三角洲平原	HST	Sq_1	升
				CS		
	一段 K_1d^1		三角洲前缘	TST		

图 2-54 多尼组沉积层序柱状图

竞柱山组形成于晚白垩世残余海盆时期,因盆地活动性强,所以盆内层序受海平面升降和构造活动以及沉积物供给速率和气候等多种因素制约。层序的形成模式与前陆盆地晚期层序地层模式(丘东洲,赵玉光,1993)类似。每一个层序可划分出低水位体系域(LST)和水侵体系域(LTST)两个准层序(图2-55)。低水位体系域(LST)为陆上冲积扇沉积物构成,岩性多为紫红色砾岩或含砾粗砂岩,扇体逐渐向盆地中心推进;水侵体系域(LTST)由一系列退积型基本层序叠置而成,沉积物为红色陆源碎屑岩,偶见白云岩发育。

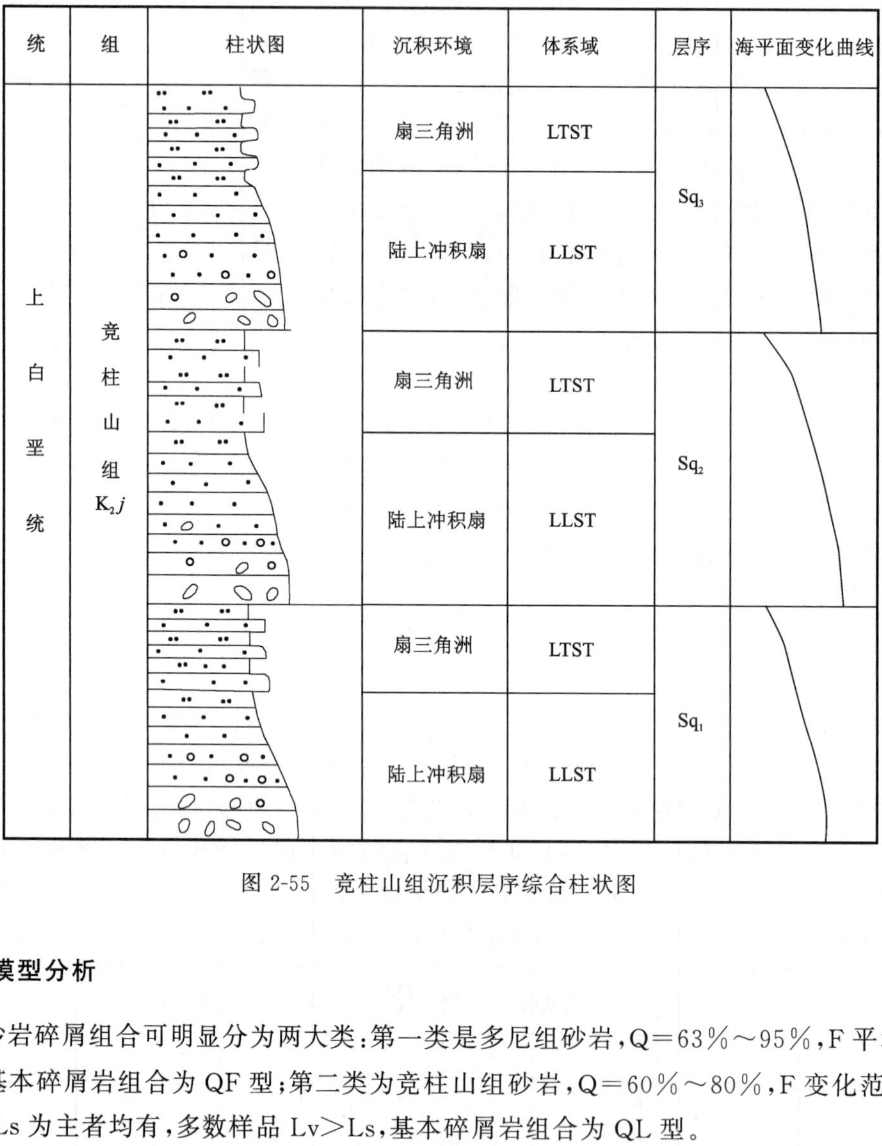

统	组	柱状图	沉积环境	体系域	层序	海平面变化曲线
上白垩统	竞柱山组 $K_2 j$		扇三角洲	LTST	Sq_3	
			陆上冲积扇	LLST		
			扇三角洲	LTST	Sq_2	
			陆上冲积扇	LLST		
			扇三角洲	LTST	Sq_1	
			陆上冲积扇	LLST		

图 2-55 竞柱山组沉积层序综合柱状图

4. 碎屑模型分析

白垩纪砂岩碎屑组合可明显分为两大类:第一类是多尼组砂岩,Q=63%～95%,F 平均值为 1.2,L 平均值 1.1,基本碎屑岩组合为 QF 型;第二类为竞柱山组砂岩,Q=60%～80%,F 变化范围较大,L 偏高,Lv 为主,Ls 为主者均有,多数样品 Lv>Ls,基本碎屑岩组合为 QL 型。

将取自多尼组的部分砂岩样品投影到判别盆地性质的 Q-F-R、Q-F-L 图解中,样品落在稳定性盆地区和再旋回造山带物源区(图 2-56),投影在迪金森(1985)判别物源区的 Q-F-L 等图解中全部落入石英再旋回造山带物源区。而根据迪金森(1985)对该物源区的三种解释,再旋回造山带可划分三种类型:上升俯冲复合体、碰撞缝合带、弧后褶皱逆冲带,初步可判断多尼组的物源既与班公错-怒江缝合带有关又与冈底斯岩浆弧的物质供给密不可分。

竞柱山组砂岩样品在各类判别图中均无集中区域,投影点散布在次稳定和非稳定盆地区,物源区较为复杂,这正与晚白垩世盆地活动性,海平面升降受构造沉降机制作用的影响较大的特征相吻合。竞柱山组的物源区为混合物源区,也可以理解为其物源与班公错-怒江缝合带、羌南-保山地层区以及冈底斯-念青唐古拉板片都存在紧密的关系。

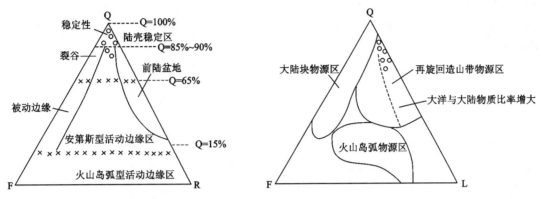

图 2-56　多尼组砂岩碎屑沉积模型图

四、第三纪沉积盆地

晚白垩世海水基本上已从测区全部退出,古新世转变为以山间断陷盆地的陆相沉积,该类型盆地零星分散、面积较小,以发育冲积扇、河流、湖泊相等沉积组合为特征。

1. 沉积组合特征

古新统—始新统牛堡组底部为紫红色中粗砾岩,含砾粗砂岩,砾石大小多为 7cm×8cm,以次棱状居多,砾石成分以石英、长石、细砾岩为主,隐约可见水平层理发育。上部为紫红色厚层状细砂岩,垂向上具加积特征,本区未采获到化石。

上新世布隆组在测区为一套冲积扇沉积组合。底部为灰黄色—灰褐色厚层状复成分砾岩,砾石大小以 2~5cm 者居多,磨圆度呈次棱—次圆状。中部为灰色砾岩与黄灰色砂岩构成,上部为黄灰色、灰褐色含砾粗砂岩与薄层砾石层互层组成,从下向上砾石变小,砾岩层变薄。

2. 沉积环境分析

牛堡组下部以具韵律性的紫红色厚层状复成分砾岩和含砾粗砾岩为主,表现为退积型的基本层序的叠置,并且砾石分选差,磨圆度不高,可推断其距物源供给地较近,所以应为滨湖环境下沉积产物。而上部粒度变细,以紫红色细砂岩为主,亦发育薄层粉砂岩,可见平行层理,这些特征可以表明沉积环境较前面湖水变深,水动力趋弱,但未见泥岩类产出,估计未达深湖,所以分析牛堡组上部应为浅湖环境下的沉积物。

布隆组总体上表现为冲积扇环境下的沉积物,但又可细划分冲积扇近端(扇根)、冲积扇中端、冲积扇远端、水下扇四个环境,下面对各个分环境作简单分析。冲积扇近端表现为下部灰黄—灰褐色厚层状复成分砾岩,单层厚度较大,砾石粒径较大,这种岩性代表能量快速释放的泥石流堆积特征。冲积扇中端则为复成分砾岩夹有细砂岩,砂岩可见模糊的交错层理。冲积扇远端细砂岩成分占主要优势,而砾岩则呈薄层状,且粒径变小。水下扇部分体现在上部岩性黄灰—灰褐色含砾粗砂岩与薄层砾岩互层的特征上。

3. 层序分析

层序地层理论用于陆相盆地中有一定难度,但此理论的基本观点和分析方法解释陆相盆地沉积层序的形成规律颇具一定的指导意义。

牛堡组在垂向上岩性为具从砾→砂的粒序特点,具退积型层序结构,沉积环境表现为从滨湖→浅湖相沉积、湖水持续上升的特征(图 2-57)。所以其层序可划分为湖侵体系域,是盆地向外扩展的结果。

布隆组在垂向上相序为冲积扇近端→冲积扇中端→冲积扇远端→水下扇,它们代表冲积扇向盆地延伸,水面不断上升的过程。该组陆上冲积扇的沉积物构成低水位体系域(LLST)而水下扇则应为水侵体系域(LTST)(图 2-58)。

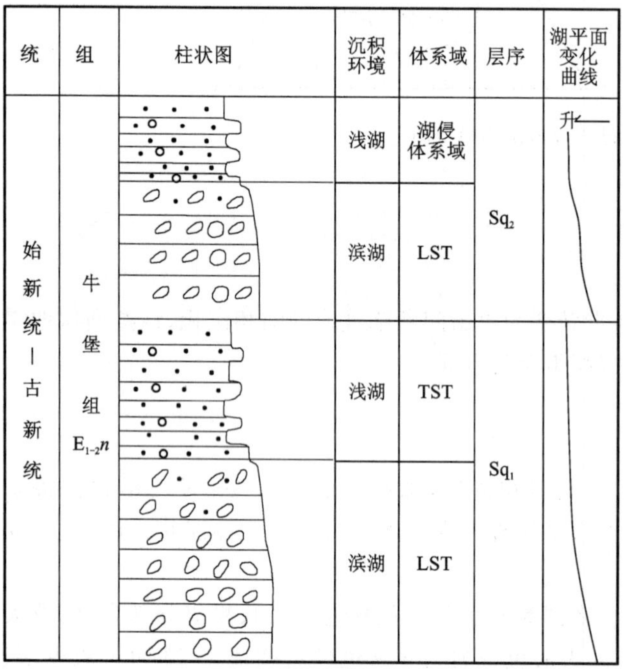

图 2-57 牛堡组沉积层序柱状图

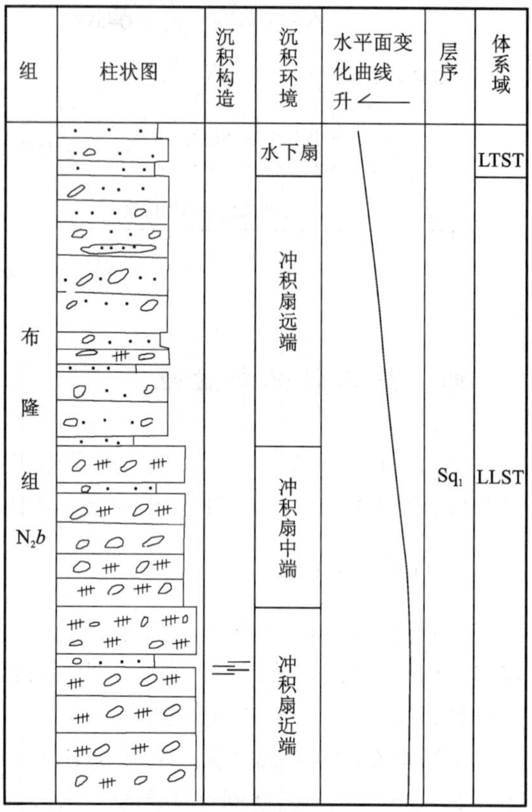

图 2-58 布隆组沉积层序柱状图

五、第四纪沉积盆地

众所周知,青藏高原在第四纪时还处在剧烈的抬升和地壳上隆的过程中,据肖序常等(1998)研究,更新世至全新世为快速隆升期,隆升速率为 1.6~5.35mm/a,由此可见测区作为青藏高原的一部分,其沉积厚度也是相当大的,而且沉积类型较多,相应地第四系沉积盆地也就纷繁多样。

关于盆地类型划分的标准及原则较多,但随着对第四纪沉积盆地研究的不断开拓和探索,认识也在逐步提高,众多因素中动力学机制成为区别盆地类型的主要依据。据此可将盆地性质划分为张性环境、压陷环境,相应的也就是拉分盆地和压陷盆地,当然分类标准不同所划分的盆地类型也就不同,而且根据工作或调研的内容不同及价值取向的差异,在盆地分类方面也就不会统一,本书采用拉分盆地、压陷盆地或断陷盆地划分法。

下面对索县断陷盆地作粗浅分析:该盆地位于怒江支流索曲谷地中,从益曲河口至枪曲河口一段,平均宽约 4km,普遍发育三级以上河流阶地,但在索县县城附近可见Ⅷ级阶地发育,该阶地为索县盆地的组成部分,也是出露海拔最高的阶地(4050m)。

Ⅰ级阶地高出现代河面 30m,该阶地上部为粉砂层,中部为土黄色中细粒砾石层,砾石具叠瓦状构造,磨圆较好。底部为砾石层,砾石成分以砂页岩为主,有少量花岗岩,分选磨圆均好,粒径一般为 5~10cm,厚度大于 10m。从总体特征上看该阶地属河床和河漫滩环境下的堆积物。

Ⅱ级阶地下部为土黄色中细粒砾石层,砾石大小以 3~4cm 者居多,砾石成分以石英砂岩、石英岩、板岩为主,砾石层往上为土黄色含砾亚砂土层,至此该段表现为滨湖环境下的产物。再向上则以浅灰色细粉砂土层为主,可见水平层理发育,局部可见较薄层的细粒砾石层出露,该段表现为浅湖环境下的沉积产物。该段向上则粒度进一步变细,多为泥土层并可见淤泥层发育,可见微细水平层理,该段可能为深湖沉积物,Ⅱ级阶地总厚度为96m,但属湖泊沉积部分为30多米,湖泊相以上仍为河流相沉积物,以砾石层和含砾砂土层为主(图2-59)。

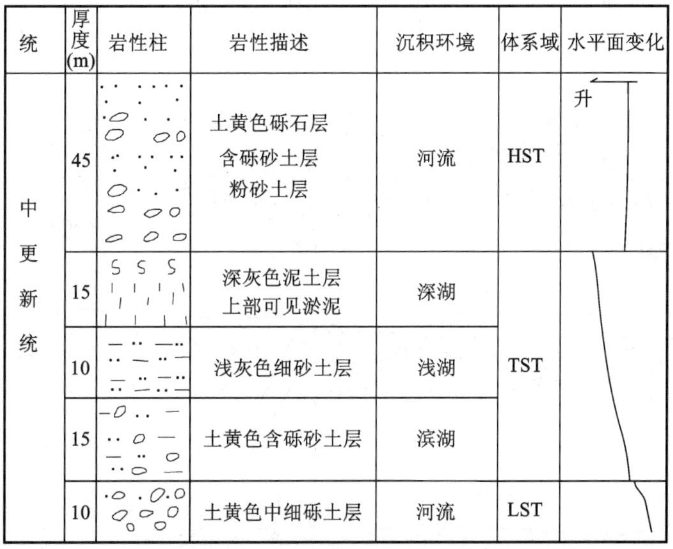

统	厚度(m)	岩性柱	岩性描述	沉积环境	体系域	水平面变化
中更新统	45		土黄色砾石层 含砾砂土层 粉砂土层	河流	HST	升
	15		深灰色泥土层 上部可见淤泥	深湖	TST	
	10		浅灰色细砂土层	浅湖		
	15		土黄色含砾砂土层	滨湖		
	10		土黄色中细砾土层	河流	LST	

图2-59 索县盆地Ⅱ级阶地沉积层序柱状图

Ⅲ级阶地高出现代河面120多米,阶地面宽2~3km,沉积物自下而上为砾石层→含砾细砂→粉砂、亚砂土层,具典型二元结构。

Ⅳ—Ⅶ级阶地出露于基座之上,但均不完全,呈残留状态,而且在同一地方难见其连续产出,只有通过阶地高度对比方可确定其阶地级数,但远观同一阶数的阶地虽出露地方不同,但其夷平面大致相当。其沉积环境应为河流环境。

Ⅷ级阶地为本次区调工作中重要控制的剖面之一,其出露于高口乡西。其岩性自下而上分别如下。①层卵石层:砾石砾径较大,最大者可达40cm×80cm,一般为20cm×40cm,无定向性,砾石磨圆呈次棱角—次圆状。②层粗砾石层:砾石大小多为5cm±,磨圆度较好,呈次圆状者居多。③层浅土黄色含砾砂层。④层粗砾石层。⑤层细粉层粉砂层、亚粘土层共同组成的粒度较细的砂土层,可见槽状、波状、平行层理。⑥层为粗砾石层,砾石呈次棱角—次圆状,砾石大小多为5cm左右。⑦层为含砾亚砂土层。⑧—⑪层为以⑥层和⑦层相似的岩性组成的韵律层,即下部为砾石层上部为含砾亚砂土、细砂层。从下而上其环境可大致分为洪积(①层)→河道沉积。

从上述沉积特征上可以看出索县盆地主要为河流相沉积物,但Ⅱ级阶地也表现为湖泊相沉积,可视其为河漫滩湖泊(牛轭湖)的沉积物。从阶地现存状况看第四纪时,该区存在剧烈的抬升作用。

关于盆地的时代归属,从阶地发育状况看,遵循阶地越高时代越老的原则,Ⅰ级阶地应为Qh、Ⅱ级阶地至Ⅷ级阶地的时代为Qp_3、Qp_2、Qp_1,至于Ⅴ—Ⅷ级阶地的时代,可能更老,有待进一步研究。

第七节 沉积盆地演化及模式

测区位处青藏高原中东部,班公错-索县-丁青-怒江结合带从测区内穿行而过,且在板块构造划分上分属唐古拉板片南缘,班公错-怒江结合带中东段,冈底斯-念青唐古拉板片北缘,致使测区内构造活动强烈而复杂,盆地类型独具特色:分布类型多,分布范围广,时间跨度大,形成机制复杂。下面对测区中生代到第四纪盆地的演化作粗浅分析(图2-60)。

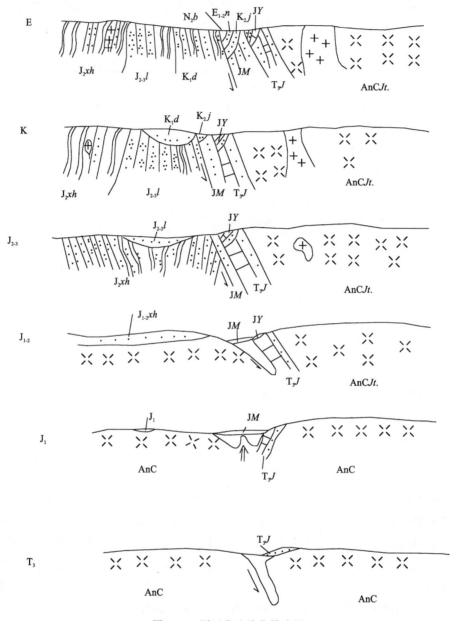

图 2-60 测区盆地演化模式图

在早古生代测区基本处于稳定陆壳形成阶段,这与全球在古生代的历史是联合古大陆形成阶段吻合。古生代地层在区内仅见吉塘岩群出露,而在东侧丁青县幅可见吉塘岩群与嘉玉桥岩群都存在,可证明前石炭纪时是一个稳定而联合的大陆壳存在,本区与东侧地质特征一致,虽然本区南侧未见前石炭纪地层单元出露,这可能与构造运动和沉积掩盖或剥蚀等有关,并不会影响古生代的稳定陆壳阶段的时空格架。

石炭纪—早、中三叠世时的地层单元也未见在本区南侧出露,东侧邻区见苏如卡岩组出露,估计这个时期本区南侧仍为陆地状态。

晚三叠世时,测区沉积盆地格局与石炭纪相比已大不相同。由于班公错-怒江缝合带在此时期的扩张作用,在唐古拉板片(羌塘板片)南缘和冈底斯-念青唐古拉板片北缘形成了被动陆缘盆地。唐古拉板片南缘的被动陆缘盆地以沉积结扎群为代表,而冈底斯-念青唐古拉板片北缘的被动属缘盆地沉积以确哈拉群和孟阿雄群为代表,结扎群在本区内出露,而确哈拉群和孟阿雄群则在东侧邻区内有出露。侏罗纪沉积盆地的时空演化独具特色,早、中侏罗世时在冈底斯-念青唐古拉板片北缘形成了以希湖组为主要沉积单元的前陆盆地。而中、晚侏罗世时,班公错-怒江缝合带进入挤压会聚阶段,发生洋内消减。这时在班公错-怒江缝合带在短暂的上升剥蚀后于中侏罗世接受海侵形成跨越带的晚二叠世盆地,其沉积地层单元以雁石坪群和拉贡塘组为代表。而在缝合带的海槽地段则沉积了以木嘎岗日群为代表的次深海型复理石建造。

与侏罗世盆地相比,白垩纪盆地面积大为缩小。到早白垩世时,班公错-怒江缝合带已完全闭合,"洋陆转变"过程已经完成。而班公错-怒江缝合带以北的羌塘板片形成稳定大陆区,南侧的冈底斯-念青唐古拉板片上还有一些残余海盆存在,其代表充填物为多尼组的沉积。随着盆地中心的转移,多尼组逐渐取代了前陆盆地的盆心位置,这就是测区内多尼组分布面积较大的原因。晚白垩世海水面积进一步缩减,在残余湖盆区形成以陆源碎屑为主的沉积地层,如竞柱山组。

第三纪(古近纪+新近纪)时,由于晚白垩世海水已从测区全部退出,测区进入陆内造山阶段。所以此时盆地转变为山间和山前断陷盆地为特征的陆相盆地,盆地分散、面积较小,其沉积单元代表为牛堡组和布隆组。

第四纪时,测区进入大幅度隆升阶段,并发育一系列近东西向挤压坳陷带,形成了山间或山前断陷盆地,其充填多为河湖沉积物。在本区内布隆乡附近或宽广的河谷地段(索县)形成了第四纪沉积物较宽广的地貌特征。

第三章 岩 浆 岩

第一节 基性—超基性侵入岩

一、概况

测区蛇绿岩位处班公错-索县-丁青-怒江蛇绿岩带东段,蛇绿岩分布于岗拉道班、索县马耳朋、弄子革等地。呈构造残片形式侵位于木嘎岗日群(JM)中。共见有 8 个蛇绿岩块体,规模小,面积不等,最大者为马耳朋,约 0.9km²,其余为 0.1~0.5 km²。各残块呈串珠状、透镜状近东西向或北北西-南南东向展布,长轴方向与区域构造线方向一致,本次区调称之为岗拉-马耳朋-郎它蛇绿岩带,索县马耳朋蛇绿岩在该带保存完好,岩石单元出露齐全,层序完整。自下而上的岩石单元有:变质橄榄岩、深成杂岩(堆晶杂岩、镁铁杂岩)、辉绿岩墙(群)、基性熔岩(枕状玄武岩、球颗玄武岩、杏仁状玄武岩、块状玄武岩)。蛇绿岩之上发育有中侏罗统碎屑岩角度不整合覆盖的顶盖沉积,指示其侵位时代为 J_2 之前。其他蛇绿岩块体岩石组合单元简单,均由变质橄榄岩单元组成。

在造山带研究中,寻找古洋壳、恢复板块构造格局是构造地质学家最关心的问题,也是造山带研究的核心问题之一。Dietz(1963)最先提出蛇绿岩代表古洋壳的论点,赋予蛇绿岩以明确的构造含义。2001 年张旗、周国庆所著的《中国蛇绿岩》将蛇绿岩定义为"产于扩张脊的洋壳+地幔序列的岩石组合"。典型的蛇绿岩岩石组合分四个单元:变质橄榄岩单元、深成杂岩、席状岩墙群单元和喷出岩单元。此中不包括上覆的硅质岩及其他深海沉积物和火山岩,并把该部分称为"蛇绿岩上覆岩系"。本书沿用此划分方案(表 3-1)。

表 3-1 测区蛇绿岩划分表

单元划分		层序组成	代号	岩石组合	结构构造	次生变化	环境	时代
上覆沉积岩		硅质岩	J_1Si	紫红色硅质岩	隐晶结构,层状构造	重结晶		
索县蛇绿岩	基性熔岩	块状熔岩、枕状熔岩	$J_1Om.\beta$	枕状玄武岩、球颗玄武岩、杏仁状玄武岩等	斑状、球颗结构,枕状、杏仁状构造	碳酸盐化、绿泥石化、硅化	弧前背景	$J_1(?)$
	席状岩墙群	辉绿岩墙(群)	$J_1Om.\beta\mu$	辉绿岩	辉绿结构,块状构造	绿泥石化、角闪石化		
	深成杂岩	镁铁杂岩	$J_1Om.\nu$	辉长岩	辉长结构,块状构造	绿泥石化、绢云母化		
		堆晶杂岩	$J_1Om.cc$	堆晶层状辉长岩、堆晶橄长岩、堆晶辉石岩	堆晶结构,层状、条带状构造	绿泥石化、角闪石化、硅化等		
	变质橄榄岩	方辉橄榄岩、纯橄岩	$J_1Om.o\sigma$	方辉橄榄岩、纯橄岩	变晶粒状结构、鳞片状结构等。块状、片状构造	强蛇纹石化、碳酸盐化、硅化		

二、蛇绿岩剖面

索县马耳朋蛇绿岩为本次区调新发现,对其进行了剖面测制和研究(图 3-1)。该剖面全长 1200m,

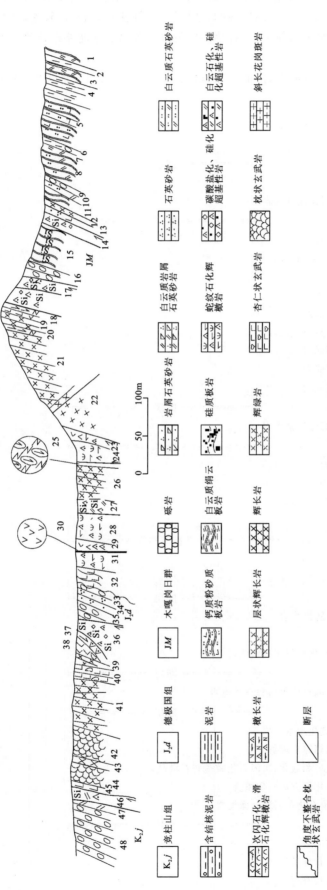

图 3-1 索县马耳朋蛇绿岩实测剖面图

蛇绿岩出露规模不大,但其岩石组合齐全,岩石各单元均有出露。恢复其层序自下而上有：变质橄榄岩、深成杂岩(堆晶杂岩＋辉长岩)、辉绿岩墙群、基性熔岩(枕状玄武岩、球颗玄武岩、杏仁状玄武岩、块状玄武岩)。因此,该剖面蛇绿岩可与丁青、日喀则以及世界著名的塞浦路斯特鲁多斯、阿曼塞麦尔等典型蛇绿岩剖面进行对比。

该剖面位于索县马耳朋附近,剖面起点坐标：东经 93°45′47.1″,北纬 31°49′41.3″；海拔 3950m。

上白垩统竟柱山组（K_2j）

48. 褐黄色板理化、片理化砾岩石	厚＞58.77m
47. 深灰色含砂砾屑泥质粉晶白云岩	0.30m

========断层========

马耳朋蛇绿岩

46. 翠绿色硅化、白云石化超基性岩	15.00m

========断层========

45. 灰绿色片理化块状玄武岩	2.95m
44. 暗绿色蚀变枕状橄榄玄武岩	25.39m
43. 灰绿色辉绿岩墙	4.83m
42. 暗绿色蚀变枕状橄榄玄武岩	36.86m
41. 灰绿色蚀变辉绿岩墙群	68.58m
40. 深灰色杏仁状蚀变橄榄玄武岩	20.68m
39. 灰绿色蚀变岗纹辉绿岩	11.59m
38. 暗绿色蚀变球颗玄武岩	8.43m
37. 暗绿色蚀变橄榄玄武岩	5.16m

========断层========

36. 翠绿色硅化、白云石化超基性岩	15.99m

========断层========

中侏罗系德极国组（J_2d）

35. 深灰色岩屑砾岩	8.42m
34. 深灰色含砾中细粒石英砂岩	23.73m
33. 深灰色岩屑砾岩	10.72m

～～～～～～角度不整合～～～～～～

马耳朋蛇绿岩

32. 浅绿色蚀变基性火山岩	18.70m

========断层========

31. 暗绿色蛇纹石化方辉橄榄岩	25.48m
30. 灰绿色次闪石片岩	0.98m
29. 黑色次闪石化、滑石化单斜辉石橄榄岩	11.50m

========断层========

28. 灰黑色蛇纹石化次闪石化单斜辉石橄榄岩	41.98m

========断层========

27. 翠绿色白云石化、硅化超基性岩	21.98m
26. 浅灰绿色蚀变岗纹辉绿岩墙群	46.53m
25. 浅灰绿色细粒斜长岩和硅化、次闪石化橄榄辉石堆晶岩	7.77m
24. 深灰绿色全蛇纹石化斜方辉石橄榄岩	24.36m
23. 浅灰色次闪石化、滑石化单斜辉石橄榄岩	21.17m

========断层========

22. 浅灰色球粒文象花岗岩	19.33m
21. 深灰色—灰绿色层状辉长岩	36.66m
20. 灰黑色绿泥石化斜长辉石岩	1.00m
19. 浅灰绿色蚀变层状辉长岩	16.10m

18. 灰绿色蚀变细粒橄长岩   12.80m
━━━━━━━━━━━━ 断层 ━━━━━━━━━━━━
17. 青灰色—浅灰绿色角砾状碳酸盐化、硅化超基性岩   27.62m
━━━━━━━━━━━━ 断层 ━━━━━━━━━━━━
17. 青灰色角砾状碳酸盐化、硅化超基性岩   16.93m

侏罗系木嘎岗日群（JM）
16. 砾岩   20.80m
15. 灰黑色硅质板岩   52.01m
━━━━━━━━━━━━ 断层 ━━━━━━━━━━━━

马耳朋蛇绿岩
14. 灰绿色硅化、白云石化超基性岩   12.43m
━━━━━━━━━━━━ 断层 ━━━━━━━━━━━━

侏罗系木嘎岗日群（JM）
13. 深灰色细粒岩屑石英砂岩   8.17m
━━━━━━━━━━━━ 断层 ━━━━━━━━━━━━
12. 浅灰白色斜长花岗斑岩   7.98m
━━━━━━━━━━━━ 断层 ━━━━━━━━━━━━
11. 灰黑色板岩   9.01m
10. 深灰色含钙白云质细粒岩屑石英砂岩   13.21m
9. 浅灰色砾岩   8.29m
8. 灰黑色含绢云粉砂质板岩偶夹中—薄层硅化泥灰岩   20.49m
7. 灰黑色含白云质绢云板岩夹中—薄层粉砂岩   19.66m
6. 深灰色含钙质结核泥岩   9.19m
5. 灰黑色钙质粉砂质板岩夹中—薄层钙质粉砂岩   54.21m
4. 土黄色中—薄层泥岩   33.44m
3. 灰黑色白云质绢云板岩   7.72m
2. 土黄色中—薄层泥岩   6.00m

　　海百合茎：*Cyclocyclicus* sp. indet（圆圆茎）
　　　　　　Ellipsoellipticus sp. indet（卵卵茎）
　　　　　　Dasycladceae（粗枝藻类？）
　　　　　　Taenidium? *serpentinum*?（蛇形螺旋带迹）
1. 灰黑色白云质绢云板岩   9.43m

三、岩石学、矿物学特征

（一）变质橄榄岩

变质橄榄岩为该组合带的主要成员之一。其分布于岗拉道班、索县马耳朋、弄子革等地8个蛇绿岩块体中。呈透镜状、豆荚状、东西向或北北西-南南东向断续延伸。边界与围岩均为断层接触，形成宽度不等的构造混杂岩带或糜棱岩，暗示了构造就位特征。

变质橄榄岩岩石类型主要为方辉橄榄岩和纯橄岩。在马耳朋还出露有（斜长）二辉橄榄岩。后期蚀变作用较强，主要有蛇纹石化、次闪石化、滑石化、白云石化、硅化等。

变质橄榄岩的结构主要有：鳞片状结构、网状结构、纤维状结构、塑性流变结构、碎斑状及糜棱状、角砾状结构。发育块状、片状及叶理构造。

塑性流变和碎斑结构在索县蛇绿岩块组合带中变质橄榄岩单元内普遍存在，其应属岩石在高温塑性变形状态下形成的。纤维状、鳞片状及网状结构由纤维状、鳞片状蛇纹石组成，具定向排列。在构造作用相对较弱部位，表现为不具定向性的网状分布，往往保留短柱状外形，具辉石或解理的绢石化辉石及其假斑。糜棱结构和角砾状结构在岗拉道班、马耳朋、弄子革等地均能见到。碎斑由拉伸显定向呈长条状的橄榄石及眼球状的斜方辉石组成,碎基为蛇纹石和滑石构成,糜棱结构反映了岩石发生强剪切应力作用。而角砾状结构是岩石在脆性应变作用下的产物。

变质橄榄岩的主要矿物有:橄榄石、斜方辉石以及少量单斜辉石、尖晶石和斜长石。橄榄石一般具有较强的蛇纹石化→碳酸盐化→硅化及滑石化。根据薄片鉴定橄榄石有三种结构:第一种为强烈蚀变已被碳酸盐矿物、硅质矿物所交代,不过保留有橄榄石外形轮廓;第二种呈不规则粒状,粒径一般为1~3mm,常呈网格状蛇纹石化,中心部位见有橄榄石残留,切面较浑浊,为波状消光;第三种为细小的橄榄石,常呈纤维状或鳞片状,后期蚀变成蛇纹石、滑石,常见定向地分布于前两种橄榄石之间,也可能是岩石发生构造肢解碎粒化的一种结果。斜方辉石见呈两种状态,一种呈假斑状或碎斑状,其粒径可达3~6mm,蛇纹石化后变为绢石,保留粒状、柱粒状外形及辉石式解理,无定向且不均匀分布在变质橄榄岩中,晶面弯曲,具波状消光;另一种呈不规则细粒状,蛇纹石化后变为绢石,受构造作用定向分布,晶面有弯曲,具波状消光。单斜辉石全部次闪石化而零星分布于橄榄石、斜方辉石颗粒之间,铬尖晶石为自形—半自形,粒径0.2mm±,星点状分布于变质橄榄岩中。副矿物有磁铁矿等。

(二) 深成杂岩

深成杂岩主要出露于马耳朋一带,覆于变质橄榄岩之上,两者之间为断层接触。其由堆晶杂岩和镁铁岩组成。堆晶杂岩自下而上由堆晶橄长岩、斜长辉石岩、层状辉长岩构成。位于堆晶杂岩之上的镁铁岩只有蚀变辉长岩。堆晶岩的堆晶层理倾向南,倾角65°~75°。下部的堆晶橄长岩、堆晶斜长辉石岩具层状构造,表现为暗色矿物与浅色矿物的交错出现形成黑白相间的层或带。而其上部的堆晶辉长岩层状构造表现为粒序层理,由粗→中→细或细→中→粗正、反粒序层理构成。但堆晶岩的层或带不太稳定,反映了岩浆房的非稳定环境。

堆晶橄长岩由斜长石(>70%±)、橄榄石(25%±)、次闪石(4%±)、辉石(1%±)组成。岩石具特征的正堆晶和异补堆晶结构,层状构造。橄榄石多蚀变为绿泥石—蛇纹石,仍保留有橄榄石残晶。斜长石多蚀变成黝帘石、绢云母。矿物粒径一般为0.5~2mm,大致定向排列。次闪石常分布于橄榄石与斜长石的接触部位。

斜长辉石岩主要由辉石和斜长石组成,斜长石(30%)均已蚀变成黝帘石、绢云母鳞片、绿泥石,辉石全部次闪石化而构成次闪石集合体,少数蚀变为绿泥石,但仍清晰可见残余自形粒状结构。矿物粒径一般为1~3mm。岩石具堆晶层理、粒状结构。堆晶层理由暗色矿物辉石和浅色矿物斜长石相间出现而显示层或带。

堆晶辉长岩(层状辉长岩)组成矿物主要为斜长石、单斜辉石和斜方辉石。斜长石脱钙变酸成更长石,辉石多已蚀变为次闪石集合体,但残余半自形粒状结构仍清楚可见,长轴方向大致呈定向性排列;石英(5%~10%)呈不规则状或粒状充填于上述矿物间隙中。堆晶辉长岩上部浅色层中斜长石含量增多,具环带结构,多呈长宽比近等的柱粒状晶体。单斜辉石的分布显示一定的优选方位,排列成层,具晶体堆晶特征。

辉长岩位于堆晶杂岩之上,而以缺少层状构造为特征,但结构有粗细粒度变化不定的特点。两种主要矿物单斜辉石和斜长石都遭受了强烈的热变质作用。岩石具辉长结构,块状构造。辉石大多数蚀变为角闪石、阳起石、透闪石、绿泥石。斜长石为半自形的柱粒状晶体,后期蚀变多已成黝帘石集合体、绢云母鳞片。

(三) 辉绿岩墙(群)

辉绿岩墙(群)仅出露于马耳朋,其位于深成杂岩之上、基性熔岩之下,同时基性熔岩中发现有辉绿岩墙穿插,表明岩墙群的侵入活动一直持续到基性熔岩形成之后。

辉绿岩墙岩石类型单一,均为辉绿岩,矿物组成为蚀变斜长石+辉石,呈板条状无规则分布,格架间隙充填粒径一般为1~0.5mm的次闪石、绿泥石等矿物,呈不均匀分布。斜长石均蚀变成黝帘石集合体和绢云母鳞片,辉石蚀变成次闪石、绿泥石。后期方解石脉、绿帘石脉及石英脉沿岩石错碎裂隙充填分布。

岩墙多向南西倾斜、倾角陡立，少量倾向北东、倾角陡立，与上覆的枕状熔岩斜交或被穿插。岩墙出露宽1.2~5m不等，多平行排列，具对称的冷凝边和不对称的冷凝边。这也反映了蛇绿岩的席状岩墙群特征，其不同于陆壳中的岩墙，因为后者不可能出现不对称的冷凝边。

（四）基性熔岩

该套基性熔岩主要分布在马耳朋一带，出露于剖面南侧，宽约80m，走向呈东西向，倾向南或南南西，倾角中等。熔岩之南与碳酸盐化、硅化橄榄岩断层接触，其北位于辉绿岩墙群之上，辉绿岩墙与之斜交或穿插。

基性熔岩种类较多，主要岩石类型有：枕状橄榄玄武岩、枕状玄武岩、杏仁状橄榄玄武岩、气孔状玄武岩、球颗玄武岩。

枕状玄武岩由于蚀变程度不同而显示不同颜色，常见有紫灰色、紫红色、灰绿色、深灰色等，具有特征的枕状构造，单个岩枕呈北西-南东向的椭球体，其长轴一般为0.5~1m，向上微凸，岩枕边缘可见宽2~4cm不等的致密冷凝边。枕间胶结物仍为基性熔岩物质。岩石具残余斑状结构、基质具羽毛状结构；除枕状构造外，还见有气孔状构造。斑晶由粒径0.5~3mm的自形粒状橄榄石、辉石等矿物组成，前者均蚀变分解为绿泥石、热液石英集合体。辉石强烈次闪石化分解为绿泥石、次闪石。基质由呈羽毛状结构不均匀分布的纤维状次闪石、钠长石组成。热液石英不均匀交代岩石分布。气孔直径2~3mm，均被热液石英及少量绿泥石充填。

杏仁状橄榄玄武岩由橄榄石、辉石、钠长石组成，具残余斑状结构，基质具残余火山结构，杏仁状构造。岩石普遍遭受蚀变，主要表现为次闪石化、硅化，原生矿物均不同程度蚀变分解，但原岩残余结构仍清楚可见。斑晶（12%±）主要由粒径0.5~1.5mm的橄榄石组成，均蚀变为绿泥石。基质由柱长0.3~1mm的次闪石化辉石（40%±）、钠长石和钠长石纤维（25%±）组成，后者呈残余火山结构不均匀分布，后期热液石英不均匀交代，岩石分布，含量可高达13%±，副矿物有白钛石等。杏仁体呈椭圆形，直径一般1.5~2.5mm，杏仁体为后期热液石英充填。

球颗玄武岩遭受强烈蚀变，主要表现为次闪石化、硅化，原生矿物均不同程度蚀变分解。但残余放射状球颗结构仍清晰可见。蚀变后的岩石主要由柱长0.3~1mm的次闪石化辉石和纤维状钠长石呈放射状球颗不均匀分布组成。球颗直径2~6mm。部分颗粒在柱状次闪石化辉石之间分布有绿泥石。后期热液石英不均匀交代岩石或呈石英细脉穿插岩石，脉宽0.3~2mm。

四、岩石化学及地球化学特征

（一）岩石化学特征

1. 变质橄榄岩

该组合带中变质橄榄岩岩石化学成分及CIPW标准矿物计算结果如表3-2所示：SiO_2含量变化范围为7.94%~56.64%，9个样品平均值为39.37%；MgO含量15.91%~39.36%，9个样品平均值为26.75%，$MgO/(MgO+FeO^*)$比值明显低于地幔岩及丁青、日喀则以及世界其他地区蛇绿岩的同一比值；Al_2O_3含量0.24%~13.87%，9个样品平均值为2.88%；CaO含量0.08%~27.06%，其平均值为4.89%；TiO_2含量0.007%~0.20%，平均值为0.07%。因此，该变质橄榄岩高Al、Ca、Ti同样高于特鲁多斯（Al_2O_3 0.66%、CaO 0.61%、TiO_2 0.01%）及世界其他地区正常蛇绿岩地幔橄榄岩或地幔岩的平均成分。造成这种异常可能与后期的蚀变作用或热液叠加作用或构造浸染作用有关。如Ⅳ-(47)-1样品Al_2O_3含量高达13.87%，CIPW标准矿物出现钾长石（Or）。此外，CIPW标准矿物主要为紫苏辉石、透辉石和橄榄石以及斜长石，表明该区内地幔岩有纯橄岩、方辉橄榄岩和二辉橄榄岩及斜长二辉橄榄岩四种岩石类型。斜长二辉橄榄岩类似于模拟的未亏损的上地幔橄榄岩。因此，上述特殊的岩石化学特征可能反映了特殊的构造背景——未亏损或亏损程度很低的上地幔残留物。也表明了该区可能存在几乎未亏损的原始地幔物质。根据马耳朋剖面地幔岩层序显示,可能存在由下往上的粗略分带现象:斜长二辉橄榄岩→二辉橄榄岩→斜辉橄榄岩→纯橄岩,而纯橄岩多呈小的透镜体。这也表明地幔橄榄岩在侵位前处于上地幔条件,曾经历了分带熔融的演化过程。

表 3-2 变质橄榄岩岩石化学成分及 CIPW 标准矿物计算结果表($wt\%$)

样号	岩石名称	SiO_2	Al_2O_3	Fe_2O_3	FeO	CaO	MgO	K_2O	Na_2O	TiO_2	P_2O_5	MnO	灼失
Ⅳ-(39)-1	变质辉橄榄岩	53.76	3	2.98	5.32	2.58	24.82	0.05	0.33	0.076	0.018	0.14	5.92
Ⅳ-(40)-1	次闪石化、滑石化橄榄岩	56.64	1.97	1.8	5.02	2.57	25.65	0.04	0.28	0.086	0.02	0.1	5.17
Ⅳ-(43)-1	蛇纹岩	39.48	0.24	5.99	1.39	0.08	38.01	0.05	0.31	0.076	0.02	0.077	13.18
Ⅳ-(46)-1	白云石化、硅化超基性岩	7.94	1.19	0.04	5.66	27.06	15.91	0.15	0.092	0.092	0.026	0.13	40.98
Ⅳ-(47)-1	蛇纹岩	44.98	13.87	0.76	6.31	5.34	17.91	1.6	1.58	0.2	0.041	0.23	6.04
Ⅳ-(48)-1	次闪石化、滑石化橄榄岩	41.75	4.04	2.88	5.51	2.04	32.85	0.05	0.19	0.096	0.026	0.16	10.19
2914-1	全蚀变辉石橄榄岩	36.66	0.358	2.1	5.24	1.16	22.7	0.01	0.126	0.005	0.053	0.086	29.98
2914-3	蚀变纯橄榄岩	33.2	0.416	1.68	5.17	2.79	23.3	0.03	0.09	0.007	0.13	13	29.22
2932-1	斜辉辉橄岩	29.9	0.865	4.33	1.72	39.36	39.36	0	0.097	0.027	0.046	0.038	13.02
样品	岩石名称	CIPW 标准矿物											
		Q	An	Ab	Or	Ne	Kp	C	Di	Hy	Ol	Cs	Ac
Ⅳ-(39)-1	变质辉橄榄岩	6.17	7.05	3	0.32				5.22	75.28			
Ⅳ-(40)-1	次闪石化、滑石化橄榄岩	9.71	4.25	2.52	0.25				7.22	73.54			
Ⅳ-(43)-1	蛇纹岩			1.15	0.31				0.25	29.18	65.77		1.69
Ⅳ-(46)-1	白云石化、硅化超基性岩		4.1			0.72	0.86				61.48	69.93	
Ⅳ-(47)-1	蛇纹岩		28.04	14.4	10.19				0.17	9.42	36.08		
Ⅳ-(48)-1	次闪石化、滑石化橄榄岩		11.12	1.8	0.34			0.03		35.15	48.7		
2914-1	全蚀变辉石橄榄岩		0.54	1.56	0.12				5.83	75.43	13.52		
2914-3	蚀变纯橄榄岩		0.79	0.95	0.24				12.56	14.36	68.73		

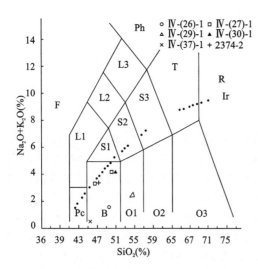

图 3-2 堆晶杂岩 $SiO_2-(Na_2O+K_2O)$ 图
Pc:苦橄玄武岩;B:玄武岩;O1:玄武安山岩;
Ir:Irvine 分界线,上方为碱性,下方为亚碱性

2. 堆晶杂岩

由岩石化学成分分析结果(表3-3)显示,堆晶杂岩中 SiO_2 含量高(45.14%～54.50%,平均49.40%),Fe^* 有较大的变化区间(4.63%～9.61%),其中底部橄长岩—斜长辉石岩,Fe^* 由少到多(4.78%～8.11%),上部层状辉长岩表现出由贫至富的演化趋势(4.63%～9.61%)。$MgO/(MgO+FeO^*)$ 比值变化范围较宽(0.54～0.73)。TiO_2 含量低(0.068%～0.36%),类似于丁青堆晶杂岩(0.13%～0.19%)。

综上所述,堆晶杂岩的化学成分存在相当广泛的变化范围,从底部至上部随着岩浆分异而明显富铁的趋势,显示了岩浆分异演化特征。

对堆晶杂岩所做的 $SiO_2-(Na_2O+K_2O)$ 图解(图3-2),投点落入 B 区(玄武岩),个别样品落入玄武安山岩区间。$TiO_2/10-MnO-P_2O_5$ 图解(图3-3)落入 CAB 区间(钙碱性玄武岩)。$TiO_2-FeO^*/(FeO^*+MgO)$图解(图3-4)落入类似于玻安岩区间。因此,该堆晶杂岩类似于玻安岩系列岩石,可能属玻安岩质岩浆结晶分离早期阶段的产物。

表3-3 堆晶杂岩岩石化学成分分析结果表($wt\%$)

产地	样号	岩石名称	SiO_2	TiO_2	Al_2O_3	Fe_2O_3	FeO	MnO	MgO	CaO	Na_2O	K_2O
索县马耳朋	Ⅳ-(26)-1	斜长辉石岩	49.72	0.14	8.29	1.24	6.99	0.13	19.59	6	0.76	0.44
	Ⅳ-(27)-1	橄长岩	47.34	0.055	17.21	1.07	3.82	0.095	13.22	8.49	1.71	1.53
	Ⅳ-(29)-1	层状辉长岩	54.5	0.36	10.52	1.8	7.21	0.13	13.9	4.21	2.18	0.32
	Ⅳ-(30)-1	层状辉长岩	51.96	0.091	16.69	0.8	3.91	0.11	9.35	8.15	3.22	1.12
	Ⅳ-(37)-1	层状辉长岩	45.14	0.09	8.19	1.64	8.13	0.22	22.25	7.28	0.44	0.052
	2374-2	蚀变辉长岩	47.72	0.068	17.59	1.41	5.54	0.124	7.89	12.23	3.09	0.298

产地	样号	岩石名称	P_2O_5	灼失	H_2O^+	H_2O^-	SO_3	总和	FeO^*	Na_2O+K_2O	$MgO/(MgO+FeO^*)$	$FeO^*/(MgO+FeO^*)$
索县马耳朋	Ⅳ-(26)-1	斜长辉石岩	0.026	5.42	3.74	0.18	0.013	102.68	8.106	1.2	0.71	0.29
	Ⅳ-(27)-1	橄长岩	0.019	4.56	1.74	0.22	0.0066	101.09	4.783	3.24	0.73	0.26
	Ⅳ-(29)-1	层状辉长岩	0.046	3.58	2.28	0.46	0.0033	101.5	8.83	2.5	0.61	0.38
	Ⅳ-(30)-1	层状辉长岩	0.029	3.58	1.16	0.12	0.0033	100.29	4.63	4.34	0.67	0.33
	Ⅳ-(37)-1	层状辉长岩	0.019	6.06	2.58	0.08	0.0033	102.29	9.606	0.492	0.70	0.30
	2374-2	蚀变辉长岩	0.02	3.93	3.32	0.38	0.003	103.61	6.809	3.388	0.54	0.46

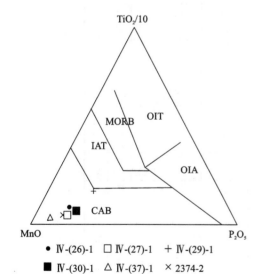

图3-3 堆晶杂岩 $TiO_2/10-MnO-P_2O_5$ 图

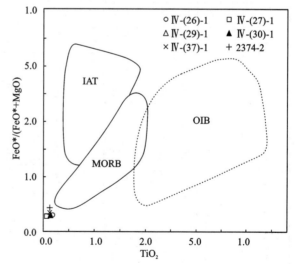

图3-4 堆晶杂岩 $TiO_2-FeO^*/(FeO^*+MgO)$ 图
IAT:岛弧拉斑玄武岩;MORB:洋中脊玄武岩;OIB:洋岛玄武岩

3. 辉绿岩墙

辉绿岩仅一个样品,从岩石化学分析结果(表3-4)中不难看出,SiO_2含量高达60.54%,MgO含量为7.07%,$MgO/(MgO+FeO^*)$比值0.52,TiO_2含量较低(0.26%)。因此,辉绿岩具富Si、Mg而贫Ti的特征。$SiO_2-Na_2O+K_2O$图解(图3-5)投点落入安山岩区,$FeO^*-MgO-Al_2O_3$三角图解(图3-6)进入洋中脊或洋底区间,$TiO_2-FeO^*/(MgO+FeO^*)$图解(图3-7)落入类似玻安岩区间。$TiO_2/10-MnO-P_2O_5$图(图3-8)投点落入CAB(钙碱性玄武岩)区间。综上所述,该区辉绿岩类似玻安岩系列,暗示弧前背景。

表 3-4 基性熔岩及辉绿岩岩石化学成分分析及 CIPW 标准矿计算结果表（$wt\%$）

产地	样号	岩石名称	SiO_2	TiO_2	Al_2O_3	Fe_2O_3	FeO	MnO	MgO	CaO	Na_2O	K_2O	P_2O_5	灼失	H_2O^+	H_2O^-	SO_3	总和	FeO^*	Na_2O+K_2O	$MgO/(MgO+FeO^*)$
索县马耳朋	Ⅳ-(55)-1	橄榄玄武岩	55.4	0.17	8.2	1.25	6.4	0.28	16.3	4.5	0.43	0.05	0.04	5.74	4.28	0.44	0.27	103.72	7.53	0.482	0.68
	Ⅳ-(56)-1	球颗玄武岩	60.1	0.22	10.17	1.5	5.56	0.2	11.1	4.18	2.78	0.14	0.05	3.1	2.44	0.16	1.68	103.46	6.91	2.92	0.62
	Ⅳ-(66)-1	枕状玄武岩	53	0.17	9.02	1.05	6.67	0.14	17.3	6.69	0.83	0.05	0.05	4.64	4.91	0.7	0.03	105.25	7.62	0.883	0.69
	142	橄玄岩	54.1	0.17	8.16	0.925	6.34	0.15	16.7	6.88	0.78	0.02	0.03	4.66	4.38	1.04	0.04	104.44	7.17	0.801	0.70
	0142-2	玄武岩	57.7	0.17	11.51	1.08	6.43	0.15	10.6	5.53	1.96	0.3	0.02	3.92	3.94	0.82	0.26	104.4	7.4	2.259	0.59
	Ⅳ-(45)-1	辉绿岩	60.5	0.26	12.83	1	5.75	0.09	7.07	3.32	1.66	0.54	0.04	5.58	3.2	0.24	0.07	102.19	6.65	2.2	0.52

CIPW 标准矿物及参数

产地	样号	岩石名称	Q	An	Ab	Or	C	Di	Hy	Il	Mt	Ap	DI	密度,g/cc	液相密度	干粘度	湿粘度	液相线温度	H_2O含量	A/CNK	SI	R	σ_{43}	σ_{25}	F1	F2	F3
索县马耳朋	Ⅳ-(55)-1	橄榄玄武岩	15.4	21.8	3.91	33		1.55	54.6	0.35	1.95	0.09	41.4	3.06	2.65	3.32	3	1038	1.43	0.917	66.67	1.08	0.02	0.01	0.56	-1.6	2.3
	Ⅳ-(56)-1	球颗玄武岩	15.7	15.5	24.48	0.86		4.65	36	0.43	2.26	.11	56.5	2.95	2.58	4.34	3.79	983	1.91	0.825	52.75	1.51	0.47	0.25	0.58	-1.6	-2.4
	Ⅳ-(66)-1	枕状玄武岩	5.78	21.8	7.39	0.33		10.2	52.4	0.34	1.6	0.13	.3	3.1	2.69	2.56	2.39	1107	92	0.664	66.76	1.12	.07	0.03	0.49	-1.7	-2.4
	142	橄玄岩	8.76	19.8	7	0.13		12.9	49.6	0.34	1.42	0.08	35.7	3.09	2.67	2.84	2.61	78	1.12	0.591	67.47	1.11	0.05	0.02	0.49	-1.7	-2.4
	0142-2	玄武岩	14.4	22.8	17.37	1.85		4.71	36.9	0.34	1.64	0.05	56.4	2.96	2.61	4.05	3.63	1022	1.55	0.846	52.11	1.31	0.32	0.16	0.57	-1.6	-2.4
	Ⅳ-(45)-1	辉绿岩	29	17.4	15.09	3.43	3.85		29.1	0.53	1.56	0.11	64.9	2.92	2.55	5.84	4.97	938	2.34	72	44.13	1.32	.25	0.14	0.67	-1.5	-2.4

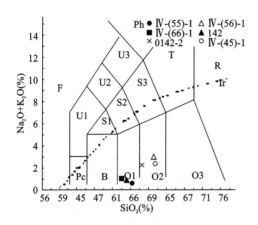

图 3-5 基性熔岩及辉绿岩 $SiO_2-(Na_2O+K_2O)$ 图

O1:玄武安山岩;O2:安山岩;
Ir:Irvine 分界线,上方为碱性,下方为亚碱性

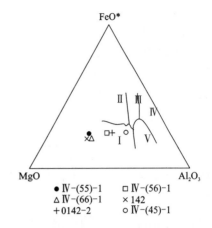

图 3-6 基性熔岩及辉绿岩 $FeO^*-MgO-Al_2O_3$ 图

Ⅰ:洋中脊及洋底;Ⅱ:大洋岛屿;Ⅲ:大陆板块内部;
Ⅳ:扩张中心岛屿;Ⅴ:造山带

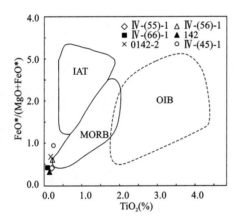

图 3-7 基性熔岩及辉绿岩 TiO_2-FeO^*/MgO 图

(其余图例同图 3-4)

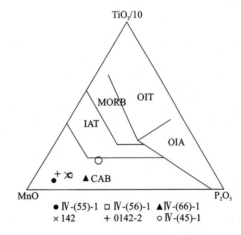

图 3-8 基性熔岩及辉绿岩 $TiO_2/10-MnO-P_2O_5$ 图

OIT:洋岛拉斑玄武岩;OIA:洋岛碱性玄武岩;MORB:洋中脊玄武岩;IAT:岛弧拉斑玄武岩;CAB:钙碱性玄武岩

4. 基性熔岩

岩石化学分析结果(表 3-4)显示,基性熔岩具高 Si、Mg 贫 Ti 的典型玻安岩特征。其中 SiO_2 含量 53.02%～60.14%,平均 56.08%,在玻安岩 SiO_2 变化区间为 52%～60%;MgO 含量 10.63%～17.28%、平均 14.41%,符合玻安岩的特征,TiO_2 平均仅为 0.2%,相当于流纹岩的范围。MgO/(MgO+FeO^*) 比值 0.59～0.70,平均 0.67,符合玻安岩的比值(0.55～0.83)(Hickey et al,1982)。因此,索县蛇绿岩中基性熔岩的岩石化学成分具有典型的玻安岩特征,也暗示了该蛇绿岩形成于弧前扩张环境。

据 $SiO_2-(Na_2O+K_2O)$ 图(图 3-5)显示,基性熔岩落入玄武安山岩-安山岩区间;$FeO^*-MgO-Al_2O_3$ 图(图 3-6)投点在洋中脊或洋底区间,$TiO_2-FeO^*/(MgO+FeO^*)$ 图解(图 3-7)显示投点进入玻安岩区间,$TiO_2/10-MnO-P_2O_5$ 三角图(图 3-8)均落入钙碱性玄武岩系列。因此,根据图解显示,基性熔岩属正玻安岩,而玻安岩所代表的产于弧前环境。

(二)地球化学特征

1. 微量元素特征

1)变质橄榄岩

从变质橄榄岩微量元素分析结果(表 3-5)中不难看出,变质橄榄岩富相容元素为 Cr(332×10^{-6}～

4510×10^{-6})、Co($32.6\times10^{-6}\sim95.4\times10^{-6}$)、Ni($150\times10^{-6}\sim2510\times10^{-6}$),非活动性元素 Nb、Ta 贫(分别为 $1\times10^{-6}\sim1.81\times10^{-6}$、$<0.5\times10^{-6}$),而不相容元素 Zr、Hf 也表现富集(分别为 $36.7\times10^{-6}\sim95.9\times10^{-6}$,平均 $68.12\times10^{-6}\times10^{-6}$、$1.58\times10^{-6}\sim3.13\times10^{-6}$,平均 2.22×10^{-6}),明显不同于丁青、日喀则以及特鲁多斯、塞麦尔、岛湾等地蛇绿岩的地幔橄榄岩,其一般表现为富相容元素而贫不相容元素,可能暗示了该区蛇绿岩形成于特殊的构造背景。另外过渡元素 Sc($6.13\times10^{-6}\sim33.2\times10^{-6}$、平均 17.65×10^{-6})、V 值($15.3\times10^{-6}\sim152\times10^{-6}$、平均 69.39×10^{-6})也高于其他地区。

表 3-5 变质橄榄岩微量元素特征表($\times10^{-6}$)

产地	样号	岩石名称	Se	Nb	Ta	Zr	Hf	Th	Cu	Pb	Zn	Cr	Ni	Co	Rb	Cs	Sr	Ba	V	Sc
马耳朋	Ⅳ-(25)-1	碳酸盐化、硅化超基性岩	0.025	1	0.5	74.5	2.5	0.82	9.1	1	38.4	2200	527	53.6	21.3	3.5	32.8	270	148	32.8
	Ⅳ-(39)-1	变质橄榄岩	0.026	1	0.5	95.9	3.13	1.45	4.8	1	54.2	4510	955	75.3	2.9	4.1	10.9	51.3	82.9	25.7
	Ⅳ-(40)-1	次闪石化、滑石化橄榄岩	0.05	1	0.5	91.4	2.93	3.15	2.7	4	47.9	3980	887	72.9	3	3.6	198	194	99.8	26.8
	Ⅳ-(43)-1	蛇纹岩	0.043	1	0.5	67.8	2.32	1.1	0.5	2	33.4	1420	2510	95.1	1.6	2.7	0.5	37.5	20.5	7.26
	Ⅳ-(46)-1	白云石化、硅化超基性岩	0.067	1	0.5	52.1	1.5	1.28	2.1	1	43.2	1060	455	32.6	2.2	2.7	36.4	45.2	96	23.8
	Ⅳ-(47)-1	蛇纹岩	0.02	1.81	0.5	81.2	2.71	0.3	6.3	19	69.5	332	150	41.5	29.5	8.85	121	1430	152	33.2
	Ⅳ-(48)-1	次闪石化、滑石化橄榄岩	0.019	1	0.5	63	1.7	1.69	10.2	14.5	49.1	3380	952	83.6	2.9	10.2	7.25	44.6	67.8	18.4
	Ⅳ-(69)-1		0.055	1.78	0.5	44	1.58	2.03	8.3	45.5	43.6	856	1860	95.4	14	6.9	55.4	59.2	38.6	7.36
央欠道班	2914-1	全蚀变辉石橄榄岩	0.024	1	0.5	36.7	1.16	3.19	9.5	1	42.2	2450	1670	74.9	3.2	4	39.7	23.2	17	6.73
	2914-3	蚀变纯橄榄岩	0.016	1.08	0.5	50.2	2.26	3.36	12.7	1	27.4	913	1620	74.4	4.7	4.2	44.8	25.3	15.3	6.13
	2932-1	斜辉辉橄岩	0.065	1	0.5	92.5	2.61	3.92	18.5	1	52.5	2620	2280	93.2	0.4	0.7	2.84	14.6	25.4	12.7

2)堆晶杂岩

堆晶杂岩的微量元素特征列于表 3-6 中:Cr、Co、Ni、Zr、Hf、Th、U 等富集。其中相容元素 Cr、Co、Ni 值分别为 $359\times10^{-6}\sim2390\times10^{-6}$(平均为 1219.49×10^{-6})、$21.4\times10^{-6}\sim62.6\times10^{-6}$(平均为 45.22×10^{-6})、$137\times10^{-6}\sim353\times10^{-6}$(平均 246.2×10^{-6}),不相容元素 Zr 值 $72.0\times10^{-6}\sim105\times10^{-6}$,平均 98.82×10^{-6}、Hf 为 $2.30\times10^{-6}\sim3.67\times10^{-6}$ 平均 3.07×10^{-6},放射性生热元素 Th 为 $1.14\times10^{-6}\sim10.6\times10^{-6}$ 平均 3.53×10^{-6}、U 为 $2.66\times10^{-6}\sim2.84\times10^{-6}$,平均 2.70×10^{-6},堆晶杂岩的 Zr - Zr/(Y×10)图解(图 3-9)中落入 MORB(洋中脊玄武岩)区间,暗示堆晶杂岩形成于洋中脊背景。

表 3-6 堆晶杂岩微量元素特征表($\times10^{-6}$)

样号	岩石名称	V	Cr	Co	Ni	Cu	Zn	Rb	Sr	Y	Zr	Nb	Ba	Hf	Ta	Th	U
Ⅳ-(26)-1	斜长辉石岩	124	1650	62.6	332	7.3	53.4	14.4	7.81	1.44	72	1	74.4	2.3	0.5	1.14	2.67
Ⅳ-(27)-1	橄长岩	126	359	21.4	137	15.2	33.5	19.6	132	0.9	103	1	206	3.22	0.5	10.6	2.84
Ⅳ-(29)-1	层状辉长岩	158	1330	44.7	238	5.3	47.2	13.2	60.7	5.93	114	1.75	85.3	3.46	0.5	2.91	2.66
Ⅳ-(30)-1	层状辉长岩	114	368	38.6	171	1.3	56.4	44.4	172	2.13	75.1	1	422	2.72	1.2	1.82	2.67
Ⅳ-(37)-1	层状辉长岩	126	2390	58.8	353	2.1	49.9	6.5	5.34	3.53	105	1.07	56.6	3.67	0.5	1.19	2.67

3) 辉绿岩

辉绿岩仅从Ⅳ-(45)-1一个样品分析结果(表3-6)中得知,富相容元素Cr、Co、Ni,其值分别为114×10^{-6}、27.2×10^{-6}、38.7×10^{-6},贫高场强元素Y、V、Ti、Ta、P。大离子亲石元素(LILF)Rb、Cs、Sr、Ba与丁青蛇绿岩中辉绿岩相似,而U、Ba高于丁青蛇绿岩中辉绿岩,Th却低于丁青蛇绿岩中辉绿岩。总之,与丁青辉绿岩微量元素具一定的相似性,属玻安岩。在Zr-Zr/(Y×10)(图3-10)图解中落入IAB(岛弧玄武岩)范围,具岛弧背景。

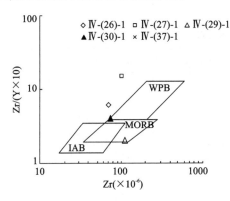 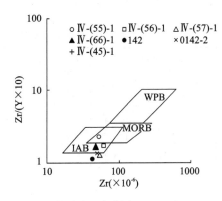

图3-9 堆晶杂岩Zr-Zr/(Y×10)图　　图3-10 基性熔岩及辉绿岩Zr-Zr/(Y×10)图

4) 基性熔岩

从基性熔岩微量元素丰度(表3-7)中不难看出,其富相容元素Cr、Co、Ni,其值分别为618×10^{-6}～2080×10^{-6}(平均为1269×10^{-6})、30.9×10^{-6}～63.9×10^{-6}(平均为46.88×10^{-6})、138×10^{-6}～737×10^{-6}(平均为405.83×10^{-6}),贫不相容元素Zr、Hf。与丁青蛇绿岩中基性熔岩相比,Ba、Sr、Rb、Nb、Ti、Y等只有Ba相对富,而贫其他元素。在Zr-Zr/Y×10(图3-10)图解中落入(或靠近)IAB(岛弧玄武岩)范围。因此,基性熔岩同辉绿岩一样都具岛弧背景。

表3-7 基性熔岩及辉绿岩微量元素特征表(×10^{-6})

产地	样号	岩石名称	Sn	Be	B	Se	Te	Nb	Ta	Zr	Hf	Au	Ag	U	Th	F	Cl	Cu	Pb
马耳朋	Ⅳ-(55)-1	橄榄玄武岩	3.7	1.93	23	0.1222	0.044	1.61	0.5	52.8	1.71	0.3	0.02	2.84	289	238	132	138	3
	Ⅳ-(56)-1	球颗玄武岩	4.1	2.13	31.6	0.7	0.045	2.14	0.5	61.3	1.64	0.3	0.01	2.67	1.69	145	214	15.9	12
	Ⅳ-(57)-1	球颗玄武岩	8	1.71	20.7	0.1	0.01	1.94	0.5	53	1.71	0.3	0.01	2	1	179	124	119	15
	Ⅳ-(66)-1	枕状玄武岩	2.6	1.76	17.7	0.028	0.01	1.93	0.5	48.2	1.58	0.3	0.01	2	2.6	188	246	20.4	17
	142	橄玄岩	4.5	1.69	22.9	0.026	0.01	3.19	0.5	46.1	1.54	1.3	0.025	0.94	2.74	41.7	216	29.2	76.7
	0142-2	玄武岩	4.4	1.99	24.8	0.067	0.018	2.06	0.5	49.6	1.9	1.45	0.048	1.05	2.87	24.4	296	104	32
	Ⅳ-(45)-1	辉绿岩	2.2	2.22	31.3	0.048	0.06		0.067	51.8	1.7	0.3	0.055	2.67			81	8.4	27

产地	样号	Zn	Cr	Ni	Li	Rb	Cs	W	Mo	As	Sb	Bi	Hg	Sr	Ba	V	Sc	Ga	Y
马耳朋	Ⅳ-(55)-1	1330	406	57.3	11.1	2.3	3.2	0.4	1.9	0.94	0.37	0.071	0.018	3.94	76.7	128	25.9	18.5	2.39
	Ⅳ-(56)-1	764	181	41	8.6	5	3.7	0.2	4.8	0.99	0.24	0.1	0.018	67.3	142	172	34.2	15.1	3.57
	Ⅳ-(57)-1	1720	538	63.9	7.3	9.6	4.2	0.2	1.6	0.4	0.1	0.027	0.014	6.53	70.3	108	26.2	13.1	4.01
	Ⅳ-(66)-1	1100	435	48	4.9	2.9	4.75	0.2	2	0.98	0.12	0.029	0.016	29.5	68.9	113	23.8	15.1	2.94
	142	2080	737	40.2	5	1.6	1.5	0.28	5.54	0.37	0.13	0.035	0	16.4	103	111	20.4	15.8	4.32
	0142-2	618	138	30.9	7.4	9.2	3.5	0.35	7.12	1.91	0.3	0.042	0	61.4	137	153	26.4	21	3.65
	Ⅳ-(45)-1	114	38.7	27.2	13.9	17.5	5	0.4	1.8	1.56	0.18	0.018	0.015	75.1	103	200	37.8	18.4	4.05

2. 稀土元素特征

1) 变质橄榄岩

从变质橄榄岩稀土元素特征表(表 3-8)中可以看出,稀土元素总量高,ΣREE $2.52 \times 10^{-6} \sim 25.33 \times 10^{-6}$(平均 14.16×10^{-6})、LREE $1.62 \times 10^{-6} \sim 19.23 \times 10^{-6}$(平均 11.69×10^{-6})、HREE $0.90 \times 10^{-6} \sim 7.55 \times 10^{-6}$(平均 2.47×10^{-6}),明显不同于丁青等其他地区蛇绿岩中地幔岩。说明索县地区蛇绿岩中地幔岩属亏损程度很低的地幔残留或原始地幔。

表 3-8 变质橄榄岩稀土元素丰度及特征参数表($\times 10^{-6}$)

产地	样号	岩石名称	La	Ce	Pr	Nd	Sm	Eu	Gd	Tb	Dy	Ho	Er	Tm
马耳朋	Ⅳ-(39)-1	变质橄榄岩	4.39	6	0.65	1.52	0.24	0.057	0.26	0.057	0.33	0.057	0.15	0.024
	Ⅳ-(40)-1	次闪石化、滑石化橄榄岩	3.47	4.03	0.34	1.18	0.31	0.06	0.2	0.031	0.22	0.027	0.077	0.012
	Ⅳ-(43)-1	蛇纹石	0.43	0.77	0.07	0.26	0.068	0.022	0.059	0.011	0.076	0.018	0.05	0.01
	Ⅳ-(46)-1	白云石化、硅化超基性岩	3.46	4.68	0.55	1.47	0.43	0.072	0.33	0.057	0.34	0.069	0.18	0.027
	Ⅳ-(47)-1	蛇纹岩	5.42	7.71	0.97	2.74	0.81	0.13	0.71	0.12	0.89	0.21	0.59	0.095
	Ⅳ-(48)-1	次闪石化、滑石化橄榄岩	4.16	5.05	0.3	1.38	0.46	0.086	0.29	0.033	0.2	0.072	0.18	0.024
央欠道班	2914-1	全蚀变辉石橄榄岩	3.3	4.55	0.28	1.34	0.35	0.068	0.37	0.057	0.19	0.041	0.13	0.02
	2914-3	蚀变纯橄榄岩	4.19	5.29	0.79	1.82	0.15	0.066	0.22	0.028	0.2	0.043	0.13	0.02
	2932-1	斜辉辉橄岩	7	8.54	0.7	2.36	0.5	0.048	0.34	0.04	0.14	0.028	0.077	0.012

产地	样号	岩石名称	Yb	Lu	Y	ΣREE	LREE	HREE	δEu	δCe	Sm/Nb	La/Yb	La/Sm	Ce/Yb
马耳朋	Ⅳ-(39)-1	变质橄榄岩	0.23	0.042	1.24	14.01	12.80	0.94	0.69	0.75	0.24	19.09	18.29	26.09
	Ⅳ-(40)-1	次闪石化、滑石化橄榄岩	0.16	0.041	0.88	10.16	9.33	0.63	0.69	0.71	0.31	21.69	11.19	25.19
	Ⅳ-(43)-1	蛇纹石	0.042	0.011	0.62	1.90	1.60	0.25	1.04	0.96	0.068	10.24	6.324	18.33
	Ⅳ-(46)-1	白云石化、硅化超基性岩	0.22	0.029	1.6	11.91	10.59	1.08	0.56	0.73	0.43	15.73	8.047	21.27
	Ⅳ-(47)-1	蛇纹岩	0.59	0.095	4.25	21.08	17.65	2.75	0.51	0.74	0.448	9.186	6.691	13.07
	Ⅳ-(48)-1	次闪石化、滑石化橄榄岩	0.12	0.022	0.67	12.38	11.35	0.89	0.67	0.78	0.46	34.67	9.043	42.08
央欠道班	2914-1	全蚀变辉石橄榄岩	0.11	0.036	1.12	10.84	9.82	0.88	0.57	0.86	0.35	30	9.429	41.36
	2914-3	蚀变纯橄榄岩	0.089	0.015	0.96	13.05	12.24	0.71	1.11	0.64	0.139	47.08	27.93	59.44
	2932-1	斜辉辉橄岩	0.09	0.014	0.76	19.89	19.10	0.69	0.34	0.74	0.5	77.78	14	94.89

LREE/HREE、La/Sm 及 Ce/Yb 比值均高,REE 球粒陨石标准化分布曲线向右倾斜,为轻稀土富集型。无明显铕异常,稀土元素配分型式为平坦型(图 3-11)。

2) 堆晶杂岩

堆晶杂岩稀土元素特征列于表 3-9，稀土元素球粒陨石标准化分布型式如图 3-12 所示。由此可以看出，堆晶杂岩底部的橄长岩和斜长辉石岩稀土元素丰度最低（分别为 8.04×10^{-6}、7.87×10^{-6}），其配分型式近于平坦型，说明稀土元素未发生强烈的分离。无 Eu 正异常或略显 Eu 异常，可能提示了在分离结晶作用早期即开始有富钙斜长石堆晶，因为在斜长石中 Eu 很容易置换 Ca，也表明结晶作用是在低氧逸度的条件下发生的。

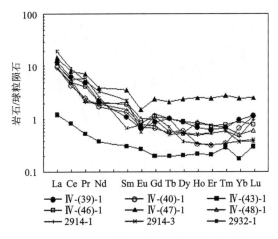

图 3-11 变质橄榄岩稀土元素配分型式图　　图 3-12 堆晶杂岩稀土元素配分型式图

表 3-9　堆晶杂岩稀土元素丰度及特征参数表（$\times10^{-6}$）

产地	样号	岩石	La	Ce	Pr	Nd	Sm	Eu	Gd	Tb	Dy	Ho	Er	Tm
索县马耳朋	Ⅳ-(26)-1	斜长辉石岩	1.19	2.27	0.27	1.25	0.25	0.065	0.23	0.04	0.3	0.077	0.22	0.032
	Ⅳ-(27)-1	橄长岩	1.77	2.62	0.28	1.43	0.4	0.054	0.11	0.017	0.16	0.043	0.12	0.016
	Ⅳ-(29)-1	层状辉长岩	5.6	6.79	0.77	2.61	0.74	0.25	0.66	0.11	1.09	0.22	0.67	0.1
	Ⅳ-(30)-1	层状辉长岩	3.72	4.06	0.41	1.28	0.33	0.071	0.22	0.05	0.37	0.1	0.26	0.04
	Ⅳ-(37)-1	层状辉长岩	8.98	7.15	0.41	1.54	0.52	0.13	0.3	0.054	0.37	0.1	0.29	0.056

产地	样号	岩石	Yb	Lu	Y	ΣREE	LREE	HREE	δEu	δCe	Sm/Nd	La/Yb	La/Sm	Ce/Yb
索县马耳朋	Ⅳ-(26)-1	斜长辉石岩	0.2	0.033	1.44	6.427	5.295	0.899	0.8148	0.91	0.2	5.95	4.76	11.35
	Ⅳ-(27)-1	橄长岩	0.1	0.016	0.9	7.136	6.554	0.466	0.5937	0.7974	0.2797	17.7	4.425	26.2
	Ⅳ-(29)-1	层状辉长岩	0.89	0.12	5.93	20.62	16.76	2.85	1.0722	0.6796	0.2835	6.2921	7.5676	7.6292
	Ⅳ-(30)-1	层状辉长岩	0.28	0.046	2.13	11.237	9.871	1.04	0.76	0.6463	0.2578	13.286	11.273	14.5
	Ⅳ-(37)-1	层状辉长岩	0.36	0.05	3.53	20.31	18.73	1.17	0.9248	0.5441	0.3377	24.944	17.269	19.861

层状辉长岩的稀土元素丰度明显高于底部的橄长岩和斜长辉石岩，3 个样品分别为 13.37×10^{-6}、23.84×10^{-6}、26.55×10^{-6}，稀土元素球粒陨石标准化配分型式图也清晰可见索县地区堆晶杂岩稀土丰度明显高于丁青。稀土总量从底部至上都具有相似的升高，而稀土元素配分图索县为轻稀土略富集的平坦型，丁青则由平坦型向富集型演化。

总之，堆晶杂岩具有岩浆结晶分异演化特点，不过不同地区结晶分异程度存在着差异，如丁青地区结晶分异程度高于索县地区。

3) 辉绿岩

辉绿岩仅 Ⅳ-(45)-1 一个样品，其稀土元素分析结果列于表 3-10 中，标准化配分型式如图 3-13 所示。从表和图可知，稀土总量低，为 20.44×10^{-6}，类似于丁青三叠纪辉绿岩（$13.76\times10^{-6}\sim27.58\times10^{-6}$），而不同于宗白早侏罗世辉绿岩（$84.87\times10^{-6}$）。LREE$13.16\times10^{-6}$、HREE$7.28\times10^{-6}$、LREE/

HREE 比值为 1.8,略显 LREE 富集,标准化配分型式总体趋于平坦略向右倾斜,Eu 弱负异常,略显小的"U"型。La 为球粒陨石的 10 倍,Yb 仅为球粒陨石的 2 倍左右。La/Yb 为 5.29、La/Sm 为 4.44、Ce/Yb 为 7.66,同样也表明轻稀土富集。综上所述,索县辉绿岩稀土元素特征类似于丁青三叠纪辉绿岩具有玻安岩特征。

4) 基性熔岩

从基性熔岩稀土元素分析结果(表 3-10)中可以看出,枕状玄武岩(包括球颗玄武岩、橄榄玄武岩)$\Sigma REE(17.52\times10^{-6}\sim31.26\times10^{-6})$,明显低于其上的块状玄武岩(142、0142-2 样品)$\Sigma REE(51.98\times10^{-6}$、$56.52\times10^{-6})$。枕状玄武岩为 LREE 富集型,块状玄武岩 LREE 和 HREE 均富集。稀土元素标准化配分型式也不同:枕状玄武岩向右倾斜平坦型,具负 Eu 异常,其上的块状玄武岩为平坦上升型,具正 Eu 异常(图 3-13)。前者 LREE/HREE=2.88~4.51、La/Yb=9.63~17.34、Ce/Yb=14.25~24.47,比值均高,后者 LREE/HREE=1.45~1.99、La/Yb=4.58~6.77、Ce/Yb=3.00~4.21,比值均低。

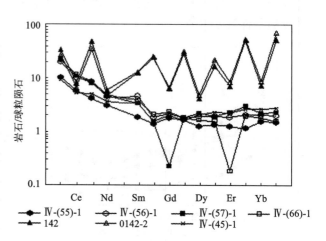

图 3-13 基性熔岩和辉绿岩稀土元素配分型式图

综上所述,枕状熔岩的 REE 丰度值低于块状熔岩,且微量元素丰度也偏低,似应说明枕状熔岩为较早期喷发的产物。基性熔岩的 REE 配分型式(除 142、0142-2 样品外)与辉绿岩墙、堆晶杂岩相同,充分说明它们为同岩浆成因(Suen C J,Frey F A et al,1979)。

表 3-10 基性熔岩及辉绿岩稀土元素丰度表($\times10^{-6}$)

样号	岩石	La	Ce	Pr	Nd	Sm	Eu	Gd	Tb	Dy	Ho	Er	Tm
Ⅳ-(55)-1	橄榄玄武岩	3.85	5.7	0.6	2.28	0.45	0.13	0.57	0.098	0.5	0.12	0.33	0.042
Ⅳ-(56)-1	球颗玄武岩	7.52	10.3	1.2	3.25	1.08	0.17	0.69	0.11	0.75	0.17	0.48	0.077
Ⅳ-(57)-1	球颗玄武岩	8.37	10.9	1.14	3.43	0.8	0.14	0.72	0.11	0.87	0.17	0.6	0.11
Ⅳ-(66)-1	枕状玄武岩	8.15	11.5	1.22	3.6	0.93	0.19	0.74	0.11	0.65	0.14	0.48	0.072
142	橄榄玄武岩	12.8	7.95	6.96	4.44	3.13	2.31	2.03	1.76	1.64	1.5	1.84	1.88
0142-2	玄武岩	10.3	6.76	5	3.51	3	2.19	2.14	1.94	1.92	1.96	2.24	2.01
Ⅳ-(45)-1	辉绿岩	3.6	5.21	0.7	2.7	0.81	0.14	0.63	0.1	0.84	0.2	0.57	0.099

样号	岩石	Yb	Lu	Y	ΣREE	LREE	HREE	δEu	δCe	Sm/Yb	La/Yb	La/Sm	Ce/Yb
Ⅳ-(55)-1	橄榄玄武岩	0.4	0.059	2.39	15.13	13.01	1.66	0.784	0.801	1.125	9.625	8.556	14.25
Ⅳ-(56)-1	球颗玄武岩	0.54	0.079	3.57	26.42	23.52	2.277	0.564	0.736	2	13.93	6.963	19.07
Ⅳ-(57)-1	球颗玄武岩	0.57	0.09	4.01	27.37	24.78	2.58	0.87	0.732	1.404	14.68	10.46	19.12
Ⅳ-(66)-1	枕状玄武岩	0.47	0.064	2.94	27.88	25.59	2.192	0.678	0.772	1.979	17.34	8.763	24.47
142	橄榄玄武岩	1.89	2.07	4.32	52.2	37.59	10.65	2.631	0.194	1.656	6.772	4.089	4.206
0142-2	玄武岩	2.25	2.84	3.65	48.06	30.76	12.21	2.52	0.219	1.333	4.578	3.433	3.004
Ⅳ-(45)-1	辉绿岩	0.68	0.11	4.05	16.39	13.16	2.439	0.578	0.73	1.191	5.294	4.444	7.662

五、蛇绿岩对比

(一) 层序对比

区内蛇绿岩仅索县马耳朋蛇绿岩保存完好,各岩石单元出露齐全,恢复其层序完整,其余的蛇绿岩残片或残块多为变质橄榄岩单元或变质橄榄岩+辉长岩。因此,马耳朋蛇绿岩可与丁青、宗白、多伦蛇绿岩以及日喀则蛇绿岩乃至世界上著名的塞浦路斯特鲁多斯、阿曼塞麦尔等典型蛇绿岩剖面进行层序对比(图3-14)。

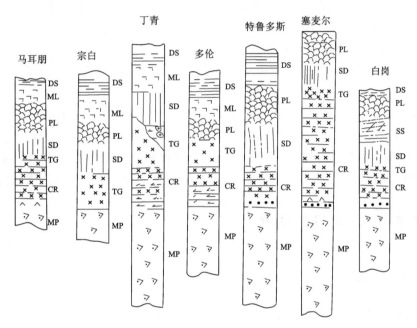

图 3-14　蛇绿岩柱状对比图
DS:深海沉积岩;ML:块状深岩;PL:枕状熔岩;SD:席状岩墙;SS:席状岩床;
TG:块状辉长岩;CR:堆晶岩;MP:地幔橄榄岩

如前所述,马耳朋蛇绿岩组合层序自上而下为:块状基性熔岩+枕状基性熔岩、席状辉绿岩墙群、堆晶杂岩、变质橄榄岩,蛇绿岩上覆深海沉积物仅见有 0.3~0.8m 宽的紫红色硅质岩,呈残片构造混杂于变质橄榄岩中。与特鲁多斯、塞麦尔典型蛇绿岩剖面层序相似,但后者出露规模大,其厚度均大体接近洋壳平均厚度(5~7km),其中堆晶杂岩都发育,厚达 2~4km,其上发育着典型的席状岩墙群。而马耳朋蛇绿岩规模小,各岩石单元出露宽度也较小,与日喀则蛇绿岩对比,不发育席状岩床群;与丁青、宗白、多伦均相似,仅发育席状岩墙。

(二) 堆晶杂岩对比

前已述及,马耳朋蛇绿岩堆晶杂岩出露规模小、厚度薄,可能反映了孤立的小岩浆房特性,而不同于特鲁多斯和塞麦尔巨厚岩浆房(厚达 2~4km)。王希斌(1987)把堆晶杂岩分成两类,A 型堆晶为 Ol(+Sp)-Cpx-Pl,B 型堆晶为 Ol(+Sp)-Pl-Cpx。马耳朋堆晶杂岩具 B 型特征:底部或下部为橄长岩、斜长辉石岩,中上部为层状辉长岩等。其自下而上均有斜长石晶出,且层状辉长岩中含橄榄石。类同于丁青堆晶杂岩,而雅鲁藏布蛇绿岩中两种类型堆晶均有。但 A 型堆晶特点是其底部为不含长石的超镁铁质堆晶岩,向上过渡为不含橄榄石的层状和均质辉长岩。

(三) 岩石地球化学特征对比

通过对比分析研究,测区蛇绿岩的岩石地球化学具如下特征。

(1) 地幔橄榄岩单元中具高 Al、Ca、Ti 低 Mg 特征,$MgO/(MgO+FeO^*)$ 比值明显低于地幔岩及丁青、日喀则以及世界其他地区蛇绿岩的同一比值。CIPW标准矿物中出现斜长石,有四种地幔岩岩石类型而有别于丁青、日喀则等其他地区。岩石化学特征显示类似于模拟的未亏损的上地幔橄榄岩。

(2) 微量元素特征显示相容元素 Cr、CO、Ni,不相容元素 Zr、Hf,过渡元素 Sc、V 均富集。而非活动性元素 Nb、Ta 又贫。这种地幔橄榄岩微量元素特征不同于其他地区,指示其形成于特殊的构造背景。

(3) 地幔橄榄岩显示ΣREE、LREE/HREE、La/Yb、La/Sm 及 Ce/Yb 比值高,REE 球粒陨石标准化分布型式为右倾平坦型,也与其他地区存在差异。

(4) 堆晶杂岩的岩石化学成分存在相当宽的变化范围,从下往上明显富铁,显示岩浆分异演化特征;微量元素 Cr、Co、Ni、Zr、Hf、Th、U 等均显富集。稀土总量明显高于丁青等地区。

(5) 基性熔岩和辉绿岩都具有高 Si、Mg,贫 Ti 特征,具典型玻安岩特性。其 SiO_2(53.02%～60.54%)大体与玄武—安山岩和安山岩相当,但 MgO(7.07%～17.28%)比安山岩 MgO 的平均含量(4.36%)高。$MgO/(MgO+FeO^*)$ 比值 0.59～0.70,可能揭示熔体与地幔橄榄岩处于平衡,具有原始岩浆的特征。TiO_2 含量很低(0.167%～0.26%)可能是其源区 Ti 强烈亏损造成的。因此,索县蛇绿岩体中存在特征的玻安岩而不同于宗白、多伦蛇绿岩。但其堆晶杂岩却类似于玻安岩系岩石。

六、蛇绿岩时代、成因及环境

(一) 蛇绿岩时代探讨

确定蛇绿岩形成时代最可靠的方法是硅质岩中的放射虫时代的测定和蛇绿岩单元中锆石 U-Pb 同位素测定。蛇绿岩的上覆沉积系岩时代也可提供蛇绿岩形成的上限。

本区蛇绿岩中硅质岩出露零星,呈构造残片产于变质橄榄岩中。本次工作未在硅质岩中发现放射虫,所测枕状玄武岩锆石 U-Pb 年龄因颗粒细微而无法测定,现待测 SHRIMP 法。

根据区域地质特征和班公错-怒江结合带有限资料的研究,木嘎岗日群(JM)为沿班公错-怒江结合带分布的一套混杂岩地层,恢复其层序和环境应属深海相复理石沉积和碳酸盐岩沉积夹基性火山岩。属蛇绿岩的上覆沉积岩系。其形成时代为侏罗纪。因此,该区蛇绿岩形成时代上限为侏罗纪。根据横向对比,丁青蛇绿岩时代为 T_3,并具有相似背景弧前扩张(玻安岩)。同时在军巴区发现有晚三叠世确哈拉群(T_3Q)被动大陆边缘沉积。因此推测索县蛇绿岩形成时代为 T_3—J_1。

索县蛇绿岩和丁青、荣布蛇绿岩一样,均见有中侏罗统碎屑岩不整合其上的盖层沉积。因此,该蛇绿岩的侵位时代应在 J_2 之前。

(二) 岩石成因

1. 地幔成因

如前所述,区内变质橄榄岩有纯橄岩、方辉橄榄岩、二辉橄榄岩和斜长二辉橄榄岩四种岩石类型。斜长二辉橄榄岩类似于模拟的未亏损的上地幔橄榄岩,而二辉橄榄岩、方辉橄榄岩和纯橄岩是地幔部分熔融的残留组分。类似于双沟蛇绿岩中地幔岩(张旗等,1992)而不同于丁青地区的地幔岩。因此,该区为亏损程度很低的上地幔橄榄岩。岩石化学具高 Al、Ca、Ti 而低 Mg 特征,$MgO/(MgO+FeO^*)$ 比值也不高。微量元素中相容元素、不相容元素、过渡元素均显富集。稀土元素具有ΣREE、LREE/HREE、La/Yb、La/Sm 及 Ce/Yb 比值均高的特征。

2. 洋壳成因

堆晶杂岩呈现自下而上由橄长岩→斜长辉石岩→层状辉长岩→均质辉长岩的垂直分异系列，清楚地表明了岩浆的分离结晶作用，形成一套成分递变的层状杂岩，并具 Ol(+Sp)-Pl-Cpx 堆积组合，且伴有填间矿物堆积。这套岩浆堆积相矿物组合完全不同于其下伏上地幔橄榄岩。此外，岩石结构也反映了壳幔两种岩石的不同成因，堆晶岩中发育的堆晶结构说明它们是由岩浆结晶作用形成的，稀土元素总量从下往上逐渐升高，也显示了岩浆结晶分异演化的特点。而地幔橄榄岩是不会出现上述情况的。辉绿岩和基性熔岩具高硅、高镁、贫钛的典型玻安岩特征，说明其为玻安质岩浆成因。

（三）形成环境

综合前述，在 $FeO^*-MgO-Al_2O_3$ 图（图3-6）中基性熔岩和辉绿岩投点落入洋中脊或洋底区间（Ⅰ），在 $TiO_2-FeO^*/(MgO+FeO^*)$ 图解（图3-7）位于玻安岩区间，在 $Zr-Zr/Y\times 10$ 图解（图3-10）中投入（或靠近）IAB（岛弧玄武岩），以上说明该区蛇绿岩形成于岛弧背景。

据前人研究，几乎所有的玻安岩均产于弧前环境。Stern 等（1992）和 Bloomer 等（1995）以及张旗等（2001）对玻安岩的研究认为，弧前蛇绿岩是由于弧前岩石圈的扩张作用形成的，位于新形成的消减带之上，早于弧火山岩的出现。其形成机制是：当一个新的消减带出现时（可能沿着一个破裂带产生），老的致密的岩石圈下降，消减带的向下弯曲使上覆板块产生一个拉张带，从下降的板片中释放出来的挥发分和富硅质熔体导致上覆地幔楔发生广泛的减压熔融，玻安岩及其相关的岩石即出现在这个新生的洋壳中。索县蛇绿岩具波安岩特性，因此形成于弧前背景。

第二节 中酸性侵入岩

一、概述

测区岩浆活动相对较弱，中酸性侵入岩不甚发育，仅出露侏罗纪、白垩纪侵入岩，面积约 920km^2，占图幅总面积（16 873 km^2）的 5.5%，岩石类型为中酸性花岗岩，成因类型以 A 型为主，I 型、S 型次之。依照大地构造单元、同位素年龄、岩石组合特征及关系等将测区划分为一期三带，即燕山期，唐古拉构造侵入岩带、索县（班公错-怒江）构造侵入岩带、冈底斯-念青唐古拉构造侵入岩带（以下称冈-念构造侵入岩带）。带以下依时代划分为侵入岩，侵入岩之下根据岩石组合特征和相带分划明显的地区划分为岩体，岩体之下就是相带、岩石类型（名称）。其中索县构造侵入岩带因伴随索县蛇绿混杂岩零星出露，已在上一节中叙述，本节不予论述。测区共划出 3 个时代的侵入岩 4 个岩体（表3-11，图3-15）：其中位于索县-丁青-怒江结合带北侧的唐古拉构造侵入岩带仅分布一个岩体（穹隆格岩体），其余三个岩体（军巴岩体、熊塘岩体、雄果岩体）均位于结合带南侧的冈-念构造侵入岩带内，面积达 700 km^2 之多，占图幅侵入岩总面积的近 90%。一般早期岩体常靠近结合带南侧（军巴岩体）分布，呈岩株、岩瘤、岩滴状产出，多侵入于中生代地层（局部侵入前石炭纪地层）。而位于结合带北侧的唐古拉构造侵入岩带穹隆格岩体多呈岩基、岩株、岩瘤状产出，侵入于前石炭纪地层。

二、唐古拉构造侵入岩带

该带位于测区东北角索县-丁青结合带北侧 15～25km 处,呈 NW 向带状与结合带完全一致的方向,展布在测区巴青县益塔镇—雅安乡一带,受南北两侧深大逆冲断裂和韧性剪切断裂构造控制,仅分布早白垩世一个岩体,即穹隆格岩体。

表 3-11 测区侵入岩划分表

岩带(体)时代			唐古拉构造侵入岩带								
代	纪	世	期	岩体名称	相带	岩类代号	岩石名称	年代(Ma)/测年方法			
中生代(Mz)	白垩纪(K)	早白垩世(K_1)	末晚	穹隆格岩体	中间相	$\eta\gamma K_1$	中细粒变二云母二长花岗岩				
			中		过渡相	$\pi\eta\gamma K_1$	似斑状二长花岗岩	$\dfrac{99}{U-Pb}$			
			早		边缘相	$\gamma\delta K_1$	初隙棱岩化浅灰色中细粒(二)云花岗闪长岩	$\dfrac{84}{U-Pb}$			

岩带(体)时代			冈-念唐古拉构造侵入岩带								
代	纪	世	期	岩体名称	相带	岩类代号	岩石名称	年代(M2)/测年方法	岩体名称	相带	岩类代号	岩石名称	年代(Ma)/测年方法
中生代(Mz)	白垩纪(K)	晚白垩世(K_1)	末晚	熊塘岩体	中心相	$\pi\xi\gamma K_2$	红色似斑状钾长花岗岩		雄果岩体		$\gamma\delta\pi K_2$	蚀变花岗闪长斑岩	
			中		中间相	$\gamma\delta K_2$	浅黑灰色中粒花岗闪长岩	$\dfrac{88}{U-Pb}$		中间相	$\pi\eta\gamma K_2$	斑状中粒黑云二长花岗岩	$\dfrac{73.5}{K-Ar}$
			早		过渡相	$\gamma o\beta K_2$	浅灰白色中细粒英云闪长岩			过渡相	$\eta\gamma K_2$	中细粒二长花岗岩	
					边缘相	$\delta\eta o\,K_2$	中细粒石英二长闪长岩			边缘相	$\gamma\delta K_2$	中细粒花岗闪长岩	
	侏罗纪(J)	中侏罗世(J_2)	末	军巴岩体		$\eta\gamma\pi J_2$	肉红色二云二长花岗斑岩						
			晚		中间相	$\eta\gamma J_2$	细中粒云母二长花岗岩						
			中		过渡相	$\gamma\delta J_2$	细中粒花岗闪长岩						
			早		边缘相	$\gamma o\beta J_2$	灰白色块状中粒英云闪长岩	$\dfrac{167}{U-Pb}$					

图 3-15 测区侵入岩分布图

（一）地质特征

穷隆格岩体为本次区调从原前石炭系吉塘岩群中解体而来，包括郭日错、华群拉、刀前东、标志卡、穷隆格5个独立侵入体。其中穷隆格侵入体出露面积最大，约56.4km²，可划分3个相带：即茶崩拉的中间相，雅安龙北的过渡相，穷隆格附近的边缘相，该侵入体与1∶25万丁青县幅的昌不格岩体为同一个岩体。而郭日错、华群拉、刀前东、标志卡4处的独立侵入体因其出露分布、岩石特征等与穷隆格侵入体的边缘相带相似或近一致，故统称为穷隆格岩体。该岩体呈小岩床、岩基、岩株、岩瘤状产出，平面上呈北西向长条状展布，与区域构造线方向一致；区内延伸约30km，南北宽10～15km，面积约94.6km²，占测区侵入岩总面积（920km²）的10.3%。整体呈不规则的套环状，早期相带分布于岩体外环，晚期相带呈小岩株状分布于岩体中间。岩体大部分侵入于前石炭系吉塘岩群（AnCJt.），仅在龙马卡、龙墩尼和杀马冲卡处侵入于中侏罗统雀莫错组（J_2q）地层。其岩石组成为中间相的中细粒变二云二长花岗岩、过渡相的似斑状二长花岗岩和边缘相的初糜棱岩化白云母花岗闪长岩。南北边界处均被NW向断裂切割破坏，形成糜棱岩化或初糜棱岩化、片理化带和韧性剪切带，受区域断裂构造控制明显。本次在该岩体早期相带黑云母花岗闪长岩中采锆石U-Pb法同位素年龄样品两件，分别获年龄值99Ma和81Ma，时代为早白垩世（表3-12）。

表3-12 穷隆格岩体基本特征表

时代			岩带名称	岩体名称	相带名称	岩石名称	结构构造	接触关系	年龄（Ma）	侵入体数	面积（km²）	蚀变特征
纪	世	时期										
K	K_1	晚	唐古拉构造侵入岩带	穷隆格岩体	中间相	中细粒变二云二长花岗岩（$\eta\gamma K_1$）	中细粒变花岗结构，块状构造	侵入		5	94.6	白云母化、硅化、绿泥石化，韧性变形
		中			过渡相	似斑状二长花岗岩（$\pi\eta\gamma K_1$）	花岗结构、似斑状结构、蠕英结构、块状构造					绢云母化、硅化、应力变形，长石包裹黑云母
		早			边缘相	浅灰色中细粒白（二）云花岗闪长岩（$\gamma\delta K_1$）	变花岗结构，块状构造		$\dfrac{81}{U-Pb}$ $\dfrac{99}{U-Pb}$			白云母化、石英脉化应力变形，裂纹定向强

（二）岩石学特征

浅灰色中细粒白（二）云花岗闪长岩 岩石具变花岗结构，块状构造，内部组构均一，呈半自形粒状，但受应力作用矿物变形、断裂、拉张、定向排列明显。主要矿物特征：钠更长石（45%）呈半自形晶粒，受应力常见双晶纹弯曲，并见晶体断裂，波状消光，大多数晶体有细鳞片状白云母化，有的沿双晶纹分布；钾长石（10%）为条纹花石；白云母（5%）受应力作用变形明显，见应力双晶、"云母鱼"，具定向排列，有的白云母变为纤维状，有的白云母细片沿裂隙分布；石英（＞40%）多被拉伸成细脉状分布于斜长石的间隙中，且脉体具定向性，与白云母延伸方向一致。石英的接触界线具缝合线状，表明为动态重结晶作用所致。

似斑状二长花岗岩 岩石具似斑状结构，块状构造。主要矿物组成及特征：更长石（＞30%）半自形晶粒，具细而密的钠长双晶纹，常见卡钠双晶；显示应力波状消光，部分更长石由弱到中度绢云母化，有的包裹有黑云母，并见石英充填空隙中；钾长石（＜30%）为条纹长石、微斜长石，呈半自形—他形，具明显的卡式双晶和应力波状消光，常呈似斑晶并包裹黑云母及小的斜长石晶体，与更长石接触处有蠕英石出现;黑云母(<5%)呈细片状分布于更长石粒间或长英矿物间隙中,其叶片有膝折断裂;石英(35%)呈他形粒状,有变形拉伸,分布于长石的间隙中。

中细粒变二云二长花岗岩 中细粒变花岗结构,块状构造,岩石普遍受韧性剪切应力变形强烈,"云母鱼"、弯曲、拉伸、定向排列等现象常见,也伴有硅化、绢云母化出现。矿物成分及特征:钠更长石(55%)半自形晶粒,具细而密的钠长双晶纹,常见卡钠双晶,有的双晶纹弯曲,微斜长石少见;石英(>40%)受应力作用被拉伸,长轴具一定方向性,后期有弱的硅化,交代斜长石,石英接触界线呈缝合线状;云母(<5%)以由黑云母褪色而成的白云母为主,受应力作用白云母发生弯曲变形并出现"云母鱼",有的黑云母变为绿泥石。

(三) 岩石化学特征

岩石化学成分及特征(表3-13)与中国花岗岩相比,SiO_2、Al_2O_3、Na_2O、K_2O、P_2O_5略高,而TiO_2、Fe_2O_3、MnO、MgO、CaO基性成分偏低,且碱土含量(Na_2O+K_2O)中$K_2O>Na_2O$($K_2O/Na_2O=0.84\sim1.33$),反映岩石偏酸性和碱性,富铝略富钾的特征。

利用岩石化学成分计算(表3-14),里特曼指数$\sigma=2.21\sim3.26$属钙碱性系列,碱质不饱和($\sigma<3.3$);铝饱和度A/CNK($1.0\sim1.25$)平均1.123,为弱过铝质S型花岗岩。在$SiO_2-(Na_2O+K_2O)$图解(图3-16)中,样品基本上全落入亚碱性系列区(仅一个样品在碱性与亚碱性分界线上),在A-F-M图解(图3-17)中基本上全落入钙碱性系列区。在Na_2O-K_2O判别图(图3-18)中,7个样品中有4个落入A型花岗岩区,2个落入I型花岗岩区,1个在I型与A型的分界线上,表明岩浆源有地幔物质的加入。

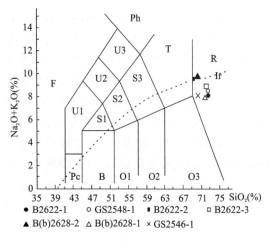
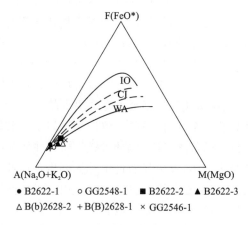

图3-16 穷隆格岩体$SiO_2-(Na_2O+K_2O)$图   图3-17 穷隆格岩体A-F-M图
Ir:Irvine分界线,上方为碱性,下方为亚碱性

(四) 微量元素特征

(1) 微量元素分析结果及特征(表3-15)与世界花岗岩相比较,亲铁元素V(平均丰度值7.566×10^{-6})特别富集,是世界花岗岩的750倍以上,Sc元素略高出世界花岗岩,其他均低于世界花岗岩平均值。亲硫元素Bi、As、Sb普遍高于世界花岗岩平均值,尤其是Bi元素是其180倍,As元素10倍多,Sb略高。W、Sn、Hf、Te、Cs、Pb、U、P、Ag、B等元素则中等富集,尤其是Sn元素,是世界花岗岩的15倍、Te是10倍,Hf是3倍,其他均是世界花岗岩的$1\sim2$倍多。相应地亲铁元素和不相容元素中,Cr、Ti、Se、Hg、Sr、Se、Sr、Ni、Co、Li、Ba、Zr、Y、Au等出现亏损,尤其是Cr、Se、Hg、Sr元素亏损较大。

(2) 以MORB为参数标准化所作曲线图(图3-19)中,除大离子亲石元素除Cr出现强烈亏损外,其他K、Rb、Ba、Th和高场强元素Ta、Nb、Ce、P均有弱—中等富集。而Ti、Zr元素则强烈亏损。

第三章 岩浆岩

表 3-13 穷隆格岩体岩石化学和稀土元素特征表

穷隆格岩体岩石微量元素分析结果（wt%）

样号	岩石名称	SiO_2	TiO_2	Al_2O_3	Fe_2O_3	FeO	MnO	MgO	CaO	Na_2O	K_2O	P_2O_5	灼失	SO_3	H_2O^+	H_2O^-	CO_2	NiO	CoO	Cr_2O_3
B2622-1	中细粒（二）云二长花岗岩	72.71	0.028	15.14	0.25	1.08	0.042	0.12	0.46	4.42	3.71	0.452	0.94	0.003	0.6	0.03	0.276	8.91	3.05	9.65
GS2548-1		73	0.1	14.47	0.074	1.46	0.036	0.287	0.553	3.68	4.81	0.391	0.84	0.003	0.42	0.07	0.172	6.62	4.83	9.94
B2622-2		69.44	0.245	15.15	0.335	2.47	0.042	0.463	1.48	4.17	4.97	0.148	<0.01	0.003	0.16	0.09	0.046	3.18	8.9	10.4
B2622-3	硅化糜棱岩化（二）云花岗闪长岩	72.76	0.101	14.5	0.614	1.4	0.047	0.316	0.545	3.74	4.99	0.369	0.6	0.003	0.6	<0.001	0.046	6.24	4.45	5.41
B(b)2628-2	似斑状二长花岗岩	69.85	0.21	15.18	0.406	2.33	0.039	0.41	1.48	4.07	5.3	0.151	<0.01	0.003	0.19	0.075	0.057	1.08	7.06	74.7
B(b)2628-1	初糜棱岩化中细粒（二）云花岗岩	72.24	0.03	15.25	0.319	1	0.048	0.136	0.406	4.41	3.82	0.459	0.96	0.006	0.68	0.06	0.264	15.4	3.43	8.77
GS2546-1	（二）云花岗闪长岩	70.42	0.337	14.56	0.16	2.84	0.042	0.642	1.8	4.17	4.09	0.155	0.32	0.006	0.2	0.11	0.103	9.54	10.4	11.1
平均值		61.11	2.309	12.77	0.427	1.649	0.053	0.388	1.526	3.993	4.062	0.373		0.089	0.326		1.371	6.444	6.96	17.19
中国花岗岩		71.27	0.25	14.25	1.24	1.62	0.08	0.8	1.62	3.79	4.03	0.16			0.56		0.33			

穷隆格岩体稀土元素分析结果（$\times 10^{-6}$）

样号	岩石名称	La	Ce	Pr	Nd	Sm	Eu	Gd	Tb	Dy	Ho	Er	Tm	Yb	Lu	Y
XT2548-1	中细粒（二）云二长花岗岩	9.2	16.3	2.14	6.52	1.89	0.37	2.1	0.4	2.76	0.47	1.28	0.18	1	0.12	12.8
XT2546-1	初糜棱岩化中细粒（二）云花岗闪长岩	79.5	115	12	46.2	7.18	1.38	5.88	0.97	4.87	0.75	1.91	0.21	1.38	0.19	18.7

样号	岩石名称	ΣREE	LREE	HREE	LREE/HREE	δEu	δCe	Gd/Yb	Sm/Yb	La/Yb	Ce/Yb	Sm/Nd	La/Sm			
XT2548-1	中细粒二云斜长花岗岩	44.73	36.42	8.31	4.383	0.565	0.837	2.1	1.89	9.2	16.3	0.29	4.868			
XT2546-1	初糜棱岩化中细粒（二）云花岗闪长岩	277.4	261.3	16.16	16.17	0.631	0.79	4.261	5.203	57.61	83.33	0.155	11.07			

表 3-14 穷隆格岩体 CIPW 标准矿物（%）及特征参数表

样号	岩石名称	Q	An	Ab	Or	C	Hy	Il	Mt	Ap	A/CNK	SI	AR	σ_{43}	R_1	R_2	F1	F2	F3
B2622-1	中细粒二云斜长花岗岩	32.31	0	38	22.28	3.91	2.14	0.05	0.37	1.06	1.249	1.25	3.18	2.21	2407	358	0.74	−1.14	−2.59
GS2548-1		31.89	0.19	31.5	28.75	3.18	3.27	0.19	0.11	0.92	1.18	2.78	3.6	2.39	2413	361	0.74	−1.02	−2.56
B2622-2		21.16	6.45	35.67	29.69	0.58	5.14	0.47	0.49	0.35	1.015	3.73	3.44	3.14	1920	484	0.7	−1.04	−2.58
B2622-3	硅化糜棱岩化（二）花岗闪长岩	30.6	0.3	31.84	29.67	2.86	2.79	0.19	0.9	0.86	1.156	2.86	3.76	2.55	2309	361	0.74	−1.01	−2.55
B(b)2628-2	似斑状二长花岗岩	20.99	6.39	34.64	31.5	0.42	4.72	0.4	0.59	0.35	1.004	3.28	3.57	3.26	1899	479	0.7	−1.01	−2.57
B(b)2628-1	初糜棱岩化细粒（二）	31.63	0	38.03	23.01	3.93	1.99	0.06	0.47	1.08	1.257	1.4	3.22	2.3	2360	356	0.74	−1.13	−2.59
GS2546-1	云花岗闪长岩	24.23	7.98	35.56	24.36	0.37	6.25	0.65	0.23	0.36	1	5.39	3.04	2.48	2179	514	0.7	−1.12	−2.56

表 3-15 穷隆格岩体微量元素分析结果表

样号	岩石名称	F⁻	Cl⁻	Cu	Pb	Zn	Cr	Ni	Co	Cd	Sn	Ge	Li	Rb	Cs	Te	Se	Mo	W	As	Sb	Bi	Hg	Sr	Ba	V
GP2622-1	中细粒（二）云二长花岗岩	495	34.5	13.4	18	75.8	1	1	1	0.2	90	1.6	10.4	354	12.8	0.015	0.013	0.57	3.42	44.9	0.48	2.08	0.016	7.05	93.2	1
GP2548-1		428	135	5.7	39.7	44	1	6.8	3.8	0.2	17	1.3	63.8	294	18.2	0.01	0.018	2.17	4.82	13	0.37	3.76	0.012	24.1	255	1.23
GP2622-2		270	244	23.5	45	56.7	1.5	1	4.9	0.04	38	1	18	192	4.2	0.01	0.01	0.75	0.47	1.13	0.35	0.042	0.017	222	874	15.3
GP2622-3	硅化糜棱岩化（二）云花岗闪长岩	386	94.5	12.8	30	48.8	2.4	1	1	0.31			67.7	300	21.5			0.57	6.08	15.5	0.3	3.46	0.014	25.4	299	1
GP2546-1	初糜棱岩化中细粒（二）云花岗闪长岩	238	545	16.4	47.5	56.2	12.2	7.9	5.5	0.027	80	1.2	20.2	184	4.5	0.01	0.012	0.89	1.7	1.26	0.32	0.03	0.034	240	743	19.3
	平均值	363.4	210.6	14.36	36.04	56.3	3.62	3.54	3.24	0.155	46.36	1.208	36.02	264.8	12.24	0.011	0.023	0.99	3.298	15.16	0.364	1.874	0.019	103.7	452.8	7.566
	克拉克值			47	16	83	83	58	18	13			32	150	3.7	1000	0.05	1.1	1.3	1.7	0.5	0.009	830	340	0.05	90
	世界花岗岩			20	20	60	25	8	5	0.1			60	200	5			1.5	1.5	1.5	0.26	0.01	0.08	300	830	0

样号	岩石名称	Sc	Nb	Ta	Zr	Hf	Be	B	Ga	Sn			Ag	Au	U	Th	Y	P	Ti	K	Mn
GP2622-1	中细粒二云二长花岗岩	2.97	22	5.46	55.5	1.94	6.49	9.35	21.3				0.043	0.55	12.8	2.82	9.78	1860	295	32300	356
GP2548-1		3.44	16.6	3.8	39.7	1.91	6.54	97.2	21.2				0.1	0.95	4.6	7.61	19	1560	805	41000	310
GP2622-2		4.35	16.7	0.72	142	4.03	4.3	1	21.9				0.035	1.15	3.81	29.9	17.8	712	1970	35300	349
GP2622-3	硅化糜棱岩化（二）云花岗闪长岩	3.4	13.9		46.4	1.85	7.2	13.9	17.4				0.012	2.4	3.96	5.19	17.4	1570	664	40900	328
GP2546-1	初糜棱岩化中细粒（二）云花岗闪长岩	4.93	23.3	0.88	168	5.96	4.23	6.14	25.6				0.027	5.2	3.5	20.5	23	644	2210	30900	380
	平均值	3.818	18.5	2.934	91.92	3.138	5.752	25.52	21.48				0.011	2.05	5.734	13.2	17.4	1269	1189	36080	344.6
	克拉克值	10	20	2.5	170	1	3.8	12	19				0.07	4.3	2.5	13	29	9.3	4500	500	1000
	世界花岗岩	3	20	3.5	200	1	5.5	15	20				0.05	4.5	3.5	18	34	700	2300	33400	390

注：除 Au 量级为 10^{-9} 外，其他微量元素均为 $\times 10^{-6}$。

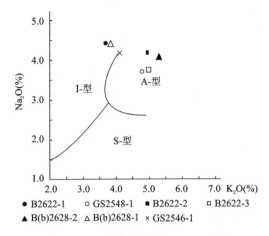
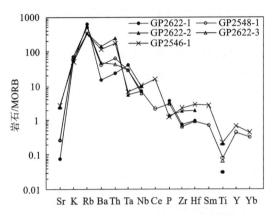

图3-18 穹隆格岩体 K_2O-Na_2O 图

图3-19 穹隆格岩体微量元素MORB蛛网图

(3) 在 Rb-(Y+Nb) 图(图3-20)中,样品几乎全落入同碰撞花岗岩区,仅其中1个样品落入同碰撞(syn-COLG)与火山弧花岗岩区(VAG)的界线上;在 Rb-(Yb+Ta) 图解(图3-21)中,2件样品投点落入火山弧花岗岩区,3件样品落入同碰撞区。说明该岩体形成环境是同碰撞的火山弧,岩浆源有地幔物质的加入。

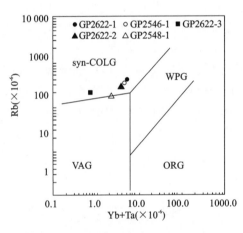
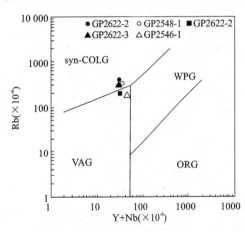

图3-20 穹隆格岩体 Rb-(Yb+Ta) 图

图3-21 穹隆格岩体 Rb-(Y+Nb) 图

(4) 成矿元素丰度普遍较低,尤其是 Au 元素平均含量仅是地壳克拉克值的1/2,7个样品中仅一个样品为 $5.2×10^{-9}$,略高出地壳克拉克值。Pb 元素具弱富集,是克拉克值的1.5倍,Ag 元素与克拉克值相当,Cu、Zn 元素均略低于克拉克值。

(五) 稀土元素特征

据稀土元素含量及特征参数(表3-13)中可知,稀土总量($\Sigma REE=44.73×10^{-6}\sim277.4×10^{-6}$)与世界花岗岩($\Sigma REE=273.6×10^{-6}$)相比明显偏低;LREE/HREE $=4.383\sim16.17$,La/Yb$=9.2\sim57.61$,轻、重稀土强烈分馏,La/Sm$=4.868\sim11.07$,Gd/Yb$=2.1\sim4.261$,说明轻稀土强烈分馏,重稀土亦有较明显的分馏,重稀土多数元素亏损明显。$\delta Eu=0.565\sim0.631$,铕普遍亏损明显。稀土配分曲线(图3-22)向右陡倾,在铕处形成明显的"V"字形。两件样品中稀土元素特征是一个重稀土分馏强烈,另一个分馏较弱,反映了岩浆形成于稍有差异的构造环境和演化历程。

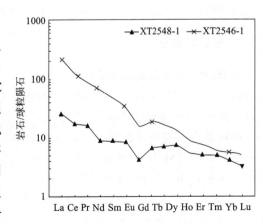

图3-22 穹隆格岩体稀土元素配分型式图

三、冈底斯-念青唐古拉构造侵入岩带

冈-念构造侵入岩带位处索县-丁青结合带之南的图区中南部广大地域,其北界为结合带南界深大逆冲断裂。在1:25万嘉黎县幅境内,东西延伸出图,总体呈NW向宽带状,与区域断裂构造一致的方向展布。早侏罗世末索县-丁青结合带闭合造山之后,中晚侏罗世到晚白垩世期间,该带岩浆活动强烈、频繁,在区内先后出露军巴、熊塘、雄果等几十个呈岩床、岩瘤、岩株、岩滴状产出的侵入体(表3-16)。面积约825.4km²,占测区侵入岩总面积的89.7%。

(一)中侏罗世军巴岩体

1. 地质特征

该岩体呈岩株、岩瘤、岩滴及小岩基状零散分布于索县加勤乡军巴村、曲则、协热桶、龙马格、寄青等地,主体出露在军巴,由5个小侵入体构成,出露面积约10km²,仅占区内侵入岩总面积的1.1%。单个侵入体在平面上呈小椭圆状、扁圆状、圆三角状、不规则状,总体呈NW或近EW向展布在结合带南侧5～10km处,与区域构造方向基本一致并受其控制。该岩体划分为中间、过渡、边缘三个相带和一个独立的末期小侵入体。岩石组成分别为细中粒(似斑状)(白)云母二长花岗岩、细中粒花岗闪长岩、灰白色块状中粒英云闪长岩、含二云二长花岗斑岩。岩体一般呈枝杈状侵入于希湖组($J_{1-2}xh$)砂岩中(图3-23),接触界面倾向南东和北东两个方向,外接触带角岩化明显围岩为帽盖,内接触带常出现白色细粒冷凝边,岩体边缘相带中亦常见围岩包体,发育网格状石英细脉(图3-24)。本次在该岩体边缘相带灰白色块状中粒英云闪长岩中获锆石U-Pb法同位素年龄值167Ma,时代为中侏罗世(表3-16)。

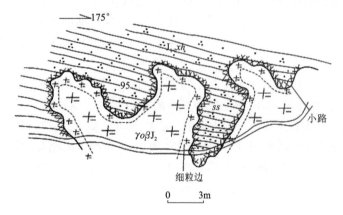
图3-23 军巴岩体侵入希湖组中砂岩素描图

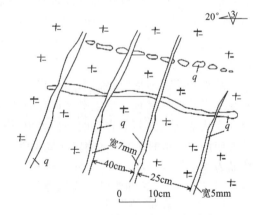
图3-24 军巴岩体中网格状石英脉素描图

2. 岩石学特征

(似斑状)中粒二云二长花岗岩 粒状结构,块状构造,主要由钾长石(15%)、斜长石(25%～30%)、石英(35%～40%)、黑云母、白云母、绢云母(5%～20%)和少量电气石组成。斜长石呈半自形板柱状,钾长石为他形,石英他形粒状分布于钾长石及斜长石粒间,绢云母化极不均匀,主要是钾长石蚀变分解物。

中粒黑云母花岗闪长岩 岩石具中粒半自形粒状结构,花岗结构,块状构造。矿物成分:斜长石(>30%)以长柱状为主,板状次之,中—强绢云母化,细长的钠长石双晶发育,以更长石为主;钾长石(15%)主要是条纹长石,呈不规则板状,有的为似斑状,弱—中等绢云母化,泥化,可见细脉状条带状嵌客晶;石英(35%～40%)他形中粒镶嵌粒状;黑云母(10%～15%)叶片状、长条状,(001)解理极完全,常伴生铁质,部分已绿泥石化,磁铁矿及铁质、铁质微粒(1%)主要由黑云母蚀变析出。

表 3-16 冈-念构造侵入岩带侵入岩基本特征表

岩带(体)			岩体名称	相带	岩石名称	代号	结构构造	侵入体数	面积(km²)	年龄(Ma)/测年方法	冈底斯-念青唐古拉构造侵入岩带 岩体名称	相带	岩石名称	代号	结构构造	侵入体数	面积(km²)	年龄(Ma)/测年方法
时代纪	时期世																	
K	K_2	晚	熊塘岩体	中心相	红色似斑状钾长花岗岩	$π\xi γK_2$	似斑状不等粒结构,花岗结构,块状构造	6	221	$\dfrac{88}{U-Pb}$	雄果岩体	中间相	蚀变花岗闪长斑岩	$γδπK_2$	斑状结构基质细-微晶结构,块状	16	594.4	$\dfrac{73.5}{K-Ar}$
K	K_2	中	熊塘岩体	中间相	浅黑灰色中粒花岗闪长岩	$γδK_2$	半自形中粒结构,块状构造				雄果岩体	中间相	斑状中粒黑云二长花岗岩	$πηγK_2$	似斑状结构基质具中粒花岗结构,块状构造			
K	K_2	早		过渡相	灰白色中细粒英云闪长岩	$γoβK_2$	半自形不等粒结构,块状构造				雄果岩体	过渡相	蚀变中粒黑云二长花岗岩	$ηγK_2$	中粒花岗结构,块状构造			
K	K_2	早		边缘相	中细粒石英二长闪长岩	$δγoK_2$	半自形晶,粒状结构,块状、环带状构造					边缘相	中细粒花岗闪长岩	$γδK_2$	中细粒花岗结构,局部文象结构,块状构造			
J	J_2	晚	军巴岩体	中间相	肉红色二云二长花岗斑岩	$ηγπJ_2$	斑状结构,基质微粒结构,块状构造	5	10	$\dfrac{167}{U-Pb}$								
J	J_2	中	军巴岩体	过渡相	细中粒云母二长花岗岩	$ηγJ_2$	似斑状,粒状结构,块状构造											
J	J_2	中			中粒花岗闪长岩	$γδJ_2$	中粒花岗结构,块状构造											
J	J_2	早		边缘相	灰白色块状中粒英云闪长岩	$γoβJ_2$	中粒-中细粒结构,块状构造											

灰白色块状中粒英云闪长岩 岩石具典型的半自形粒状结构、花岗结构，块状构造。矿物成分：斜长石（35%）为中长石，呈长短柱状，弱—中等绢云母化，钠长石双晶极发育，具特征的环带结构；石英（40%）为他形不等粒状、碎粒状，时有波状消光，有的呈锯齿状镶嵌接触；钾长石（5%～10%）不规则状、板状，弱绢云母化、泥化，不具双晶，微具条纹状嵌晶；黑云母（15%）呈片状、叶片状，单晶为主，有的为填隙状片晶。

肉红色含二云二长花岗斑岩 岩石具斑状结构，基质为微晶粒状结构，由斑晶和基质两部分组成，斑晶由钾长石（5%～10%，以条纹长石为主，少见正长石）、石英（25%）、斜长石（10%，更长石为主）、黑云母、白云母（3%～5%）组成；基质由石英、长石（35%，以石英为主，钾长石次之）、绢云母（白云母，含量5%）、铁质（10%～15%，微粒与条带）组成。斜长石具弱—中等绢云母化，隐约可见双晶纹，钾长石含具卡氏双晶的正长石，弱绢云母化、碳酸盐化，条纹长石内常含磷灰石和白云母嵌晶，表面强泥化、铁染。石英呈他形熔蚀粒状，单晶和聚斑均有，黑白云母呈片状、长条状、叶片状集合体，黑云母常析出铁质组成暗化边。基质以长英质为主，呈微晶粒状，绢云母、白云母呈鳞片状集合体与一定的铁质微粒构成条带。

3. 副矿物特征

（1）副矿物含量特征：该岩体副矿物组成复杂，总量及含量较高（表3-17），主要副矿物组合为自然铁＋磷灰石＋锆石＋自然铅＋独居石＋磷钇矿＋钛铁矿＋晶质铀矿＋赤铁矿等，为岩浆型花岗岩的副矿物组合，岩浆源较深。

表3-17 副矿物含量表（$\times 10^{-6}$）

时代	岩体名称	岩石名称（样号）	自然铁	磷灰石	锆石	自然铅	独居石	岭钇矿	钛铁矿	晶质铀矿	赤铁矿	黄铁矿	黄铜矿	方铅矿	锐钛矿	车轮矿	普通角闪石	刚玉	自然锌	石榴石	褐铁矿	辉铜矿	电气石
K_2	熊塘岩体	英云闪长岩（RZ0143-4）	562.11	43.10	126.72	20.11	17.79	1.87	95.03	几十颗		517.20			几十颗					几十颗	几十颗	几十颗	几十颗	十几颗
J_2	军巴岩体	英云闪长岩（RZ0131）	778.44	135.72	82.38	17.23	11.61	1.49	1.45	0.74	0.07		几十颗	十几颗	十几颗	十几颗	几十颗	几十颗	几十颗					十几颗

（2）锆石特征：锆石特征见表3-18，其颜色以淡水红色者为主，晶体呈尖锐锥柱状，洁净透明度好，晶形由{311}、{110}组成聚形，晶体长宽比为2∶1、3∶1、5∶1不等。另外一种锆石矿物颜色呈肉红色，晶体呈短柱状，晶形由{111}、{311}、{100}面组成聚形，透明度较前者差，呈半透明状。

表3-18 锆石特征表

熊塘岩体	锆石：矿物晶体呈双锥柱状，大部分晶体由{111}、{311}、{100}、{110}组成聚形，呈短柱状，长宽比为2∶1。少部分晶体由{111}、{110}组成聚形，一般呈双锥柱状、针状，长宽比为3∶1。矿物颜色呈浅褐色、淡褐红色。透明度好。玻璃光泽。个别矿物内含气液包体	
军巴岩体	锆石：矿物颜色呈淡水红色者为主，其晶体呈尖锐锥柱状。洁净透明度好。晶形由{311}、{110}组成聚形。晶体长宽比为2∶1、3∶1、5∶1不等。以矿物颜色呈肉红色者。其晶体呈短柱状。晶形由{111}、{311}、{100}面组成聚形。透明度较前者差，呈半透明状	

4. 岩石化学特征

岩石化学含量及特征（表3-19）与中国花岗岩相比，具有高 Al_2O_3、TiO_3、FeO、MgO，低 SiO_2、Fe_2O_3、MnO、CaO、Na_2O、K_2O（$K_2O/Na_2O=0.89$，$K_2O<Na_2O$）的特征，但总体上 $Fe_2O_3+FeO+MgO+MnO+CaO$ 值高于中国花岗岩的平均值，说明岩石更偏基性一些。

利用岩石化学计算(表 3-20)得知,里特曼指数 σ(0.87～2.33)平均值 1.89,属钙碱性花岗岩(正常太平洋型),铝饱和度 A/CNK=1.157～1.789,为 S 型花岗岩。

在全碱-氧化硅图解(图 3-25)中 8 个样品全落入亚碱系列,其中 4 个样品落入花岗岩区,另 4 个样品落入花岗闪长岩区或英云闪长岩区。在 AFM 三角图解(图 3-26)中,有 4 个样品落入钙碱性系列区,另 4 个样品落入碱性系列区。在 K_2O-Na_2O 图解(图 3-27)中,4 个样品属 A 型,另 4 个样品落入 I 型花岗岩区,表明岩浆主体来源于壳幔混合带上部下地壳底部。

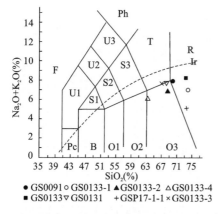

图 3-25 军巴岩体 $Na_2O+K_2O-SiO_2$ 图

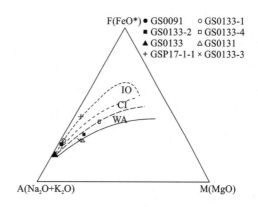

图 3-26 军巴岩体 AFM 图

5. 微量元素特征

微量元素含量及特征(表 3-20)与世界花岗岩比较,V、Si、Sb、Sn、Cs、Hf、B、As、Mo、Pb 元素分别是世界花岗岩的几千倍—64 倍—10 倍—5 倍,具极强富集—强烈富集—中等富集。而 Hg、Ta、Au、W、Cd、Be、Nb、Se 元素分别是世界花岗岩平均含量的 1/40～1/7～1/2,具极强—强烈—中等亏损。

在以 MORB 为参数标准化所作蛛网图(图 3-28)中,大离子亲石元素 Sr、Ba 出现一定的亏损,而 K、Rb 却极强富集,高场强元素 Zr、Ti 出现弱—强亏损,而其他元素相应地具弱富集。整个曲线形态近似于"三弧"隆起,表现出大陆弧花岗岩的特征,也说明岩浆主体来源于下地壳。

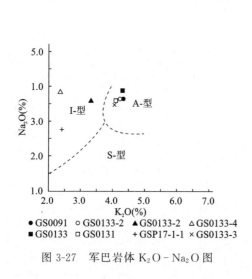

图 3-27 军巴岩体 K_2O-Na_2O 图　　图 3-28 军巴岩体微量元素 MORB 蛛网图

在 Rb-(Y+Nb)图解(图 3-29)和 Rb-(Yb+Ta)图解(图 3-30)中,投点均集中在同碰撞花岗岩与火山弧花岗岩的界线附近。说明其形成于同碰撞中的火山弧环境,也表明岩浆主体来源于壳幔混合带。

成矿元素 Pb 的含量普遍是地壳克拉克值的 2 倍多,具中等富集,Ag 元素含量与克拉克值相当,或略高,成矿条件有利。其他 Au、Cu、Zn 元素均低于克拉克值,出现一定的亏损,成矿不利。

表 3-19 罕巴岩体岩石地球化学和稀土元素特征表

主量元素分析结果（$wt\%$）

样号	岩石名称	SiO_2	TiO_2	Al_2O_3	Fe_2O_3	FeO	MnO	MgO	CaO	Na_2O	K_2O	P_2O_5	灼失	SO_3	H_2O^+	H_2O^-	CO_2	NiO	CoO	Cr_2O_3
GS0091	含二云二长花岗斑岩	70.08	0.236	15.06	1.08	1.51	0.026	0.263	1.2	3.59	4.21	0.19	1.66	0	1.16	0.24	0.511	5.6	8.65	18.2
GS0133-1	中粒花岗闪长岩	73.88	0.3	14.33	0.68	1.84	0.035	0.148	0.254	5.24	1.71	0.17	1.06	0	1.12	0.34	0.081	4.71	0.25	41
GS0133-2	中粒黑云母花岗闪长岩	68.54	0.404	15.86	0.24	3.38	0.053	1.41	1.16	3.6	3.32	0.14	1.47	0	1.46	0.31	0.168	17.6	12.1	54.8
GS0133-4	细粒石英闪长玢岩	63.08	0.846	16.98	0.74	4.54	0.085	2.29	2.69	3.87	2.32	0.22	1.92	0.01	1.5	0.32	0.744	21.1	17.5	54.1
GS0133	细粒花岗闪长岩	73.32	0.072	14.98	0.39	1.39	0.014	0.063	0.241	3.86	4.31	0.13	0.8	0.01	0.8	0.24	0.07	3.94	2.42	18.9
GS0131	中粒英云闪长岩	68.14	0.385	15.59	0.23	3.13	0.077	1.5	1.73	3.57	4.12	0.15	1.22	0.01	0.98	0.16	0.244	23.9	11.1	67.7
GSP17-1-1	中粒白云母二长花岗岩	73.46	0.148	14.28	2.52	1.52	0.052	0.328	0.467	2.75	2.41	0.18	2.32	0.01	1.9	0.82	0.325	24.8	16.4	14.6
GS0133-3	细中粒黑云母二长花岗岩	68	0.379	15.59	0.36	3.14	0.062	1.29	1.79	3.47	4.08	0.13	1.42	0	1.02	0.3	0.79	21.9	6.99	65.5
平均值		69.813	0.3463	15.33	0.78	2.56	0.051	0.912	1.192	3.7438	3.31	0.16	1.48	0.01	1.24	0.34	0.366	15.444	9.426	41.9
	中国花岗岩	71.27	0.25	14.25	1.24	1.62	0.08	0.8	1.62	3.79	4.03	0.16			0.56		0.33			

稀土元素分析结果（$\times 10^{-6}$）

样号	岩石名称	La	Ce	Pr	Nd	Sm	Eu	Gd	Tb	Dy	Ho	Er	Tm	Yb	Lu	Y
XT0091	含二云二长花岗斑岩	30	47.8	5.02	20.7	4.56	0.99	3.43	0.5	2.13	0.26	0.71	0.1	0.66	0.11	7.37
XT0133-1	中粒花岗闪长岩	36.4	59.2	6.32	24.4	4.46	0.66	3.47	0.51	2.98	0.46	1.4	0.18	1.38	0.17	12.4
XT0133-2	中粒黑云母花岗闪长岩	41.5	70	7.53	28.2	5.31	0.89	4.32	0.6	3.24	0.58	1.68	0.26	1.72	0.23	14.2
XT0133-4	细粒石英闪长玢岩	68.4	102	10.6	44.4	7.76	1.04	6.18	0.97	5.48	1.08	2.95	0.4	2.93	0.37	25
XT0133	细粒花岗闪长岩	8.61	15.6	1.78	6.18	2.05	0.74	2.35	0.43	2.98	0.5	1.39	0.19	1.12	0.18	12.7
XT0131	中粒英云闪长岩	41.3	66	6.8	27.7	5.19	1.01	4.16	0.61	3.51	0.64	1.8	0.28	1.82	0.24	15.2
XTP17-1-1	中粒白云母二长花岗岩	9.38	20.1	1.76	7.17	2	0.47	2.13	0.41	2.96	0.54	1.46	0.24	1.31	0.24	13.7
XT0133-3	细中粒黑云母二长花岗岩	43.5	65.5	7.11	26.8	5.43	1.02	4.21	0.68	3.76	0.67	2	0.31	2.1	0.26	16

样号	岩石名称	ΣREE	LREE	HREE	δEu	δCe	Sm/Nd	La/Sm	La/Yb	Ce/Yb
XT0091	含二云二长花岗斑岩	116.97	109.07	7.90	0.74	0.84	0.22	6.579	6.909	45.455	72.42
XT0133-1	中粒花岗闪长岩	141.99	131.44	10.55	0.50	0.85	0.183	8.161	3.232	26.377	42.9
XT0133-2	中粒黑云母花岗闪长岩	166.06	153.43	12.63	0.55	0.87	0.188	7.815	3.087	24.128	40.7
XT0133-4	细粒石英闪长玢岩	254.56	234.20	20.36	0.44	0.81	0.175	8.814	2.648	23.345	34.81
XT0133	细粒花岗闪长岩	44.10	34.96	9.14	1.03	0.89	0.332	4.2	1.83	7.6875	13.93
XT0131	中粒英云闪长岩	161.06	148.00	13.06	0.64	0.85	0.187	7.958	2.852	22.692	36.26
XTP17-1-1	中粒白云母二长花岗岩	50.17	40.88	9.29	0.69	1.09	0.279	4.69	1.527	7.1603	15.34
XT0133-3	细中粒黑云母二长花岗岩	163.35	149.36	13.99	0.63	0.80	0.203	8.011	2.586	20.714	31.19

表 3-20 罕巴岩体微量元素和 CIPW 标准矿物特征表（×10⁻⁶）

样号	岩石名称	F⁻	Cl⁻	Cu	Pb	Zn	Cr	Ni	Co	Cd	Li	Rb	Cs	W	Mo	As	Sb	Bi	Hg	Sr	Ba	V
GP0091	含二云二长花岗斑岩	535	27.8	14	61	101	6.4	8.4	1	0.06	17.3	270	13.6	2.51	5.26	7.87	20	3.14	0	315	501	9.41
GP0133-1	中粒花岗闪长岩	527	59.5	15.8	10	29.8	28.6	13.4	3.4	0.09	18.7	186	23.3	1.05	0.68	1.15	0.32	0.1	0	117	105	22.6
GP0133-2	中粒黑云母花岗闪长岩	479	34.6	6.5	37	41.4	47.3	16.7	4.5	0.04	69.3	134	15.8	0.49	0.64	1.93	0.19	0.49	0	182	283	34.4
GP0133-4	细粒石英闪长玢岩	1350	38	20.5	47	108	38.5	17	7.3	0.07	95.6	257	20	0.14	1.8	5.69	0.26	0.19	0	261	344	62.4
GP0133	细粒花岗闪长岩	48.3	62.9	18.1	59	43	4.9	9.1	1	0.04	18.5	261	27.8	0.7	0.68	0.99	0.32	0.66	0	112	190	1
GP0131	中粒黑云闪长岩	627	98	19.8	56	85.9	45.6	28.6	4.3	0.08	67.7	254	12.6	0.28	1.97	3.31	0.23	0.2	0	253	422	36.4
GSP17-1-1	中粒白云母二长花岗岩	346	141	19.4	12	13.5	19.1	1	1	0.05	36.9	120	36.4	0.42	3.76	1.69	0.82	0.19	0	34.8	43	1.6
GP0133-3	细中粒黑云母二长花岗岩	622	72	9.45	58.5	58.4	39	28.7	5.15	0.05	66.6	249	14.2	0.24	5.1	3.92	0.26	0.2	0	317	578	36.2
	平均值	567	66.7	15.4	42.6	60.1	28.7	14.5	3.46	0.06	48.8	216	20.5	0.73	2.49	3.32	2.8	0.65	0	199	308.3	25.5
	克拉克值			47	16	83	83	58	18	13	32	150	3.7	1.3	1.1	1.7	0.5	0.01	830	340	0.05	90
	世界花岗岩			20	20	60	25	8	5	0.1	60	200	5	1.5	1	1.5	0.26	0.01	0.08	300	830	0

样号	岩石名称	Sc	Nb	Ta	Zr	Hf	Be	B	Ga	Ge	Sn	Se	Te	Au	Ag	U	Th	Y	Ti	P	K	Mn
GP0091	含二云二长花岗斑岩	2.89	6.87	0.5	111	3.15	11.2	37.5	31.8	0.8	19	0.04	0.03	1.3	0.14	3.28	9.37	8.61	1440	830	35100	225
GP0133-1	中粒花岗闪长岩	5.36	9.55	0.5	100	3.24	5.09	63.9	24.7	0.03	25	0.03	0.01	1.3	0.01	1.05	17.4	9.07	2020	768	25300	309
GP0133-2	中粒黑云母花岗闪长岩	6.38	9.91	0.74	181	4.93	6.01	21.6	25.3	0.74	9	0.01	0.01	0.55	0.03	2.34	18.2	11.3	2670	776	22600	406
GP0133-4	细粒石英闪长玢岩	11.1	14.9	0.63	213	5.67	4.76	20.5	29.8	0.8	14	0.01	0.01	0.9	0.05	2.92	22.2	25.5	5850	1260	19500	618
GP0133	细粒花岗闪长岩	2.07	8.22	0.5	47	1.75	13.4	32.3	24.3	0.88	12	0.01	0.02	1.45	0.04	1.52	4.12	4.45	644	732	39400	83
GP0131	中粒黑云闪长岩	7.65	8.96	0.5	111	3.15	6.6	18.4	25.2	0.7	19	0.01	0.01	1.6	0.05	2.92	16.6	141	2590	812	32200	626
GSP17-1-1	中粒白云母二长花岗岩	1.8	5.46	0.5	24.7	1.56	3.65	110	22.5	0.98	17	0.03	0.01	5.75	0.07	1.05	2.96	5.89	550	970	14300	203
GP0133-3	细中粒黑云母二长花岗岩	7.1	8.14	0.5	108	3.18	5.69	22.1	24.3	0.9	12.5	0.01	0.01	2.75	0.04	2.11	16.7	11.8	2440	760	34600	495
	平均值	5.54		0.55	112	3.33	7.05	40.8	26	0.83	15.9	0.02	0.01	1.95	0.05	2.15	13.4	27.2	2276	864	27875	371
	克拉克值	10	20	2.5	170	1	3.8	12	19	1.4	2.5	500	1000	4.3	0.07	2.5	13	29	4500	9.3	500	1000
	世界花岗岩	3	20	3.5	200	1	5.5	15	20	1.4	3	0.05		4.5	0.05	3.5	18	34	2300	700	33400	390

CIPW 标准矿物（%）及其参数

| 样号 | 岩石名称 | Q | An | Ab | Or | C | Hy | Di | Be | Hf | Zn | Pb | Cu | Cl⁻ | F⁻ | Sc | Nb | Ta | Zr | Hf | ... | ... | ... |

样号	岩石名称	Q	An	Ab	Or	C	Hy	Di	Il	Mt	Ap	DI	A/CNK	SI	AR	σ_{43}	R_1	R_2	F1	F2	F3
GS0091	含二云二长花岗斑岩	30.8	4.83	31.2	25.5	2.95	2.25	0	0.46	1.61	0.45	92.3	1.19	2.47	2.84	2.22	2394	448	0.73	-1.1	-2.55
GS0133-1	中粒花岗闪长岩	36	0.17	45	10.3	3.85	2.8	0	0.58	0.99	0.39	91.4	1.31	1.54	2.82	1.56	2621	320	0.73	-1.3	-2.59
GS0133-2	中粒黑云母花岗闪长岩	28.8	4.92	31.1	20	4.66	9.12	0	0.78	0.35	0.34	84.7	1.36	11.8	2.37	1.85	2446	515	0.72	-1.2	-2.55
GS013-4	细粒石英闪长玢岩	20.7	12.2	33.5	14	3.84	12.5	0	1.65	1.09	0.53	80.4	1.23	16.7	1.92	1.86	2169	752	0.67	-1.3	-2.56
GS0133	细粒花岗闪长岩	33.6	0.34	33.1	25.8	3.89	2.33	0	0.14	0.57	0.31	92.8	1.31	0.63	3.32	2.19	2485	327	0.75	-1.1	-2.57
GS0131	中粒黑云闪长岩	24.1	7.74	30.6	24.7	2.49	8.92	0	0.74	0.34	0.34	87.2	1.16	12	2.6	2.33	2236	573	0.7	-1.2	-2.56
GSP17-1-1	中粒白云母二长花岗岩	46.8	1.15	23.7	14.5	6.87	4.03	0	0.29	2.19	0.43	86.2	1.79	3.48	2.08	0.87	3308	353	0.78	-1.2	-2.46
GS0133-3	细中粒黑云母二长花岗岩	25	8.2	29.9	24.5	2.56	8.31	0	0.73	0.53	0.3	87.6	1.17	10.5	2.54	2.25	2276	571	0.7	-1.1	-2.55

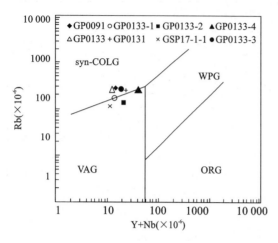

图 3-29　军巴岩体 Rb-(Y+Nb)图
syn-COLG:同碰撞花岗岩;WPG:板内花岗岩;
VAG:火山弧花岗岩;ORG:洋脊花岗岩

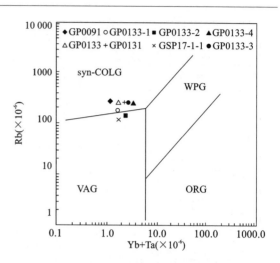

图 3-30　军巴岩体 Rb-(Yb+Ta)图
(其余图例同图 3-29)

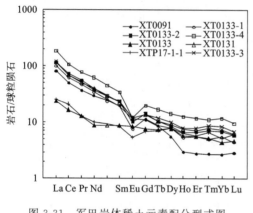

图 3-31　军巴岩体稀土元素配分型式图

6. 稀土元素特征

稀土元素含量见表 3-19,稀土总量 $\Sigma REE=44.10\times10^{-6}\sim254.56\times10^{-6}$,与世界花岗岩($\Sigma REE=273.6\times10^{-6}$)相比,明显偏低,$La/Yb=7.16\sim45.45$,$La/Sm=4.2\sim8.81$,$Gd/Yb=1.63\sim5.20$,表明轻稀土强烈分馏,重稀土亦有较明显的分馏,个别岩石单元重稀土亏损明显。$\delta Eu=0.44\sim1.03$,铕普遍亏损明显,稀土配分曲线(图 3-31)向右陡倾,在"Eu"处形成弱的"V"字形,反映了来源于下地壳底部或上地幔的偏基性岩浆与下地壳局部熔融形成的酸性岩浆发生过混合作用。

(二) 晚白垩世熊塘岩体

1. 地质特征

熊塘岩体由大小不等的六个独立侵入体构成,平面上为椭圆状、长圆状,出露于比如县夏曲镇措布松浦、熊塘,索县宁巴乡清门也,加勤乡军巴村拿马打、夹倾等地,面积约 221km²,占该带侵入岩总面积的 26.8%,占全区侵入岩总面积的 24%。

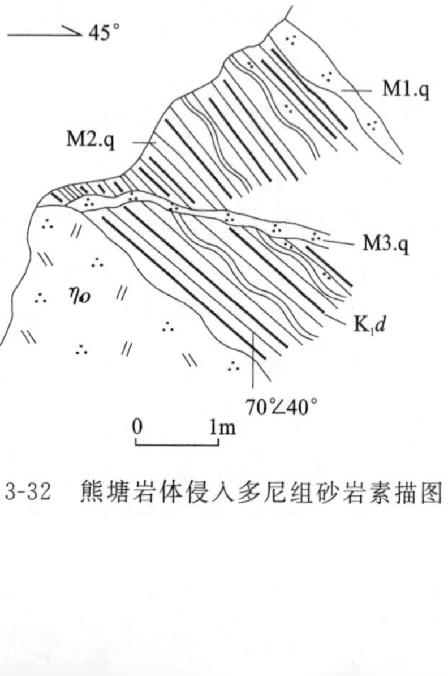

该岩体在熊塘附近出露完好,划分为中心相、中间相、过渡相、边缘相四个相带,主要岩石类型分别为似斑状钾长花岗岩、花岗闪长岩、英云闪长岩、石英(二长)闪长岩。

侵入地层为下白垩统多尼组(图 3-32),接触面产状(大致)20°∠75°,地层产状 70°∠40°,接触面一般外倾不规整,界线模糊,外接触带围岩发生热接触变质,形成宽 20~30m 的黑色角岩带。岩体各相带之间及与围岩间均为侵入关系(图 3-33),岩体边缘相带中还多见砂岩捕虏体(图 3-34)。

本次在熊塘岩体中间相带浅黑灰色中粒黑云母花岗闪长岩中获锆石 U-Pb 法同位素年龄 88Ma,时代为晚白垩世。

图 3-32　熊塘岩体侵入多尼组砂岩素描图

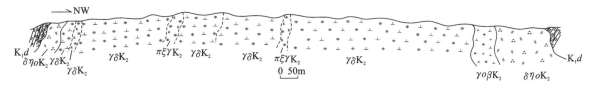

图 3-33 熊塘岩体路线剖面图

2. 岩石学特征

红色似斑状钾长花岗岩 似斑状结构、不等粒结构、花岗结构、块状构造。矿物成分及特征：钾长石（>35%）呈不规则板状，强泥化、高岭土化，致使岩石呈淡肉红色、灰褐色土状，具一组柱状解理，偶见卡氏双晶，主要为正长石；斜长石（10%～15%）为更长石，柱状、长柱状，浅灰色，中等绢云母化，细而密的钠长石双晶发育；石英（35%）他形不等粒（细中粒）镶嵌粒状，呈填隙物；角闪石（5%）呈细粒状、长柱状集合体，全绿泥石化，假象内有铁质微粒伴生；黑云母（10%）呈叶片状假象，仅见少量黑云母残留，全—强绿泥石化；磁铁矿（1%～2%）自—他形粒状。

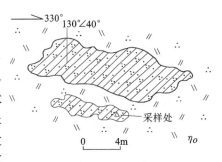

图 3-34 熊塘岩体边缘相中砂岩捕虏体素描图

浅黑绿色中粒花岗闪长岩 呈浅黑绿色，半自形中粒结构，块状构造。矿物成分及特征：斜长石（35%）柱状、板状，以更长石为主，强绢云母化，残留钠长石双晶，与石英接触处局部可见蠕虫结构；石英（30%）他形不等粒镶嵌状；钾长石（10%～15%）呈不规则状、板状，为条纹长石，泥化后呈浅灰、浅褐色，内部常具条痕、条带、细脉状嵌晶。此外，还见柱状具钠长石双晶的斜长石嵌晶；角闪石（10%）全绿泥石化，仅见柱状、长柱状假象；黑云母（5%～10%）已部分绿泥石化；磁铁矿呈自形粒状集合体，大的堆晶集合体粒径约 2mm×3mm。

浅黑灰色、灰白色中细粒英云闪长岩 岩石具半自形不等粒结构、花岗结构、块状构造。矿物成分及特征：斜长石（30%～35%）属更-中长石，长柱形、板状，中等—强绢云母化，钠长石双晶发育。含卡-钠联合双晶，双晶纹细而密，$Np\wedge(010)18°±$，少部分具环带构造；钾长石（15%）不规则状、短柱状，以条纹长石为主，弱绢云母化，具细粒状，稀疏条纹—条带状嵌晶，一般见不到双晶和解理，常见不规则裂纹；石英（35%）为他形不等粒镶嵌粒状；黑云母（15%）呈叶片状、片状集合体，常在粒间不均匀分布，少量已绿泥石化，有的大黑云母叶片中有长石和磁铁矿嵌晶；磁铁矿少量，呈自形粒状。

浅灰绿色中细粒石英二长闪长岩 半自形粒状结构，块状构造，环带构造。其矿物特征为：中长石（75%～80%）为半自形粒状，见环带构造，绝大部分已强绢云母化；黑云母（10%～15%）为褐红色，自形片状，部分已被绿泥石交代，分布于中长石的间隙中；石英（10%）他形粒状填于中长石格架的空隙中，或石英和钾长石构成文象连晶填于其中长石格架之空隙中。

灰白色中细粒黑云二长花岗岩 中细粒花岗结构，块状构造，主要由粒径在 1～3mm 之间的石英、中长石、正长石、黑云母鳞片等矿物不均匀分布组成。其中石英（25%）呈他形粒状；中长石（27%）常具环带构造，有不同程度的蚀变，分布许多绢云母鳞片、黝帘石集合体；正长石（35%）分布少量泥质尘点；黑云母（12%）为棕褐色，少数沿边缘析出钛而蚀变分解为绿泥石。副矿物磷灰石和锆石含量约 0.5%，金属矿物约 0.5%。

蚀变二长花岗斑岩 斑状—聚斑状结构，基质为细粒结构，斑晶含量约 30%，以中-更长石为主，钾长石、石英、黑云母少量。其中前者呈半自形晶，常呈聚斑状，具较强的绢云母化及弱的碳酸盐化，见卡钠双晶；钾长石为条纹长石，半自形晶，有泥化，裂缝中有绢云母化；石英多数为自形—半自形晶，也有他形晶，未见熔蚀状；黑云母为长片状，已褪色变为白云母，沿节理纹有铁质析出。基质含量约占 70%，以钾长石为主，石英次之，斜长石少见，具绢云母化，分布于长英矿物之间。

白云母钾长花岗岩 为不等粒花岗结构，块状构造。矿物成分及特征：钾长石（40%～45%）以不规则状、板状为主,强高岭土化和泥化,呈灰褐色,常含细小石英、斜长石嵌晶,节理及网裂纹发育;斜长石(15%)以更长石为主,呈柱状、柱粒状、板状,具弱—中等绢云母化,发育细而密的钠长石双晶,颗粒一般细小;石英(30%)他形不等粒状,一般细—中粒;白云母(10%)呈片状、叶片状,有的已成鳞片状集合体,不均匀分布于粒间,并伴生铁质析出物;铁质(含磁铁矿)2%~3%,呈微粒和集合体。

3. 副矿物特征

(1) 副矿物特征:该岩体副矿物组成复杂,含量及总量高(表3-17)。主要副矿物组合为自然铁+黄铁矿+锆石+钛铁矿+磷灰石+自然铅+独居石+磷钇矿,为常见岩浆型副矿物组合,岩浆源相对军巴岩体稍浅。

(2) 锆石特征:锆石矿物颜色呈浅褐色,淡褐红色,透明度好,玻璃光泽,个别矿物内含气液包体。矿物晶体均呈双锥柱状,大部分晶体由{111}、{311}、{100}、{110}组成聚形,呈双锥短柱状,长宽比为2:1;少部分晶体由{111}、{110}组成聚形,一般呈双锥长柱状、针状,长宽比为3:1(表3-18)。

4. 岩石化学特征

岩石化学成分含量及特征(表3-21)与中国主要岩浆岩的平均化学成分比较,富 Al_2O_3、TiO_2、FeO、MgO、CaO、Na_2O、P_2O_5、SiO_2、Fe_2O_3、K_2O。其介于中国花岗岩和花岗闪长岩之间,且更靠近花岗岩,总体上 FeO、MgO、CaO、MnO 含量高于中国花岗岩,碱土含量低于中国花岗岩,相比之下偏基性一些。

熊塘岩体岩石化学特征表明(表3-22),$\sigma=1.47\sim2.68$,为钙碱性花岗岩。在全碱-氧化硅图解(图3-35)中样品全部落入亚碱性系列,铝饱和度 A/CNK(0.848~1.539,只1个样品为0.848)平均值1.246,为过铝的S型花岗岩,在 Na_2O-K_2O 图解(图3-36)中,7个样品落入Ⅰ型花岗岩区,3个样品落入A型花岗岩区。

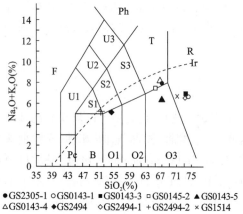

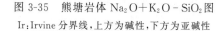

图3-35 熊塘岩体 $Na_2O+K_2O-SiO_2$ 图
Ir:Irvine分界线,上方为碱性,下方为亚碱性

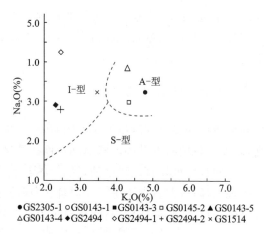

图3-36 熊塘岩体 Na_2O-K_2O 图

5. 微量元素特征

微量元素含量与特征(表3-22)与维氏世界花岗岩比较,V、Bi、HF元素分别是世界花岗岩的1000倍—130倍—6倍,具极强富集,Mo、Cs、Sn、Sc、Be、B、As、Ni、Cr等元素分别是世界花岗岩的3—2倍,具中等富集,而Hg、Cd、Ba、Ta、Ag、Y元素含量分别是世界花岗岩的1/3~1/2,出现中等亏损,其他元素略高或略低于世界花岗岩的含量。

微量元素MORB标准化蛛网图(图3-37)显示,强烈富集大离子亲石元素K、Rb和高场强元素Th、Ta、Ce,而Nb、P、Zr、Hf、Sm、Y、Yb元素呈现一定程度的弱富集,但相对Th、K、Rb则呈现明显的负异常;Sr、Ba、Ti明显亏损,

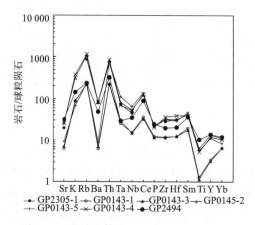

图3-37 熊塘岩体微量元素MORB蛛网图

尤其是 Ti 亏损严重。微量元素标准化曲线吻合一致,其形态近似于大陆碱性火山弧玄武岩(智利)的曲线特征,表明岩浆主要源于下地壳。

在 Rb-(Y+Nb)(图3-38)和 Rb-(Yb+Ta)(图3-39)图解中,7 个样品 4 个结果落入火山弧花岗岩区,3 个样品落入同碰撞花岗岩区,但都靠近板内花岗岩区,说明岩浆主要来源于同碰撞作用形成的下地壳底部,有一定地幔物质的加入。

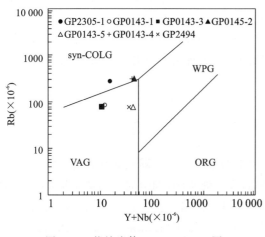 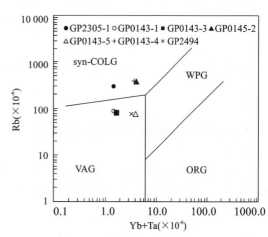

图3-38 熊塘岩体 Rb-(Y+Nb)图　　　　　图3-39 熊塘岩体 Rb-(Yb+Ta)图
（其余图例同图3-29）　　　　　　　　　（其余图例同图3-29）

该岩体成矿元素 Pb 的平均值是地壳克拉克值的 1.5 倍(共 7 个样品,5 个样品值高出或略高,2 个样品值低于克拉克值),具弱到中等富集。其他成矿元素 Au、Ag、Cu、Zn 的平均值均低于地壳克拉克值,有一定的亏损。虽个别元素含量为地壳克拉克值的 2~3 倍,但总体矿化不利。

6. 稀土元素特征

稀土元素含量及特征参数(表3-21)表明,ΣREE($75.47 \times 10^{-6} \sim 282.72 \times 10^{-6}$)平均 193.43×10^{-6},较世界花岗岩 ΣREE(273.6×10^{-6})值偏低,La/Yb=10.909~35.934,说明轻重稀土强烈分馏。La/Sm=4.286~8.609,Gd/Yb=2.03~3.26,说明轻稀土强烈分馏、重稀土亦有较明显的分馏。轻稀土分馏程度因岩石单元的不同,其变化显著,而重稀土分馏程度变化不大,基本趋于一致。δEu=0.55~0.84,铕普遍亏损,但强弱不等。稀土配分曲线(图3-40)向右倾,陡缓不一,在"Eu"处形成弱的"V"字形。反映了来源于下地壳底部或上地幔的偏基性岩浆与下地壳局部熔融形成的酸性岩浆发生过混合作用。

图3-40 熊塘岩体稀土元素配分型式图

(三)晚白垩世雄果岩体

1. 地质特征

雄果岩体由 16 个大小不等、形状各异的侵入体组成,单个侵入体呈小岩基、小岩床及岩株、岩瘤、岩滴等形态产出,总体为 NWW 向宽带状展布于测区中部及南部边缘广大地域,位于嘉黎县错拿错—澎错,比如县柴仁乡查和尼—提柯,山扎乡丫你玛知—杂然也嘎—雄果,自嘎乡爹龙—拉培,边坝县尼木乡日阿普一带,出露面积约 594.4km²,占测区侵入岩总面积(920km²)的 64.6%。展布方向与区域构造和断裂构造方向基本一致并受其控制。将该岩体划分为(晚期的)中间相、中期的过渡相、早期的边缘相和一个末期的斑岩相,其岩石组成分别为斑状二长花岗岩、中细粒二长花岗岩、中细粒花岗闪长岩、蚀变花岗闪长斑岩。

表 3-21 熊塘岩体岩石地球化学特征表

岩石化学分析结果（wt%）

样号	岩石名称	SiO_2	TiO_2	Al_2O_3	Fe_2O_3	FeO	MnO	MgO	CaO	Na_2O	K_2O	P_2O_5	灼失	SO_3	H_2O^+	H_2O^-	CO_2	NiO	CoO	Cr_2O_3
GS2305-1	中细粒黑云二长花岗岩	67.34	0.49	15.19	0.1	4.06	0.073	1.4	1.79	3.19	4.92	0.19	0.86	0.01	1.15	0.19				
GS0143-1	白云母钾长花岗岩	73.68	0.108	14.92	0.18	2.15	0.026	0.104	0.325	5.81	1.18	0.09	0.7	0.05	0.82	0.39	0.058	1.14	6.23	23.2
GS0143-3	白云母钾长花岗岩	73.54	0.101	14.78	0.2	2.22	0.042	0.097	0.046	5.97	1.17	0.08	0.8	0.02	0.94	0.32	0.151	8.78	4.58	13.5
GS0145-2	中粗粒黑云母花岗闪长岩	65.74	0.59	16.16	0.28	4.29	0.087	1.6	2.77	2.94	4.46	0.18	0.76	0.11	0.92	0.18	0.128	22.8	14.4	60
GS0143-5	中粒花岗闪长岩	67.34	0.529	15.8	0.42	4.3	0.052	2.21	0.202	5.48	1.05	0.19	1.62	0.12	1.98	0.28	0.104	20.4	10.9	49
GS0143-4	中粒云闪长岩	66.76	0.516	15.88	0.16	3.99	0.08	1.58	0.972	3.8	4.4	0.18	1.16	0.02	1.22	0.3	0.139	19.2	9.92	35.7
GS2494	强蚀变石英二长岩	54.32	1.06	15.73	1.12	6.55	0.128	6.44	4.23	2.87	2.33	0.27	4.17	0.01	3.24	0.37	0.793	78.8	30	468
GS2494-1	蚀变二长花岗疑岩	73.28	0.132	15.1	0.29	1.41	0.018	0.3	0.094	4.22	2.49	0.13	1.51	0.13	0.94	0.18	0.598	13.4	7.25	23.4
GS2494-2	强绢云母化闪长岩	51.46	1.04	15.5	1	6.6	0.126	6.93	6.08	2.76	2.47	0.29	5.3	0.21	2.54	0.3	2.17	91.6	36.2	471
GS1514	花岗闪长岩	71.14	0.352	14.48	0.71	2.68	0.063	0.724	0.473	3.22	3.53	0.19	1.82	0	1.5	0.24	0.241	12.6	8.77	13.9
平均值		66.46	0.4918	15.35	0.45	3.83	0.07	2.139	1.698	4.026	2.8	0.18	1.87	0.07	1.53	0.28	0.4382	26.872	12.83	116
	中国花岗岩	71.27	0.25	14.25	1.24	1.62	0.08	0.8	1.62	3.79	4.03	0.16			0.56		0.33			

稀土元素分析结果（×10^{-6}）

样号	岩石名称	La	Ce	Pr	Nd	Sm	Eu	Gd	Tb	Dy	Ho	Er	Tm	Yb	Lu	Y
XT0143-1	白云母钾长花岗岩	16.8	30.7	4.29	13.3	3.92	0.92	3.39	0.58	4.35	0.67	2.04	0.27	1.46	0.17	15.4
XT0143-3	白云母钾长花岗岩	15.6	27.5	3.59	11.7	3.57	0.93	3.07	0.58	4.22	0.74	2.04	0.31	1.43	0.19	16.9
XT0145-2	中粗粒黑云母花岗闪长岩	65.5	108	11.4	47.9	8.38	1.59	6.24	0.92	4.82	0.87	2.45	0.4	2.42	0.34	19.7
XT0143-5	中粒花岗闪长岩	65.4	119	13.6	56.3	9.45	1.43	5.93	0.85	5.07	0.82	2.43	0.35	1.82	0.27	19.5
XT0143-4	中粒云闪长岩	66.2	112	12.2	47.2	7.69	1.33	5.82	0.8	5.09	0.9	2.52	0.4	2.24	0.29	20.3
XT2494	强蚀变石英闪长岩	45.6	76.9	8.79	34.9	7.14	1.64	5.35	0.81	5.36	0.92	2.83	0.44	2.63	0.3	19.2

样号	岩石名称	ΣREE	LREE	HREE	δEu	δCe	Sm/Nd	La/Sm	Sm/Yb	La/Yb	Ce/Yb
XT0143-1	白云母钾长花岗岩	82.86	69.93	12.93	0.75	0.83	0.295	4.286	2.685	11.51	21.03
XT0143-3	白云母钾长花岗岩	75.47	62.89	12.58	0.84	0.84	0.305	4.37	2.497	10.91	19.23
XT0145-2	中粗粒黑云母花岗闪长岩	261.23	242.77	18.46	0.65	0.86	0.175	7.816	3.463	27.07	44.63
XT0143-5	中粒花岗闪长岩	282.72	265.18	17.54	0.55	0.90	0.168	6.921	5.192	35.93	65.38
XT0143-4	中粒云闪长岩	264.68	246.62	18.06	0.58	0.87	0.163	8.609	3.433	29.55	50
XT2494	强蚀变石英闪长岩	193.61	174.97	18.64	0.78	0.85	0.205	6.387	2.715	17.34	29.24

第三章 岩浆岩

表 3-22 熊塘岩体微量元素分析结果表

样号	岩石名称	F⁻	Cl⁻	Cu	Pb	Zn	Cr	Ni	Co	Cd	Li	Rb	Cs	W	Mo	As	Sb	Bi	Hg	Sr	Ba	V
GP2305-1	中细粒黑云二长花岗岩	1440	343	17	53	73.1	54.7	17.5	12.9		82.3	301	19.6	0.8	1.4	1.47	0.32	0.24	0.02	235	564	52.7
GP0143-1	白云母钾长花岗岩	249	208	10.1	3.5	20.8	8.3	1	1	0.05	24.2	77.8	7.1	1.22	4.17	3.02	0.28	2.94	0	73.8	44.2	1
GP0143-3	白云母钾长花岗岩	205	321	9.3	16	18.4	3	1	1	0.03	32.9	75.5	7.4	0.51	0.85	1.29	0.21	3.96	0	82.3	47.7	1
GP0145-2	中粗粒黑云母花岗闪长岩	1080	286	16.4	36.5	77.2	42.3	24.6	5.95	0.04	92.8	371	17.8	2.79	1.48	0.94	0.2	0.22	0	308	562	54.8
GP0143-5	中粒花岗闪长岩	740	172	9.1	1	24.6	36.9	1	4.2	0.02	31.6	81.5	3	2.03	6.98	1.85	0.28	0.48	0	111	63	47.9
GP0143-4	中粒英云闪长岩	1070	222	7.5	46	81.2	28.5	1	5.4	0.03	55.6	404	21.2	1.19	1.33	1	0.19	0.17	0	292	571	37.2
GP2494	强蚀变石英闪长岩	410	374	19.1	16.7	85.3	198	61.7	23.7	0.06	50.3	83.3	8	2.19	0.51	7.55	0.61	0.03	0.01	372	328	117
	平均值	866	321	14.8	28.8	63.4	62	18	9.03	0.04	61.6	232	14	1.79	2.79	2.85	0.35	1.34	0.01	246	363.32	51.9
	克拉克值			47	16	83	83	58	18	13	32	150	3.7	1.3	1.1	1.7	0.5	0.01	830	340	0.05	90
	世界花岗岩			20	20	60	25	8	5	0.1	60	200	5	1.5	1	1.5	0.26	0.01	0.08	300	830	0

样号	岩石名称	Sc	Nb	Ta	Zr	Hf	Be	B	Ga	Sn	Ge	Se	Te	Au	Ag	U	Th	Y	Ti	P	K	Mn
GP2305-1	中细粒黑云二长花岗岩	9.83	15.7	1.46	192	6.16	5.79	19.1	22.2	4.3		0.07	0.01	0.9	0.04	7.67	30.7		794	566	10 600	199
GP0143-1	白云母钾长花岗岩	1.36	5.31	0.5	82.8	2.49	10	36.7	26.4	10.3	0.75	0.03	0.05	0.75	0.02	1.82	9.13	6.82	794	566	10 600	199
GP0143-3	白云母钾长花岗岩	1.16	5.2	0.58	78.1	2.51	16.2	28.1	27.7	15	0.84	0.01	0.04	1.25	0.01	2.34	9.46	6.49	724	525	10 900	234
GP0145-2	中粗粒黑云母花岗闪长岩	10.7	18.4	1.6	222	6.27	7.18	19.4	30.6	6.9	0.82	0.08	0.02	0.95	0.04	5.03	33.4	26.2	3900	1010	36 900	652
GP0143-5	中粒花岗闪长岩	8.26	22.6	2.22	216	5.71	4.87	14.8	30.3	12	0.82	0.09	0.02	12.9	0.09	4.68	30.5	22.1	3500	967	8220	407
GP0143-4	中粒英云闪长岩	9.08	17.8	1.42	247	7.61	7.1	13.7	27.7	7	0.74	0.01	0.01	1.55	0.02	4.91	35	23.7	3220	937	44 700	579
GP2494	强蚀变石英闪长岩	18.5	11.9	0.57	132	4.03	4.13	33.7	35.7	1.4	0.9	0.05	0.02	3.25	0.04	1.29	13.5	27.5	6370	1120	17 000	932
	平均值	9.82	16.2	1.39	195	5.8	9.21	27.6	33.4	9.48	0.81	0.06	0.03	3.59	0.04	4.62	26.9	18.8	3085	854	21 387	501
	克拉克值	10	20	2.5	170	1	3.8	12	19	2.5	1.4	500	1000	4.3	0.07	2.5	13	29	4500	9.3	500	1000
	世界花岗岩	3	20	3.5	200	1	5.5	15	20	3	1.4	0.05		4.5	0.05	3.5	18	34	2300	700	33 400	390

CIPW 标准矿物（%）及其参数

样号	岩石名称	Q	An	Ab	Or	C	Di	Hy	Il	Mt	Ap	DI	A/CNK	SI	AR	σ	R_1	R_2	F1	F2	F3
GS2305-1	中细粒黑云二长花岗岩	21.8	7.74	27.3	29.5	1.84	0	10.3	0.94	0.15	0.45	86.3	1.1	10.2	2.83	2.68	2101	566	0.7	-1	-2.52
GS0143-1	白云母钾长花岗岩	33.6	1.02	49.9	7.07	3.77	0	3.98	0.21	0.27	0.22	91.6	1.31	1.1	2.69	1.58	2537	337	0.73	-1.4	-2.62
GS0143-3	白云母钾长花岗岩	33	0	51.4	7.04	3.76	0	4.13	0.2	0.3	0.19	91.5	1.32	1	2.86	1.66	2478	305	0.73	-1.4	-2.62
GS0145-2	中粗粒黑云母花岗闪长岩	20.8	12.7	25.1	26.6	1.91	0	10.9	1.13	0.41	0.42	85.2	1.1	11.8	2.28	2.39	2170	699	0.68	-1.1	-2.52
GS0143-5	中粒花岗闪长岩	25.7	0	47.5	6.36	5.79	0	12.6	1.03	0.63	0.45	79.6	1.5	16.4	2.38	1.72	2203	452	0.71	-1.5	-2.6
GS0143-4	中粒英云闪长岩	21.3	3.74	32.7	26.5	3.58	0	10.6	1	0.23	0.41	84.2	1.24	11.3	2.9	2.79	1974	502	0.71	-1.1	-2.56
GS2494	强蚀变石英闪长岩	6.78	20.2	25.6	14.5	1.52	0	27	2.12	1.71	0.66	67	1.05	33.4	1.7	2.12	1911	1137	0.59	-1.4	-2.5
GS2494-1	蚀变二长花岗斑岩	38.8	0	36.6	15.1	5.6	0	2.98	0.26	0.44	0.32	90.5	1.54	3.44	2.58	1.47	2821	329	0.76	-1.2	-2.58
GS2494-2	强绢云母花岗闪长岩	0.17	24	24.8	15.5	0	4.9	26.3	2.1	1.53	0.7	64.4	0.85	35.1	1.64	2.65	1735	1378	0.54	-1.4	-2.51
GS1514	花岗闪长岩	36.5	1.14	27.9	21.4	5.08	0	5.81	0.69	1.06	0.45	86.9	1.45	6.66	2.65	1.6	2734	380	0.75	-1.1	-2.51

注：除 Au 量级为×10⁻⁹外，其他微量元素均为×10⁻⁶。

侵入地层为下白垩统多尼组，接触带（面）多被断层破坏，并出现糜棱岩化、片理化、硅化等，局部可见外接触带与角岩带和内接触带的细粒冷凝边。岩体各相带之间为侵入接触关系。

本次区调，1：25万嘉黎县幅在该岩体中间相带斑状中粒黑云母二长花岗岩中获黑云母K–Ar法同位素年龄73.5Ma，时代属晚白垩世。

2. 岩石学特征

灰色斑状中粒黑云母二长花岗岩 似斑状结构，基质具中粒花岗结构，块状构造，由斑晶和基质两部分组成。斑晶为正长条纹长石，自形板状，板长一般1.5cm±，含量20%±，常见包含细小的中长石板条。基质成分：其粒径一般为2～5mm，石英（25%），中长石（35%）部分具环带构造，有不同程度的蚀变，分布有绢云母，黝帘石；正长石（10%），黑云母（8%）少数边缘或沿解理析出钛铁物并蚀变分解为绿泥石。副矿物由磷灰石、锆石（0.5%）、榍石（0.5%）、金属矿物（0.5%）组成。

（蚀变）中粒黑云母花岗闪长岩 中粒花岗结构，块状构造，矿物粒径2～4mm。其成分为石英（22%），正长石（27%）分布泥质尘点，斜长石（43%）均已强烈蚀变，分布有较多的绢云母鳞片、绿黝帘石，推测原来为中长石，黑云母（7%～8%）呈鳞片状，均已蚀变析出钛铁物并蚀变为绿泥石及少量绿帘石。副矿物有磷灰石、锆石（0.3%）。

黑灰色中细粒黑云角闪二长花岗岩 中细粒花岗结构，局部具文象结构，块状构造，矿物粒径1～3mm。矿物成分及特征：石英（23%），正长石（28%），中长石（40%）多已蚀变，部分具环带构造，分布有绢云母鳞片及微粒黝帘石集合体，绿帘石（0.5%）为次生物，角闪石（3%）均不同程度次闪石化，黑云母（4%）常与角闪石连生出现，部分析出钛铁物蚀变分解为绿泥石。副矿物有磷灰石、锆石（0.3%）（常包含于角闪石、黑云母之中）及金属矿物（0.7%）。

浅灰黑色黑云母二长花岗斑岩 斑状结构，基质具细晶结构，块状构造，岩石由斑晶和基质两部分组成。斑晶粒径1～3mm，主要由石英（3%）、正长石（2%）、中长石（25%）及黑云母（5%）组成。中长石部分具环带构造，少数蚀变，中心部位分布绢云母鳞片、黝帘石，部分黑云母析出钛蚀变为绿泥石。基质粒径0.1～0.2mm，主要成分及特征：石英（20%）、正长石（30%）、中长石（12%）、黑云母细小鳞片（1%）、绿泥石（1%）呈星散状分布于岩石中。副矿物有磷灰石、锆石（0.3%）和金属矿物（0.7%）。

蚀变花岗闪长斑岩 灰黑色，斑状结构，基质细—微粒结构，块状构造。岩石由斑晶和基质两部分组成，斑晶粒径0.8～3mm。成分及特征：石英（8%）呈熔蚀浑浊状，更长石（20%）分布有较多的绢云母磷片，正长石（3%）分布泥质物尘点及方解石，暗色矿物（3%）均析出钛蚀变为绿泥石，据假象推测是黑云母角闪石类矿物蚀变分解而成。基质由石英（20%）、正长石（8%）和粒径为0.3mm±的更长石（30%，分布绢云母鳞片）、绿泥石（7%，呈鳞片状不均匀分布）、方解石（1%～2%）组成。副矿物为磷灰石、锆石（0.3%）、金属矿物（0.5%）。

（黑云母）斜长花岗斑岩 灰绿色，块状构造，斑状结构、基质为鳞片细晶结构。主要组成为斑晶和基质两部分。其中斑晶由粒径1～4mm的石英（8%，呈熔蚀状）、中更长石（2%，分布绢云母鳞片）、暗色矿物（2%，析出铁质物蚀变为绢白云母鳞片，据假象推测原矿物可能为黑云母）组成。基质为粒径0.1～0.5mm的更长石（20%），石英（20%），绢云母鳞片及粘土类矿物集合体（24%），方解石（2%），白钛石（0.5%），金属矿物（3%，可能是暗色矿物蚀变而成）。副矿物由磷灰石、锆石（0.3%）组成。

3. 岩石化学特征

岩石化学含量（表3-23）与中国花岗岩相比，雄果岩体富TiO_2、Al_2O_3、FeO、MgO、CaO、SiO_2、Fe_2O_3、MnO、Na_2O、K_2O、P_2O_5，介于中国花岗闪长岩与中国花岗岩之间，有些氧化物与中国花岗闪长岩平均值接近或一致，表明岩浆更偏基性。

岩石化学参数特征表明（表3-24），该岩体$\sigma=1.45～2.16$，为钙碱性花岗岩，在$Na_2O+K_2O-SiO_2$图解（图3-41）中，6个样品全部落入亚碱性系列，其中1个样品落入花岗岩区，2个样品在花岗岩与花岗闪长岩界线附近，3个样品落入花岗闪长岩区，进一步证明了岩浆稍偏基性。A/CNK=0.942～1.20（只有2个样品小于1，分别为0.942和0.97，其他样品都在1.12～1.2之间），平均值为1.097，说明该岩体为次铝的S型花岗岩。在Na_2O-K_2O图解(图3-42)中,3个样品落入I型花岗岩区,2个样品落入A型花岗岩区,1个样品落在S型与A型花岗岩区界线附近。

表3-23 雄果岩体岩石地球化学特征表

样号	岩石名称	岩石化学分析结果($wt\%$)													
		SiO_2	TiO_2	Al_2O_3	Fe_2O_3	FeO	MnO	MgO	CaO	Na_2O	K_2O	P_2O_5	灼失	SO_3	H_2O^+	H_2O^-
GS1170	斑状细粒角闪黑云二长花岗岩	67.75	0.5	15.56	0.82	2.54	0.084	1.16	4.08	4.58	1.44	0.069	0.65	0.013	0.68	0.41
GS1172	黑云母二长花岗斑岩	65.92	0.59	16.56	0.76	3.77	0.079	1.3	3.01	2.79	3.45	0.14	1.12	0.003	1.1	0.22
GS1035	中粒黑云母二长花岗岩	69.37	0.48	14.22	0.08	3.28	0.059	0.86	2.7	3	4.45	0.14	0.38	0.003	0.04	0.02
GS1036	中粗粒黑云母二长花岗岩	73.44	0.3	13.69	0.05	2.17	0.041	0.5	1.55	2.61	4.45	0.093	0.68	0.01	0.04	0.02
GS1232	中细粒花岗闪长岩	69.1	0.34	14.78	0.64	2.84	0.057	0.58	1.77	3.02	4.54	0.1	1.74	0.01	1.38	0.18
GS1252	蚀变花岗闪长斑岩	65.68	0.93	14.84	1.53	4.24	0.072	1.06	1.55	4.88	1.46	0.28	2.44	0.046	1.84	0.14
平均值		68.54	0.523	14.94	0.647	3.14	0.065	0.91	2.443	3.48	3.298	0.137	1.168	0.014	0.847	0.165
中国花岗岩		71.27	0.25	14.25	1.24	1.62	0.08	0.8	1.62	3.79	4.03	0.16			0.56	

样号	岩石名称	稀土元素特征表($\times 10^{-6}$)													
		La	Ce	Pr	Nd	Sm	Eu	Gd	Tb	Dy	Ho	Er	Tm	Yb	Lu	Y
XT1170	斑状细粒角闪黑云二长花岗岩	55.2	95.2	9.22	37.8	7.39	1.48	5.52	0.85	4.59	0.79	2.24	0.34	2.03	0.32	18.6
XT1172	黑云母二长花岗斑岩	48.2	82.2	8.13	33.7	6.35	1.08	5.28	0.85	4.61	0.82	2.2	0.36	2.21	0.35	19.6
XT1035	中粒黑云母二长花岗岩	49	83.6	8.42	33	6.79	1.01	5.69	1.01	6.3	1.11	3.56	0.52	3.26	0.44	25.2
XT1036	中粗粒黑云母二长花岗岩	45.4	73.8	8.49	32.7	7.16	0.91	6.17	1.14	7.81	1.41	4.66	0.72	4.31	0.58	32.3
XT1232	中细粒花岗闪长岩	48.3	85.6	8.9	35.9	7.45	1.1	5.69	0.89	6.1	1.01	3	0.41	2.62	0.34	21.6
XT1252	蚀变花岗闪长斑岩	68.9	115	13.1	55.3	12.1	1.57	9.56	1.41	9.57	1.79	5.41	0.76	4.54	0.64	38.3

样号	岩石名称	ΣREE	LREE	HREE	δEu	δCe	Sm/Nd	La/Sm	Sm/Yb	La/Yb	Ce/Yb
XT1170	斑状细粒角闪黑云二长花岗岩	223	206.3	16.68	0.68	0.914	0.196	7.47	3.64	27.19	46.9
XT1172	黑云母二长花岗斑岩	196.3	179.7	16.68	0.555	0.901	0.188	7.591	2.873	21.81	37.19
XT1035	中粒黑云母二长花岗岩	203.7	181.8	21.89	0.484	0.896	0.206	7.216	2.083	15.03	25.64
XT1036	中粗粒黑云母二长花岗岩	195.3	168.5	26.8	0.409	0.831	0.219	6.341	1.661	10.53	17.12
XT1232	中细粒花岗闪长岩	207.3	187.3	20.06	0.497	0.91	0.208	6.483	2.844	18.44	32.67
XT1252	蚀变花岗闪长斑岩	299.7	266	33.68	0.432	0.848	0.219	5.694	2.665	15.18	25.33

表 3-24 雄果岩体微量元素分析结果表

样号	岩石名称	F⁻	Cl⁻	Cu	Pb	Zn	Cr	Ni	Co	Li	Rb	Cs	W	Mo	As	Sb	Bi	Hg	Sr
GP1170	斑状细粒角闪黑云二长花岗岩	766	466	10.5	38	76.3	24.4	3.9	12.8	24	161	11.4	1.2	2.3	2.51	0.56	0.19	0.01	275
GP1172	黑云母二长花岗斑岩	883	219	11.1	51.5	77	10.7	6.2	9.15	45.9	103	13.2	1.2	1.5	8.64	0.54	0.19	0.01	234
GP1035	中粒黑云母二长花岗斑岩	838	288	10	21	47.6	37.1	16.2	5.7	58.8	194	14.2	1.8	5.8	1.91	0.26	0.07	0.01	155
GP1036	中粗粒黑云母二长花岗岩	2690	436	20.2	20	49.6	21.7	15.6	9.8	53	208	16.8	0.5	3.4	5.27	0.45	0.1	0.01	171
GP1232	中细粒花岗闪长岩	804	206	14.1	33	83.3	26.4	9.9	8.5	30.5	208	12	1.4	3	1.17	0.38	0.04	0.01	216
GP1252	蚀变花岗闪长斑岩	664	162	14.9	10	78.2	30.8	12.8	13.9	38.3	63.6	5.3	1.4	4.6	0.93	0.26	0.14	0.01	214
平均值		1108	296	13.5	28.9	68.7	25.2	10.8	9.98	41.8	156	12.2	1.25	3.43	3.41	0.41	0.12	0.01	211
克拉克值				47	16	83	83	58	18	32	150	3.7	1.3	1.1	1.7	0.5	0.01	830	340
世界花岗岩				20	20	60	25	8	5	60	200	5	1.5	1	1.5	0.26	0.01	0.08	300

样号	岩石名称	Ba	V	Sc	Ta	Zr	Hf	Be	B	Ga	Sn	Ge	Se	Te	Au	Ag	U	Th
GP1170	斑状细粒角闪黑云二长花岗岩	700	52.4	8.44	1.63	106	3.79	3.76	15.8	27.2	2.6		0.04	0.01	0.8	0.03	3.84	21.6
GP1172	黑云母二长花岗斑岩	580	51.2	9.46	1.09	138	4.36	3.99	29.4	26.6	3.9		0.02	0.01	0.4	0.09	3.84	22.4
GP1035	中粒黑云母二长花岗斑岩	616	33.8	7.94	1.13	117	4.23	3.83	7.14	20.8	6.8		0.01	0.01	0.3	0.01	4	18.9
GP1036	中粗粒黑云母二长花岗岩	615	34.6	8.91	1.14	146	5.09	4.13	11.8	22.8	8		0.01	0.01	0.3	0.01	4.67	24.8
GP1232	中细粒花岗闪长岩	988	22	7.46	1.17	243	8.1	3.42	4.06	20.9	6		0.01		0.6	0.06	6	19.8
GP1252	蚀变花岗闪长斑岩	309	40.9	13.9		125		3.19		24.1								
平均值		635	39.2	9.35	1.03	125	4.26	3.19	11.4	23.7	4.55		0.02	0.01	0.4	0.03	3.73	17.9
克拉克值		0.05	90	10	2.5	170	1	3.8	12	19	2.5	1.4	500	1000	4.3	0.07	2.5	13
世界花岗岩		830	0	3	3.5	200	1	5.5	15	20	3	1.4	0.05		4.5	0.05	3.5	18

CIPW 标准矿物 (%) 及其参数特征

样号	岩石名称	Q	An	Ab	Or	C	Di	Hy	Il	Mt	Ap	Zr	DI	A/CNK	SI	AR	σ	R_1	R_2	F1	F2	F3
GS1170	斑状细粒角闪黑云二长花岗岩	24.6	17.9	39.3	8.63	0	1.81	5.4	0.96	1.21	0.16	0.01	90.5	0.94	11	1.88	1.45	2480	811	0.65	-1.4	-2.6
GS1172	黑云母二长花岗斑岩	26.4	14.3	24	20.7	3.15	0	8.85	1.14	1.12	0.33	0.04	85.4	1.2	10.8	1.94	1.68	2495	723	0.69	-1.2	-2.5
GS1035	中粒黑云母二长花岗斑岩	26.2	12.4	25.7	26.7	0	0.25	7.39	0.92	0.12	0.33	0.05	91	0.97	7.37	2.57	2.09	2442	619	0.69	-1.1	-2.5
GS1036	中粗粒黑云母二长花岗岩	36.2	7.16	22.3	26.6	2.01	0	4.82	0.58	0.07	0.22	0.03	92.3	1.15	5.11	2.73	1.63	2887	464	0.74	-1	-2.5
GS1232	中细粒花岗闪长岩	28.5	8.31	26.1	27.4	1.96	0	5.81	0.66	0.95	0.24	0.02	90.4	1.13	4.99	2.68	2.16	2419	520	0.72	-1	-2.5
GS1252	蚀变花岗闪长斑岩	26.2	6.07	42.8	8.94	3.19	0	8.04	1.83	2.3	0.67	0.02	84	1.19	8.05	2.26	1.72	2196	528	0.68	-1.4	-2.6

注:除 Au 量级为 $\times 10^{-9}$ 外,其他微量元素均为 $\times 10^{-6}$。

4. 微量元素特影征

微量元素特征（表 3-24）与维氏世界花岗岩相比，大离子亲石元素除 Cs 普遍富集，是维氏世界花岗岩的 2.5 倍外，其他 K、Rb、Sr、Ba 元素均略低于世界花岗岩的平均值。高场强元素除 Hf 高，是世界花岗岩的 4 倍外，其他 Zr、Nb、Ta、P 元素均贫，仅是维氏值的 1/2～1/3。但亲铜元素 Bi、Sb，亲硫元素 V、Hg、As、Mo、U、Pb，亲铁元素 Co、Sc、Ni、Cr、Sn 的值普遍较高—高，具弱—中等—强烈富集，是世界花岗岩的 1.5—2—3—11—39 倍之多。特别是 V、Bi、Hf、Mo、Sc、Cs、U、Co、Pb 元素普遍为极强烈富集—中等富集，而极贫或亏损 Hg、Au、Se、Ta、Nb、Zr 元素，分别是世界花岗岩的 1/11～1/12。

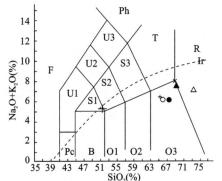

图 3-41　雄果岩体 $Na_2O+K_2O-SiO_2$ 图

Ir:Irvine 分界线，上方为碱性，下方为亚碱性

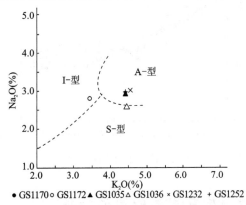

图 3-42　雄果岩体 Na_2O-K_2O 图

从微量元素蛛网图（图 3-43）中可以看出，大离子亲石元素 K、Rb、Ba、Th 强烈富集，高场强元素中 Ta、Nb、Ce 中等富集，Zr、Hf、Sm 有一定的弱富集，亏损至强烈亏损 P、Ti 元素，重稀土 Y、Yb 元素亦有一定的微弱亏损。总体呈向右斜的三弧隆起状，显示部分具有大陆弧的特征，而 Ba 相对于 Rb、Th 以及 Nb 相对于 Ta、Ce 的明显亏损，似乎与碰撞作用相关。

在 Rb-(Y+Nb)（图 3-44）图解中，仅 1 个样品落入板内花岗岩区，其余 5 个样品均落入板内与火山弧花岗岩区的界线上。在 Rb-(Yb+Ta)（图 3-45）图解中，有 2 个样品落入火山弧花岗岩区，其余 4 个样品均落在同碰撞和火山弧花岗岩区的分界线附近。表明岩浆源自下

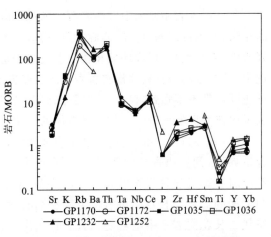

图 3-43　雄果岩体微量元素 MORB 蛛网图

地壳底部，为同碰撞形成的火山弧或接近板内的火山弧环境。有一定的地幔物质加入。

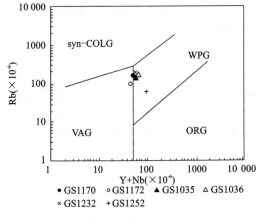

图 3-44　雄果岩体 Rb-(Y+Nb) 图
（其余图例同图 3-29）

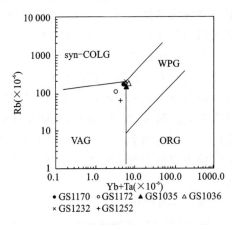

图 3-45　雄果岩体 Rb-(Yb+Ta) 图
（其余图例同图 3-29）

成矿元素 Pb 元素是地壳克拉克值的 1.5 倍,Zn 元素略高于地壳克拉克值,普遍具弱到中等富集,其他 Au、Ag、Cu 等元素分别是地壳克拉克值的 1/11、3/5 和 5/6,出现强烈亏损。

5. 稀土元素特征

稀土元元素含量及特征参数(表 3-23)表明,稀土总量($195.3\times10^{-6}\sim299.7\times10^{-6}$)平均值为 220.88×10^{-6},相对世界花岗岩(273.6×10^{-6})偏低。$La/Yb=10.53\sim27.19$,表明属轻稀土强烈富集型;$La/Sm=5.5694\sim7.591$ 说明轻稀土分馏明显;$Gd/Yb=1.75\sim2.72$,重稀土分馏较弱—很弱。$\delta Eu=0.409\sim0.68$,$\delta Ce=0.831\sim0.914$,铕较强亏损,铈亏损极弱。稀土配分曲线(图 3-46)吻合程度好,呈左较陡高右缓平低的"海鸥"式,"Eu"呈明显的"V"字形,反映其岩浆形成于基本相似的构造环境和其基本相同的演化历程,为同碰撞作用形成的火山弧环境和轻稀土经过从上地幔—下地壳底部充分分离结晶的形成过程。

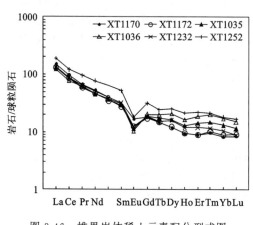

图 3-46 雄果岩体稀土元素配分型式图

四、花岗岩类的演化特征

测区侵入岩主要为中酸性岩石。纵观全区,空间上由东北向西南,侵入岩时代由老变新,时代较老的花岗岩,内部组构、包体、岩脉发育,构造变形较强。从岩体形态、展布方向、圈闭型式、剥蚀程度及岩浆成因、岩石类型、形成环境和就位方式受构造-地壳背景所控。中侏罗世早期,索县-丁青结合带闭合造山之时,喜马拉雅板片沿雅鲁藏布缝合带向北俯冲挤压,由于是刚刚启动,俯冲动力、摩擦阻力以及前进速度等都不很强劲,仅波及到冈-念构造-岩浆岩带的北缘,而未越过索县-丁青结合带,从而在区内形成了中侏罗世发育较齐全的军巴岩体的 I 型和 A 型花岗岩。随着时间的延续,碰撞作用愈来愈强,有增无减,来势愈来愈猛,前进速度也愈来愈快,波及面也越来越广。至早白垩世已越过区内已闭合的结合带界线,到达唐古拉构造带,从而在区内形成了发育较齐全的早白垩世穷隆格岩体的 A 型和 I 型花岗岩。军巴岩体岩石组合为块状中粒英云闪长岩—细中粒花岗闪长岩—细中粒云母二长花岗岩和末期的二云二长花岗斑岩。穷隆格岩体岩石组合为初糜棱岩化中细粒白(二)云花岗闪长岩—似斑状二长花岗岩—中细粒变二云二长花岗岩。到了晚白垩世俯冲挤压碰撞持续进行,但相对早白垩世稍弱一些,仅波及到冈-念构造带的中、北部广大地域,未跨越到唐古拉带,从而在区内形成了晚白垩世发育齐全的熊塘岩体的 I 型和 A 型花岗岩(二者比例 7:3)以及发育较齐全的雄果岩体的 I 型、A 型和少量的 S 型花岗岩(三者比例为 3:2:1),反映随着时代的不断更迭变新,花岗岩的类型组合由简单逐渐变得复杂,由 I+A 型向 I+A+S 型演化。即岩浆物源由深源地幔向浅源地壳方向不断演化。熊塘岩体的岩石组合为中细粒石英二长闪长岩—中细粒英云闪长岩—中粒花岗闪长岩—似斑状钾长花岗岩。雄果岩体的岩石组合为中细粒花岗闪长岩—粗、中、细粒二长花岗岩—斑状中粒黑云二长花岗岩和末期的蚀变花岗闪长斑岩。概括起来,上述四个岩体均属喜马拉雅板片沿雅鲁藏布缝合带向北俯冲、挤压、碰撞,致使出现侧向拉张式强力就位和热轻气球膨胀式强力就位联合作用形成的 I+A 型和 I+A+S 型花岗岩。相比之下,穷隆格岩体和雄果岩体则表现为俯冲挤压环境下侧向拉张式强力就位模式,而军巴岩体、熊塘岩体则为同碰撞环境下的热轻气球膨胀式强力就位机制。

同源岩浆演化在发育齐全的冈-念构造-岩浆岩带较为明显。以下从岩石矿物、内部组构、副矿物组合及特征、岩石化学和地球化学特征等方面进行叙述。

(一) 岩石矿物演化特征

1. 唐古拉构造侵入岩带

该岩带仅一个岩体即穷隆格岩体，其三个相带的岩石在平面上大致呈NWW向板条状的套环状展布。该岩体各相带岩石由早次到晚次为初糜棱岩化浅灰色中细粒(二)云花岗闪长岩—似斑状二长花岗岩—中细粒变二云母二长花岗岩，具块状构造，结构上由中细粒→似斑状→无斑中细粒演化，矿物普遍受力变形、弯曲、拉伸、断裂定向明显，但自早次到晚次相带由韧脆性→韧性剪切演化。不仅如此，矿物成分也发生了变化。由早次相带到晚次相带，斜长石(钠更长石)45%→30%→25%，趋于降低，钾长石10%→<30%→30%，趋于升高。石英>40%→35%→>40%，基本平稳到微升趋势。其中斜长石早期偏基性，牌号较高，自形程度偏高，双晶少见，晚期则相反；钾长石早期为条纹长石，晚期有条纹还有微斜长石，双晶发育。

2. 冈底斯-念青唐古拉构造侵入岩带

该带共三个岩体，时代从中侏罗世到晚白垩世，空间上由北而南、自东向西，岩石结构由一期向二期结构演化。三个岩体各相带大致呈套环状，早期相带分布在外侧，岩石偏中酸性，晚期相带分布在中部，岩石向酸碱性演化。

岩石类型由时代老的中侏罗世军巴岩体早期相带的灰白色块状中粒英云闪长岩演化至时代新的晚白垩世熊塘岩体末期相带的红色似斑状钾长花岗岩，雄果岩体由早次到末次单元，岩石类型依次为中细粒花岗闪长岩→(蚀变)中粒黑云二长花岗岩→斑状中粒黑云二长花岗岩→蚀变花岗闪长斑岩，结构由中细粒向中粒演化，由无斑→斑状→斑岩演化。

随着岩性的变化，矿物成分也随之发生变化，一期结构由早期的军巴岩体到晚期的熊塘岩体，斜长石含量降低，牌号降低，自形程度也降低，钾长石和石英含量增高。如军巴岩体晚期相带到熊塘岩体晚期相带，斜长石含量由25%～30%→10%～15%，钾长石含量由15%→>35%，石英由35%→35%，黑云母含量由15%→10%变化。雄果岩体早期相带到晚期相带斜长石40%→35%，钾长石28%→30%，石英23%→25%。

总之，冈-念构造侵入岩带有自北向南，自东向西，由早到晚，由中酸性向酸碱性，由一期结构到二期结构的演化方向。

(二) 副矿物及组合演化特征

1. 副矿物演化特征

测区人工重砂资料显示(表3-17)，早期中侏罗世军巴岩体的副矿物组合为自然铁+磷灰石+锆石+自然铅+独居石+磷钇矿+钛铁矿+晶质铀矿+赤铁矿等，总量大于1029.13×10^{-6}。其中自然铁含量最大(778.44×10^{-6})，其次是磷灰石(135.72×10^{-6})，再次是锆石(82.38×10^{-6})，再依次是自然铅、独居石、磷钇矿、钛铁矿、晶质铀矿和赤铁矿等。而晚期晚白垩世熊塘岩体的副矿物组合为自然铁+黄铁矿+锆石+钛铁矿+磷灰石+自然铅+独居石+磷钇矿等，总量大于1383.93×10^{-6}，大于早期岩体，其自然铁含量最大(562.11×10^{-6})，但低于早期岩体，其次是黄铁矿(517.20×10^{-6})，含量高于早期岩体的500多倍，再次是钛铁矿，含量高达95.03×10^{-6}，是军巴岩体的60倍之多，锆石、自然铅、独居石含量也都高于军巴岩体。军巴岩体中缺赤铁矿、黄铜矿、方铅矿、车轮矿、普通角闪石、刚玉等副矿物，而多褐铁矿、辉铜矿、电气石等副矿物。通过以上含量、组合对比，反映出从早期到晚期副矿物组合由复杂→简单，总量由小→大，由偏基性的暗色矿物→偏酸性的浅色矿物，由深源(早期)岩浆分离结晶矿物→浅源晚期岩浆同化混染结晶矿物(含气液矿物电气石)的演化特征。

2. 锆石演化特征

综合前述,中侏罗世军巴岩体的锆石有两种,主要一种为淡水红色,晶体呈尖锐锥柱状,洁净、透明度好,由{311}、{110}组成聚形,晶体长宽比为2:1、3:1、5:1不等。另一种为肉红色,晶体呈短柱状,由{111}、{311}、{100}组成聚形,为半透明状。而晚白垩世熊塘岩体,锆石呈浅褐色、淡褐红色,透明度好,玻璃光泽,个别含气液包体;晶体呈双锥柱状,大部分晶体由{111}、{311}、{100}、{110}组成聚形,一般呈双锥长柱状、针状,长宽比为3:1。

显而易见,空间上从东向西,时间上从老至新,锆石具有矿物颜色由深→浅,晶形复杂→简单,无气液包体→有气液包体,尖锐锥柱状聚形→短柱状聚形,洁净透明度好、光泽较暗淡→透明度好、玻璃光泽的演化特征。

(三) 岩石化学演化特征

测区不同时代的中酸性侵入岩体和相同时代的岩体从早期相带到晚期、末期相带,随着岩浆的演化,岩石化学成分随之发生变化,变异特征大致为:SiO_2、(Na_2O+K_2O)趋于增高,TiO_2、(Fe_2O_3+FeO)、$(MgO+CaO)$随硅碱的增加而降低(图3-47),表明岩浆向酸碱性方向演化。

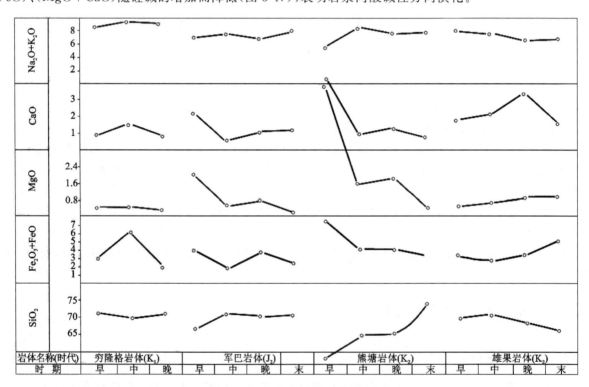

图3-47 岩石主要化学成分演化特征图

在FeO^*-(Na_2O+K_2O)-MgO图解(图3-48)和K_2O-SiO_2图解(图3-49)中,时代较军巴岩体新的穹隆格岩体、熊塘岩体和雄果岩体中多数样点落在钙碱性系列和高钾钙碱性系列偏酸性一头,甚至落入钾玄岩系列(5个样品)右上方位置,进一步印证了随着空间上由北向南、自东向西,时代上由老至新,岩浆向酸碱性方向演化的特征。

(四) 微量元素演化特征

从测区微量元素特征对比(表3-25)可明显看出,空间上由北向南、自东向西,时代由老到新,微量元素有较明显的演化特征:大离子亲石元素Rb、Sr、Ba、Ti和高场强元素Zr、Hf、Nb、Ta、U、Th、Sc、V以及亲铁元素Cr、Ni、Co、Li,还有亲硫元素Zn常趋于升高;而亲硫、亲铜元素As、Sb、Sn、Ag、Cu、Pb则

表3-25 各侵入岩体、相带微量元素平均含量对比表

微量元素平均含量（除Au为×10⁻⁹外，其他均为×10⁻⁶）

岩体名称	时代	时期	Rb/Sr	Rb	Sr	Ba	Ti	Zr	Hf	Nb	Ta	U	Th	Sc	V	Bi	As	Hg	Cr	Ni	Co	Li	Be	Sb	Sn	Ag	Cu	Pb	Zn	Au
雄果岩体	K_2		0.74	156.3	210.8	634.7		125	4.26	11.38	1.03	3.73	17.92	9.35	39.15	0.121	3.41	0.009	25.18	10.77	9.98	41.75	3.19	0.41	4.55	0.034	13.5	28.9	68.7	0.4
熊塘岩体	K_2		0.946	232.4	245.7	363.3	308.5	195.0	5.8	16.15	1.39	4.62	26.95	9.8	51.93	1.34	2.85	0.006	61.95	17.97	9.03	61.62	9.21	0.35	9.48	0.043	14.75	28.78	63.43	3.59
军巴岩体	J_2		1.087	216.4	199	308.3	2276	112	3.3	9.0	0.55	2.15	13.4	5.5	25.5	0.65	3.3	0.002	28.7	14.5	3.46	48.8	7.05	2.8	15.9	0.052	15.44	42.56	60.13	1.95
穷隆格岩体	K_1		2.55	264.8	103.7	452.8	1189	91.92	3.14	18.5	2.9	5.7	13.2	3.8	7.6	1.9	15.2	0.019	3.62	3.54	3.24	36.02	5.75	0.36	46.4	0.071	14.4	36.0	56.3	2.05
熊塘岩体	K_2	末	1.20	151.4	130.3	218.6	759	117.6	3.72	8.74	0.85	3.94	16.4	4.12	18.2	2.38	1.93	0.013	22.0	6.5	4.97	46.5	10.66	0.27	9.87	0.042	12.13	24.17	37.4	0.97
		晚	1.08	226.25	209.0	312.5	3700	219.0	5.99	20.5	1.91	4.86	32	9.48	51.4	0.35	1.4	1E-04	39.6	12.8	5.08	62.2	6.03	0.24	9.45	0.006	12.8	18.8	50.9	6.93
		中	1.38	404	292	571	3220	247	7.61	17.8	1.42	4.91	35	9.08	37.2	0.17	1.0	1E-04	28.5	1	5.4	55.6	7.1	0.19	7	0.022	7.5	46	81.2	1.55
		早	0.22	83.3	372	328	6370	132	4.03	11.9	0.57	1.29	13.5	18.5	117	0.025	7.55	0.009	198	61.7	23.7	50.3	4.13	0.61	1.4	0.037	19.1	16.7	85.3	3.25
军巴岩体	J_2	末	0.86	270	315	501	1440	111	3.15	6.87	0.5	3.28	9.37	2.89	9.41	3.14	7.87	0.003	6.4	8.4	1	17.3	11.2	20	19	0.14	14	61	101	1.3
		晚	1.05	184.5	175.9	310.5	1495	66.4	2.37	6.8	0.5	1.58	9.83	4.45	18.9	0.2	2.81	0.0021	29.05	11.35	2.65	51.75	4.67	0.54	14.75	0.052	14.43	35.25	36	4.25
		中	1.25	209.5	168	230.5	279.6	135	3.9	10.6	0.59	1.96	15.5	6.23	30.1	0.36	2.44	0.002	29.8	14.05	4.05	50.5	7.32	0.27	15	0.031	15.23	38.25	55.6	1.05
		早	1.004	254	253	422	2590	111	3.15	8.96	0.50	2.92	16.6	7.65	36.4	0.2	3.31	1E-04	45.6	28.6	4.3	67.7	6.6	0.23	19	0.05	19.8	56	85.9	1.6

趋于降低，Rb/Sr 比值趋于降低。单个岩体从边缘相（早期）到中心相（晚期），表现出微量元素 Bi、Hg、Rb、Sr、Ba、As、U、Be、Sn、Sb、Ag、Pb 基本上趋于升高，而 Ti、Nb、Th、Sc、V、Cr、Ni、Co、Li、Cu、Zn、Au 元素则趋于降低；Rb/Sr 比值有的趋于降低，有的则趋于升高。

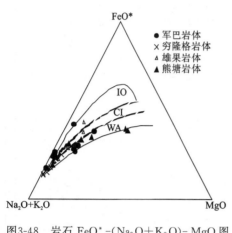

图3-48　岩石 FeO*-(Na$_2$O+K$_2$O)-MgO 图

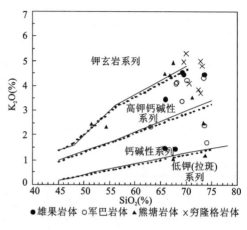

图3-49　岩石 K$_2$O-SiO$_2$ 图

微量元素蛛网图（图 3-50）也揭示了测区四个岩体的演化特征，反映出时代愈新，空间位置偏南、偏西的岩体，曲线叠置于蛛网图的上部，新老岩体曲线步调、吻合相当一致，大离子亲石元素 Sr、K、Rb、Ba 和高场强元素 Th、Ta、Nb、Ce、P、Zr、Hf、Sm 向富集的方向演化，进一步印证了上述规律。

（五）稀土元素演化特征

区内各岩体中酸性岩石从时代老到新，单个岩体从边缘相到中心相带，随着岩浆由中酸性向酸碱性演化，常量元素 Si、Na、K 增高，Ti、Fe、Mg、Ca 降低，稀土元素也发生有规律的演变（表 3-26）。

（1）稀土总量总体递增。从中侏罗世军巴岩体→早白垩世穷隆格岩体→晚白垩世熊塘岩体→晚白垩世雄果岩体，ΣREE 分别为 137.28 ×10^{-6}→161.07 ×10^{-6}→193.43 ×10^{-6}→220.88×10^{-6}；熊塘岩体由边缘相→中心相，ΣREE 分别为 193.43 ×10^{-6}→264.68 ×10^{-6}→271.98×10^{-6}。

（2）稀土元素标准化配分型式（图 3-51）属轻稀土富集型。但由老到新的岩体，从边缘相至中心相，具富集增强趋势。从军巴岩体→穷隆格岩体→熊塘岩体，LREE/HREE 比值分别为 10.02→10.28→10.29；熊塘岩体由边缘相到中心相其值分别为 9.39→13.66→14.14。

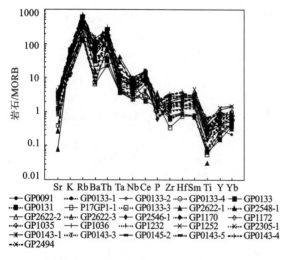

图 3-50　岩石微量元素 MORB 蛛网图

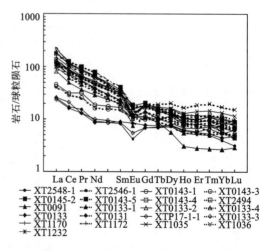

图 3-51　岩石稀土元素配分型式总图

表 3-26 各岩体稀土元素特征参数对比及演化表

岩体名称	时代时期		稀土元素特征参数对比			
			ΣREE/平均值(×10^{-6})	LREE/HREE/平均值	δEu/平均值	δCe/平均值
雄果岩体	K_2		195.3~299.7/220.8	6.29~12.37/9.16	0.409~0.68/0.51	0.831~0.914/0.88
熊塘岩体	K_2		75.47~282.72/193.43	5.0~15.12/10.29	0.55~0.84/0.69	0.83~0.90/0.86
穷隆格岩体	K_1		44.73~277.4/161.07	4.38~16.17/10.28	0.565~0.631/0.598	0.84~0.79/0.81
军巴岩体	J_2		44.10~254.56/137.28	4..40~13.81/10.02	0.44~1.03/0.65	0.80~1.09/0.875
雄果岩体	K_2	末	299.7	7.90	0.432	0.848
		晚	196.3~223.0/209.65	10.77~12.37/11.57	0.555~0.68/0.618	0.901~0.914/0.908
		中	195.3~203.7/199.5	6.29~8.31/7.30	0.409~0.484/0.447	0.831~0.896/0.864
		早	207.3	9.34	0.497	0.91
熊塘岩体	K_2	末	75.47~82.86/79.17	5.0~5.41/5.21	0.75~0.84/0.80	0.83~0.84/0.84
		晚	261.23~282.72/271.98	13.15~15.12/14.14	0.55~0.65/0.60	0.86~0.90/0.88
		中	264.68	13.66	0.58	0.87
		早	193.61	9.39	0.78	0.85
军巴岩体	J_2	末	116.97	13.81	0.74	0.84
		晚	50.17~163.35/106.76	4.4~10.68/7.54	0.63~0.69/0.66	0.80~1.09/0.95
		中	44.1~254.56/151.68	3.82~12.46/9.98	0.44~1.03/0.63	0.81~0.89/0.86
		早	161.06	11.33	0.64	0.85

（3）岩石一般具负铕异常，属铕亏损型，但由老到新，由早次到晚次相带，铕亏损程度增强，δEu 值趋于降低。从军巴岩体→穷隆格岩体→熊塘岩体，δEu 值分别为 0.65→0.60→0.51；熊塘岩体由边缘相到中心相，δEu 值分别为 0.78→0.58→0.60。

（4）测区中酸性岩石 δCe 值均小于 1（个别为 1.09），大于 0.8，属铈略亏损型。各岩体由老到新，每个岩体由早到晚次相带 δCe 值分别有降低和增大趋势。表明岩浆在形成与演化过程中，氧化程度依次增高和降低。从中侏罗世→早白垩世→晚白垩世，δCe 值分别为 0.88→0.81→0.86；熊塘岩体由边缘相到中心相，δCe 值分别为 0.85→0.87→0.88；军巴岩体 δCe 值分别为 0.85→0.86→0.95；雄果岩体 δCe 值分别为 0.91→0.86→0.908，穷隆格岩体 δCe 值分别为 0.79→0.84。

五、花岗岩类的成因类型、形成环境及就位机制探讨

测区岩浆活动明显受控于深大逆冲断裂和区域构造。中侏罗世早期，索县-丁青结合带刚刚完成闭合不久，沿雅鲁藏布缝合带向北的俯冲挤压-碰撞作用就接踵而至。首先在冈-念板片北缘军巴附近形成了发育较齐全的中侏罗世军巴岩体；到了早白垩世，南来的俯冲挤压-碰撞作用更加剧烈、强劲，已波及到唐古拉板片，从而在唐古拉板片的穷隆格—茶崩拉一带形成了发育较齐全的早白垩世穷隆拉岩体；由于构造动力、摩擦阻力、前进速度和地壳背景变化等原因，南来的俯冲挤压-碰撞作用面宽了，着力点也多了，几乎同时在冈-念板片北带的熊塘、雄果两地段分别形成了发育齐全的晚白垩世熊塘岩体和发育较齐全的雄果岩体。不同的岩体，其地质、岩石矿物、岩石化学、地球化学等特征所反映出的成因类型、构造环境及就位机制就有些区别。

(一) 穷隆格岩体

穷隆格岩体为测区东北部唐古拉构造侵入岩带出露的唯一岩体,时代为早白垩世,呈小岩床、岩基、岩株、岩瘤状产出,平面上为NWW向与区域构造线方向一致的板条状展布形态,岩石组合为中细粒二云花岗闪长岩—似斑状二长花岗岩—中细粒变二云二长花岗岩。该岩体划分为中间相、过渡相、边缘相三个相带,受区域断裂构造控制、破坏,变形严重。白云母化、绢云母化、硅化、绿泥石化等蚀变和韧性剪切应力作用明显,常见长石包裹黑云母并出现应力双晶、"云母鱼",石英的接触界线具缝合线状,表明具动态结晶作用。上述种种迹象说明,该岩体是喜马拉雅板片沿雅鲁藏布缝合带向北强力俯冲挤压-碰撞作用造成加深加大侧向(NWW)拉张,使深源岩浆沿加大加深了的裂开,上升侵位。因此,该岩体应属同碰撞造山环境中强力就位挤压拉张形成的A型花岗岩。岩石化学和地球化学特征及各种投图结果同样印证了上述观点。

该岩体以富SiO_2、Al_2O_3、Na_2O、K_2O、Fe_2O_3、FeO、MgO、CaO为主要特征(表3-13),CIPW出现刚玉分子(表3-14),A/CNK=1～1.257,里特曼指数σ=2.21～3.26(<3.3),属硅铝过饱和的钙碱性系列岩石。在Na_2O-K_2O图解(图3-52)中,投点绝大部分位于A型花岗岩范围及附近。

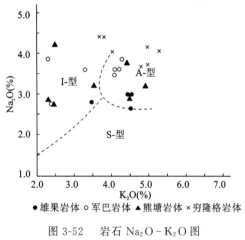

图3-52 岩石Na_2O-K_2O图

微量元素平均丰度值(表3-15、表3-25)V、Bi、Sn、As、Te分别是世界花岗岩的750～180～15～10倍,特别富集,W、Hf、Cs、Pb、U、P、Ag、B元素出现弱—中等富集,Cr、Se、Hg、Sr等元素亏损较大;Rb/Sr=2.55比值较高,在Rb-(Y+Nb)(图3-53)和Rb-(Yb+Ta)(图3-54)图解中,投点绝大多数点位于同碰撞与火山弧花岗岩范围。稀土总量变化范围宽($\Sigma REE=44.73\times10^{-6}\sim277.7\times10^{-6}$),富集轻稀土、铕亏损、铈微弱亏损(表3-26)。

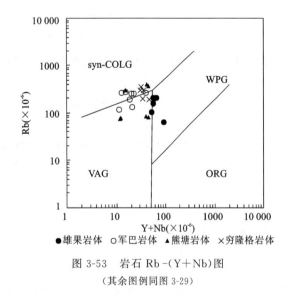

图3-53 岩石Rb-(Y+Nb)图
(其余图例同图3-29)

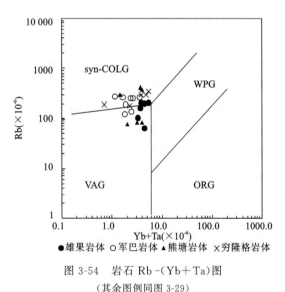

图3-54 岩石Rb-(Yb+Ta)图
(其余图例同图3-29)

(二) 军巴岩体

军巴岩体为测区最老的岩体,时代为中侏罗世,岩石组合为英云闪长岩—花岗闪长岩—云母二长花岗岩—二长花岗斑岩,内部组构较发育,外接触带热蚀变明显,内接触带具细粒冷凝边,并常见围岩捕虏体,发育网格状石英细脉,接触面外倾,倾角较陡。平面上多呈小椭圆状、扁圆状、圆三角状、不规则状形态,可见中间相、过渡相、边缘相三个相带,基本呈半环状展布。另外,该岩体副矿物组合较复杂,自然铁含量较高。显而易见,该岩体是喜马拉雅板片沿雅鲁藏布缝合带向北俯冲挤压-碰撞作用的表现:一方面使陆壳物质深熔热气球膨胀上升侵位;另一方面造成并加深加大侧向(近东西向)拉张,使深源岩浆沿加大、加深、加密了的裂开上升侵位。因此,该岩体应属火山岩浆弧环境中强力就位热气球膨胀形成的Ⅰ型花岗岩和同碰撞造山环境中强力就位挤压拉张形成的A型花岗岩的混(组)合,且以同碰撞的A型为主。不仅如此,岩石化学、地球化学特征各种投图结果也反复印证了上述观点。

岩石化学成分特征表明:SiO_2含量变化范围大(63.08%~73.88%),A/CNK=1.157~1.789,σ=1.92~2.33,属铝过饱和的钙碱性系列。Na_2O-K_2O图解(图3-52)中,共7个样品,4个样品落入A型花岗岩区,3个样品投入Ⅰ型花岗岩区。

地球化学特征显示(表3-25):V、Bi、Sb、Sn、Cs、Hf、B、As、Mo、Pb元素丰度较高,依次是世界花岗岩的几千至2倍,特别是V、Bi、Sb元素具极强富集,Rb/Sr比值略高,在Rb-(Y+Nb)(图3-53)和Rb-(Yb+Ta)(图3-54)图解中,绝大多数集中在同碰撞与火山弧花岗岩界线附近。稀土元素特征对比(表3-26)及稀土配分曲线(图3-51)表明,稀土总量显低,富集轻稀土,铕略亏损。

(三) 熊塘岩体

熊塘岩体位于测区中西部,是冈-念构造侵入岩带上相带发育最齐全、最明显的唯一岩体,与白垩纪火山岩系共生,时代为晚白垩世。平面上呈长椭圆状的小岩基、岩株、岩瘤、岩滴产出;中心相、中间相、过渡相、边缘相四个相带呈环状分布明显。岩石组合为中细粒石英二长闪长岩—中细粒英云闪长岩—中粒花岗闪长岩—钾长花岗岩—蚀变二长花岗斑岩。岩石绢云母化、绿泥石化、高岭土化等蚀变强烈,发育钠长石双晶,部分具环带构造和蠕虫结构,矿物定向及网裂纹明显。与围岩呈侵入接触,接触面不规整,一般外倾,倾角75°,接触界线模糊,围岩热接触变质较强,形成20~30m宽的角岩带,岩体边缘相带常见围岩捕虏体;副矿物组成复杂,总量高,黄铁矿含量高达517.20×10^{-6},又出现电气石、辉铜矿、褐铁矿等气液和氧化矿物,个别锆石晶体内含气液包体。上述多方面特征表明,该岩体是雅鲁藏布缝合带向北又一次由多股作用力、多个着力点的持续大规模的俯冲挤压-碰撞作用的表现:一方面(主要的)使陆壳物质深熔热轻气球膨胀,上升侵位;另一方面(次要的)造成并加深加大侧向(近东西向为主)拉张,使深源岩浆沿着加深加大了的裂开,上升侵位。显然,该岩体应属火山岩浆弧环境中强力就位热气球膨胀形成的Ⅰ型花岗岩和同碰撞造山环境中强力就位挤压拉张形成的A型花岗岩的混(组)合,且以热轻气球膨胀形成的Ⅰ型为主。这种成因、环境及就位机制从岩石化学、地球化学特征及各种投图结果也得到了证实。

该岩体岩石化学特征(表3-21)及标准矿物特征(表3-22)与中国花岗岩相比,富Al_2O_3、贫SiO_2。A/CNK=0.848~1.539,平均1.246,σ=1.47~2.79,出现刚玉分子,属铝过饱和的钙碱性系列岩石。在Na_2O-K_2O图解(图3-52)共10个样品,7个样品集中于Ⅰ型花岗岩区,3个样品落入A型花岗岩区。

微量元素含量与维氏值相比偏低(表3-22),Rb/Sr偏低(表3-25),以MORB为参数标准化的蛛网图形态(图3-37)近似于大陆碱性火山弧玄武岩(智利)的曲线特征,与Pearce(1984)同碰撞花岗岩相同。在Rb-(Y+Nb)(图3-53)和Rb-(Yb+Ta)(图3-54)图解中,4/7的样品落入火山岩浆弧区,3/7的样品投入同碰撞花岗岩区。稀土总量变化较大($\Sigma REE=75.47\times10^{-6}\sim282.72\times10^{-6}$),富集轻稀土,铕微弱亏损(表3-26,图3-40)。

(四) 雄果岩体

该岩体位于测区中、南部广大地域,东、南、西三面都已出图,是冈-念构造侵入岩带上发育较全、时代最晚(K_2)的岩体之一,呈小岩床、小岩基、岩株、岩瘤、岩滴等形态产出,总体为NWW向宽带状,与区域断裂构造方向基本一致,受多方向断裂构造控制明显,并与白垩纪火山岩系共生。区内划分为中间相、过渡相、边缘相三个相带和一个末期斑岩相,岩石组合为中细粒黑云角闪花岗闪长岩—粗、中、细粒二长花岗岩—斑状中粒黑云母二长花岗岩—蚀变花岗闪长斑岩;岩体接触带多被断层破坏,出现糜棱岩化、片理化、硅化等，局部可见角岩带和细粒冷凝边带。岩石中时见文象结构、环带构造；副矿物磷灰石，锆石常包含于角闪石、黑云母中，还出现榍石、钛铁矿副矿物。显然，沿雅鲁藏布缝合带向北以多股作用力、多个着力点的形式，大规模持续强劲地向北俯冲、挤压-碰撞，使陆壳物质深熔，热气球膨胀上升侵位，并造成和加深加大侧向拉张，使深源岩浆沿其裂开多次上升侵位；与此同时，上升的岩浆又不断地同化、混入并携带沿途陆壳物质而多次侵位。因此，该岩体是在活动大陆的火山岩浆弧、同碰撞造山及大陆边缘弧环境中强力就位热气球膨胀、俯冲挤压、侧向拉张形成的Ⅰ型、A型、S型花岗岩的混（组）合，且以热气球膨胀形成的Ⅰ型为主。岩石化学、地球化学特征及各种投图结果同样印证了这种认识。

该岩体岩石化学特征与中国花岗岩相比，富 TiO_2、Al_2O_3、FeO、MgO、CaO，贫 MnO、Na_2O、K_2O、P_2O_5（表3-23），标准矿物出现刚玉分子；A/CNK=0.942～1.2，平均1.097，σ=1.45～2.16（表3-24），为次铝的钙碱性系列岩石。在 Na_2O-K_2O 图解（图3-52）中，3个样品投入了Ⅰ型花岗岩区，2个样品落入A型花岗岩区，还有1个样品落入S型花岗岩区。

在 Rb-(Y+Nb) 图解（图3-53）中，微量元素共6个样品，4/6落入板内与火山弧环境的界面附近，2/6的样品落入板内环境。在 Rb-(Yb+Ta)（图3-54）图解中，主体落入同碰撞与火山弧环境的界线处，均靠近板内花岗岩区。MORB标准化蛛网图曲线形态呈不太明显的"三弧"隆起，显示出大陆弧的特征（图3-43）。稀土元素特征表明（表3-26）轻稀土强烈富集，铕亏损明显，铈微弱亏损，稀土配分曲线（图3-51）呈步调完全一致的"海鸥"式，反映其形成于基本相似的构造环境和基本相同的演化历程。

综上所述，测区两个构造侵入岩带、四个岩体存在自北向南、由早到晚，岩浆活动的规模（强度）由小（弱）→大（强），岩石类型由简单→复杂，岩石化学性质由中性→中酸性→酸碱性，岩体相带由较齐全→齐全，构造环境由单一的同碰撞造山环境→复合的同碰撞造山环境+火山岩浆弧环境→复合的火山岩浆弧环境+同碰撞造山环境→大陆边缘弧环境，成因类型由A型→A+Ⅰ型→Ⅰ+A+S型，形成及就位机制由强力就位俯冲挤压-碰撞形成→强力就位俯冲挤压-碰撞形成+强力就位热气球膨胀形成→强力就位热气球膨胀形成+强力就位俯冲挤压-碰撞形成+强力就位侧向拉张形成的演变趋势。

六、岩浆物源及成岩温度与压力分析

（一）岩浆物源分析

测区两个侵入岩带（唐古拉构造侵入岩带、冈-念构造侵入岩带）、三个时代（J_2、K_1、K_2）、四个岩体（穷隆格岩体、军巴岩体、熊塘岩体、雄果岩体）均为一套花岗闪长岩（石英二长闪长岩）+（二）云二长花岗岩（英云闪长岩）+（斑状）二长花岗岩（二长花岗斑岩、蚀变花岗闪长斑岩）组合，属于 Bar-Barin 划分的大洋斜长花岗岩—富钾钙碱性花岗岩。岩石化学和地球化学分析投点均有Ⅰ型花岗岩类型存在。其中冈-念构造侵入岩带的晚白垩世熊塘岩体Ⅰ型占4/8，A型占3/10；中侏罗世军巴岩体Ⅰ型占7/10，A型占4/8；晚白垩世雄果岩体Ⅰ型占3/6，A型占2/6，S型占1/6；唐古拉构造侵入岩带上的早白垩世穷隆格岩体Ⅰ型组分占2/7，A型占5/7。表明岩浆中既有幔源物质的加入，又有壳源物质的存在。Ⅰ型花岗岩的出现普遍被认为是幔源物质的加入，反之，则代表壳源物质的存在。岩石中不同程度地含有暗色包体和磁铁矿、角闪石、石榴石等矿物，反映了基性岩浆与酸性岩浆混合作用的存在，也说明了板块碰撞、陆壳加厚之后，构造体制转向伸展体制的情况下，由下地壳岩石通过部分熔融形成岩浆，而后经历明显的斜长石分离结晶作用而形成。上述四个岩体中，熊塘岩体和军巴岩体以Ⅰ型为主，说明以基性岩浆为主；而穷隆格岩体和雄果岩体以A型为主，表明岩浆偏酸碱性。因此前两个岩体的岩浆可能起源于下地壳偏基性岩石，经部分熔融形成岩浆，并与上地幔分异的基性岩浆发生混合，而后经分异演化形成一套富钠的岩石；后两个岩体的岩浆可能起源于下地壳偏酸性岩石经部分熔融形成岩浆，掺入上地幔充分分异的少量基性、中基性岩浆，后经分异演化形成一套富钾的岩石。相比之下，穷隆格岩体和雄果岩体较其他两个岩体形成的深度要浅些。

不仅如此,上述推断与认识,也从地球化学 δEu‑Sr 图解中(图 3‑55)得到证实。

(二)成岩温度与压力

测区中酸性侵入岩中的斜长石常见卡钠双晶和绢云母化,有的包裹有黑云母,而钾长石普遍发育条纹结构、微斜结构和卡氏双晶,局部为格子双晶,有的呈大的似斑晶并包裹云母及小斜长石晶体,表明区内侵入岩具中深成相特点。在 Q‑Ab‑Or 相图(图 3‑56)中基本均落入低温槽和低温共熔点附近,由此可知测区各岩体成岩温度、成岩压力及形成深度(表 3‑27),从中侏罗世到晚白垩世,测区侵入岩成生深度具有由深变浅,温度由高变低,压力(军巴岩体例外)由高变低的趋势。

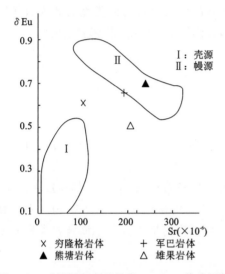
图 3‑55 不同源区中酸性岩 δEu‑Sr 值范围图
(据覃玉华等,1986)

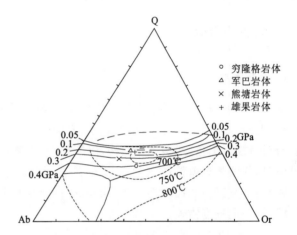
图 3‑56 测区中酸性侵入岩不同成岩温度、压力下 Q‑Ab‑Or 相图

表 3‑27 测区各岩体成岩温度、压力及形成深度表

标准矿物区间值/标准矿物/平均值	岩体名称	成岩温度(℃)	成岩压力(kb)	形成深度(km)	流体包裹体测温结果	
Q=24.61～36.2/28.01 Ab=22.3～42.78/30.05 Or=8.63～27.44/19.83	雄果岩体	715	1.5	28.6		
Q=0.17～38.75/23.84 Ab=24.78～51.42/34.89 Or=6.36～29.45/16.94	熊塘岩体	720	3.3	28.8	1 个样品	$Th=160～190℃$ $P=(429～511)×10^5 Pa$ $H=1.43～1.7km$
Q=20.99～32.31/27.54 Ab=31.84～38.03/35.03 Or=22.28～31.5/27.04	穷隆格岩体	710	4	28.4		
Q=20.67～46.77/30.70 Ab=23.74～44.98/32.25 Or=10.25～25.79/19.92	军巴岩体	730	1.3	29.2	3 个样品	$Th=125～260℃$ $P=(100～716)×10^5 Pa$ $H=0.3～2.38km$

①每个岩体在相图中只投平均值一个点;②形成深度是按成岩温度除以地壳平均梯度 25°/km 估标的;③流体包裹体测温样"Th"为完全均一温度,"P"代表形成压力,"H"代表形成深度。样品测试单位是国土资源部中南矿产资源监督检测中心。

七、脉岩

(一) 地质特征

测区脉岩分布较广,多集中于测区中部冈-念构造侵入岩带侵入岩岩体(军巴岩体、雄果岩体、熊塘岩体)的周围,成群成带出现,单脉走向以 NWW 向为主,与区域构造线或地层走向一致,也见近南北向、东西向和北东向岩脉。其规模大小不一,类型较多,从深成到浅成,从基性、中性、酸性到碱性均有出露。一般脉壁整齐,与围岩界线清楚,呈岩墙、岩脉产出。脉岩的侵入时代与同类型岩体大致等时或稍晚,表现在侵入相同地层。石英脉多分布在断裂构造两侧和岩体周围,其他岩脉属岩浆成因。

(二) 岩石特征

1. 基性岩脉

仅见碎裂辉绿岩,出露于比如县柴仁乡银多—城关镇养次多一带,侵入多尼组(K_1d)地层,斜切岩层层理,走向与地层走向近一致,呈岩脉、岩墙产出。

岩石呈深绿黑色,残余辉绿结构,碎裂构造,主要由宽大的拉长石板条(60%~65%),无规则分布,搭成格架,其间隙充填粒径 0.51~1mm 的普通辉石(20%~25%)、绿泥石(8%)等矿物。副矿物有针柱状磷灰石(0.5%)和粒径为 0.3~0.6mm 的金属矿物(6%)、不均匀星散分布。该脉岩类岩石明显受力作用,有一定程度错碎。

2. 中性岩脉

微晶状石英闪长岩 出露于索县军巴乡也如、俄凶测一带,呈岩脉状产出,走向与地层走向近一致,产状较陡,侵入中侏罗统希湖组。

岩石呈青灰色,似斑状结构、嵌晶结构、微晶结构,块状构造。矿物成分以中长石为主(70%),其次为黑云母、辉石(25%)、石英(>5%),钾长石少见。似斑晶为中长石,自形程度高,隐约可见环带构造,钠长石双晶清晰。偶见半自形的辉石似斑晶,有中长石似斑晶嵌入辉石晶体中。基质中的中长石为长条状,具卡氏双晶、卡钠双晶。条状中长石杂乱排列,其间隙中为黑云母、辉石及石英填充,偶见钾长石与石英构成文象连生体成为填隙物。黑云母大多数已绿泥石化或碳酸盐化,辉石也已碳酸盐化,填于条状斜长石的间隙中。

蚀变黑云花岗闪长斑岩 出露于比如县山扎乡巴荣—体如一带,多成群成带出现在雄果岩体北侧的 NW 向大断裂两侧,侵入多尼组地层。

岩石呈深灰色,斑状结构、基质为细晶结构、指纹结构,块状构造。由斑晶和基质组成,斑晶由 1~3mm 的石英(8%)、更长石(20%,分布绢云母鳞片)、黑云母(5%,析出钛铁蚀变为白云母)组成。基质由 0.3~0.5mm 的更长石(32%,分布绢云母鳞片)、石英(15%,细晶状)、正长石(10%,与石英呈指纹结构)、绢云母鳞片(7%)、褐铁矿(2%,是黑云母蚀变分解的产物)组成。副矿物由磷灰石、锆石(0.5%)、金属矿物(0.5%)组成。

蚀变(黑云角闪)闪长玢岩 出露于比如县柴仁乡那俄给—丁雄一带近东西向断裂旁侧,近南北向切穿多尼组地层,规模不大。

岩石呈灰色,残余斑状结构、基质具残余细晶结构,块状构造。遭受强烈蚀变,斜长石绢云母化,暗色矿物绿泥石化。由斑晶和基质两部分组成,斑晶主要由粒径 1~3mm 的绢云母化中长石(斜长石)(25%)、暗色矿物(10%)组成。基质由粒径 0.2~0.4mm 的更长石(53%)、暗色矿物(7%)、石英(2%)、金属矿物(1%)、方解石(2%)、白钛石(0.5%)组成。

3. 酸性岩脉

黑云母花岗斑岩 出露在索县江达乡伯列确—灯莫卡一带，呈近东西向岩脉产出与地层走向基本一致，多成群成带出现，侵入于希湖组地层。

岩石为灰色，斑状结构，块状构造。斑晶组成及特征：钾长石（5%～8%）强高岭土化、绢云母化和铁染，几乎全被蚀变矿物替代，仅保存板柱状外形；石英（3%～5%）呈不规则粒状，大小不一，局部边缘有熔蚀，有粘土矿物次生边和锆石、电气石等包裹体；黑云母（3%）条片状，多已蚀变，有的全被碳酸盐矿物替代而呈假象，部分已析出钛铁物。基质具细粒结构，主要由石英、钾长石、蚀变矿物绢云母和少量碳酸盐矿物组成。石英、长石紧密嵌生，次生矿物沿间隙分布。

二长花岗斑岩 出露在比如县山扎乡雄果附近的NW向主断裂旁侧，与断裂方向一致，斜切侵入多尼组地层，亦成群成带出现。

岩石为斑状结构、基质具微文象结构、指纹结构，块状构造。由斑晶和基质两部分组成，斑晶由粒径2～7mm的石英（10%，呈不规则熔蚀状）、正长条纹长石（10%）、更长石（15%，分布绢云母鳞片）构成。基质主要由石英（20%）与正长石（25%，呈微文象结构、指纹结构）交生而成，还有更长石（12%）、绿泥石鳞片（5%）、白钛石、褐铁矿集合体（1%）不均匀分布，副矿物由磷灰石、锆石（0.5%）、金属矿物（1%）共同组成。

强蚀变黑云斜长花岗斑岩 出露在索县依巴乡嘎包纳一带，与区域断裂构造及地层展布方向基本一致，呈岩脉产出，侵入于中侏罗统希湖组。

岩石为变余斑状结构，基质微晶结构，块状构造，由斑晶和基质两部分组成。斑晶较少，以斜长石为主，石英次之，两者总和小于5%。斜长石斑晶多被交代，仅个别晶体见钠长双晶，绢云母化—硅化，碳酸盐化—硅化强烈；石英斑晶可见粒径3mm×4mm，边缘有中度熔蚀。基质由斜长石微晶（>35%）、钾长石（25%）、黑云母（10%～15%）、石英（>20%）组成。斜长石微晶状石英填于微晶格架的空隙中，黑云母呈细鳞片状均匀分布于基质中，但全已绿泥石化并析出铁质，基质中斜长石已绢云母化，并见较强的绿帘石化和微粒状集合体。

4. 碱性岩脉

细粒黑云二长岩 出露于比如县恰则乡恰则巩—曲总拉嘎北一带。主要为蚀变岩石，侵入中上侏罗统拉贡塘组，呈岩墙、岩脉产出，与岩层走向近一致，倾角较陡。

岩石呈浅紫红色、细粒半自形粒状结构，块状构造。由板（片）长在0.5～1mm间的绢云母化斜长石（40%～45%）、黑云母（20%，析出钛蚀变为绿泥石）、正长石（25%～30%，常析出铁质物，蚀变分解为褐铁矿）、石英（5%）、白云石（3%）、褐铁矿（1%）、磷灰石微量、金属矿物（0.5%）组成。

蚀变云斜煌斑岩 出露位置和侵入地层、产状同黑云二长岩，主要为云斜煌斑岩和闪斜煌斑岩，规模不大。

岩石呈浅灰色、残余斑状结构。基质为残余半自形粒状结构，块状构造。由斑晶和基质两部分组成，斑晶由片长0.6～2mm的黑云母（析出钛蚀变为绢白云母，含量25%）和绢云母化斜长石（43%）、石英（4%）、蚀变黑云母（5%，析出钛蚀变为绢白云母）、白云石（20%，次生物）、金属矿物（0.5%）、磷灰石（微量）呈星散状或不均匀分布。

石英二长斑岩 出露于索县江达乡马足翁列等地，呈岩脉、岩墙产出，基本与岩层走向一致，侵入于希湖组。

岩石具斑状结构，块状构造，由斑晶和基质两部分组成。斑晶特征：石英（>8%）圆粒状，具熔蚀外形，少数呈港湾状，有裂纹和自碎现象；斜长石（10%～12%）主要为钠-更长石，柱粒或板柱状，有单晶也有聚晶，聚片双晶发育；钾长石（8%）为正长石，板柱状和柱粒状，大的晶体中常见黑云母、斜长石细小包裹体、裂纹、高岭土化、绢云母化蚀变较强；黑云母（2%～3%）多蚀变为绿泥石和少量白云母，并析出铁质沿节理和边缘分布。基质具显微嵌晶结构，微细粒长石、石英紧密嵌生，间隙中充填细鳞片状绢云母。

5. 石英脉

测区出露广泛,但主要集中于穷隆格、军巴、熊塘、雄果岩体周围和断裂旁侧,尤其是测区东部索县江达—军巴—比如县雅安多一带,侵入不同时代地层。一般呈不规则状、枝杈状产出。宽 0.5m 至几米,延长几米至几十米甚至百余米,斜切岩层,产状多变。值得注意的是侵入多尼组中的石英脉褐铁矿化较强,普遍有铜、铅、锌等热液矿化现象,局部含金。

(三) 岩石化学特征及成因类型

测区各类脉岩岩石化学成分差异较大(表 3-28)。斜长花岗岩明显偏中性,与中国花岗岩相比,富 TiO_2、Al_2O_3、FeO、MnO、MgO、CaO,较贫 SiO_2、Fe_2O_3、Na_2O、K_2O、P_2O_5,$Na_2O<K_2O$,铝饱和指数 1.24~1.403,大于 1.1,里特曼指数 $\sigma=0.46$,属铝饱和的 S 型碱性系列岩石,反映岩浆主体来源于下地壳,可能有少量地幔物质的加入。其化学成分与其同构造位置出露的雄果岩体边缘相花岗闪长岩接近,说明二者可能同源。其他二长花岗斑岩和石英二长岩岩石更偏酸性,碱土含量较高,A/CNK=1.094~1.537,属铝饱和—过饱和岩石,依里特曼指数判别,均属钙碱性系列,表明岩浆主要来源于下地壳。

在 FeO^* -(Na_2O+K_2O)- MgO 图解(图 3-57)中,两个结果明显落入拉斑玄武岩系列,2 个点在拉斑与钙碱性系列的边界上,其余 3 个点处于钙碱性系列区。在 Na_2O-K_2O 图解中(图 3-58),4 个点落入 I 型花岗岩区,两个点投入 A 型区,1 个点位于 S 型花岗岩区。与雄果岩体投点结果极接近。进一步表明脉岩是岩浆成因,且与雄果岩体是同源于下地壳底部或壳幔混合带上部,并有一定幔源物质加入的岩浆物源。

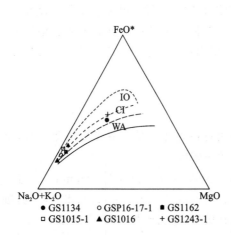
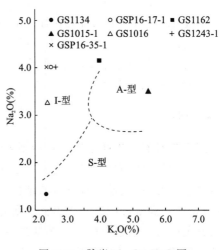

图 3-57　脉岩 FeO^* -(Na_2O+K_2O)- MgO 图　　　　图 3-58　脉岩 Na_2O-K_2O 图

(四) 地球化学特征及成因类型

1. 微量元素特征及成因类型

从微量元素特征(表 3-29)及微量元素 MORB 标准化的曲线(图 3-59)可以表明,区内中、酸及偏碱性脉岩(强蚀变斜长花岗斑岩、花岗斑岩、二长斑岩)具有基本一致的曲线型式(除 Zr、Hf),均表现出大离子亲石元素(K、Rb、Ba、Th)强烈富集,高场强元素中 Ta、Nb、Ce 明显富集,而 Zr、Hf、Sm 则呈弱富集状,弱到强烈亏损 P、Zr、Y、Yb,在 Ba、Nb、P、Ti 处形成相对亏损峰值,而在 Rb、Th、Ce、Hf 处形成相对富集峰值。曲线总体特征具有大陆弧玄武岩的基本特征,反映岩浆来源于下地壳或壳幔混合带。

在 Rb-(Y+Nb)(图 3-60)和 Rb-(Yb+Ta)(图 3-61)图解中,3 个点投入板内花岗岩区,3 个点落入火山弧花岗岩区,1 个点落在同碰撞与火山弧花岗岩的界线附近,从而印证了上述论点。

表 3-28 脉岩岩石地球化学特征表

岩石化学分析结果 ($wt\%$)

样号	岩石名称	SiO_2	TiO_2	Al_2O_3	Fe_2O_3	FeO	MnO	MgO	CaO	Na_2O	K_2O	P_2O_5	灼失	SO_3	H_2O^+	H_2O^-	CO_2	NiO	CoO	Cr_2O_3
GS1134	强蚀变斜长花岗斑岩	62	0.7	14.8	0.77	3.83	0.15	1.72	3.97	1.32	2.35	0.13	6.98	0.01	3.04	0.6				
GSP16-17-1	黑云母花岗斑岩	73.1	0.23	15.03	0.418	1.32	0.022	0.253	0.36	3.96	2.41	0.2	1.72	0	1.34	0.48	0.08	10.2	21.9	8.04
GS1162	蚀变黑云二长花岗斑岩	70.2	0.66	14.7	0.86	2.1	0.03	0.56	0.23	4.12	3.98	0.15	1.44	0.01	1.38	0.28				
GS1015-1	二长花岗斑岩	69.5	0.48	15.19	0.78	2.65	0.088	0.36	0.78	3.5	5.47	0.13	1.1	0.04	0.88	0.04				
GS1016	二长花岗斑岩	70.9	0.47	13.95	0.36	2.93	0.07	0.54	1.04	6.26	0.91	0.14	1.41	0.13	0.39	0.08				
GS1243-1	黑云母二长花岗斑岩	69.7	0.53	15.41	1.3	3.53	0.039	1.61	2.91	3.33	0.2	0.11	1.42	0	1.36	0.1				
GSP16-35-1	石英二长斑岩	74.5	0.19	14.25	0.575	1.7	0.069	0.365	0.333	4.93	1.77	0.18	1.3	0	1.42	0.46	0.09	4.58	21.5	11.8
平均值		70	0.47	14.76	0.723	2.58	0.067	0.773	1.375	3.917	2.441	0.15								
中国花岗岩		71.3	0.25	14.25	1.24	1.62	0.08	0.8	1.62	3.79	4.03	0.16			0.56		0.33			

稀土元素分析结果及特征参数 ($\times 10^{-6}$)

样号	岩石名称	La	Ce	Pr	Nd	Sm	Eu	Gd	Tb	Dy	Ho	Er	Tm	Yb	Lu	Y
XT1134	强蚀变斜长花岗斑岩	44.8	75.6	7.61	30.7	6.16	0.83	5.15	0.76	4.7	0.91	2.43	0.38	2.47	0.39	21.4
XTP16-17-1	黑云母花岗斑岩	37.8	61	6.98	31.7	6.9	1.09	4.11	0.45	2.52	0.34	0.64	0.08	0.46	0.05	6.88
XT1162	蚀变黑云二长花岗斑岩	68.2	125	12.7	53.1	10.6	1.25	8.68	1.42	8.92	1.69	5.21	0.77	4.85	0.73	37.1
XT1015-1	二长花岗斑岩	76.2	135	14.9	55.2	12.2	1.32	9.7	1.75	11.7	2.48	7.17	1.08	6.72	0.91	51.2
XT1016	二长花岗斑岩	80.2	135	14.8	57.4	12.2	1.15	9.59	1.7	11.5	2.21	6.73	1.04	6.37	0.87	51.1
XT1243-1	黑云母二长花岗斑岩	42.8	66.7	6.85	28.7	5.97	1.17	4.53	0.75	4.93	0.94	2.8	0.41	2.65	0.35	21.3
XTP16-35-1	石英二长斑岩	29.3	48.3	6.14	21.3	4.07	1.04	3.3	0.4	2.17	0.27	0.83	0.11	0.52	0.09	7.05

样号	岩石名称	ΣREE	LREE	HREE	δEu	δCe	Sm/Nd	La/Sm	Sm/Yb	La/Yb	Ce/Yb
XT1134	强蚀变斜长花岗斑岩	183	166	17.19	0.439	0.89	0.201	7.273	2.494	18.14	30.61
XTP16-17-1	黑云母花岗斑岩	154	145	8.646	0.579	0.83	0.218	5.478	15	82.17	132.6
XT1162	蚀变黑云二长花岗斑岩	303	271	32.27	0.387	0.94	0.2	6.434	2.186	14.06	25.77
XT1015-1	二长花岗斑岩	336	295	41.51	0.359	0.89	0.221	6.246	1.815	11.34	20.09
XT1016	二长花岗斑岩	341	301	40.01	0.314	0.86	0.213	6.574	1.915	12.59	21.19
XT1243-1	黑云母二长花岗斑岩	170	152	17.36	0.662	0.84	0.208	7.169	2.253	16.15	25.17
XTP16-35-1	石英二长斑岩	118	110	7.69	0.842	0.81	0.191	7.199	7.827	56.35	92.88

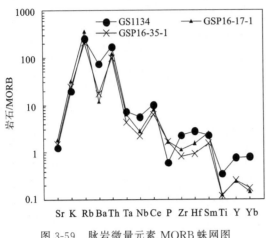

图 3-59 脉岩微量元素 MORB 蛛网图

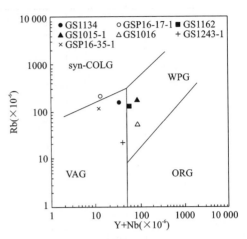

图 3-60 脉岩 Rb-(Y+Nb)图
(其余图例同图 3-29)

2. 稀土元素特征及成因类型

测区稀土元素特征表明(表 3-28),各类(中性、酸性、偏碱性)脉岩总体上稀土总量较高($117.8 \times 10^{-6} \sim 340.8 \times 10^{-6}$),La/Yb=11.339~82.174,轻稀土分馏明显;La/Sm=5.4783~7.273,Gd/Yb=1.443~8.935,轻稀土、重稀土均分馏明显;δEu=0.3141~0.8417,具中—弱的负异常。稀土配分曲线(图 3-62)及特征参数值表明:区内的中性脉岩、酸性及偏碱性脉岩有显著差异并可明显区分。

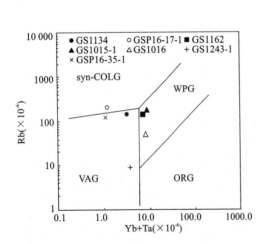

图 3-61 脉岩 Rb-(Yb+Ta)图
(其余图例同图 3-29)

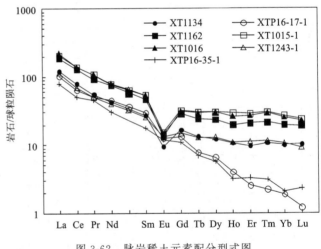

图 3-62 脉岩稀土元素配分型式图

(1) 黑云母花岗斑岩和石英二长斑岩基本为第一组,分布在稀土配分图的下层,曲线近乎右倾斜线形态,ΣREE 分别为 154.1×10^{-6} 和 117.8×10^{-6},La/Yb 值分别为 82.174 和 56.346,La/Sm 比值分别为 5.4783 和 7.199,Gd/Yb 分别为 8.935 和 6.346,δEu=0.5787~0.8417,说明轻、重稀土均分馏明显强烈,轻稀土有甚于重稀土,铕中等到弱亏损。

(2) 中性斜长花岗斑岩两条曲线左高右低的形态为第二组,分布在稀土配分图的中层,ΣREE=$169.6 \times 10^{-6} \sim 182.9 \times 10^{-6}$,La/Yb=1.709~2.085,$\delta$Eu=0.4387~0.6617,说明轻稀土较重稀土分馏更明显,铕中等到强烈亏损。

二长花岗斑岩三条曲线呈左高右低平的形态为第三组,分布在稀土配分图(图 3-62)的最上层,ΣREE=$303.1 \times 10^{-6} \sim 340.8 \times 10^{-6}$,La/Yb=11.339~14.062,La/Sm=6.2459~6.5738,Gd/Yb=1.443~1.790,δEu=0.3141~0.387,说明轻稀土较重稀土分馏更强烈,铕中重亏损。

上述第二组和第三组稀土元素特征值接近,配分曲线协调一致,只是总量上和分量上的差别,表明二者有很大程度的亲缘关系。而第一组与第二、第三组特征相差甚大,曲线极不协调,表明岩浆来源及演化历程存在明显差异。

表 3-29 脉岩微量元素分析结果表

样号	岩石名称	F⁻	Cl⁻	Cu	Pb	Zn	Cr	Ni	Co	Cd	Li	Rb	Cs	W	Mo	As	Sb	Bi	Hg	Sr	Ba	V
GP1134	强蚀变斜长花岗斑岩	884	207	10.2	50	67.5	7.9	1.5	12.5		35.6	144	9.3	0.4	2	7.15	0.42	0.05	0.01	115	468	62.9
GPP16-17-1	黑云母黑云斑岩	667	360	15.9	56.2	86.2	7.8	8.3	5.6	0.084	41	200	12.3	1.91	0.74	0.6	0.86	1.97	8.5	161	75.4	
GP1162	蚀变黑云二长花岗斑岩	1060	192	4.9	10	18	6.5	0.7	2.5		17.8	132	6	1.8	2.2	3.93	0.52	0.2	0.01	90	413	26.7
GP1015-1	二长花岗斑岩	841	486	9.8	36	73.6	22.8	7.95	2.32		12.1	186	6.1	1.3	7.2	4.3	0.36	0.15	0.01	90.8	636	12.7
GP1016	二长花岗斑岩	773	152	12.8	6	29.4	11.5	9.4	1.7		15.9	53.5	4.8	2.4	4	104	0.82	0.16	0.01	103	337	15.1
GP1243-1	黑云母二长花岗斑岩	456	144	12	16	19.9	22.8	17.3	10.3		47.2	9.35	16.6	2	3.4	1.22	0.26	0.03	0.01	256	202	36.4
P16GP35-1	石英二长斑岩	599	402	18.1	83.5	60.7	7.9	12.1	5.2	0.072	51.7	115	18.4	2.25	0.74	4.55	1.94	1.48	28	136	111	9.58
	平均值	754	278	12	36.8	50.8	12.5	8.18	5.73		31.6	120	10.5	1.72	2.9	18	0.74	0.58	5.22	136	320.34	23.3
	克拉克值			47	16	83	83	58	18	13	32	150	3.7	1.3	1.1	1.7	0.5	0.01	830	340	0.05	90
	世界花岗岩			20	20	60	25	8	5	0.1	60	200	5	1.5	1	1.5	0.26	0.01	0.08	300	830	0

样号	岩石名称	Sc	Nb	Ta	Zr	Hf	C	Hy	Be	B	Ga	Sn	Ge	Se	Te	Au	Ag	U	Th	Y	P	Ti	Mn
GP1134	强蚀变斜长花岗斑岩	9.89	12.9	0.97	171	5.72	3.46	10.7	3.78	54.1	27.4	4.3		0.03	0.01	1.8	0.2	4	20.8				
GPP16-17-1	黑云母黑云斑岩	2.81	6.56	0.82	83.3	3.18	5.88	2.44	8.48	46.3	23.9	17	1	0.02	0.02	1.35	0.14	2.83	14.4	9.94	849	1220	260
GP1162	蚀变黑云二长花岗斑岩	5.7	28	2.58	217	6.57	3.64	3.59	3.32	14.7	25.8	5.8		0.03	0.01	0.4	0.02	6	32.4				
GP1015-1	二长花岗斑岩	6.34	36.2	1.84	338	10.4	2.43	4.54	5.8	8.24	24.4	10	0.9	0.04	0.01	0.3	0.07	8.16	36				
GP1016	二长花岗斑岩	6.62	35.4	1.58	269	8.19	1.14	5.92	3.01	6.67	19.3	24		0.08	0.05	0.3	0.05	8	35.5				
GP1243-1	黑云母二长花岗斑岩	7.53	14	0.82	250	7.86	4.75	8.74	3.02	9.77	22.9	2.1		0.01	0.01	0.3	0.06	6.33	27.7				
P16GP35-1	石英二长斑岩	3.4	5.08	0.56	61.1	1.88	1.2	7.49	4.99	59.7	25.8	7		0.04	0.02	20.9	0.18	2.42	12	9.12	856	1170	193
	平均值	6.04	19.7	1.31	198	6.26	3.21	6.17	4.63	28.5	24.2	10.029		0.04	0.02	3.62	0.1	5.39	25.5				
	克拉克值	10	20	2.5	170	1	3.8		3.8	12	19	2.5	1.4	500	1000	4.3	0.07	2.5	13	29	9.3	4500	1000
	世界花岗岩	3	20	3.5	200	1	5.5		5.5	15	20	3	1.4	0.05	0.05	0	0.05	3.5	18	34	700	2300	390

脉岩岩石化学 CIPW 标准矿物（%）及其参数

样号	岩石名称	Q	An	Ab	Or	C	Hy	Il	Mt	Ap	Zr	DI	A/CNK	SI	AR	σ_{43}	R_1	R_2	F1	F2	F3
GP1134	强蚀变斜长花岗斑岩	35	20.6	12.2	15.1	3.46	10.7	1.45	1.22	0.33	0.01	82.8	1.24	17.2	1.49	0.65	3233	873	0.7	-1.2	-2.45
GPP16-17-1	黑云母黑云斑岩	40.5	0.51	34.5	14.6	5.88	2.44	0.45	0.62	0.47	0.04	90.1	1.54	3.03	2.41	1.33	2924	356	0.76	-1.2	-2.57
GP1162	蚀变黑云二长花岗斑岩	29.8	0.17	35.7	24.1	3.64	3.59	1.28	1.28	0.36	0.05	89.8	1.28	4.82	3.37	2.38	2238	349	0.73	-1.1	-2.57
GP1015-1	二长花岗斑岩	25	3.05	30	32.7	2.43	4.54	0.92	1.14	0.3	0.03	90.6	1.16	2.82	3.56	3.02	2022	404	0.72	-1	-2.55
GP1016	二长花岗斑岩	27	4.35	54.3	5.51	1.14	5.92	0.91	0.53	0.33	0.02	91.2	1.06	4.91	2.83	1.82	2240	422	0.69	-1.5	-2.62
GP1243-1	黑云母二长花岗斑岩	39.6	13.9	28.6	1.2	4.75	8.74	1.02	1.91	0.26	0.02	83.3	1.4	16.2	1.48	0.46	3310	703	0.71	-1.5	-2.49
P16GP35-1	石英二长斑岩	37.6	0.51	42.2	10.6	4.08	3.4	0.37	0.84	0.41	0.03	90.9	1.34	3.91	2.7	1.42	2763	337	0.74	-1.3	-2.58

注：除 Au 量级为 $\times 10^{-9}$ 外，其他微量元素均为 $\times 10^{-6}$。

总之,测区出露的脉岩共分五大类,从地质特征、岩石学、岩石化学、地球化学等诸方面综合分析、投图验证,除石英脉属热液成因外,其余均属岩浆成因。主要来自下地壳底部或壳幔混合带上部的大陆弧环境,有一定的幔源物质加入,其成因类型为Ⅰ+A型花岗岩,且具一定程度的亲缘关系,而少数脉岩在岩浆来源及成生演化方面与其有明显差异。

第三节 火 山 岩

一、概况

测区火山活动较弱,仅在晚三叠世和早白垩世有活动。但火山岩岩类复杂、性质多样,基性、中基性、中性、中酸性皆有(图3-63)。

图区火山活动时、空分布与板块构造运动阶段、构造环境密切相关,伴随古新特提斯的发生、发展与消亡等各个构造阶段,产生时代各异、类型多样、空间分布成带的火山岩。

区内火山喷出类型为喷溢、喷发,其总体的特征是具多中心、多韵律、多旋回、多间歇,且间歇期时长时短,以裂隙式喷溢为主,间有喷发;早期喷溢,中晚期为中心式喷发,喷发力较弱。一般每个韵律以熔岩或角砾岩开始,向上为凝灰岩或熔岩,近火山喷发(溢)中心相者为火山碎屑岩或与熔岩混在一起,以熔岩为主,远离火山喷发(溢)中心相者则逐渐由沉熔岩、沉火山碎屑岩变为正常沉积岩;每个旋回自下而上基性递减、酸性递增、斑状结构从多到少再到无变化。

测区各时代火山岩均受板块构造边界和区域规模的北西向深大逆冲断裂控制。因此将测区自北而南划分为两个构造-火山岩带:即唐古拉构造-火山岩带,冈底斯-念青唐古拉构造-火山岩带(以下称冈-念构造-火山岩带)。带以下又依火山活动的时代和火山岩出露层位将测区划分为2个亚带2个层位(表3-30)。蛇绿混杂岩中的基性熔岩,因在蛇绿岩一章中已述,故本章不予讨论。出露在比如县柴仁乡那龙—扎冻多日阿—若瓜查窝一带的嘉玉桥岩群和图幅东北角的吉塘岩群中的火山岩因变质较深,原岩结构、构造已经消失,已在变质岩一章中叙述,本章不予重复。

区内岩石分类命名主要采用邱家骧主编的《岩浆岩岩石学》教材中的分类方案。当测不到实际矿物或实际矿物含量与岩石化学成分差异较大时,采用化学定量分类方案。

表3-30 测区火山活动特征一览表

构造火山岩带	构造火山岩亚带	时代	层位	主要分布地区	典型岩石组合	主要火山喷发类型	火山地层结构类型
冈底斯-念青唐古拉构造-火山岩带	早白垩世构造火山岩亚带	早白垩世	K_1d	比如县白嘎乡荣布喀,下拉山、柴仁乡郭查、作拉,热西乡那龙、日阿、提柯,恰则乡俄哈刚,山扎乡爹龙,边坝县哇岛等地	蚀变苦橄玄武岩—强蚀变玄武岩—蚀变(黑云角闪)安山岩—糜棱岩化蚀变安山岩—蚀变安山岩—蚀变黑云母英安岩—蚀变黑云母流纹岩—凝灰岩	裂隙式喷溢为主,兼少量喷发	火山熔岩间少量火山尘岩、火山岩呈夹层
唐古拉构造-火山岩带	晚三叠世构造火山岩亚带	晚三叠世	T_3bg	索县加勤北日炬桶、安达、错福同、索巴镇等地	杏仁状玄武岩—碳酸盐化蚀变玄武岩—硅化火山角砾岩—碳酸盐化玄武质凝灰岩	喷溢、喷发	火山熔岩与火山碎屑岩、火山岩呈夹层

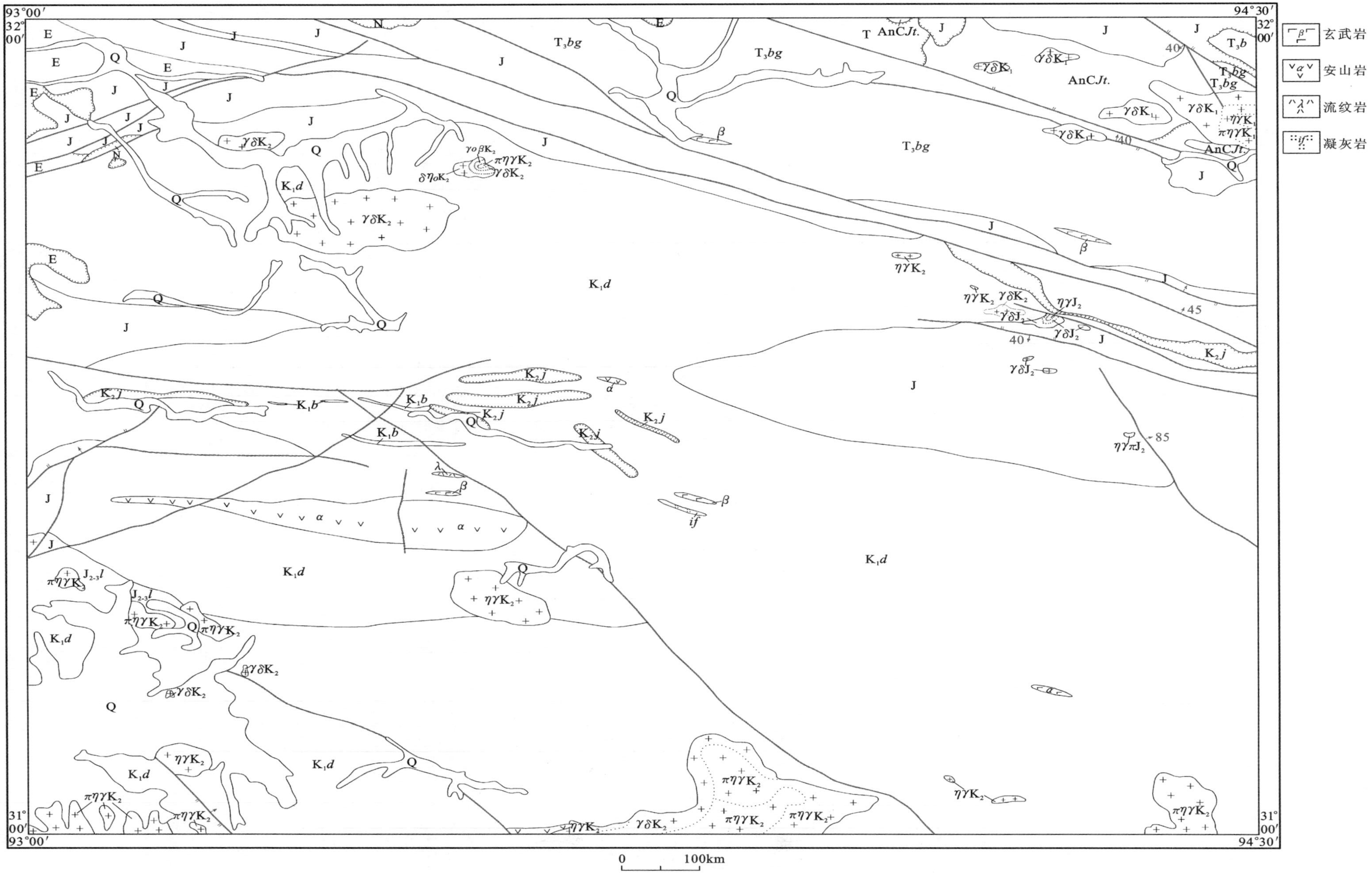

图 3-63 比如县幅火山岩分布图

二、唐古拉构造-火山岩带

该带仅包括晚三叠世构造火山岩亚带,主体见于巴贡组(T_3bg)中。

(一)地质特征

巴贡组火山岩断续出露于索县-丁青结合带北侧的日炬桶、错福同、索巴乡等地,呈 NWW 向与地层走向一致的带状展布,为地层中的夹层体或透镜体,宽度 100~500m,走向上断续延伸 50km±,火山地层产状 185°∠75°。其由玄武岩—细碎屑岩组成间歇式喷溢,由 7 个喷溢—间歇韵律构成一个火山旋回(图 3-64);由 3 个喷溢(发)—间歇韵律构成两个旋回(图 3-65),为双峰式火山岩组合。反映了早期以喷溢(裂隙式溢流)为主,喷溢时间较长,熔岩厚度较大,间歇期更长;晚期以中心式喷发为主,时间较短,沉积间歇期也较短的特征;也表明近火山口为火山角砾岩、远离火山口相则渐变为凝灰岩,说明区内火山岩具多韵律、多旋回的总体特征。每个旋回以喷溢(发)熔岩(或火山角砾岩)开始,结束于火山熔岩(或凝灰岩),具有从基性向酸性的演化特点。据初步统计,巴贡组火山岩层厚度 96~143.7m,约占整个巴贡组地层厚度(2070m)的 4.6%~6.9%。其中图 3-64 是根据 P_{17} 剖面第 49 层统计计算的,图 3-65 是根据 P_{19} 剖面第 2—15 层统计计算的。

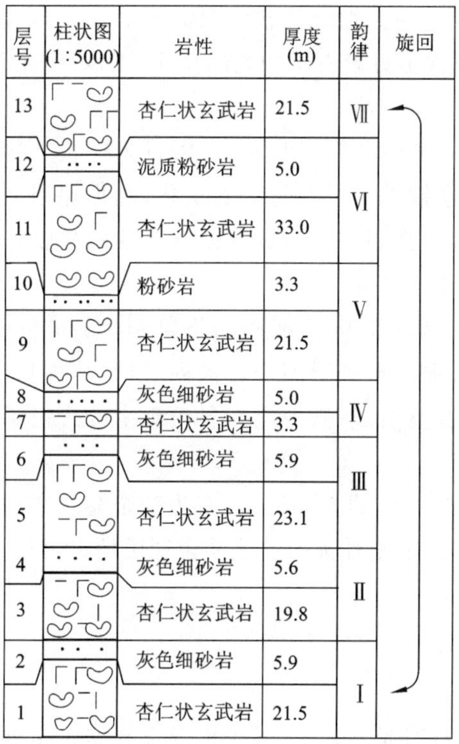

层号	柱状图(1:5000)	岩性	厚度(m)	韵律	旋回
13		杏仁状玄武岩	21.5	VII	
12		泥质粉砂岩	5.0	VI	
11		杏仁状玄武岩	33.0		
10		粉砂岩	3.3	V	
9		杏仁状玄武岩	21.5		
8		灰色细砂岩	5.0	IV	
7		杏仁状玄武岩	3.3		
6		灰色细砂岩	5.9	III	
5		杏仁状玄武岩	23.1		
4		灰色细砂岩	5.6	II	
3		杏仁状玄武岩	19.8		
2		灰色细砂岩	5.9	I	
1		杏仁状玄武岩	21.5		

图 3-64 索县加勤北巴贡组中火山喷溢韵律结构图

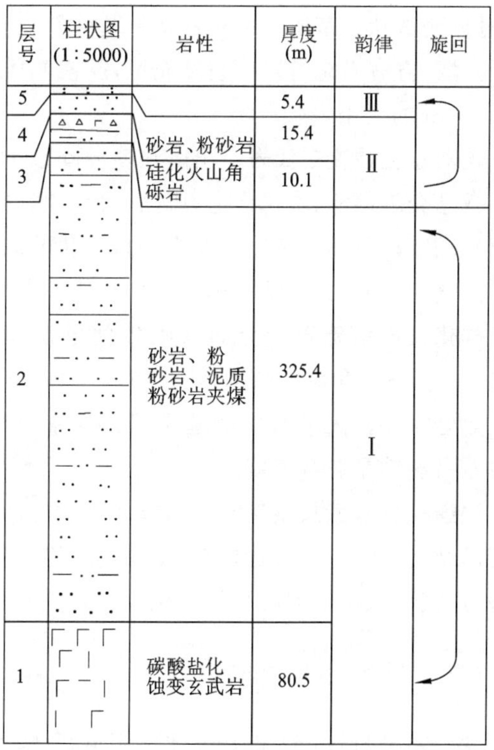

层号	柱状图(1:5000)	岩性	厚度(m)	韵律	旋回
5			5.4	III	
4		砂岩、粉砂岩	15.4	II	
3		硅化火山角砾岩	10.1		
2		砂岩、粉砂岩、泥质粉砂岩夹煤	325.4	I	
1		碳酸盐化蚀变玄武岩	80.5		

图 3-65 索县安达巴贡组中火山喷溢-喷发韵律结构图

(二)岩石矿物特征

所见火山岩岩石类型有杏仁状玄武岩、碳酸盐化蚀变玄武岩、硅化火山角砾岩、碳酸盐化玄武质凝灰岩等(表 3-31)。

表 3-31 晚三叠世巴贡组火山岩特征表

样号	岩石名称	颜色	结构构造	斑晶(%)				基质(%)						蚀变
				单斜辉石	斜长石	钾长石	石英	斜长石	绿泥石	帘石	方解石	暗色矿物	火山玻璃	
$P_{17}b49-1$	杏仁状玄武岩	褐色	斑状间片结构,杏仁状构造		60				20	10	10	少	少	绿泥石化、碳酸盐化
$P_{19}b15-2$	碳酸盐化蚀变玄武岩	灰色	斑状结构,基质为微晶交织结构,块状构造		主			5~10(骸晶状矿物)	少		40			绢云母化、绿泥石化、碳酸盐化
$P_{19}b5-1$	硅化火山角砾岩	褐黄	角砾状结构,块状构造						绿泥石火山灰尘、铁质等		少	铁泥质20~30		强硅化、碳酸盐化
$P_{19}b2-1$	碳酸盐化玄武质凝灰岩	灰色	变余凝灰结构,粒状变晶结构,块状构造								主			碳酸盐化、绿泥石化

杏仁状玄武岩 分布在每个喷溢间歇韵律下部(图 3-64),出露厚度最小 3.3m,最大 33m,一般 5~21m。岩石为斑状间片结构,杏仁状构造。斑晶为板柱状的基性斜长石,大斑晶呈板状,小斑晶为长柱状,时显聚斑状。基质为细长柱状的基性斜长石交织呈角架,其间为细鳞片状的绿泥石填充;杏仁被方解石充填;方解石也沿岩石裂隙充填,就连基质中的绿泥石也常被方解石不均匀的交代。岩石中还见有大于 2mm 的火山岩屑。

碳酸盐化蚀变玄武岩 出露在喷溢间歇韵律的下部(图 3-65),厚约 80.5m。岩石为斑状结构,基质具微晶交织结构,块状构造,斑晶为板柱状的基性斜长石,常被绢云母及绿泥石交代,晶形保留完好,局部有磁铁矿分布。基质主要为细条柱状的微晶斜长石,且呈交织状分布,普遍是骸晶状的矿物,碳酸盐广泛交代基质,致使结构模糊。极少量的气孔被石英及方解石充填。

硅化火山角砾岩 分布在喷发间歇韵律的下部,也见出露于喷发旋回的下部(图 3-65),厚约 10.1m。岩石为角砾状结构,块状构造。遭受过强烈的硅化,致使角砾形态变得模糊,但原结构基本保留。角砾主要由大小不等,相差悬殊的霏细、棱角状、碎斑状石英组成;铁泥质在各角砾中的含量不等;方解石沿裂隙呈脉状充填。

碳酸盐化玄武质凝灰岩 出露在喷发旋回的顶部(图 3-65),厚约 5.4m。岩石为变余凝灰结构、粒状变晶结构,块状、条带状构造,主要由不等粒状的方解石、残留的塑性火山玻璃及含铁质的火山灰尘组成条带,其中火山玻璃已绿泥石化。

(三) 微量元素特征

从晚三叠世火山岩微量元素表中可知(表 3-32),大离子亲石元素除 Sr 低于世界玄武岩含量外,其他 Li、Be、Rb、Ba 等元素普遍高出世界玄武岩的 2~10 倍,呈现富集到强富集状态;高场强元素除 Nb、P 略低于世界玄武岩外,其他如 Zr、Hf、Ta 则高出维氏玄武岩的 2~5 倍,处于富集或强烈富集趋势;亲铁元素 Au、Co、Ni 普遍偏低;亲硫—铜元素 Hg、As、Sb、Se 强烈富集,高出维氏值的 3~10 倍,而成矿元素 Ag、Cu、Pb、Zn 普遍弱亏损;过渡(亲伟晶岩)元素 Zr、Sc、Th、U、Hf、Ta、Mo 强烈富集,而贫 Ti、V、Nb、W 元素,Mn、Zr、Y 元素略高于维氏值。

以 MORB 为参数标准化所得微量元素蛛网图(图 3-66)可以看出,大离子亲石元素除 Sr 持平外,其他均强烈富集,高场强元素除 Ti 明显亏损、P 略亏损外,其他均中等富集,另外 Y 和 Yb 元素亦显示弱亏损。曲线总体形态呈现向右缓倾的三"隆起"、三"凹陷"的大陆玄武岩"三弧"隆起特征。

不同构造环境判别图显示,三个样品全部落入大陆玄武岩区(图 3-67),反映岩浆主体来源于下地壳。

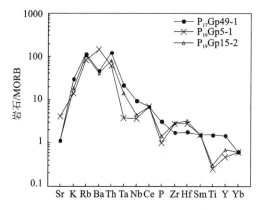

图 3-66 晚三叠世火山岩微量元素 MORB 蛛网图

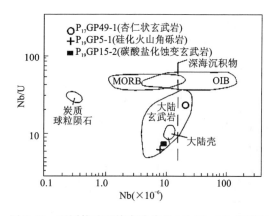

图 3-67 不同构造环境玄武岩的 Nb/U – Nb 判别图
(除注明外,符号同前;据 Le Roex,1989)

(四)稀土元素特征

稀土元素特征表明(表 3-32),$\Sigma REE = 245.95 \times 10^{-6}$,$LREE = 213.05 \times 10^{-6}$,$\delta Eu = 0.73$,$La/Yb = 16.1$,$La/Sm = 7.6$,$Gd/Yb = 2.2$,说明轻稀土强烈富集,分馏较明显,铕出现亏损,$Eu/Sm = 0.244$,更说明了轻稀土的强烈分馏性和复杂性,显示出距熔浆源很近或熔浆早期分离结晶的特征。稀土元素配分曲线(图 3-68)总体呈现左高右低平的形态特征,进一步印证了上述分析。$(La/Yb)_N$ 为 10.8,超出富集型(地幔柱)洋中脊玄武岩[P – MORB 的区间值 $(La/Ya)_N = 4.3 \sim 6.8$],说明火山岩浆源自壳幔混合带之上的地壳环境。

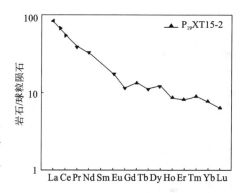

图 3-68 晚三叠世火山岩稀土配分图

(五)成矿元素特征

成矿元素 Au、Ag、Cu、Pb、Zn 中的 Au 元素仅是地壳克拉克值的 1/3~1/4,Ag 远远低于地壳克拉克值,Cu、Pb、Zn 接近或略低于地壳克拉克值,不具备成矿条件或成矿条件不利。

(六)火山构造与古火山机构

经对索县安达巴贡组火山地层剖面喷溢—喷发韵律结构(图 3-65)分析认为:在索县索巴乡错福同附近,于晚三叠世早期就有火山活动,因熔浆温度较低,上冲热压不足,爆发力较弱,炽热的岩浆顺沿构造裂隙及脆弱带喷溢(流)到地表,形成了 80.5m 厚的溢流相火山熔岩—变玄武岩夹层,喷溢暂时结束,从而组构了裂隙式喷溢的早期火山构造格架。后经较长时间的间歇,在玄武岩之上沉积了厚约 325.4m 的细碎屑岩夹煤线(层)的沉积物。到了中晚期地下炽热的岩浆积聚了足够的温度和压力,上升突破了上覆沉积盖层或薄弱带,开始了第二次以中心式喷(爆)发为主的短暂的火山活动,在地表形成了 10.1m 厚的(硅化)火山角砾岩。喷(爆)发暂时歇息,在火山角砾岩之上又接受了 15.4m 厚的砂岩和粉砂岩沉积。之后,炽热的火山气体上升(余喷),在地表又形成了 5.4m 厚的(碳酸盐化)玄武质凝灰岩,从而结束了晚三叠世的火山活动。

表 3-32 晚三叠世火山岩微量元素及稀土元素分析结果表

微量元素分析结果（除 Au 为 $\times 10^{-9}$ 外，其他均为 $\times 10^{-6}$）

样号	岩石名称	Sr	Rb	Cs	Ba	Th	Ta	Nb	Zr	Hf	Sc	Cd	Cr	Co	P	Ni	Ti	U	V	Cu	Pb
$P_{1t}GP49-1$	杏仁状玄武岩	102	62.5	3.5	292	14.8	2.86	21.7	127	3.65	39.2	0.027	179	37.9	1570	80.4	14 900	0.94	290	66.2	5
$P_{1t}GP5-1$	硅化火山角砾岩	372	46.9	3.2	921	7.18	0.5	8.33	203	5.7	7.22	0.079	44.9	10.1	503	16.6	2440	1.48	54.2	31	6
$P_{1t}GP15-2$	碳酸盐化蚀变玄武岩	101	58.9	3.85	252	9.44	1.79	10.4	211	6.62	9.61	0.11	55.4	13.4	710	29.8	2900	1.48	83.2	28.2	37
平均值		191.67	56.1	3.52	488.33	10.47	1.72	13.48	180.33	5.32	18.68	0.07	93.10	20.47	927.67	42.27	6747	1.30	142.47	41.80	16
世界玄武岩（维）		440	4.5	1	300	3	0.48	20	100	1	2.4	0.19	200	45	1400	160	9000	0.5	200	100	8
地壳克拉克值（维）		340	150	3.7	650	13	2.5	20	170	1	10	1300	83	18	930	58	4500	2.5	90	47	16

样号	岩石名称	Zn	Ga	W	Ge	Sn	Se	Mo	Te	Bi	Hg	Sb	As	Y	Ag	Au	K	Mn	Li	Be	B
$P_{1t}GP49-1$	杏仁状玄武岩	54.1	26.2	0.56	0.48	3	0.23	5.82	0.01	0.012	0.056	0.37	4.18	41.4	0.11	0.45	17 600	2420	51.6	2.51	49.5
$P_{1t}GP5-1$	硅化火山角砾岩	49.3	17	0.63	0.8	15	0.034	5.26	0.01	0.1	0.75	0.6	6.33	13	0.027	0.6	8450	11 000	36.1	2.57	53.6
$P_{1t}GP15-2$	碳酸盐化蚀变玄武岩	70.4	22.2	0.98	1	9.5	0.2	1.77	0.087	0.2	0.44	0.41	20.7	19.5	0.047	2.68	11 000	1640	40.6	2.8	47.5
平均值		57.93	21.8	0.72	0.76	9.17	0.15	4.28	0.04	0.10	0.42	0.46	10.40	24.63	0.06	1.24	12 350	5020	42.77	2.63	50.20
世界玄武岩（维）		130	18	1	1.5	1.5	0.05	1.4	0.2	0.007	0.09	0.1	2	20	0.1	4	8300	200	15	0.4	6
地壳克拉克值（维）		83	19	1.3	1.4	2.5	500	1.1	1000	9000	830	5000	1.7	29	700	4.3	25 000	1000	32	3.8	12

稀土元素分析结果（$\times 10^{-6}$）及特征参数

样号	岩石名称	La	Ce	Pr	Nd	Sm	Eu	Gd	Tb	Dy	Ho	Er	Tm	Yb	Lu	Y
$P_{1t}XT15-2$	碳酸盐化蚀变玄武岩	30.5	51.7	5.43	23.4	4.02	0.98	4.14	0.64	4.59	0.73	2.04	0.32	1.9	0.24	18.33

样号	岩石名称	ΣREE	LREE	HREE	LREE/HREE	δEu	δCe	La/Yb	Ce/Yb	Eu/Sm
$P_{1t}XT15-2$	碳酸盐化蚀变玄武岩	245.95	213.05	32.9	6.5	0.73	0.90	16.1	27.2	0.244

由于巴贡组火山岩出露区海拔较高,冰雪及第四系覆盖较多,加之构造破坏严重,给古火山机构的研究带来很多不便。推测喷发中心可能在错福同东北不远的山顶上,由下向上远望,呈半椭圆状,长轴方向近 EW—NW,与区域构造线方向及火山岩地层展布方向基本一致,在航片、卫片上隐约可见呈不规则的断续椭圆状线形构造,岩相分布略显叠置的环状。内环近火山口主要由爆发相的角砾岩组成,通道比较模糊,可能充填有火山角砾岩。外环远离火山口,为玄武质凝灰岩。由内环向外环,火山碎屑粒径逐渐变小,并逐渐过渡为凝灰质碎屑岩和沉积碎屑岩。该喷发中心由多个小火山口构成,火山口有自东向西迁移的趋势,具早期较长时间的喷溢,中晚期短暂的喷(爆)发特征。

(七)岩浆来源、构造环境及成因分析

晚三叠世巴贡组火山岩微量元素 MORB 标准化蛛网图(图3-66)及特征表明:P、Y 和 Yb 元素出现微弱亏损,Ti 明显亏损,Sr 元素则接近或略高出世界玄武岩丰度,其他大离子亲石元素和高场强元素均显示强烈—中等富集,曲线总体呈现左高右低向右倾的三"隆起"、三"凹陷"的大陆玄武岩"三弧"隆起特征。再以元素与元素比值图解(3-67)判别,三个样品投点结果,全部落入大陆玄武岩区,反映出岩浆主体来源于下地壳。

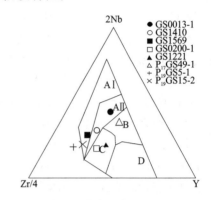

图 3-69 晚三叠世火山岩 2Nb - Zr/4 - Y 图
AⅠ+AⅡ:板内碱性玄武岩;AⅡ+C:板内拉斑玄武岩;
B:P 型 MORB;D:N 型 MORB;C+D:火山弧玄武岩

微量元素三角图解(图3-69),两个样品落入板内碱性玄武岩区,一个样品在 P - MORB 区。

稀土元素特征及配分曲线(图3-68)显示,轻稀土强烈富集和明显分馏,铕出现亏损,反映了岩浆早期分离结晶的特征。一般利用(La/Ya)$_N$比值进行判别确定岩浆的来源,其标准是标准洋中脊玄武岩(N - MORB)的(La/Ya)$_N$ 为 0.35～1.1,地幔柱洋中脊玄武岩(P - MORB)的比值为 4.3～6.8,而过渡型的为 1.7～4.3。该比值实际为 10.8,均不在标准之列,说明不是洋而是陆。

上述火山地层、岩石矿物和地球化学特征等种种迹象表明,火山岩形成于索县结合带洋壳即将关闭造山的大地构造环境,而巴贡组火山岩分布的构造位置正处于索县结合带北侧的唐古拉被动陆块的构造火山岩带上,是碰撞效应所引起的重熔变形、变质事件的映照。

三、冈底斯-念青唐古拉构造-火山岩带

测区内该带仅划出早白垩世构造火山岩亚带,见于多尼组(K_1d)中的火山岩。

(一)地质特征

多尼组火山岩稀散地出露于图区南部的比如县白嘎乡荣不喀、下拉山,柴仁乡郭查、作拉,热西乡那龙、日阿、提柯,恰则乡俄哈刚,山扎乡爹龙和边坝县哇鸟等地,呈近 EW—NW 向与区域地层和构造线方向基本一致的带状分布。一般呈夹层或长透镜体出现,横向上延伸不稳定,局部由多个夹层组成夹层组出露,单个夹层宽约几米到几百米不等,走向上断续延伸约几千米到几十千米不等,主要由一套中—酸性的岩石组成。火山岩岩石类型多样,从基性到中性至中酸性、酸性均有。喷发类型以裂隙式喷溢(溢流)的熔岩相为主,局部间有极弱喷发的火山尘岩(凝灰岩)分布。火山岩主要受控于区域性断裂和次级断裂构造以及各种构造裂隙及脆弱破碎带(褶皱轴部、转折端、岩相变化处、岩体接触带等)。测区火山岩显示从东向西、自北而南其酸度增大的趋势。

(二)岩石矿物特征

该亚带所见火山岩岩石类型有:蚀变苦橄玄武岩、强蚀变玄武岩、蚀变黑云角闪安山岩、糜棱岩化蚀

变安山岩、蚀变安山岩、蚀变黑云母英安岩、蚀变黑云母流纹岩、凝灰岩等。其特征如下。

青灰色蚀变苦橄玄武岩 岩石遭受强烈蚀变，原生矿物均蚀变分解，但残余火山结构仍清楚可见。蚀变后的岩石主要为分布无规则的蚀变长石板条，其又被大量的绢云母鳞片、方解石、白云石等矿物替代，含量约75%；暗色矿物含量约18%，亦蚀变为白钛石、白云石等；蚀变绿泥石5%；金属矿物含量约2%。

深色强蚀变玄武岩 岩石具多斑结构，斑晶总量占50%，其中黑云母45%，辉石小于5%，中长石少见；基质中以条状中长石为主体，填隙物（>10%）为石英、碳酸盐和黑云母。斑晶中的黑云母可分两种，一种为较大片状，另一种为细叶片状，但绝大多数已被绿泥石取代，特别是较大片状者全被绿泥石和碳酸盐取代并析出铁质；而细叶片状的还有许多未蚀变，颜色为棕红色。辉石斑晶也全被绿泥石或绢云母交代。斑晶和基质中的中长石均被绢云母或碳酸盐交代。

灰绿色蚀变（黑云角闪）安山岩 岩石由斑晶和基质两部分组成。斑晶：中更长石（20%），粒径1～3mm，分布有绢云母鳞片，有一定程度错碎，暗色矿物（10%）均析出钛，蚀变为绿泥石碳酸盐集合体，根据假象推测原来可能是黑云母、角闪石类矿物。基质由微晶—霏细长石集合体（45%），绢云母鳞片集合体（17%）不均匀分布组成，白钛石（1%）、黄铁矿（3%，粒径0.1～0.3mm）、磷灰石（0.5%）星散分布。岩石明显受剪切作用，有一定错碎和定向排列及糜棱岩化。

灰绿色糜棱岩化蚀变安山岩 原岩是安山岩，受韧性剪切作用错碎、定向排列而糜棱岩化。岩石主要由微小的更长石板条、绢云母鳞片集合体沿剪切方向呈糜棱结构不均匀分布组成。见粒径1～2.5mm的更长石，暗色矿物等残斑亦沿剪切方向不均匀分布，方解石沿剪切方向星散分布。更长石残斑上分布有绢云母鳞片，暗色矿物残斑析出钛蚀变为绿泥石后沿剪切方向拉长。

灰绿色蚀变安山岩 岩石由斑晶、基质、偶见气孔组成。斑晶：由粒径0.5～1.5mm的斜长石（10%，均蚀变分布有绢云母、黝帘石）、普通辉石（3%，多数析出钛蚀变为绿泥石）组成。基质：由蚀变斜长石板条（55%）无规则分布，其间隙充填0.3mm的普通辉石（15%，多数析出钛蚀变为绿泥石）、绿泥石（7%）、微粒榍石、白云石（3%）等矿物，呈间粒结构，不均匀分布。偶见直径1.5mm±气孔，充填有石英。局部见后期热液石英或石英脉穿插交代岩石。

灰绿色蚀变黑云母英安岩 岩石由斑晶和基质两部分组成。斑晶由粒径0.5～2.5mm的石英（10%）、斜长石（20%，分布较多的绢云母鳞片）、暗色矿物（5%，析出钛蚀变为绿泥石等）组成，石英呈自形、熔蚀状，少数为不规则熔蚀状。暗色矿物据假象推测，多数原来应为黑云母。基质由霏细状长英物集合体（52%）、细小绢云母鳞片（6%）、绿泥石集合体（4%，不均匀分布）、白钛石（2%）、方解石（1%，星点分布）、副矿物磷灰石、锆石（微量）组成。

灰白色蚀变黑云母流纹岩 岩石主要由斑晶和基质组成。斑晶由石英（15%，多数呈熔蚀状，自形状，部分呈棱角状，可见火山晶屑）、长石（20%，多为板状，均蚀变为绢云母粘土矿物集合体）、少量铁染白云石、黑云母（10%，呈片状，析出钛铁物<3%，蚀变为绢白云母鳞片）构成。石英、长石多数粒径1～3mm，沿流动方向不均匀分布其中。基质主要由霏细状长英物、粘土矿物集合体（52%）、褐铁矿（2%）、白钛石（1%）沿一定方向呈霏细结构局部具流动构造分布而构成。

（三）岩石化学特征

（1）岩石化学分析结果及特征参数（表3-33）表明，多尼组中基性火山岩具有高 Al_2O_3、MgO、CaO、FeO、Na_2O、TiO_2之特征，SiO_2变化于 44.31×10^{-2}～62.68×10^{-2} 之间，平均 49.22×10^{-2}，属基性岩范畴，碱土含量较高，$Na_2O+K_2O=1.99\times10^{-2}$～$6.61\times10^{-2}$，且 $Na_2O>K_2O$。

（2）利用 Mairce 的全碱-硅（TAS）图解（图3-70）判别、分类，共6个样点2个样投入碱性与亚碱性边界线的苦橄玄武岩区，3个样点落入亚碱性的玄武岩区，1个样点落入亚碱性的安山岩区。说明多尼组（K_1d）火山岩主体为一套基性玄武岩。

（四）火山岩碱度及岩石系列

从表 3-33 可以看出，里特曼指数 $\sigma=1.27\sim2.16$，小于 3.3，属钙碱性玄武岩系列。从全碱-氧化硅图解（图 3-70）中可知，6 个样品中 5 个均落入亚碱性系列，只一个样品在碱性与亚碱性边界线上。利用 AFM 图解（图 3-71），3 个样点落入钙碱性火山岩系，3 个落入碱性火山岩系（典型拉斑玄武岩系格陵兰）。

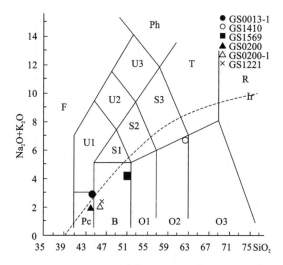

图 3-70　早白垩世火山岩$(Na_2O+K_2O)-SiO_2$图

Pc：苦橄玄武岩；B：玄武岩；O2：安山岩；
Ir：Irvine 分界线，上方为碱性，下方为亚碱性

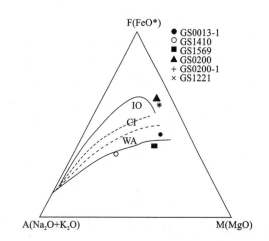

图 3-71　早白垩世火山岩 AFM 图

（五）微量元素特征

早白垩世微量元素特征（表 3-33）与世界玄武岩相比较，多尼组火山岩 Sb、Rb、Bi、Sc、Be、U、Cs、Li、As、Th、Hf、Pb 元素含量强烈—特别富集，高出世界玄武岩的 50 倍之多，Ta、Sn、Se、Ga、B 元素含量亦中等富集，均高出世界玄武岩的 1~2 倍，而 Hg、Te、Au、Cd、Cu、Ni、Co、Zn、Ge 元素出现极度—中等亏损，分别是世界玄武岩含量的 1/20~1/2。多尼组（K_1d）基性火山岩大离子亲石元素明显强烈富集（个别 K 元素除外），高场强元素中 Ta、Nb、Ce、Zr、Hf、Sm 也出现较强烈富集，明显强烈亏损 P、Ti 等，并且在 Rb（Ba、Th）、Ce、Sm（Zr、Hf）处形成向上的凸起，在 K、P、Ti 处相应出现向下凹谷，总体构成了大陆弧玄武岩的"三弧"隆起（图 3-72）。

（六）稀土元素特征

多尼组火山岩稀土元素含量及特征参数表明（表 3-33），ΣREE 含量中等（$98.61\times10^{-6}\sim232.45\times10^{-6}$），La/Yb$=5.719\sim41.32$，Ce/Yb$=10.92\sim58.62$，Sm/Nd$=0.157\sim0.252$，Gd/Yb$=1.723\sim2.799$，轻稀土分馏相对明显，重稀土分馏较弱，$\delta$Eu$=0.693\sim0.915$，铕具明显的负异常。稀土配分曲线（图 3-73）呈轻稀土向右较陡倾、重稀土几乎平直的曲线，说明轻稀土强烈分馏，重稀土分馏不明显，铕值正常，没有异常出现，只是作为向右较陡倾的轻稀土曲线向近乎平直的重稀土曲线过渡转折的拐点而已。也从侧面反映了多尼组火山岩是岩浆早期分离结晶的产物。

（七）成矿元素特征

多尼组火山岩中成矿元素与地壳克拉克值相比，除 Pb 高出地壳克拉克值的 2 倍，有明显的富集，Zn 元素与地壳克拉克值相当外，其他成矿元素 Au、Ag、Cu 均呈亏损状态，尤其是 Au、Ag 元素，出现极度亏损状。

表 3-33 早白垩世火山岩岩石化学、微量元素及稀土元素分析结果表

岩石化学分析结果（wt%）

样号	岩石名称	SiO_2	TiO_2	Al_2O_3	Fe_2O_3	FeO	MnO	MgO	CaO	Na_2O	K_2O	P_2O_5	灼失	SO_3	H_2O^+	H_2O^-	K_2O/Na_2O	A/CNK	SI	AR	σ
GS0013-1	蚀变苦橄玄武岩	44.62	1.54	15.02	1.23	6.84	0.14	7.25	7.58	2.47	0.33	0.23	11.28	0.033	4.6	0.4	0.13	0.825	40.01	1.28	1.27
GS1410	蚀变玄武岩	62.68	0.93	14.97	1.63	3.43	0.067	3.35	3.58	4.13	2.48	0.21	2.22	0.007	2.22	0.52	0.60	0.936	22.3	2.11	2.16
GS1569	强蚀变玄武岩	51.48	0.856	14.23	1.15	6.24	0.124	7.78	5.98	2.65	1.5	0.186	7	0.468	3.58	0.42	0.57	0.844	40.27	1.52	1.58

微量元素分析结果（除 Au 为 $\times10^{-9}$ 外，其他均为 $\times10^{-6}$）

样号	岩石名称	F^-	Cl^-	Cu	Pb	Zn	Cr	Ni	Co	Cd	Li	Rb	Cs	W	Mo	As	Sb	Bi	Hg	Sr	Ba
GP0013-1	蚀变苦橄玄武岩	373	83	28.2	8	76.1	208	46.1	37.6		99.7	21.2	5.6	0.3	1.3	0.21	0.23	0.059	0.008	205	96
GP1410	蚀变玄武岩	685	127	15.9	38	81	48.8	3.7	16.1		38.4	119	4.75	1.3	1.7	2.66	0.33	0.053	0.005	366	361
GP1569	强蚀变玄武岩	769	320	35.7	56	93.2	274	139	26.2	0.035	104	39.6	9.1	1.7	2.95	28.2	14.8	0.15	0.002	307	145
	平均值	609	176.7	26.6	34	83.43	176.9	62.93	26.63		80.7	59.93	6.483	1.1	1.983	10.36	5.12	0.087	0.005	292.7	200.7
	世界玄武岩			100	8	130	200	160	45	0.19	15	4.5	1	1	1.4	2	0.1	0.007	0.09	440	300
	克拉克值（维）			47	16	83	200	58	18	1300	32	150	3.7	1.3	1.1	1.7			830	340	650

样号	岩石名称	V	Sc	Nb	Ta	Hf	Zr	Be	B	Ga	Sn	Ge	Se	Te	Au	Ag	U	Th			
GP0013-1	蚀变苦橄玄武岩	162	24.2	17.3	1.7	3.35	90.8	1.81	7.98	24.4	3.6		0.11	0.01	0.3	0.04	2.67	2.17			
GP1410	蚀变玄武岩	87.9	15.3	11	0.5	4.01	120	2.58	12.5	20.2	5		0.012	0.01	0.4	0.067	4.67	12.2			
GP1569	强蚀变玄武岩	160	24.8	11.3	0.67	4.58	159	4.44	9.24	32.4	2.4		0.12	0.02	0.85	0.1	2.81	19.7			
	平均值	136.6	21.43	13.2	0.957	3.98	123.3	2.943	9.907	25.67	3.667		0.081	0.013	0.517	0.069	3.383	11.36			
	世界玄武岩（维）	200		20	0.48	1	100	0.4	6	18	1.5	0.8	0.05	0.2	4	0.1	0.5	3			
	地壳克拉克值（维）	90	10	20	2.5		170	3.8	12	19	2.5	1.5	500	1000	4.3	700	2.5	13			

稀土元素分析结果（$\times10^{-6}$）

样号	岩石名称	La	Ce	Pr	Nd	Sm	Eu	Gd	Tb	Dy	Ho	Er	Tm	Yb	Lu	Y	ΣREE	LREE	HREE
XT0013-1	蚀变苦橄玄武岩	18	35	4.37	18.3	4.61	1.34	4.71	0.74	5.04	0.89	2.46	0.38	2.39	0.38	21.1	98.61	81.62	16.99
XT1410	蚀变玄武岩	30.3	56.5	6.04	25.9	5.44	1.16	4.57	0.76	4.14	0.71	1.97	0.3	1.86	0.28	16.9	139.93	125.3	14.59
XT1569	强蚀变玄武岩	65.7	93.2	9.42	42.7	6.69	1.38	4.45	0.62	3.62	0.7	1.88	0.3	1.59	0.2	16.2	232.45	219.1	13.36

样号	岩石名称	δEu	δCe	Sm/Nd	La/Yb	La/Sm	Ce/Yb	Gd/Yb	Eu/Sm
XT0013-1	蚀变苦橄玄武岩	0.871	0.904	0.252	7.531	3.905	14.64	1.971	0.291
XT1410	蚀变玄武岩	0.693	0.932	0.21	16.29	5.57	30.38	2.457	0.213
XT1569	强蚀变玄武岩	0.729	0.768	0.157	41.32	9.821	58.62	2.799	0.206

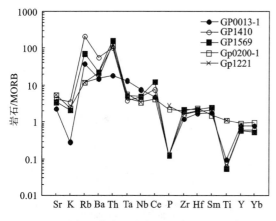
图 3-72 早白垩世火山岩微量元素 MORB 蛛网图

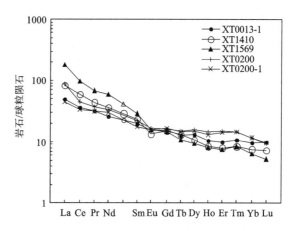
图 3-73 早白垩世火山岩稀土元素配分型式图

（八）岩浆来源、构造环境及成因分析

1. 利用主元素进行分析判别

Sun(1984)研究表明,从 38 亿年至今原始地幔(TiO_2/P_2O_5)的比值基本固定为 10,这是稳定地幔源区派生岩浆形成的玄武岩具有较好的 $TiO_2-P_2O_5$ 线性关系的原因。而测区多尼组火山岩的 $TiO_2-P_2O_5$ 虽然有较好的线性关系(图 3-74),但其比值分别为 6.70、4.43、4.60、8.71、13.23、13.39,其中 2 个样大于 10,4 个样明显小于 10,这表明岩浆主要来源于非稳定的地幔区或离地幔区很近的壳幔混合带上部地壳深处,但有地幔物质的明显加入。

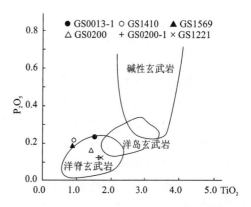
图 3-74 早白垩世火山岩 $TiO_2-P_2O_5$ 相关图

利用 Al/Fe、Al/Ti 比值可以判断基性火山岩为裂谷或张性环境(Al/Fe<1.05、Al/Ti<10),而当 Al/Fe>1.05、Al/Ti>10 时,则为岛弧或活动大陆边缘环境。多尼组基性火山岩共 6 个样有 3 个样 Al/Fe>1.05、Al/Ti>10,为岛弧或活动大陆边缘环境。而另外 3 个样基本上 Al/Ti<10、Al/Fe<1.05 代表了裂谷或张性环境。

结合剖面中夹有深水环境下的硅钙质粉砂岩(碎屑主要为石英及少量长石)以及岩石较为高钛的特征分析,其形成环境应处大陆或岛弧与洋壳接界附近,其地壳组成可能存在过渡性地壳,并且明显具有亲大洋的性质。

2. 利用微量元素进行判析

上述微量元素研究表明,多尼组基性火山岩基本上具有格林拉达岛的钙碱性火山弧玄武岩的曲线特征。利用 $TiO_2/10-MnO-P_2O_5$ 图解(图 3-75)判别,6 个样品有两个样品基本落入洋岛碱性玄武岩(OIA)区,一个样品落入靠近洋岛碱性玄武岩的岛弧拉斑玄武岩区,还有 3 个样点投入洋岛拉斑玄武岩区(OIT),表现出明显过渡的特征。再利用 TiO_2-Zr 图解(图 3-76)判析,5 个样品 3 个基本上落入火山弧玄武岩(VAB)区。其中一个样品处于火山弧玄武岩与板内玄武岩(WPB)的界线处靠近火山弧玄武岩一边,也在重选的洋中脊玄武岩(MORB)近中心区,还有两个样点落在火山弧玄武岩(VAB)、板内玄武岩和洋中脊玄武岩三者交会(界)附近,明显表现出向大洋过渡的特征。

综上所述,多尼组火山岩主体由一套钙碱性玄武岩到基性玄武岩再到中性安山岩、英安岩和酸性流纹岩组成,以水下裂隙式溢流相为主要喷发类型,夹有少量爆(喷)发相的凝灰岩,具有多旋回喷发的特征;同时火山岩中还夹少量半深海相陆源碎屑岩。火山岩岩石地球化学特征表明,岩浆主要来源于地幔或壳幔混合带并明显加入不少地壳物质。形成于大陆边缘的岛弧环境,与洋岛碱性玄武岩存在过渡关系,说明有亲大洋的过渡性地壳的存在。

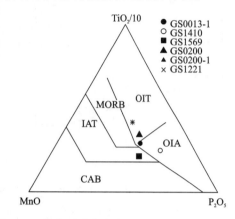

图 3-75　早白垩世火山岩 $TiO_2/10 - MnO - P_2O_5$ 图
OIT:洋岛拉斑玄武岩;OIA:洋岛碱性玄武岩;MORB:洋中脊玄武岩;IAT:岛弧拉斑玄武岩;CAB:钙碱性玄武岩

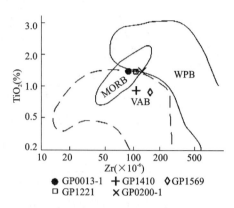

图 3-76　多尼组火山岩构造环境判别图

四、火山岩小结

测区火山活动虽然较弱,仅在晚三叠世和早白垩世两个时期活动,但火山岩岩类复杂多样。晚三叠世巴贡组火山岩沿区域性深大断裂构造呈 NW 向断续带状,分布在测区北部索县结合带北侧的唐古拉构造火山岩带上,受区域性断裂构造控制明显;其为一套杏仁状玄武岩—碳酸盐化玄武岩—硅化火山角砾岩—碳酸盐化玄武质凝灰岩组合。岩类相对较少,演化不全,性质单调,都是基性。火山地层结构类型为火山熔岩与火山碎屑岩,火山岩呈夹层产出。主要喷发类型为喷发和喷溢,早期为裂隙式喷溢,时间较长,间歇期更长,火山地层厚度大,中晚期为短暂的中心式喷(爆)发(火山地层厚度小)。火山喷溢韵律发育明显,旋回数少(1~2个),喷(爆)发中心少,但爆发力较强,可见火山角砾岩和凝灰岩,火山岩相为溢流的熔岩相、火山爆发相、近火山口相,远火山口相组合,火山机制明显。岩石地球化学研究表明,巴贡组火山岩形成于索县结合带即将关闭造山、碰撞效应(重熔、变形、变质事件等)后期的大地构造环境,岩浆来自下地壳岩石的部分熔融(重熔)。

早白垩世多尼组火山岩零散状和断续宽带状分布于测区南部(索县-丁青结合带南边)冈-念构造火山岩带的广大地区,受区域性深大断裂构造及次级断裂、褶皱、脆弱带、裂隙、接触带等控制明显,方向多而不明显。其主要岩石组合为蚀变苦橄玄武岩—强蚀变玄武岩—蚀变(黑云角闪)安山岩—糜棱岩化蚀变安山岩—蚀变安山岩—蚀变黑云母英安岩—蚀变黑云母流纹岩—凝灰岩。岩类复杂,性质多样,由基性—中性—中酸性—酸性,岩石演化较全。火山地层结构类型为火山熔岩兼少量火山尘岩(凝灰岩),火山岩呈夹层产出。主要喷发类型为水下裂隙式喷溢为主,兼少量喷发,爆发力较弱,火山喷发旋回数较多,韵律不甚发育,火山岩相仅见溢流熔岩相及火山尘岩相。古火山机制发育不全,表现不太明显。岩石地球化学研究,多尼组火山岩的岩浆主要来源于地幔或壳幔混合带,并明显加入不少地壳物质。形成于大陆边缘的岛弧环境,与洋岛碱性玄武岩存在过渡关系,说明有亲大洋的过渡性地壳的存在。

总之,测区火山岩均受断裂构造控制明显,蚀变变形都很强烈,自北向南时代由老到新,测区的火山岩整体上表现出岩类由简单的基性向复杂多样性的基性—中性—中酸性—酸性方向演化,火山地层由发育齐全向不齐全,火山喷(溢)发韵律结构由明显向不明显,喷发旋回由少旋回向多旋回方向演化,火山喷发类型、方式由裂隙式喷溢加中心式爆(喷)发相向裂隙式溢流相为主兼少量强度较弱的喷发相演化,火山岩岩浆来源由下地壳向地幔,形成的构造环境由大陆岛弧向大洋岛弧方向演化,古火山机制(理)由明显向不甚明显,喷发中心由少向多的方向演化。

第四章 变 质 岩

测区变质岩石分布广泛,除晚白垩世及其以后的地层外,其余各时代地层体均受到不同程度和不同期次各种变质作用的改造,形成了类型较为齐全的变质岩。

第一节 概 述

一、变质地质单元划分

根据董申保(1986)对中国变质地质单元的划分及《西藏地质志》变质岩篇对西藏变质地质单元的划分方案,根据测区内变质岩特征及时空分布,所处的大地构造位置,变质作用类型及其变质变形程度等。将测区由北向南划分为 7 个变质岩带(表 4-1、图 4-1)。

表 4-1 变质地质单元划分表

变质地质	变质岩带
唐古拉变质地区	麻木日阿-白兰卡变质岩带(I^1)
	宋米日-旁日龙变质岩带(II^1)
	多娃乡-郎尼玛变质岩带(III^1)
	雀我卡变质岩带(IV^1)
	高口-嘎熊变质岩带(IV^2)
	恰则-白嘎变质岩带(IV^3)
	安达变质岩带(IV^4)

二、变质岩石类型划分

根据《变质岩石学》(1989)中变质岩分类方案,将区内变质岩分为区域变质岩、接触变质岩、气-液变质岩及动力变质岩 4 大类型。

结合测区变质岩石的结构构造特征、矿物成分及变质程度的不同,将测区内区域变质岩分为轻变质粒状岩类、板岩类、千枚岩类、片岩类、片麻岩类、角闪质岩类、长英质粒状岩、结晶灰岩及大理岩类 8 大类岩石。以板岩、轻变质粒状岩类分布最广。

动力变质岩的分类参考中国地质大学(武汉)(1988)动力变质岩分类方案,并结合测区动力变质岩结构、构造特征,分为脆性动力变质岩和韧性动力变质岩两大类。测区以韧性动力变质岩分布广泛。

三、变质作用类型划分

变质作用类型是变质地质学主要研究内容之一。结合测区情况并参照《变质岩石学》(1989)、《变质岩结构构造图册》(1981)、《中国变质作用及其与地壳的演化关系》(1986)等,将测区变质作用类型可划分为区域变质作用、接触变质作用、动力变质作用和气-液变质作用等。

(一)区域变质作用类型

有区域动力热流变质作用和区域低温动力变质作用,其变质作用的地层有 $AnCJt.$、$AnCJy.$、T_3j、T_3b、T_3bg、JM、J_2q、J_2b、J_2xh、J_2m、J_2s、$J_{2-3}l$、K_1d、K_1b 等。

(二)接触变质作用类型

受洋壳俯冲部分熔融上升形成的火山-岩浆作用的控制,燕山期-喜马拉雅期岩浆活动强烈,相伴发生接触变质作用,有热接触变质和接触交代变质作用,形成种类较多的角岩化岩石及少量的矽卡岩化岩石。

(三)动力变质作用类型

测区动力变质作用根据变质变形的特征,可进一步分为脆性、韧性动力变质作用。形成的主要变质岩石类型为糜棱岩类、碎裂岩类。

(四)气-液变质作用类型

测区内该变质作用较强、发育局限,形成的变质岩石类型有蛇纹石化、云英岩化、青磐岩化等。

四、变质相带、相系划分

利用《变质岩石学》(1989)、《变质岩结构构造图册》(1981)、《中国变质作用及其与地壳的演化关系》(1986)等,根据测区情况,划分为葡萄石、绿泥石、绿泥石-黑云母、黑云母、铁铝榴石、十字石等区域变质矿物带。接触变质矿物带有红柱石、堇青石、矽线石带。

测区变质相系的划分采用都城秋穗(1961)提出的方案,以特征变质矿物为主,根据常见变质矿物组合为基础,划分为中压型、中高压型、低压型等。

第二节 区域动力热流变质作用与变质岩

该类岩石是测区最为重要的变质岩石,面积约 $380km^2$,时代为元古晚期及华力西早期。分布于麻木日阿-白兰卡、宋米日-旁日龙两个变质岩带。

一、麻木日阿-白兰卡变质岩带

该岩带属唐古拉变质地区,北以角度不整合被 J_2q 超覆,南以雅安多-打扎乡断裂为界,东被早白垩世侵入岩体吞噬,北西与南东方向延入邻区,呈带状,面积约 $260km^2$。变质地层为 $AnCJt.$。

(一)岩石类型及特征

岩石类型以石英片岩为主,夹角闪质岩类、长英质粒状岩类、大理岩类等。

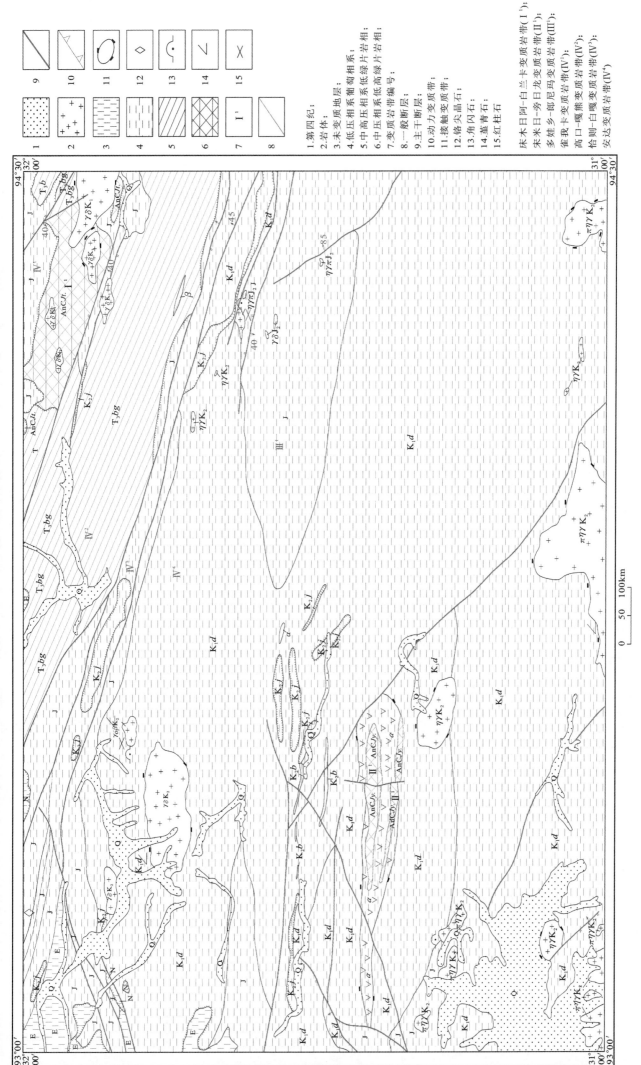

图 4-1 比如县幅变质单元划分图

1. 片岩类

白云石英片岩 $AnCJt.$ 中大量分布，岩石具鳞片粒状变晶结构，片状构造。主要矿物有石英 50%～70%，显拉长略具方向性排列，呈波状消光，粒间为白云母及绢云母，显半定向排列，相对集中时形成条带，电气石及褐铁矿星散分布于岩石中。白云母 15%～45%，电气石 1%，锆石 0～2%，绢云母 0～3%。岩石种类有白云石英片岩、矽线白云石英片岩、矽线堇青白云石英片岩、绿泥白云石英片岩等。

二云石英片岩 夹层状主要分布于 $AnCJt_3^1$ 中，$AnCJt_1^1$ 少量。岩石具粒状鳞片状变晶结构，条带状构造。主要矿物有石英 50%～60%，黑云母、白云母 30%～35%，斜长石 0～5%，副矿物绿泥石、锆石、电气石等少量，堇青石、矽线石极少量。云母片均分布于石英粒间显方向性排列，不同的是各带中的云母含量不等，石英大小不等。在云母含量多的条带中，出现有较多的黑云母变斑晶，在石英粒度较细的条带中常有斜长石出现；黑云母含量少的条带中，石英呈糖粒状（变粒岩），少数条带状中铁泥质呈不规则分布。岩石种类有二云石英片岩、堇青石二云石英片岩、褐铁矿化绿泥二云石英片岩等。

黑云石英片岩 分布于 $AnCJt_1^1$、$AnCJt_1^3$ 中，岩石具鳞片状粒状变晶结构，片状构造、条带状构造。岩石中以石英为主，含量 40%～50%，黑云母 15%～30%，斜长石 1%～5%，次要矿物堇青石 0～5%，绿泥石、方解石、褐铁矿等少量。岩石种类有黑云石英片岩、含堇青黑云石英片岩、绿泥黑云石英片岩等。

2. 斜长角闪岩

夹层状分布于 $AnCJt_1^1$ 中，岩石具粒柱状变晶结构，条带状构造。主要矿物有普通角闪石 45%，斜长石 45%，次要矿物方解石、钠长石，绢云母少量。

3. 长英质粒状岩类

黑云母长英变粒岩 主要分布于 $AnCJt_1^1$ 中，岩石具鳞片状粒状变晶结构。主要矿物有石英 45%，黑云母 30%～35%，斜长石 20%～25%，次要矿物绿泥石、锆石、电气石、方解石、褐铁矿等少量。斜长石结晶较细分布于石英粒间，黑云母片分布于长英矿物之间，少数集中时显带状。

4. 大理岩类

均为透闪石化糜棱状炭质大理岩。分布于 $AnCJt_1^1$、$AnCJt_1^3$ 中，岩石具糜棱状结构、粒状变晶结构。主要矿物白云石 65%，方解石 25%。炭质、石英等少量。透闪石的长轴大多与糜棱条纹相一致，透闪石解理中有炭质。

（二）特征变质矿物及组合

1. 石英

分布广泛，石英压扁拉长，显方向性排列，由于产生重结晶，具齿状和粒状镶嵌、波状消光，后期碎裂，有少量的糜棱状，且有细鳞片状的绢云母出现。

2. 白云母

鳞片状及细小板粒状、叶片状，长短轴之比为 4:1～9:1，和黑云母、绢云母等片状矿物集中成条纹状、条带状集合体，构成岩石片理、皱纹状片理。白云母片体多弯曲而呈微褶皱纹片理。

3. 黑云母

分布少量，呈两种形态：一为鳞片状，强烈绿泥石化，黑云母具残留，呈黄绿色、绿褐色多色性，$Ng=Nm$—褐色，Np—浅黄色；二为变斑晶，呈厚板状杂乱分布，切割岩石片理，并有石英、白云母包体。

4. 钠长石

在石英片岩、斜长角闪岩中呈两种形态分布：一是呈变斑晶，为粒状、等轴粒状，钠长石双晶发育，与岩石片理一致，个别斑晶呈旋状"S"型；二是呈不规则他形粒状、圆粒状，多拉长呈长条状。

5. 角闪石

为普遍角闪石，呈柱状，与基性斜长石共同组成条带状构造。以角闪石为主的条带，其长柱呈交织状，空隙中有少量钠长石粒填充。

（三）岩石化学特征

1. 主要变质岩的岩石化学特征（表 4-2、表 4-3）

表 4-2　区域变质岩岩石化学分析结果表（wt%）

序号	样号	岩石名称	层位	SiO_2	TiO_2	Al_2O_3	Fe_2O_3	FeO	MnO	MgO	CaO	Na_2O	K_2O	P_2O_5	灼失	合计
1	$P_{18}GS8-1$	含矽线石白云母石英片岩	$AnCJt^2$	74.48	0.56	11.19	0.84	3.56	0.03	1.34	0.32	1.34	3.08	0.13	3.34	96.87
2	9-1	矽线堇青白云石英片岩	$AnCJt^2$	72.44	0.57	11.58	0.77	4.25	0.06	1.62	1.00	0.77	2.90	0.11	3.54	96.07
3	12-3	绿泥白云母石英片岩	$AnCJt^2$	70.54	0.65	12.64	1.90	3.66	0.07	1.48	0.82	0.55	3.71	0.12	3.62	96.14
4	19-1	矽线白云石片岩	$AnCJt^2$	87.34	0.28	4.84	0.56	1.84	0.08	0.57	0.84	0.03	1.59	0.07	1.68	98.04
5	28-1	堇青二云石英片岩	$AnCJt^2$	72.78	0.72	12.11	0.42	4.34	0.11	1.89	0.80	1.91	2.82	0.11	1.32	98.01
6	32-1	白云石英片岩	$AnCJt^2$	71.29	0.91	16.00	1.30	0.78	0.05	0.56	0.61	0.29	4.50	0.05	3.18	96.34
7	37-1	二云石英片岩	$AnCJt^2$	66.38	0.60	11.39	2.35	2.49	0.09	1.59	5.02	0.11	2.38	0.09	6.32	92.49
8	39-1	斜长角闪岩	$AnCJt^2$	40.12	0.72	13.87	2.62	5.17	0.23	6.16	20.52	1.75	1.23	0.23	7.12	92.62
9	49-1	褐铁矿化绿泥二云石英片岩	$AnCJt^2$	60.05	0.79	13.10	3.91	2.52	0.13	3.75	6.24	2.56	0.13		2.93	93.33
10	ⅧD-GS5290-2	绿泥白云石英片岩	$AnCJy^2$	66.90	0.60	13.80	3.05	5.48	0.10	2.75	0.12	1.45	2.60	0.15	2.99	99.99
11	3390-2	变斑状石榴白云钠长片岩	$AnCJy^2$	64.34	0.75	16.51	3.40	2.92	0.05	2.59	0.46	0.75	4.15	0.20	3.81	99.93
12	3390-1	斜长角闪片岩	$AnCJy^2$	48.14	1.45	13.97	4.07	7.92	0.22	7.74	9.85	3.00	0.15	0.13	2.78	99.42

1）石英片岩类

$Fe_2O_3=0.77\%\sim1.90\%$，$FeO=3.56\%\sim3.66\%$，$MgO=1.34\%\sim1.48\%$，$Na_2O=0.55\%\sim1.34\%$，$CaO=0.32\%\sim0.82\%$，$K_2O=3.08\%\sim3.71\%$，这些氧化物含量变化大，$K_2O>Na_2O$，岩石富含钾质。

2）角闪质岩类

$TiO_2=0.72\%$，$MgO=6.16\%$，$Na_2O=1.75\%$，$K_2O=1.23\%$，这些氧化物含量变化大，$K_2O<Na_2O$，岩石富含钠质，$CaO=20.52\%$。

2. 主要氧化物及尼格里参数的变化趋势

白云石英片岩中 TiO_2 含量 0.9%，二云石英片岩中 TiO_2 0.7%，角闪质岩类中 TiO_2 1.1%，尼格里数值为 1.2～4.5，均大于岩石中 TiO_2 含量，说明岩石中 TiO_2 亏损。白云石英片岩 FeO^* 0.7%，二云石英片岩FeO*15%,角闪质岩石中FeO*达9.9%±,尼格里数值等于岩石中FeO*,岩石中FeO*严重亏损。白云石英片岩CaO 4%±,二云石英片岩中CaO达22%±,与尼格里数值近于相当,CaO在该类岩石中基本饱和。白云石英片岩中Na_2O 0.70%,二云石英片岩中Na_2O 0.71%,角闪质岩石中Na_2O 2.3%,尼格里数值远高于岩石中Na_2O,岩中Na_2O亏损。白云石英片岩中K_2O 3.5%±,尼格里数值高于岩石中K_2O,二云石英片岩中K_2O 2.4%,角闪质岩石中K_2O 0.7%±,与尼格里数值近于相当,K_2O为饱和状态。白云石英片岩中MgO 0.1%,尼格里数值为0.4,岩石中MgO为过饱和,二云石英片岩中MgO 2.1%,角闪质岩石中MgO 0.6%,尼格里数值相当,说明该岩石中MgO饱和。

表 4-3 区域变质岩尼格里数值及 ACF 数值表

序号	样号	岩石名称	层位	Al	fm	c	alk	si	ti	k	mg	Al-alk	(al+fm)-(c+alk)	A	C	F
1	$P_{18}GS8-1$	含矽线白云石英片岩	$AnCJt.^2$	20	68.4	1.1	10.5	221.6	1.25	0.6	0.09	9.5	76.8	22.4	1.2	61.7
2	9-1	矽线菫青白云石英片岩	$AnCJt.^2$	40.8	36.3	6.3	16.5	425	4.46	0.74	0.39	24.3	54.3	48.9	7.5	26.5
3	12-3	绿泥白云石英片岩	$AnCJt.^2$	43.3	35.4	5.02	18.2	404	2.75	0.83	0.38	25.1	55.48	52.9	6.1	25.2
4	19-1	矽线白云石英片岩	$AnCJt.^2$	38.1	34.6	11.9	15.4	1156	3.60	0.97	0.33	22.7	45.4	45.7	14.3	27.0
5	28-1	菫青二云石英片岩	$AnCJt.^1$	39.2	35.5	4.6	20.8	393	2.9	0.52	0.43	18.4	49.3	49.4	5.8	25.4
6	32-1	白云石英片岩	$AnCJt.^1$	61.5	6.6	4.2	22.4	457	4.2	0.92	0.45	39.1	41.5	79.21	5.4	8.5
7	37-1	二云英片岩	$AnCJt.^1$	35.5	27.1	27.9	9.4	345	2.5	0.94	0.44	8.4	25.3	39.4	31.0	15.8
8	39-1	斜长角闪石岩	$AnCJt.^1$	18.3	31.8	48.3	5.6	88	1.2	3.42	0.63	12.7	3.8	18.7	49.2	11.3
9	49-1	褐铁矿化绿泥二云石英片岩	$AnCJt.^1$	31.6	33.7	26.9	7.9	242	2.4	0.93	0.67	23.7	31	34.5	29.3	11.5
10	ⅧD-GS5 291-2	绿泥白云石英片岩	$AnCJy.^2$	36.5	49.5	0.5	13.5	299	2.1	0.54	0.37	23.0	86	41.5	0.8	57.7
11	3390-2	变斑状石榴白云钠长片岩	$AnCJy.^2$	43	39	2.3	15.7	286	2.6	0.78	0.44	27.3	64	56.4	3.6	44
12	3390-1	斜长角闪片岩	$AnCJy.^2$	19	50	24	7	112	2.6	0.04	0.54	12	38	18.8	29.4	52.8

(四)地球化学特征

1. 微量元素特征

微量元素与涂氏和费氏沉积岩、火成岩微量元素丰度对比(表4-4):白云石英片岩中Sc、P、Ti、Nb、U、V、Sr、Co高于砂岩,Cr、Ni近于砂岩;斜长角闪石角岩中Sc、Ti、Cr、V、Sr、Ni、Mn、Co、Cu高于酸性岩,Hf、Zr低于酸性岩,U近于酸性岩。

2. 稀土元素特征

1)石英片岩

该类岩石的稀土总量较低(表4-5),在$149.99×10^{-6}$~$316.16×10^{-6}$之间。轻重稀土比值在4.02~4.18之间,多在4.1±,轻稀土富集而重稀土亏损,$\delta Eu=0.8±$。显示铕轻负异常,Eu/Sm=0.2±,与沉积岩的Eu/Sm值0.2(赵振华,1974)接近或相当。稀土整体分布型式右倾(图4-2)。

2)斜长角闪石岩

稀土总量$142.85×10^{-6}$,含量较低,变化较大,轻重稀土富集而重稀土亏损。稀土分布型式为轻稀土富集,重稀土平坦。稀土整体分布型式右倾(图4-2)。

3. 变质原岩的恢复及背景

1）宏观地质特征

该岩带变质岩宏观具成层性（大层有序，小层无序），泥质成分含量高时变质较强，可达片岩或片麻岩，面理置换亦较彻底。岩石的原始层理已无法辨认，只能见到由长英质条带所显示的面理（S_n），从长英质条带与岩石中残留成分层的关系判断 $S_n \parallel S_0$。即现存面理为"顺层面理"。泥质成分含量低的长英质岩石变质变形弱，反映了岩石的能干性与变质变形相关的特点。

2）岩相学特征

A. 特殊岩石

a. 石英岩类

石英岩：薄层状夹层分布于 $AnCJt.^1$ 中，石英含量达 85%，多数为 90%，颗粒显拉长定向分布。原岩应为硅质岩。还含有少量白云母、绢云母、方解石等。岩石类型有片理化云母石英岩、绢云母石英岩、白云母石英岩、褐铁矿含白云母石英岩等。

b. 大理岩类

区域上呈层状分布，主要矿物为白云石 65%，方解石 25%，说明原岩应为白云岩。

B. 长英质岩石类

a. 石英片岩

原岩结构构造已无保留，在岩石化学图解 $(al+fm)-(c+alk)-Si$（图 4-3），$Si-mg$（图 4-4），TiO_2-SiO_2（图 4-5），$(al-alk)-C$（图 4-6）上，投影的总趋势（表 4-6）为泥质岩区。

微量元素与泰勒值对比：Zr、Rb 偏高，Co、P、Ni、Sr、V、Cr、Rb、Mn 低，具有沉积岩微量元素特征。与涂氏和费氏值对比：Zr、Cr、U、Sr 等含量与砂岩接近。

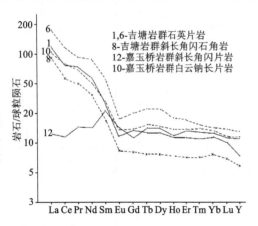

图 4-2 石英片岩、斜长角闪片岩、白云钠长片岩稀土配分图解

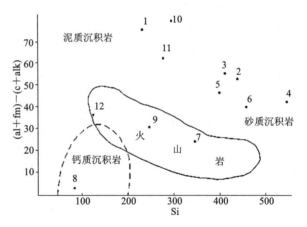

图 4-3 $(al+fm)-(c+alk)-Si$ 图解

（据西蒙南，1953，简化）

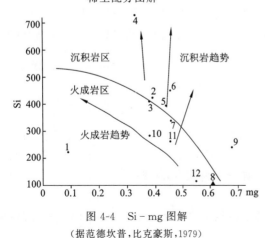

图 4-4 $Si-mg$ 图解

（据范德坎普，比克豪斯，1979）

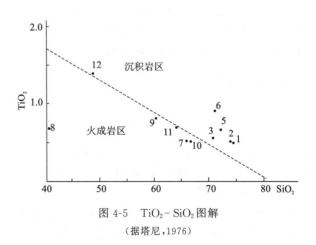

图 4-5 TiO_2-SiO_2 图解

（据塔尼，1976）

第四章 变质岩

表 4-4 区域变质岩微量元素定量全分析结果表（×10^{-6}）

序号	样号	岩石名称	层位	Sn	Sc	Hf	Ta	P	Ti	Rb	Zr	Nb	Th	Cr	U	V	Sr	Ni	Mn	Ba	Co	Cu
1	P$_{18}$GP8-1	含矽线白云石英片岩	AnCJt.^{2}	3.40	3.80	3.14	0.53	464	2690	0.30	122	8.38	11.7	35.8	1.29	59.6	47.7	23.2	1230	262	8.50	366
2	9-1	矽线菫青白云石英片岩	AnCJt.^{2}	4.00	10.5	4.67	0.69	470	3320	129	160	9.78	14.5	42.0	1.02	73.3	42.5	29.4	502	310	8.90	8
3	12-3	绿泥白云青石英片岩	AnCJt.^{2}	4.40	10.6	6.71	0.67	775	3580	134	248	12.0	96.0	40.1	1.43	60.1	33.6	30.0	368	528	11.2	23.4
4	19-1	砂泥白云石英片岩	AnCJt.^{2}	2.30	3.76	6.50	0.58	192	1840	132	204	6.44	11.6	28.7	1.08	23.0	1.57	18.7	716	384	5.05	48.0
5	28-1	菫青二云石英片岩	AnCJt.^{1}	1.50	19.2	9.34	1.00	257	6440	58.8	300	16.7	15.8	111	1.84	137	21.8	47.9	1140	1170	16.5	30.4
6	32-1	白云石英片岩	AnCJt.^{1}	2.10	13.5	7.69	0.91	502	4400	230	247	14.3	12.8	52.8	1.43	98.0	26.5	32.8	960	559	8.70	10.9
7	37-1	二云石英片岩	AnCJt.^{1}	2.70	15.4	.75	0.69	519	4670	50.8	245	13.1	12.3	58.7	1.43	98.0	25.9	43.8	653	800	10.0	8.30
8	39-1	斜长角闪石岩	AnCJt.^{1}	18.0	37.5	1.82	<0.5	374	4850	150	52.0	21.7	8.68	326	1.08	240	135	141	1720	160	39.2	6.35
9	49-1	褐铁矿化绿泥二云石钠长片岩	AnCJt.^{1}	2.20	148	4.78	1.34	472	5060	168	165	12.5	10.7	79.9	2.53	106	234	67.4	990	778	20.6	18.1
10	VIII3390-3	含石英碎斑白云钠长片岩	AnCJy.^{2}	3.05	15.0	5.7	1.1	376	2810	111	181	11.4	11.2	143	2.18	74	108	10.5	862	794	10.2	7.5
11	3390-2	变斑状石榴白云钠长片岩	AnCJy.^{1}	5.58	16.2	7.9	1.70	486	4351	220	262	21.4	25.9	108	4.07	101	56	26.8	428	567	11.2	25.8
12	3390-1	斜长角闪片岩	AnCJy.^{1}	1.2	47.9	2.9	0.83	524	4758	8.2	108	6.8	7.7	73	2.24	347	213	48.9	1510	19	41.4	90.7
	地壳元素丰度（泰勒,1964）			2.0	22.0	3.0	2.0	1050	5700	90	165	20	9.6	100	2.7	135	375	75	950	425	25.0	55.0
	涂氏和费氏微量元素丰度			1.4	30.0	2.0	1.1	1100	13 800	3	140	19	4.0	170		250	465	130	1500	330	48.0	87
			玄武岩	3	7.0	2.9	4.2	600	1200	170	175	21	17	4.1	3.0	40	100	4.5	390	840	1.0	1.0
			酸性岩																			
			砂岩		1	3.9		170	1500	60	220		1.7	35	0.45	20	20	2.0			0.3	

表 4-5 区域变质岩稀土元素含量表（×10^{-6}）

序号	样号	岩石名称	层位	La	Ce	Pr	Nd	Sm	Eu	Cd	Tb	Dy	Ho	Er	Tm	Yb	Lu	Y	ΣREE
1	P$_{18}$GS8-1	含矽线白云石英片岩	AnCJt.^{2}	39.0	74.2	8.89	31.5	6.44	1.07	5.22	0.87	5.54	1.07	3.07	0.48	3.05	0.42	19.8	200.62
2	9-1	矽线菫青白云石英片岩	AnCJt.^{2}	34.6	60.6	6.94	25.8	5.02	0.94	4.41	0.72	4.64	6	2.52	0.38	2.21	0.36	20.1	211.86
3	12-3	白云菫青白云石英片岩	AnCJt.^{2}	54.6	92.2	10.6	40.1		1.41	6.66	1.09	6.38	1.25	3.48	0.50	3.10	0.47	28.8	257.43
4	19-1	矽线白云石英片岩	AnCJt.^{2}	33.9	57.2	6.38	22.7	4.33	0.73	3.73	0.53	3.03	0.66	1.98	0.28	1.73	0.31	12.7	149.99
5	28-1	菫青二云石英片岩	AnCJt.^{1}	51.1	102	11.2	45.7	9.30	1.66	7.40	1.08	7.06	1.29	3.67	0.54	3.24	0.53	31.0	276.77
6	32-1	白云石英片岩	AnCJt.^{1}	58.9	116	10.9	53.0	10.8	1.66	8.36	1.42	8.86	1.68	4.76	0.68	3.96	0.58	34.6	316.16
7	37-1	二云石英片岩	AnCJt.^{1}	48.6	82.4	9.04	35.3	7.05	1.38	6.33	1.02	6.71	1.30	3.97	0.60	3.49	0.51	31.4	239.1
8	39-1	斜长角闪石岩	AnCJt.^{1}	30.3	51.3	6.02	23.9	4.31	0.82	3.39	0.51	3.23	0.65	1.93	0.30	1.91	0.28	14.0	142.85
9	49-1	褐铁矿化绿泥二云石钠长片岩	AnCJt.^{1}	35.0	61.9	6.60	31.4	6.64	1.22	5.56	0.80	5.42	0.98	3.14	0.46	2.80	0.38	22.0	184.3
10	VIIID-XT	含石英碎斑白云钠长片岩	AnCJy.^{2}	34.84	25.77	9.02	31.58	6.65	1.26	6.01	1.0	6.16	1.22	3.54	0.58	3.49	0.51	31.07	212.71
11	3390-3	变斑状石榴白云钠长片岩	AnCJy.^{1}	23.29	58.23	6.82	23.46	5.52	0.95	5.99	1.18	7.57	1.49	4.33	0.64	4.02	0.57	36.34	180.41
12	3390-2	斜长角闪片岩	AnCJy.^{1}	5.05	12.82	2.23	10.77	3.28	1.27	4.65	0.9	5.64	1.13	3.51	0.55	3.15	0.48	28.19	83.62
	22个球粒陨石平均值（滕尔曼,1971）			0.32	0.94	0.12	0.60	0.20	0.073	0.31	0.05	0.31	0.073	0.21	0.033	0.19	0.031	1.96	

稀土元素特征表现为总量高,在 211.86×10^{-6}～316.16×10^{-6} 之间,Eu/Sm 比值为 $0.2\pm$,相当于赵振华(1974)沉积岩 Eu/Sm 比值。

综上,石英片岩原岩应为砂岩或砂泥质岩石。

表 4-6 区域变质岩岩石化学图投影表

岩石类型＼图解	(al＋fm)－(c＋alk)－Si	Si－mg	TiO$_2$－SiO$_2$	(al－alk)－C
云母石英片岩(1、2、3、4、5、6、7、8、9)、钠长片岩(11)	泥质沉积岩区(1、10、11),砂质沉积岩区(2、3、4、5、6),火山岩区(7、9)	沉积岩区(2、4、5、6、9),火成岩区(3、7、10、11)	沉积岩区(1、2、3、4、5、6),火成岩区(7、9、10、11)	正常粘土区(7),铝质粘土区(6),长石质粘土和杂砂岩区(2、3、4、5),黑云母区(1)
斜长角闪石角岩(8)	钙质沉积岩区	火成岩区	火成岩区	铝质粘土区
斜长角闪片岩(12)	火山岩区	火成岩区	沉积岩区	铝质粘土区

b. 变粒岩类

空间上和石英片岩相伴产生。矿物含量见表 4-7,在变质矿物 QFM 图解(图 4-7)上,投入页岩区。可能原岩为砂泥质岩石。夹层状少量分布。

表 4-7 测区钠长片岩、石英片岩、变粒岩、浅粒岩矿物含量表

序号	样号	岩石名称	层位	主要矿物含量		
				石英(A)	长石(F)	铁镁矿物(M)
1	P$_{18}$GS 8-1	含矽线白云石英片岩	AnCJt.^{2}	56	23	21
2	9-1	矽线堇青白云石英片岩	AnCJt.^{2}	63	18	19
3	12-3	绿泥白云石英片岩	AnCJt.^{2}	58	22	20
4	28-1	堇青白云石英片岩	AnCJt.^{1}	73	27	0
5	32-1	白云石英片岩	AnCJt.^{1}	72	0	28
6	37-1	二云石英片岩	AnCJt.^{1}	64	18	8
7	49-1	褐铁矿化绿泥二云石英片岩	AnCJt.^{1}	53	23	24
8	Ⅷ-b3230-2	绿泥斜长片岩	AnCJt.^{2}	12	48	40
9	3390-2	白云斜长片岩	AnCJt.^{2}	45	30	25
10	3390-3	白云钠长片岩	AnCJy^2.	42	35	23
11	D1307b-1	辉石长英质变粒岩	AnCJt.^{2}	55	5	40
12	Ⅷ-b3392-2	浅粒岩	AnCJy^2.	25	61	14

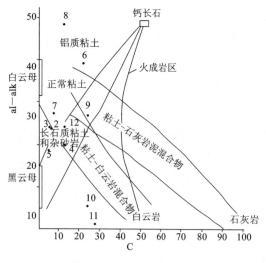

图 4-6 (al－alk)－C 图解
(据范德坎普,比克豪斯,1979)

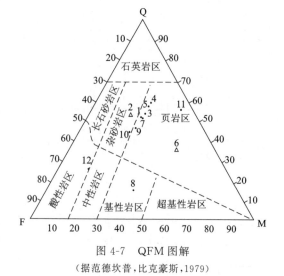

图 4-7 QFM 图解
(据范德坎普,比克豪斯,1979)

4. 变质相带及变质相系划分

1) 变质相带的划分及特征

黑云母带为主要变质带之一,分布广泛,范围与 $AnCJt.^1$ 中上部层位及 $AnCJt.^2$、$AnCJt.^3$ 层位分布范围一致。

泥砂质岩石:Bit+Mu+Ab+Qz,Chl+Mu+Pl+Qz,Mu+Bit+Cal+Qz,Mu+Bit+Qz,Mu+Qz,Mu+Ep+Cal+Pl+Qz。

基性岩:Hb+Ab+Chl+Bit+Ep Chl+Ac+Ep+Ab,Hb+Chl+Ep+Pl+Qz,Ep+Chl+Cal+Qz,Chl+Ep+Bit+Cal+Qz,Chl+Ep+Pl+Cal。

碳酸岩:Cal+Qz,Mu+Cal+Qz。

泥质岩石以出现黑云母较多为特征,且 Bit+Mu+Ab 组合常见,基性岩以显微纤柱状普遍角闪石为特征。

2) 变质相及相系的划分及特征

以矿物变质带的划分为基础,以矿物组合(图 4-8)为依据,可划分为低绿片岩相。

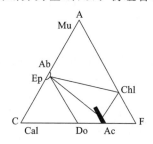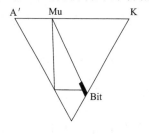

图 4-8 黑云母带矿物共生图解

低绿片岩相,与黑云母变质带范围相当。1:20 万丁青县幅在汝塔一带 $AnCJt.$ 中获白云母 bo 值为 $9.025 \times 10^{-10} \sim 9.032 \times 10^{-10}$ m,属中压相系。

5. 变质期次划分及特征

1:20 万丁青县幅在 $AnCJt.^1$ 中,获全岩 Rb-Sr 等时线年龄 340 ± 2 Ma;雍永源(1987)在与之相当的西西片岩中获 Rb-Sr 全岩等时线年龄为 371 ± 50 Ma,这两组年龄相当于华力西中期。均说明华力西中期为 $AnCJt.$ 的主变质期。而本次工作在索县荣布镇北西 $AnCJt.$ 片岩中新获得锆石值 U-Pb 模式法 731Ma,821Ma,1272Ma 同位素年龄,确证测区及其以西地区存在晚元古代结晶基底。据许荣华(1985)在羊八井北沟的眼球状黑云母片麻岩中获得锆石 U-Pb 模式年龄值为 1250Ma。以上年龄值说明,该 $AnCJt.$ 中有三期变质期,一是新元古代(加里东期)为古老的结晶基底,二是华力西中期,三是华力西晚期。

二、宋米日-旁日龙变质岩带

该岩带属唐古拉变质地区,北以宋米日—呀龙为界,与 K_1d 地层呈断层接触,南以哈不日阿—呀龙为界,与 K_1d 地层呈断层接触。该岩带变质地层为 $AnCJy.^2$,共两条,相距不远,两者之间和南北侧中部向西延伸为火山岩。该岩群呈带状分布,面积共约 112km²,出露不完整。

(一)岩石类型及特征

以片岩为主,夹角闪质岩类。

1. 片岩类

其岩性为白云石英片岩、钠长片岩、斜长角闪片岩等。

1）云母石英片岩

在该岩组中分布少量,具鳞片粒状变晶结构,片状结构。石英 60%～80%,白云母 10%～25%,绿泥石 2%～15%,磷灰石、金红石等微量。

2）钠长片岩

主要岩石类型。具斑状变晶结构,鳞片粒状变晶结构,片状结构。钠长石 25%～80%,黑云母 5%～10%,白云母 5%～20%,石英、铁铝榴石少量,副矿物电气石、榍石、磷灰石、磁铁矿等微量。

2. 斜长角闪片岩

夹层状分布,具粒状纤状变晶结构,片状构造。主要矿物普遍角闪石 52%,绿色、吸收性 Mg—Nm—Np、Mg∧C=24°,大小 0.2mm×0.3mm～0.05mm×0.3mm。更长石 30%,二轴晶正负光性都有,为低牌号更-钠长石。绿帘石 15%,绿泥石、石英少量,副矿物磁铁矿及榍石等微量。

3. 长英质粒状岩类

1）石英岩

石英岩分布少量。具粒状变晶结构,鳞片粒状变晶结构,块状结构,定向构造。副矿物磷灰石、锆石、黄铁矿等微量,白云母、黑云母、钠长石少量,石英 99%。

2）浅粒岩

浅粒岩少量分布。具粒状变晶结构,微定向构造。更长石 61%,石英 25%,白云母 5%,绿泥石 6%。

（二）特征变质矿物及组合

$AnCJy^2$ 主要变质矿物有石英、白云母、绿泥石、钠长石等。

1. 石英

在变石英砂岩中呈次圆状、浑圆状轮廓,呈变余砂屑状。在其他岩石中呈他形粒状及不规则状,长条状者沿长轴与片理定向一致,大都呈连续薄层状及不规则条带状集合体。

其矿物组合：$Qz+Mu+Bit,Qz+Mu$。

2. 白云母

呈鳞片状及叶片状,长短轴之比为 4:1～6:1,常和黑云母一起聚集成条带状、条纹状集合体,构成岩石片理。片体多变曲而成微褶纹片状。

其矿物组合：$Qz+Mu+Ser+Ab,Qz+Mu$。

3. 绿泥石

多呈鳞片状集合体分布,含量 1%～5%,呈浅绿色、玻璃光泽,完全解理,沿一定方向不均匀分布于岩石中,使岩石显片状构造。

其矿物组合：$Chl+Qz+Cal+Bit,Qz+Ab+Bit+Mu$。

4. 钠长石

主要产于 $AnCJy^2$ 变斑状石榴白云钠长片岩,含石英碎斑白云钠长片岩中;含量 20%～35%。灰白色,玻璃光泽,解理完全,聚片双晶发育。

其矿物组合：$Qz+Mu+Ser+Ab,Qz+Ab+Mu+Bit$。

（三）岩石化学特征

1. 石英片岩类

$Fe_2O_3=0.02\%～3.05\%,FeO=0.92\%～5.48\%,MgO=0.34\%～2.82\%,CaO=0～3.11\%,$

$Na_2O=0.05\%\sim1.45\%$，$K_2O=1.4\%\sim4.4\%$，这些氧化物含量变化大。$K_2O>Na_2O$，岩石富含钙质。

2. 角闪质岩类

$K_2O=0.15\%\sim3.9\%$，$TiO_2=0.9\%\sim3.1\%$，$MgO=4.57\%\sim10.56\%$，含量变化大，而 CaO 在 8% 左右，Na_2O 在 2%～3% 之间，稳定。岩石中 $Na_2O>K_2O$，富含钠质。

（四）地球化学特征

1. 微量元素特征

与涂氏和费氏火成岩、沉积岩微量元素对比(表 4-4)，白云钠长片岩中 Sc、P、Ti、Rb、V、Sr、Co 等高于砂岩，Zr、U 低于砂岩，Hf、Th、Cr、Ni 等近于相当。斜长角闪质岩中 Sc、Ti、Cr、V、Sr、Ni、Mn、Co、Cu 等高于酸性岩，Sn、Rb、Zr、Nb、Th、U、Ba 等低于酸性岩，Hf、P 等近于相当。

2. 稀土元素特征

1) 白云钠长片岩

该岩石稀土总量偏低(表 4-5)，在 $180.41\times10^{-6}\sim212.71\times10^{-6}$ 之间，轻重稀土比值为 1∶1.5，多在 1∶1.3，轻稀土富集而重稀土亏损，$\delta Eu=0.6\pm$，显示铕轻负异常；Eu/Sm 值 $0.2\pm$，与沉积岩的 Eu/Sm 值 0.2(赵振华，1974)接近。稀土分布型式为轻稀土富集，重稀土平坦(图 4-2)。

2) 斜长角闪质岩

稀土总量低，为 83.62×10^{-6}，轻重稀土在 $2.23\times10^{-6}\sim5.64\times10^{-6}$ 之间，轻稀土富集，$\delta Eu=1.21$，显轻微铕正异常或无异常。稀土分布型式为轻重稀土平坦(图 4-2)。

（五）变质原岩的恢复及背景

1. 石英岩

薄层状夹于石英片岩之中，其矿物石英含量高达 99%，其原岩应为硅质岩。

2. 长英质岩类

石英片岩：原岩结构构造已无保留，在岩石化学图解(图 4-3～图 4-6)上，投影的总趋势(表 4-6)为杂砂岩。其原岩可能为含泥砂质杂砂岩。

白云钠长片岩：原岩结构构造已无保留，在岩石化学图解(图 4-3～图 4-6)上，投影落在泥质岩区(表 4-6)。

矿物含量见表 4-7，在变质矿物 QFM 图解(图 4-7)上，投总落入酸性岩区，说明该原岩应为酸性火山岩。

综上，$AnCJy^2$ 的原岩为硅质岩、杂砂岩，夹中、基、酸性火山岩。

（六）变质相带及变质相系划分

1. 变质相带的划分及特征

变质带的划分：在该变质岩带内，岩石受变质的程度低，特征矿物较少，变质矿物分带不甚明显。但 $AnCJy$ 由北向南可以划分出绿泥石带、绢云母带等两个变质矿物带，属于低绿片岩相范畴。

绿泥石带：主要发育于片岩和蚀变火山岩中，其特征为绿泥石开始发现。

其矿物组合：Ser+Chl+Cc。

绢云母带：主要发育于结晶灰岩和和蚀变火山岩中，特征为绢云母出现。

其矿物组合：Ser+Qz+Bit。

从上述变质带的划分可看出，AnCJy. 由北向南变质程度逐渐降低，出现递减变化，说明其区域变质的热源来自北面。

2. 变质相及相系的划分及特征

以矿物变质带的划分为基础，以各变质带的矿物共生组合为依据。绿泥石带、绢云母带均属低绿片岩相，根据矿物组合和白云母 bo 值（为 9.032Å；据张旗，1996）。属中压相系。

（七）变质期次划分及特点

本次工作在 AnCJy. 未获得年龄资料，根据 1:20 万丁青县幅(1993)获得 Rb-Sr 全岩的等时线年龄 248±8Ma，在相当的层位中获全岩等时线年龄 317±41Ma。这两变质年龄为华力西中—晚期。岩石特征与本测区岩石特征对比，因此，AnCJy. 变质期应为华力西中晚期。

三、多娃乡-郎尼玛变质岩带

该岩带属唐古拉变质地区，北以扎茶戈-各翁断裂为界，南以 $J_{2-3}l$ 为界，呈楔状展布，东西向分布，向东延入邻区。变质地层为希湖组（J_2xh）。面积 207km²。

（一）岩石类型及特征

该变质岩带以变砂岩、粉砂质板岩等为主。变质矿物石英、长石、云母片微量。

（二）变质带、变质相及变质作用期

该变质带属单相变质，其变质矿物组合为：Qz+Fs+Ab+Ser。
泥砂质岩石：Ser+Qz+Mu，Ser+Pl+Qz+Ch，Chl+Ser。
碳酸盐岩类：Cal+Qz，Ser+Chl+Qz。

泥砂质岩石中以斜片状鳞片状绿泥石、绢云母大量出现为特征，云母多蚀变呈绿泥石，黑云母全蚀变为绿泥石。针片状鳞片状绿泥石、绢云母，呈紧密定向排列。据上述情况，划分为绿泥石变质带，属低绿片岩相，为燕山早期变质。

第三节 区域埋深变质作用及变质岩

一、概述

该类岩石分布最为广泛，总面积约 13 000km²。分布低压埋深变质作用及高压埋深变质作用两种类型。测区以低压埋深变质作用为主。

二、区域埋深变质作用及变质岩

（一）雀我卡变质岩带

雀我卡变质岩带属唐古拉变质地区。南以桑龙尼日—那约龙 AnCJt. 变质岩为界，北至图边。变质地层有 K_2j、T_3bg、T_3b、T_3j 等地层。呈带状，北、东均延入邻。面积约 50km²。

1. 岩石类型及特征

该变质带岩石从未变质到轻微变质,岩石仍以原岩命名。岩石类型有碎屑岩类、硅泥质岩类、碳酸盐岩类等。砂泥质岩石中表现为部分泥质物变质为略具定向的显微鳞片状绢云母,另一部分硅质物变质为微晶石英,部分石英碎屑具变晶加大边,灰岩中部分泥晶方解石变质为微晶方解石。

2. 变质带、变质相及变质作用期

该岩带无递增变质,变质矿物共生组合有两种。

泥砂质岩石类:Ser+Qz+Pl+Cht,Ser+Chl+Qz,Ser+Chl,Qz+Pl+Ser+Cht+Mu。

碳酸盐岩类:Ser+Cal+Qz,Chl+Cal+Qz,Cal+Qz。

泥砂质岩石中以出现少量略具定向的细小鳞片状绢云母、绿泥石为特征。划分为葡萄石变质带,属葡萄石相。

该变质带褶皱较为发育,明显变质,其变质期应为燕山晚期。

(二) 高口-嘎熊变质岩带

该岩带属唐古拉变质地区。南以班公错-索县-丁青-怒江缝合带为界。北以几日-雅安多断裂为界。变质地层有 J_2q、J_2b、JM、T_3bg 等。该岩带以 T_3bg 为主。呈带状东西向展布,两端均延入邻区,面积约 1200 km²。

1. 岩石类型及特征

岩石从未变质到极浅变质,岩石仍以原岩命名。岩石类型有碎屑岩类、泥质岩类、碳酸盐岩类、火山岩类等岩石。砂泥质岩石中具变余砂泥质结构,微层构造,板状构造。主要由长英质类碎屑及泥质组成,微层构造主要由泥质含量的多少而显示出来。碎屑外形仍然保留,泥质物均已重结晶为细鳞片状的绢云母及纤维状的硬绿泥石,且具定向性排列,其方向与原微层理斜交,深色微层理中硬绿泥石含量较多,在粉砂粒间常组成条纹状。

火山岩石具变余斑状结构,岩石已强烈蚀变,斑晶可辨认出斜长石、辉石及角闪石,斜长石变得残破,部分变为绿泥石,余留部分已变为钠长石,辉石为绿帘石集合体交代,角闪石呈长柱状,被磁铁矿及少量绢云母代替。岩石中不规则的裂隙及裂纹均被微粒状绿帘石充填交代。

2. 变质带、变质相及变质作用期

该变质岩带无递增变质现象,变质矿物共生组合有三种。

泥砂质岩类:Qz+Pl+Ser+Cht,Qz+Pl+Ser+Cht+Mu。

火山岩类:Ab+Cal+Chl+Ser,Ab+Chl+Ep+Se,Ab+Chl+Ep+Cal+Qz。

碳酸盐岩类:Cal+Qz+Chl+Ser,Cal+Do+Qz。

泥砂质岩石中出现少量细鳞片状绢云母及纤维状绿泥石为主要特征。该变质岩带岩石变形强烈,褶皱发育,划分葡萄石变质带,属葡萄石相,主要变质作用期应为燕山晚期。

(三) 恰则-白嘎变质岩带

该岩带属唐古拉变质岩区,北以班公错-怒江缝合带南界为界。南至图边,东西延入邻区。变质地层有 J_2s、$J_{2-3}l$、K_1d、K_1b、K_2j 等地层。

1. 岩石类型及特征

该岩带岩石从未变质到极浅变质,岩石仍然以原岩命名。岩石类型有碎屑岩类、泥质岩类等。

泥砂质岩石具变余砂泥质结构,变余粉砂泥质结构、板状构造,原岩为含少量砂的粉砂质泥质岩,经变质,石英、长石等主要砂屑虽大致保留原状态,但边缘出现港湾状及参差状均具波状消光,沿长轴方向显定向排列。泥质物均已重结晶为细鳞片状的绢云母及细纤维状的硬绿泥石,具定向排列,组成平行的条纹条带,构成板状构造,胶结物以绢云母为主。

2. 变质带、变质相及变质作用

该岩带无递增变质现象,属单相变质。其变质矿物共生组合如下所示。

泥砂质岩石:$Qz+Ser+Cht+Cal+Mu+Tou$,$Qz+Ab+Ser+Mu$,$Qz+Cal+Chl+Ser+Cht$,$Ser+Cht+Qz$,$Qz+Ser+Cht+Ab+Mu$。

泥砂质岩石中从出现少量的绢云母、绿泥石为特征。划分为葡萄石变质带,属葡萄石相。该岩带褶皱发育,其主要变质期应为燕山晚期。

三、区域中高压埋深变质作用与变质岩

该类岩石测区出露少,分布于安达变质岩带的马耳朋蛇绿岩套,东西延入邻区。

1. 马耳朋蛇绿岩(安达变质岩带)

该岩带属唐古拉变质地区,安达变质岩带。出露于JM地层之中,呈串珠状透镜体出露,面积大小各一,最大为马耳朋,面积为$1.8km^2$。详见蛇绿岩章节。

1)岩石类型及特征

岩石类型主要有强蚀变杏仁状玄武岩、蚀变石英辉绿岩、强次闪石化绢石化橄榄辉石岩、蚀变辉石橄长岩、强次闪石化辉石岩等。主要变质矿物有橄榄石、透辉石、斜长石、钾长石、普通角闪石、石英、绿泥石等。

2)变质带、变质相及相系、变质作用期

该变质岩石为单相变质,矿物共生组合如下所示。

变质矿物组合:$Mp+Ol+Pl$,$Pl+Ol+Mp$,$Prx+Ol+Pl$,$Ol+Di+Pl$,$Pl+Qz+Kp+Chl$。

岩石中有少量绿泥石分布,划分为葡萄石变质带,在区域上分布有蓝闪石,黑硬绿泥石,多硅白云母等,属高压葡萄石相。

该岩套经受了明显变质作用的改造,遭受了气-液变质作用改造,表现为橄榄石的强蛇纹化、辉石强绢云母化。燕山早期,比如板块向北碰撞俯冲,产生了葡萄石、多硅白云母等高中压变质矿物。在三叠纪定位属燕山早期变质。

第四节 接触变质作用及变质岩

一、概述

测区接触变质岩石比较发育,分布广泛,主要为燕山期中酸性侵入体,接触变质作用比较强烈,主要表现为接触变质作用,次为接触交代变质作用(图4-1)。

二、接触变质作用及变质岩

测区内主要发生在穹隆格岩体、熊塘岩体、军巴岩体和雄果岩体周围。围岩因受岩体温度影响而发

生重结晶变质作用,围岩的化学成分、结构构造基本保持原有状态。其变质岩石类型有斑点板岩类、角岩类、碳酸盐岩类等。

(一)岩石类型及特征

1. 斑点板岩类

1)斑点板岩

测区该类接触变质岩石主要出露于军巴岩体与 J_2xh 的外接触带上,岩石具变斑状结构、粒状鳞片状变晶结构,斑点状构造。斑点呈圆形—次圆形和椭圆形,由绢云母、石英、粉末状炭质等组成,是泥岩或杂质泥质在受热接触变质时形成。其矿物成分为:石英小于40%,绢云母—粘土矿物55%～60%,红柱石少见,炭质及铁质5%。

变斑晶为红柱石,呈四方形,切面呈菱形,粉末状炭质沿对角线聚集,呈十字形排列。

绢云母—粘土矿物呈微细鳞片状定向排列,有时铁质和绢云母聚集在一起,构成条纹状—条痕状。石英呈粉砂状。

2)斑点炭质板岩

测区分布少量,岩石具粒状鳞片状变晶结构,斑点状构造。其矿物成分,绢云母60%,石英3%,炭质10%,局部含有少量炭质。

原岩为泥岩或含杂质泥质岩,在受热接触变质时,新生的绢云母、绿泥石、粉末状炭质成不规则状或椭圆状集合体,分散在重结晶的基质中,呈斑点状分布,构成斑点状构造。

绢云母呈细鳞片—纤维状定向排列,常与粉末状炭质一起构成条纹状,石英呈微粒状、细粒状分布于绢云母之间。石英的长轴定向排列,与纤维状绢云母延伸方向一致。

炭质呈粉末状分布于绢云母和石英的间隙中。该岩石为典型热接触变质岩。

2. 角岩类

该类岩石分布局限,仅见于军巴岩体和熊塘岩体与 $J_{2-3}l$ 砂岩夹板岩地层的热接触变质带上。

1)含红柱董青角岩

该岩石具变斑状结构、变余粉砂状结构、条状结构。董青石(40%～45%)呈变斑晶,形态为长圆形、椭圆形,少量浑圆状,大体定向排列;红柱石变斑晶3%,含炭质十字形的红柱石横切面变斑。石英大于30%呈粉砂碎屑,次棱角状为主,绢云母呈鳞片状集合体,呈条带状、薄层状分布。绿泥石呈纤维状集合体,铁质呈不规则状条带状集合体。

2)董青角岩

岩石具变斑状变余泥质粉砂状结构,石英呈粉砂屑(50%),粒径0.05～<0.1mm。呈次圆—棱角状,点线接触。董青石呈椭圆状、长圆形、不规则状,颗粒边界呈不规则突变过渡。内部富含粉砂泥质细小次生包体,形似石英、长石,但折射率低于树胶。含泥质绢云母以鳞片状绢云母为主的泥质,相当于胶结构成分,主要为空隙式充填,粒间填隙状不均匀分布。铁质呈粒状、条带状,不规则集合体。

3. 片岩类

红柱绢云石英片岩,该岩石具变斑状显微粒状鳞片变晶结构,片状构造、斑块状构造。红柱石变斑晶35%,重要横切面1.5～3mm,次为柱状切面,大者2mm×5mm,横切面正方形、歪正方形。其中炭质包裹体呈十字排列特征,柱切面呈长柱状、长菱形柱状,也具有炭质包体,具横裂理为特征,含量25%。绢云母鳞片状集合体,与片理方向一致,有的绢云母集合体伴铁、泥质组成,斑块状构造,含量20%。炭质、铁质、条痕、条带状微粒和质点,与片理一致。另沿片理方向,局部有细砂岩扁豆体。

（二）主要变质矿物及特征

（1）堇青石：含量20%～45%，多呈长圆形、椭圆形，少量浑圆状、不规则状，但折射率低于树胶，切面横裂理。

（2）红柱石：具变斑晶，主要为横切面，1.5～3mm，次为柱状切面，横切面呈正方形、歪正方形，其中炭质包裹体呈十字排列特征，炭质包体，Ⅰ级干涉色，平行消光，具横裂理为特征。

（三）接触变质带、变质相特征

测区岩浆活动频繁，接触变质具多期性，产生新的接触变质矿物较复杂，由于出露差，给接触变质带、变质相的调查带来困难，仅对军巴岩体接触变质带进行探讨。

军巴岩体接触变质带从内到外变质程度逐渐降低，特征变质矿物和矿物组合发生有规律的变化。首先出现堇青石，其矿物组为Cor＋Ad＋Qz，随着远离岩体，堇青石消失，出现绢云母，其矿物组合为Ad＋Qz＋Ser。根据矿物组合可以划分出堇青石带和黑云母带两个接触变质矿物强度带。根据特征变质矿物和矿物组合特征，该接触变质相属于钠长-绿帘角岩相，属于低温低压的接触变质环境。

三、接触交代变质作用及变质岩

测区内接触交代变质作用很不发育，形成的岩石非常稀少。仅对布曲组灰岩产生很弱矽卡岩化，形成少量极弱的矽卡岩化灰岩。

第五节 气-液变质作用与变质岩

该类岩石测区分布不广，局限性强，主要发育在一些构造破碎带上和岩脉的边缘。它是由热气和热液作用于已形成的岩石，使已有岩石的矿物成分、化学成分和结构、构造发生变化而形成的一类变质岩石。

一、蛇纹石化岩石

该类岩石主要分布于超基性岩体及蛇绿岩残体中，是由超基性岩经热液蚀变而形成的岩石。岩石类型有蛇纹岩、蛇纹石化斜辉橄榄岩、蛇纹石化斜方辉橄岩、蛇纹石化橄榄岩、蛇纹石化透辉橄榄岩等。岩石中的橄榄石、斜方辉石蚀变强烈，有时可见残晶出现。岩石在镜下具纤维变晶结构，变余全自形结构，致密块状结构，有时呈角砾状结构。在蛇纹石化过程中，常有绿泥石化现象。蛇纹石化是地幔岩侵位过程与海水发生作用而发生的。

蚀变矿物组合：Sep＋Do＋Tl＋Chl。

岩石蚀变反应式：橄榄石＋斜方辉石＋水→蛇纹石＋氧气↑

二、青磐岩化岩石

该类岩石在测区分布很少，岩石类型单一，仅在马耳朋蛇绿岩中见有青磐岩化玄武岩。呈灰绿色，残余斑状结构、块状结构。次闪石35%～40%，为辉石蚀变而成，部分保留辉石斑状假象，斜长石多绿帘石化、方解石化，还有少量绿泥石、石英。蚀变矿物含量为60%，蚀变岩附近未见岩体、岩脉分布，变质热液类型应为区域变质热液,矿物组合中有方解石存在,说明热液中含有二氧化碳。

蚀变矿物组合:Chl+Ep+Ab+Cal。

三、云英岩化岩石

该类岩石主要分布于早白垩世穹隆格岩体中,岩石变质轻微,仍以原岩命名。变质作用表现为花岗岩中斜长石的绢云母化、白云母化、硅化;角闪石的绿帘石化、黑云母的绿泥石化、钾长石的泥化等。新生绢云母、绿帘石、石英、方解石等变质矿物。

该类岩石主要是一些花岗岩脉和花岗岩体在高温汽化热液作用下,经交代蚀变作用,形成另一种以白云母和石英为主的矿物的岩石。主要岩石类型有云英岩、云英岩化花岗岩等。岩石为浅灰色、浅粉红色,具花岗变晶结构、鳞片花岗变晶结构,块状构造。矿物成分主要为云母和石英,石英含量大于50%,云母含量40%,蚀变矿物主要为Mu+Bi+Qz等。云英岩化是岩石中斜长石、黑云母、正长石在气水热液作用下先后被交代,转变成白云母和石英,其变化程度大体是:黑云母变成水黑云母或绿泥石,继续变成白云母,有时可直接变成白云母,斜长石首先变成钠长石、绿帘石及绢云母,也可以变成绢云母和石英集合体,最后变成白云母和石英,当交代作用进行强烈时,中长石也可以变成石英和云母。在石英岩化过程中,常有挥发组分参与,故常有电气石和萤石出现。

第六节 动力变质作用与变质岩

测区动力变质作用较发育,形成了类型较为齐全的动力变质岩系列。根据测区动力变质作用的性质以及动力变质变质岩的特点,测区动力变质作用划分为脆性动力变质作用和韧性动力变质作用。

一、脆性动力变质作用及变质岩

该类岩石主要分布于脆性断裂上,韧性断裂后期也叠加了碎裂化作用形成的碎裂岩等。

——岩石类型及特征

1. 构造角砾岩

由角砾和胶结物两部分组成。具角砾结构,块状构造,微定向构造。角砾含量35%~70%,大多为棱角状,次为次棱角状,少量尖棱角状,成分与围岩一致,有砾岩、砂岩、灰岩、粉砂岩、片岩、花岗岩、火山岩等大小混杂,杂乱分布。少量具微定向排列,大小2~50mm或更大,角砾中的石英颗粒多具波状消光,胶结物30%~65%,多为次生石英、方解石、白云石、绢云母、铁质、少量硅质、泥质,还有一定量的原岩破碎形成的碎粉状石英、方解石。

2. 碎裂岩

大多数断裂中均有发育,主要岩石类型有碎裂花岗岩、碎裂火山岩、碎裂片岩等。岩石具碎裂结构、块状构造,大部分岩石原岩结构、构造基本保存,少部分岩石由于破碎强烈,原岩结构构造已消失。碎块40%~80%,大小20~50mm,个别大于100mm,碎块中的方解石、长石双晶纹普遍弯曲、断开,碎块边缘碎粒化明显;碎基20%~60%,成分为碎裂边缘磨碎的微粒石英、方解石、长石及重结晶的石英、方解石、绢云母、绿泥石等,次生方解石脉发育。

3. 碎粒岩类

该类岩石碎裂程度强,岩石碎块及矿物碎屑大部分已碎粒化,岩石具碎粒结构,块状构造,原岩结构构造已完全破坏。原岩性质已不能恢复,极少量碎斑、碎粒呈尖棱角状,杂乱分布,粒径大小 0.5mm,石英强烈波状消光,长石、方解石、云母波状消光,双晶面弯曲。依所产的围岩,岩石类型有长英质碎粒岩、钙质碎粒岩、花岗质碎粒岩等。

4. 碎斑岩

该类岩石分布较广,由碎斑和碎基两部分组成,碎斑 1～3mm,边缘碎粒化,为岩石或矿物碎屑。其重要成分为石英、长石、方解石、白云石等,含量 30%～50% 不等,石英具强烈的波状消光,长石、方解石、白云石等双晶纹弯曲。碎基 50%～70%,大小 0.01～0.1mm,少量微粒石英、方解石有重结晶现象,岩石具碎斑结构,块状构造。岩石类型有灰岩质碎斑岩、长英质碎斑岩、花岗质碎斑岩等。

5. 碎粉岩(断层泥)

该类岩石主要分布于强烈挤压断裂带上,岩石破碎十分强烈,岩石中矿物大部分碎粉化,碎粉大于 0.003mm,原岩结构构造全部消失,少量微粒石英、方解石具重结晶作用。与碎粒岩分布在一起,岩石具碎粉结构,块状构造,遭风化后常呈泥状,故又称断层泥。

每条断裂带的规模不等,但岩石组合基本相同,仅在所受影响的原岩不同而有所差异。从断裂带边部到中心依次为构造角砾岩、碎裂岩、碎斑岩、碎粒岩、碎粉岩等,而这几种岩石常相伴分布在一起。断裂带主要发生于早燕山期,晚燕山期又有继承性活动,主要变质期应在早燕山期。

二、韧性动力变质作用及变质岩

该类岩石分布于区内韧性剪切带及逆冲断层两盘上,是中深构造层次断裂的产物。

(一)岩石类型及矿物特征

测区内该类岩石不甚发育,韧性动力变质作用发生在雅安多北穹隆格岩体中,形成岩石类型很少。

(二)糜棱岩化岩类及特征

主要有硅化糜棱岩化二云斜长花岗岩、初糜棱岩化白云母斜长花岗岩等。岩石具变花岗结构,由于构造作用—初糜棱岩化作用,云母显示有一定的方向性,并见有白云母的"云母鱼"。糜棱岩化后有强的硅化,粒状石英交代斜长岩,使石英的含量增加。现有岩石的矿物成分,斜长石小于 45%,石英大于 50%,云母小于 5%,原岩的云母为黑云母,现大多已退变为白云母,并在定向裂隙中有似细脉白云母(新生),还有弯曲状白云母片。黑云母仅存残晶,并被拉伸成细脉状。斜长石为半自形晶,具细而密的钠长双晶纹,为更长石,其定向性不明显。钾长石为他形,少见,在与斜长石接触处见有蠕英石。

主要矿物组合:$Qz+Pl+Mu+Bit,Fs+Qz+Kp+Mu$。

第七节 变质作用期次

根据测区地层时代、构造、岩浆活动及主要变质期矿物共生组合特征,将测区区域变质作用期划分两期。

一、华力西期变质作用

该期为 AnCJy.、AnCJt. 的主要变质期,该期形成了岩石早期片理(S_1),在靠近断裂带一侧,由于变质热流温度较高,出现铁铝榴石变质带,其余部分均为黑云母及变质。据邻区 1:20 万丁青县幅、洛隆县幅区调,其在 AnCJy. 获得 Rb-Sr 全岩等时线年龄 248±8Ma;1:20 万类乌齐幅(1990)在相当的层位中获得 Rb-Sr 全岩等时线年龄 317±41Ma,这组年龄为华力西晚期。说明 AnCJy. 的变质期应为中、晚期。

1:20 万丁青县幅于 AnCJt. 中获 Rb-Sr 全岩等时线年龄 340±2Ma,雍永源(1987)在相当的酉西片岩中获得 Rb-Sr 全岩等时线年龄 371±50Ma;这组年龄相当华力西中期。本次工作在 AnCJt. 中获得锆石 U-Pb 模式法年龄为 713Ma,并在其东侧早白垩世穷隆格侵入岩体中多见有片岩捕虏体。综上认为前石炭系地层的变质期应为华力西中、早期。

二、燕山期变质作用

(一)燕山早期变质作用

该期是马耳朋蛇绿岩和 T_3bg 的主要变质期,岩石板理发育,Ser+Chl 组合常见,雏晶黑云母有少量分布,属绿泥石级变质。该岩分布于斑公错-怒江缝合带中,与丁青蛇绿岩同一带,岩石类型及特征、变质程度相当。估计两蛇绿岩为同一变质期,因此马耳朋蛇绿岩也应为燕山早期变质。

(二)燕山晚期变质作用

该期为 T_3bg、JY 和 J_2xh、$J_{2-3}l$、K_1d 等的主要变质期。岩石中有部分微弱定向的显微鳞片状绢云母、微晶绿泥石,发育页理,宽缓褶皱,属葡萄石相变质。区域低压埋深变质作用类型,T_3bg 与上覆地层 J_2q 为角度不整合。上述地层基本或极弱变质。因此把上述地层变质期划分为燕山晚期。

第五章　地质构造及构造演化史

第一节　概　　述

一、测区大地构造位置

测区位于青藏高原中东部腹地,自然地理位置上地处羌塘大湖盆区与藏东高山峡谷区的交接转换部位。大地构造位置上处于冈瓦纳古陆与华夏古陆的结合部位,具有奇特自然生态景观,也有着极其丰富的构造现象和地质信息。测区地域虽不大,却构成了横跨澜沧江、班公错-丁青-怒江两条板片结合带的南北向地质走廊(图 5-1),其间丰富多彩的地质构造现象对研究青藏高原的构造格局地质演化和成矿作用均很重要,是打开古特提斯地壳演化和构造格局划分及解决造山带成因机理的"一把钥匙"。

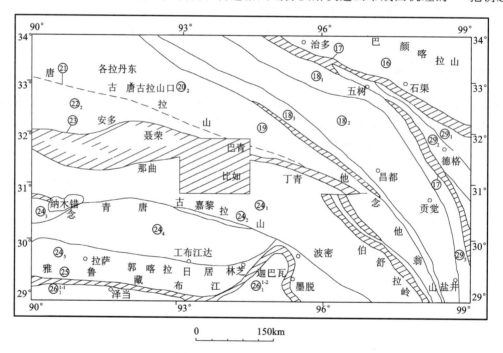

图 5-1　测区大地构造位置图
(据《青藏高原及邻区大地构造单元初步划分方案》,2003)

⑯五龙塔格-巴颜喀拉双向早期边缘前陆盆地褶皱带;⑰可可西里-金沙江-哀牢山结合带;⑱芒康-思茅陆块;⑱$_1$治多-江达-维西晚古生代—早中生代弧火山岩带(P—T$_3$);⑱$_2$昌都-兰中新生代复合盆地;⑱$_3$开心岭-杂多-维登弧火山岩带(P—T$_3$);⑲乌兰乌拉湖-澜长江结合带;⑳$_2$北羌塘坳陷带;㉑双湖-昌宁结合带;㉒兴都库什-南羌塘-保山陆块;㉓南羌塘坳陷带;㉓班公错-怒江结合带(含日土、聂荣残余弧、嘉玉桥微陆块);㉔拉达克-冈底斯-拉萨-腾冲陆块;㉔$_1$班戈-腾冲燕山晚期岩浆弧带;㉔$_2$狮泉河-申扎-嘉黎结合带;㉔$_3$革吉-措勤晚中生代复合弧后盆地;㉔$_4$隆格尔-工布江达断隆带;㉔$_5$罕萨-冈底斯-下察隅晚燕山—喜马拉雅期岩浆弧带(冈底斯火山-岩浆弧带);㉔$_6$冈底斯南缘弧前盆地带(K$_2$);㉕印度河-雅鲁藏布江结合带;㉖$_1^{1-1}$北喜马拉雅特提斯沉积北带;㉖$_1^{1-2}$高喜马拉雅结晶带或基底逆冲带

特提斯(Tethys)是百余年来一个经久不衰的前沿地质课题。Suess(1893)原意是指在古亚洲(欧亚

大陆)与非洲、印度(冈瓦纳大陆)之间地质历史上曾经存在的、横过赤道现已闭合消逝的中生代宽阔海洋,这个大洋即是特提斯,最后残留的特提斯大洋就是现在的地中海。其沉积物被褶皱和揉皱,形成现在高耸入云的喜马拉雅和阿尔卑斯巨型造山带。青藏特提斯造山带的研究涉及到全球构造、地壳和岩石圈演化、洋陆变迁等重大地球动力学问题,同时它又是地球上地壳结构和岩石圈结构构造最复杂、造山带类型最多的一个特殊构造域,被地学界认为是打开大陆造山带形成机制和全球构造动力学的"钥匙"和"窗口"。测区处于班公错-怒江结合带的蜂腰部位,因此也即是最为中外地质学家关注的焦点地域。

青藏高原是全世界地学界的一块瑰宝,是诞生新理论新学说的圣地之一。在青藏高原地质构造格局划分和地壳结构演化方面中外学者深入研究,著书立说,但观点不同,各有建树(表5-1)。如基麦里大陆(Sengor,1965,1979)、中间板块(李春昱,1984)、岛-海格局的古特提斯(王成善,1984,1985)、互换构造域(黄汲青等,1987)、羌塘-三江复合板片(周详等,1988)、华夏复合古陆(林金录,Watts,1988)等;《西藏地质志》(1993)将测区自北而南划分为:①他念他翁变形-变质岛链之吉塘变形-变质地体;②班公错-怒江缝合带,包括日土-丁青边缘海蛇绿岩地体(群)和那曲-嘉玉桥前缘移置地体(群),前者又据构造建造特点划出索县地体和丁青地体;后者根据构造建造移置地体性质分为比如地体和嘉玉桥变形-变质地体;③班戈-倾多拉退化弧。并认为冈瓦纳古陆和华夏古陆最终拼合遗迹(即古特提斯主域消亡)为澜沧江结合带。

表 5-1 测区构造单元划分沿革表

划分沿革 \ 图区位置	北部 巴青-类乌齐	南部 索县-丁青		
1:100万拉萨幅(1979)	古地中海构造域(一级单元)			
	唐古拉褶皱系(二级单元)	冈底斯褶皱系(三级单元)		
	他念他翁拱褶带(三级单元)	班戈-沙丁坳褶带(三级单元)		
《西藏板块构造-建造图》 周详、曹佑功等 (1987)	羌塘-三江复合单元	班公错-怒江结合带		
	结合性单元	改则-丁青主敛合带		
	他念他翁活动岛链逆推带			
《西藏地质志》 (1993)	羌塘-三江复合板片	班公错-怒江缝合带		
	中介性集成岛链 (他念他翁变形-变质岛链)	日土-丁青边缘海蛇绿岩地体群	那曲-嘉玉桥前缘移置地体群	
	吉塘变形-变质地体	索县地体	丁青地体	比如地体	嘉玉桥地体
李才等(1995)	羌南-保山板片	班公错-怒江缝合带		
邓万明等(1998)	羌塘-昌都-拉萨复合带			
	羌塘微板块	班公错-怒江结合带		
《青藏高原及其邻区大地构造单元初步划分方案》(2003)	乌兰乌拉湖-澜沧结合带	班公错-怒江结合带		
中国地质调查局青藏高原研究中心(2002)	羌南-保山结合带	班公错-怒江结合带		

潘桂棠等(2001年)研究认为,测区位于泛华夏大陆古生代—中生代羌塘-三江弧盆区与冈瓦纳北缘晚古生代—中生代西藏群岛弧盆区结合部位。并具多岛弧盆系大地构造格局,班公错-怒江结合带是古特提斯大洋盆地最终闭合消亡的缝合线,该带是冈瓦纳大陆的北界。同时并将测区时空结构自北至南划分为南羌塘前陆盆地、他念他翁残余岛弧、嘉玉桥晚古生代变形变质单元、那曲-沙丁弧后盆地、冈

底斯-伯舒拉岭-高黎贡山前锋弧、拉萨-波密-察隅中新生代火山-岩浆弧。

《青藏高原大地构造特征及盆地演化》(赵政璋等,2001)将测区从北向南划分为羌中隆起、羌南凹陷、嘉玉桥陆块、那曲-洛隆燕山期凹陷和晚燕山花岗岩隆起带五个大地构造单元。

《青藏高原及其邻区大地构造单元初步划分方案》(2003)将测区大地构造单元自北而南划分为(图5-1):①芒康-恩茅陆块之开心岭-杂多-维登P_2—T_3弧火山岩带;②乌兰乌拉湖-澜沧江结合带;③甜水海-北羌塘-左贡陆块之北羌塘坳陷带;④班公错-怒江结合带;⑤拉达克-冈底斯-拉萨-腾冲陆块之班戈-腾冲岩浆弧带。其中乌兰乌拉湖-澜沧江结合带除在乌兰乌拉湖一带见有超基性岩或混杂岩外,最主要的确定特征是在类乌齐县北西及联测区东北部石炭系[哎保那组(C_1a)和日阿则那组(C_1r)]中具有洋脊型和洋岛型玄武岩。班公错-怒江缝合带中除蛇绿岩残体外,还包括聂荣残余弧和嘉玉桥微陆块。以上其争论的焦点是古特提斯的位置,即冈瓦纳大陆的北界归纳起来大体有三种意见:在班公错-怒江结合带;在澜沧江结合带;在金沙江结合带。测区仅东北部和南东部边缘残存有古生代以前的地质体,古生代地层也仅出露在测区西北部,中—新生代存在大量的各种地质实体,记录了测区沉积作用、岩浆活动、变质事件和构造变动。这些地质事件无不与澜沧江、班公错-怒江结合带的形成、发展和闭合、碰撞息息相关,同时也记录了昌都板片、唐古拉板片与冈-念板片自古生代至中生代、新生代的"开、合、伸、缩、剪、滑、旋"变化史及板块碰撞之后陆内调整的复杂过程。

二、测区构造单元划分

构造单元的划分和研究是对测区区域地质构造特征的基本概括,是通过各个构造单元的构造背景、建造特征、变质变形和边界特性的研究,并随着新构造观的建立、运用、区域地质调查水平和综合研究程度的提高和深化而建立并完善起来的。

青藏高原是由大陆的不断破碎、裂离又互相拼贴、焊合、镶嵌的复杂地区。大陆岩石圈是通过拉伸、裂解形成大洋而转换为大洋岩石圈构造体制,大洋岩石圈又通过俯冲、消减、碰撞、闭合而向大陆岩石圈构造体制演进的两种体制不断互换的多旋回发展。测区构造单元的划分原则是以板块结合带及其夹于其间的微陆块作为一级构造单元,特提斯洋壳闭合造山后形成的区域构造不整合界面再划分次级构造单元;在大洋岩石圈构造体制中划分出(板块)板片结合带、洋内岛弧带等不同级别构造单元;在大陆岩石圈构造体制中划分出陆块、被动边缘褶冲带、陆缘弧、近陆岛弧、弧后盆地、前陆坳陷带和后陆坳陷带、走滑拉分盆地、拉伸盆地或裂谷盆地。测区是西藏中南部地质情况极为复杂的窗口地带,是一个蕴含十分丰富地质现象的区域,涉及3个一级地质构造单元,不同的构造单元在不同层次、不同尺度、不同地段出现复杂的露头型式和多样的构造格局。根据构造单元划分原则和测区工作的新发现、新认识,运用板块构造理论和构造层次概念,结合大陆造山带地区盆山耦合特点及各种类型沉积盆地特征,注重大地构造属性和特征,在沉积作用的响应、火山作用事件、岩浆建造、变质建造、成矿系列及其运动学和动力学等方面的不同表现和各自的演化规律、大地构造环境的综合分析,按照建造和改造统一的基本原则,测区范围内划分为3个一级构造单元,9个二级构造单元和18个三级构造单元(表5-2,图5-2)。尽管对澜沧江结合带和班公错-怒江结合带的延向属性等存在很大争议,本书仍将两者作为一级构造单元。

据上所述,测区是多种理念、多种观点、多种认识聚焦的地方,关键是古特提斯的位置。本书集成各家所长,结合实际资料,综合研究认为采纳《青藏高原及其邻区大地构造单元划分方案》为宜。测区大地构造格局总体为"二区一带",即唐古拉板片、索县-丁青结合带(即班公错-怒江结合带中东段)、冈底斯-念青唐古拉板片(以下简称冈-念板片)。据蛇绿岩和混杂岩特征确定索县-丁青结合带的北界为动威拉-安达断裂,南界为岗拉-涌达断裂(图5-3)。另据1:25万那曲县幅调研成果,在那曲县达仁乡夺列村东新发现一套东西向出露的蛇绿岩组合,其位处于中侏罗统—上侏罗统地层组成的复背斜近核部,其南、北分别与桑卡拉佣组和拉贡塘组断层接触,其东与上三叠统谢巴组中酸性火山碎屑岩断层接触。加之测区内良曲乡哈杰村新发现的近东西向出露于多尼组中的嘉玉桥岩群二岩组片岩的构造残片。综合分析推测,班公错-怒江结合带南界可能沿夺列—哈杰(北纬31°16′—31°20′)一带通过。

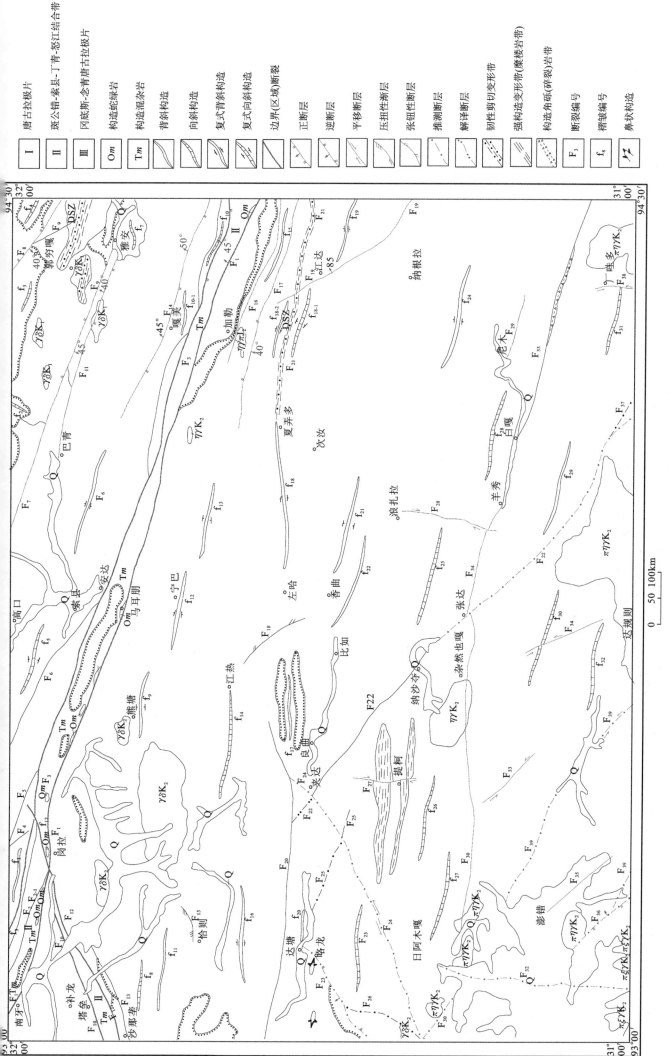

图 5-2 比如县幅构造纲要图

表 5-2 测区构造单元划分表

一级构造单元	二级构造单元	三级构造单元
唐古拉板片（Ⅰ）	唐古拉中生代断隆（Ⅰ$_1$）	日拉姐-雅安古微陆块（Ⅰ$_{1-1}$）
	唐古拉中生代沉积盆地（Ⅰ$_2$）	高口-嘎美晚三叠世陆缘盆地（Ⅰ$_{2-1}$） 舍拉普-打耳打拉中侏罗世上叠盆地（Ⅰ$_{2-2}$）
	唐古拉晚中生代岩浆弧（Ⅰ$_3$）	华群拉-穷隆格早白垩世岩浆弧（Ⅰ$_{3-1}$）
班公错-索县-丁青-怒江结合带（Ⅱ）	岗拉-马耳朋-郎它蛇绿岩带（Ⅱ$_1$）	
	随罩-安达-藏布倾构造混杂岩带（Ⅱ$_2$）	
冈底斯-念青唐古拉板片（Ⅲ）	念青唐古拉中生代断隆（Ⅲ$_1$）	董穷-呀龙古微陆块（Ⅲ$_{1-1}$）
	那曲-沙丁晚中生代弧后盆地（Ⅲ$_2$）	热西-江达中侏罗世弧后（周缘）前陆盆地（Ⅲ$_{2-1}$） 多勒中侏罗世碳酸盐岩台地（Ⅲ$_{2-2}$） 爬舍-白嘎中-晚侏罗世弧后前陆盆地（Ⅲ$_{2-3}$） 达塘-尼木早白垩世弧后局限盆地（Ⅲ$_{2-4}$） 学堆-良曲早白垩世残留盆地（Ⅲ$_{2-5}$） 扎波-莫达晚白垩世残余盆地（Ⅲ$_{2-6}$）
	冈底斯中—新生代火山-岩浆弧（Ⅲ$_3$）	捌尖-军巴中侏罗世岩浆弧（Ⅲ$_{3-1}$） 杀师-扎西则晚白垩世岩浆弧（Ⅲ$_{3-2}$）
	夏曲-布隆新生代陆相盆地（Ⅲ$_4$）	几龙多-央钦古—始新世断陷盆地（Ⅲ$_{4-1}$） 那欠中新世山间盆地（Ⅲ$_{4-2}$） 布隆上新世再生盆地（Ⅲ$_{4-3}$） 索县-巴青更新世湖相盆地（Ⅲ$_{4-4}$） 澎错全新世湖沼盆地（Ⅲ$_{4-5}$）

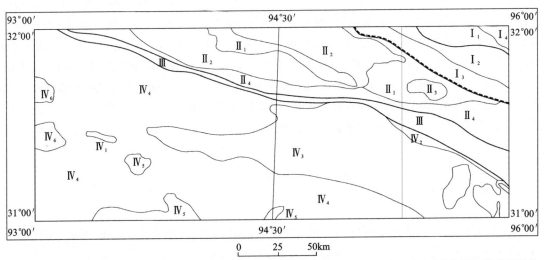

Ⅰ 昌都板片　Ⅰ$_2$+Ⅰ$_3$ 澜沧江缝合带　Ⅱ 唐古拉板片　Ⅲ 索县-丁青县缝合带　Ⅳ 冈底斯-念青唐古拉板片　Ⅴ 早期裂谷
Ⅰ$_1$ 陆表海盆地(昌都板片主体)　Ⅱ$_1$ 古老基底隆起　Ⅵ$_1$ 古老基底缘盆地
Ⅰ$_2$ 深海盆地(昌都板片南缘)　Ⅱ$_2$ 被动陆缘盆地　Ⅵ$_2$ 被动陆缘盆地
Ⅰ$_3$ 他念他翁活动岛链　Ⅱ$_3$ 岩浆岛弧　Ⅵ$_3$ 前陆盆地
Ⅰ$_4$ 陆相盆地　Ⅱ$_4$ 上覆盆地　Ⅵ$_4$ 陆表海盆地
　　　　　　　　　　　　　　　　Ⅵ$_5$ 岩浆岛弧
　　　　　　　　　　　　　　　　Ⅵ$_6$ 陆相山间盆地

图 5-3 测区构造单元划分图
(1:25万比如县幅、丁青县幅范围)

根据测区所见不同时期、不同阶段、不同方向、不同性质的各类构造形迹及相互关系和组合规律分析,断裂构造纵横交错、褶皱构造形态多样,新构造运动迹象明显。其成生、发展、改造、置换无不与古特提斯及区域地壳运动的形成、演化、发展息息相关。

区域性断裂多呈北西-南东向,规模大,层次深,延伸长,结构复杂,一般表现为韧性、脆韧性断裂,多斜切地质体;后期断裂多复合或斜接其上。晚期断裂一般规模较小,延伸不远,多见顺层发育,一般表现为脆断性质,常呈近东西向和北东向、北西向及南北向,多切断或平移早期断裂及地质体,而且北东向及南北向断裂多成为新构造的活动场所。

褶皱构造表现多样、形态复杂。元古宙地层多呈复杂的紧闭褶皱,构造置换强烈,绝大部分发生以构造变形面理为主的变形、扭曲,发育片麻理、片理和条带构造及矿物生长线理和拉伸线理,同构造分泌石英脉参与岩石组分并发生同步变形,变质程度较高。晚古生代地层多见呈紧密褶皱、斜歪褶皱、倒转褶皱、平卧褶皱等,以相似型褶皱为主,构造置换比较强烈,多见以 S_0 或 S_1 为变形面的变形,发育片理、千枚理及矿物生长线理、拉伸线理及杆状、布丁和石香肠构造,同构造分异石英脉多沿片理出现,变质程度达绿片岩相。

中生代地层多为成层有序,常呈宽缓直立水平褶皱,多沿 S_0 发生变形和挠曲,构造变形面理主要为板理、劈理和节理,出现擦痕线理,变质程度较浅。较具特征的是侏罗系—白垩系地层多表现为紧闭褶皱、尖棱褶皱,并呈向西撒开、倾伏,向东收敛、仰起的特点。新生代地层多呈开阔、平缓褶皱,基本未变质。

以上不仅阐述了不同时期的收缩体制和伸展体制下的构造变形,而且也奠定了测区地质构造基本轮廓。

第二节 测区地球物理特征

测区内大型断裂和边界断裂及不同类型岩石体在地球物理特征上均有不同程度的表现。据《1:400万全国布格重力异常图》(1983)成果资料,重力值变化在 $-490 \sim -520$ mGa 之间的改则-丁青重力异常带与班公错-怒江断裂带吻合,其值比雅鲁藏布断裂带重力梯度大,比北侧西昆仑-阿尔金断裂带值小。地球物理资料反映的地壳、上地幔结构特征表明,测区比如-丁青一带莫霍面深度在 66km±,下部地壳厚度在 50km±。其上部地壳加厚的原因是由于横向压缩而产生错断叠置造成的;下部地壳的加厚原因主要是在其底部发育厚度 25km 的壳幔混合层,上地幔发育厚度 $40 \sim 60$km 的密度较高的弹塑性层;岩石圈之下为埋深 $120 \sim 130$km 的软流圈,呈中间较厚,边部较薄且边部深度较浅的透镜体状或饼状体状。

一、重力场特征

在卫星重力异常图上,重力场所反映的深度密度结构特征,均表明青藏高原的形成、演化都与板块活动的深部过程有关。

重力异常图($37 \sim 100$ 阶)(图5-4)的形态反映的是青藏高原及其邻区岩石圈层内部物质的密度分布特征,场源深度大致在 $64 \sim 180$km 之间,在藏南和藏中南喜马拉雅山脉和冈底斯山脉南缘(即雅鲁藏布缝合带两侧)形成了一个北西西向的巨型重力高带,其东端终止于拉萨以东约 200km 的工布江达—朗县—隆子一带,而其西北端则与昆仑山系所引起的重力高带相连,这一重力高带的形成无疑与印度板块向欧亚板块的俯冲、挤压有关,从而使地壳下层物质密度增大。在它的南侧伴生一个巨型重力低带,其东端止于达卡,向西经恒河流域、新德里直至伊斯兰堡以西,长达 2000km,它的形成可能与壳下深部物质层受板块运动的影响而造成物质的亏损有关。值得注意的是,在上述藏南重力高带的东侧,即雅鲁藏布江由原来的东西流向转成北东向,然后在波密、墨脱一带又急剧折弯成南北向,该地区也存在一个负值达 $-100\times10^{-5}\,\mathrm{m/s^2}$ 的等轴状重力低值带,此应该是喜马拉雅南重力低带的一部分,在工布江达—隆子—达卡一线被南北带所截断。这两个重力梯度带的零线在东端沿朗县—波密一线分布。在卫星重力异常图中(101~180阶)(图5-5),其所反映的场源深度可能在地壳60多千米以上,也即表明在青藏高原地壳内其密度具分布不均的特征。在青藏高原地区,特别是N30°以南的藏南地区,以印度板块与欧亚板块的碰撞、挤压过渡带为界,在卫星重力异常图上,其所反映的地壳内部的横向和纵向的密度分布不均是十分明显的,可以看出在加德满都北—延布—隆子—朗县—墨脱存在一条高异常带,该带恰好就是高喜马拉雅带。而其北、南则各有一条负异常带,这可能反映出高喜马拉雅带为一条穹隆构造带,该带造成地壳下部深处高密度体的隆起,而其南、北则各出现一条高密度体的塌陷,并被低密度体充填。测区位于北负异常带的北侧,其重力异常带状显示不明显,说明测区地壳物质组成较为均匀,为一差异不大的陆块。

二、磁场特征

根据航磁反映特征(杨华等,1991)(图5-6),从 ΔTz 上延20km磁场 $\Delta T20$ 图中可以看出沿索县—丁青一线和澜沧江一线为岩石圈深大断裂,该巨型断裂带在磁场图上表现为线性磁异常及串珠状磁异常。比较典型的正负峰伴生的串珠状异常在索县—丁青一线,它们沿近东西向断裂带发育,强度50~150nT,局部达300nT。该断裂带超基性岩体除部分显露外,主体仍隐伏深部,埋深5~7km,磁化强度 $(70\sim90)\times10^{-2}\mathrm{A/m}$。

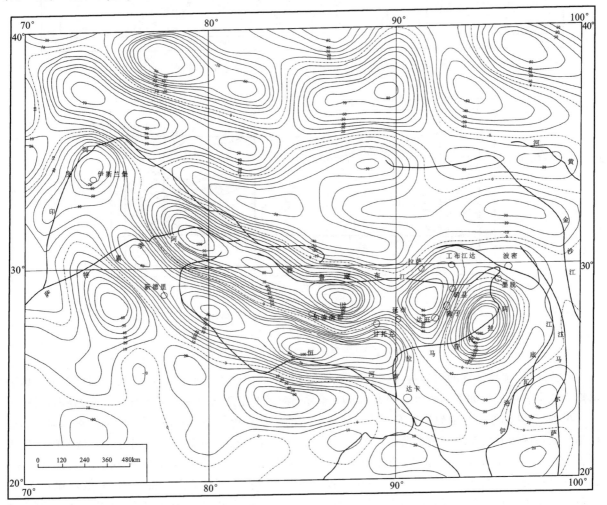

图5-4　西藏及其邻区37~100阶卫星重力异常图

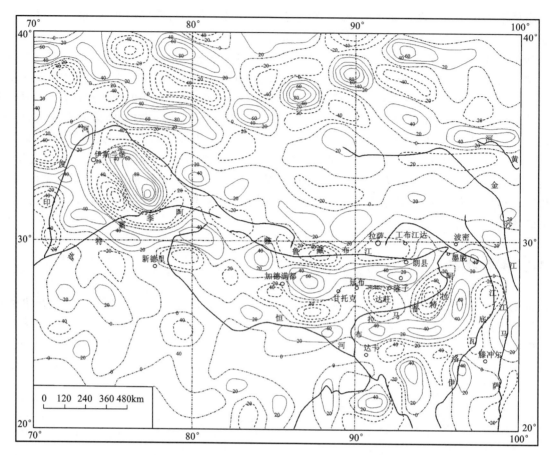

图 5-5　西藏及其邻区 101~180 阶卫星重力异常图

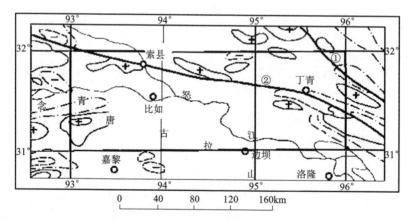

图 5-6　比如县幅及邻区航磁 ΔT 略图

（据地矿部航空物探遥感中心，1988）

①澜沧江深大断裂带；②班公错-怒江深大断裂带

除此之外，强度较弱的磁异常往往是花岗岩体的反映。如巴青以东 40km 处异常，强度 50nT，地表出露为花岗岩体。另如索县西范围较大的弱磁异常及测区西南角所反映的弱磁异常，多为花岗岩体。

根据《青藏高原东部航磁特征及其与构造成矿带的关系》（杨华等，1991）成果资料，测区内显示为磁性基岩断块区域及北东缘和中部两条近东西向的隆起带，而且在其中发育一条相对宽缓低坳的构造带（图 5-7）。索县-丁青隆起带，由 2.0km 深度线圈出，呈近东西向条带状展布，地面现已见索县马耳朋、比如县央钦等超基性磁性岩体。此外，沿该隆起带还发育下古生界片岩及结晶灰岩、糜棱岩化花岗岩，上覆晚古生界砂板岩与灰岩互层夹中基性火山岩。比如坳陷带，由 2.0km 深度线圈闭，但磁性基岩埋藏深度较大，多达 5.0km。地表上这一坳陷带广泛发育上侏罗统—下白垩统黑色砂板岩海相沉积，并直接盖在磁性基底之上，基底主要由变质岩及中基性岩浆岩组成。南部边缘隆起带，在磁性基岩埋藏深度图中，为呈近东西向的隆起带，西端隆升较高，东端较低，磁性基岩埋深小于1km，地表上为沿澎错—白嘎南—沙丁南范围内一系列中生代晚期的巨大黑云母花岗岩体，首尾相连为规模巨大的岩浆岩隆起带。

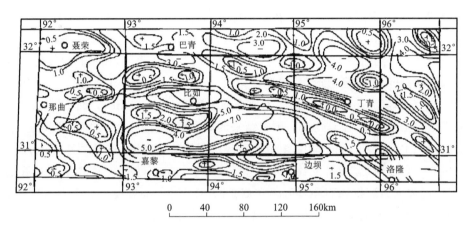

图5-7　比如县幅及邻区磁性基岩埋藏深度略图

从青藏高原航磁图(杨华,1985)展示的地球物理特征明显看出,唐古拉山南缘的安多—丁青以及申扎—嘉黎等地在藏北地区显示为两条线形排列的串珠状异常带,局部异常以正负峰谷伴生为特征,峰值为150～300伽马,其与地面展布的班公错-丁青深断裂及申扎-桑巴深断裂带对应。地面磁性体查证沿这两条断裂带分布的磁异常,多数为基性、超基性岩体及中基性火山岩,仅少数异常的出现可能与花岗岩体有关。磁性结果表明基性、超基性岩磁化率为700×10^{-6}～1700×10^{-6} C.G.S单位,花岗岩磁化率为800×10^{-6} C.G.S单位。在测区之西安多等地,基性、超基性岩露头区往往出现2000～3000伽马高峰值磁异常。

常承法等(1982)认为,安多-丁青深海槽在晚白垩世最终封闭,洋壳向北俯冲消亡,残余物质沿安多-丁青断裂带堆积(堆垛)为蛇绿混杂岩带和构造混杂岩带。磁异常特征分析,上述这两条深断裂之主端面以直立状为主,局部稍向北倾斜。

从青藏高原磁性体埋藏深度图上看出本区显示为一磁性基底断(塌)陷区域,其深坳陷主要发育在断陷区域的边缘,基底断裂下沉形成深海或出现海槽。综合测区各种特征分析,沿索县—丁青—多伦在晚三叠世—早侏罗世(170～200Ma)发育为索县-丁青等洋壳型海盆,其海水与特提斯相连。但其基底仍是陆壳性质的,实际上为一个陆缘海盆,沉积环境主要为陆缘浅海—半深海相。这个海盆在早侏罗世末期封闭。在磁场图上也可清晰地反映出这两条深断裂的特征,并且沿此断裂带具有"手风琴"式的特征。

从腾吉文等(1982)进行的下秋卡—索县—雅安多的人工地震获得的震相成果表明,该范围内地壳厚度为70km,地壳的平均速度为6.2～6.3km/s,其莫霍界面的反射波走时与时间坐标的对称性好,说明该区莫霍界面起伏不大,而且索县-丁青深大断裂带与测线近于平行。根据直达波组所反映的地壳表层结构可知,那曲—下秋卡之间地表有一沉积覆盖层,层速为3.5km/s,其向东入测区则变薄,此段内该沉积层厚度为1～2km。而从下秋卡东至雅安多则此层消失,地表出现速度为4.3km/s的岩石风化层,在此层之下有一厚14～19km的地层。

布格重力异常图也显然表明测区地壳(青藏高原)均衡补偿不足。均衡重力异常其等值线走向大致与布格异常图相似,显示出不同的异常呈带状展布。

地球物理学能够揭示地球深部不同层次的结构和物性特点。地震测深、电磁测深显示青藏高原是由多个介质组成的巨厚地壳,由浅层向深层演化时,纵横波速度和岩石圈结构密度均反映由小增大、由低增多。迄今已知,青藏高原的莫霍面深度为50～75km,一般为正常地壳厚度的两倍,而且地震波速度较低。

根据中法合作项目(1982)对藏北深部地震测深SY、GN、YQ测线的成果,在测区索县雅安多(现雅安乡)之西阿我共一带(东经94°15′02″,北纬31°50′32″,高程4329m)采用井中深度40m组合爆炸方式,激发岩性为板岩、页岩(相当于本书所划T_3bg^2),观测范围60km,利用恒差法等多种方法得到测区北部地壳表面结构,雅安多一带覆盖层厚度要比在其他地方所测的2~5km厚度还要厚,速度为5.6km/s。并且在覆盖层之下为结晶基底(相当于本书所划$AnCJt^3$,其厚11.5km,层速6.06km/s)(图5-8),远比所测范围的其他地区厚。结晶基底层厚度变化大,横向不均匀性也很大,显示其组成的复杂性。上地壳呈层状展布,并具有明显的平缓隆起形态,层厚在索县一带为27km,且其底部还具有明显的低速层特征,层速为5.95km/s,厚度为4~5km。测区下地壳厚度稳定(22~25km),层速(6.6km/s)也较稳定,说明本区下地壳结构比较简单,而且均匀。测线结果的莫霍面反射波动力学特征不明显,上地幔界面深度约在85km,层速7.42km/s。可以看出,上地幔顶部出现低的速度层,表明存在一个异常上地幔,其可能与选择性重熔有关。在冈-念板片北缘距班-怒结合带约40km(图5-9),其结晶基底的底界(R_2界面)、低速层顶界(R_3界面)、康拉德面(R_4界面)和莫霍面(R_6界面)都表现为一个继承性隆起,其顶部位于东经91.5°以东,这种南北向东经90°构造带(隆起带)进一步反映了燕山晚期以来东西向构造挤压应力场的存在,这种构造特征在测区侏罗纪及其以前地层中存在,二者较为吻合。

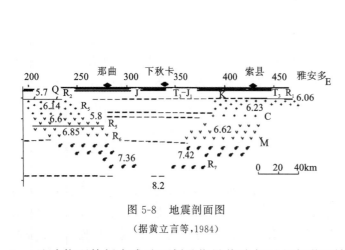

图5-8 地震剖面图
(据黄立言等,1984)

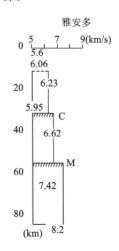

图5-9 地球深部结构模型图
(据黄立言,1984)

地球物理特征在成矿区划及指导找矿方面也有明显效果。测区磁性基岩含矿体与成矿带航磁ΔT图中的串珠状异常对应。如在索县西40km±处、比如北西约50km处等地沿班公错-怒江结合带北界发现有铅锌矿。

以上航磁特征均与已有资料和实地吻合,因此,地球物理特征在一定程度上反映了测区总体地质面貌,尤其对深大断裂和区域性断裂及磁性体和隐伏体的确定具有重要的指示作用,对指导区域找矿和寻找盲矿体具有实际意义。

第三节 各构造单元构造建造特征

构造建造单元是指在一定的构造发展阶段和特定的地质构造背景条件下所形成的一套相应的岩石组合,它体现了构造岩相(大地构造相)和生成环境的内在联系和有机统一。大陆造山带的形成集成与建造和改造,是大地构造演化过程中一系列基本地质事件的综合产物,是深入认识和合理分析盆山转换及研究不同构造层次主导变形机制的基础信息,是一个复杂的物质、时空系统。

一、唐古拉板片（I）

（一）唐古拉中生代断隆（I_1）

该单元分布于测区北部,总体呈北西西向,与区域构造一致,位于索县-丁青结合带北界断裂动威拉—安达—藏布倾以北,测区内呈西窄东宽的楔形,北部延入1:25万仓来拉幅,东部延伸进入1:25万丁青县幅,并夹持于澜沧江缝合带和丁青结合带之间,西部被第三系陆相盆地覆盖。

该单元在测区仅包括日拉姐-雅安前石炭纪古微陆块（I_{1-1}）次级单元。出露于北东隅,测区内规模不大,其构造面理产状与区域构造一致,南界被F_7断切而与晚三叠世地层相隔,应属于弧背断隆。北部多被晚三叠世陆缘盆地压伏,北东部及东部被中侏罗统超覆,多处见被早白垩世花岗岩侵截。主要为一套杂色二(白)云石英片岩、大理岩,夹变粒岩及斜长角闪岩的复杂构造地层体,原岩为一套泥岩、碳酸盐岩夹细碎屑岩及基性火山岩建造,时代为前石炭纪,应属元古大洋的构造残片或断隆残片,东延并与干岩-布托腊前石炭系基底一并构成唐古拉板片的结晶基底。

（二）唐古拉中生代沉积盆地（I_2）

1. 高口-嘎美晚三叠世陆缘盆地（I_{2-1}）

该陆缘盆地主要分布于测区北部的索县、高口、巴青、嘎美和日琼、长不日一带的广大地区,为属唐古拉板片北东部的被动陆缘盆地。地层包括T_3d、T_3j、T_3b、T_3bg,前者为一套退积型碳酸盐岩台地至湖坪相的灰褐色碎屑夹碳酸盐岩建造,形成环境变化较快;甲丕拉组为一套紫红色粗碎屑岩灰色细碎屑岩灰黑色泥页岩复陆屑建造;波里拉组为一套碳酸盐岩建造;巴贡组为一套灰色碎屑岩灰黑色泥岩夹灰岩及煤线的含煤单陆屑建造,超覆在前石炭系吉塘岩群之上。

2. 舍拉普-打耳打拉中侏罗世上叠盆地（I_{2-2}）

该单元展露于测区北部的舍拉普、资仁、白青、打耳打拉和北东隅的日琼、卡不日等地,总体位于巴贡复式背斜之南北两侧,雅安乡一带表现为局限上叠盆地。区域上属《西藏地质志》所称的新特提斯期活动边缘后陆准稳定建造系列的沉降盆地补偿性沉积类型。由中侏罗统雁石坪群的一套海陆交互相的复陆屑—中酸性火山岩—碳酸盐岩建造构成,自下而上为由J_2q、J_2b、J_2xh、J_2s组成。前者为一套冲积扇—辫状河—三角洲环境的紫红色碎屑岩泥岩夹灰紫色火山熔岩火山碎屑岩的建造;布曲组为潮坪相—泻湖相的一套灰色碳酸盐岩夹细碎屑岩泥岩建造;夏里组为辫状河—三角洲相的一套灰白色紫红色碎屑岩碳酸盐岩夹泥页岩建造;索瓦组为台坪环境下的一套深灰色碳酸盐岩夹泥岩细碎屑岩建造。

（三）唐古拉晚中生代岩浆弧（I_3）

该单元仅包括华群拉-穷隆格早白垩世岩浆弧（I_{3-1}）一个次级单元,且是从1:100万拉萨幅的吉塘岩群中解体而来。出露于测区东北角,面积较小,呈岩瘤、小岩株状,侵入$AnCJt.$、T_3bg和J_2q等地层中,主要由二云母二长花岗岩、似斑状二长花岗岩、白云母花岗闪长岩构成,其最大特征是发育糜棱岩,岩石出现韧性剪切变形和强片理化。岩石化学反映为偏酸性、碱性,富铬略富钾的特征,为属Ⅰ型—A型花岗岩,表明其有地幔物质加入,微量元素构造环境判别为同碰撞花岗岩,稀土表现为右倾模式,具轻稀土略富集、铕明显亏损特征。

二、班公错-索县-丁青-怒江结合带（Ⅱ）

该结合带为在测区内新建的一个一级构造单元，属于班公错-怒江结合带的中段组成，横穿测区北部。其西起自测区北图边，向东经索县、嘎美、藏布倾等延伸进入 1:25 万丁青县幅，构成一条走向北西西的大型构造带。区内全长约 153km，宽 6.5~1km 不等，横向上表现为宽窄不一的豆荚状，总体为西宽东窄。其北界以动威拉-安达-藏布倾北断裂与唐古拉板片相隔，南界以岗拉-涌达-郎它断裂与冈-念板片接触。该结合带构造地貌上呈断陷谷地带，其由构造蛇绿岩带和构造混杂岩带组成，未见变质带。该结合带在西北角岗拉一带分解为南、北两支，北带规模大、组成复杂，南带宽度小，仅见构造混杂带。从区域上来看，这两个带分现于前寒武纪—古生代的聂荣微陆块（或聂荣残弧）南北两侧，并使其呈构造断隆残片，测区内两带交合处被第三系陆相红层覆盖。

（一）岗拉-马耳朋-郎它蛇绿岩带（Ⅱ₁）

该蛇绿岩片组合带为属索县-丁青-多伦蛇绿岩带的西边部分，总体位处结合带的南边界，由 20 个大小不等的蛇绿岩残片组成，主要集中于岗拉至马耳朋一带，规模最大者长 2.5km、宽 0.3km，最小者长宽为几米至十几米，出露单元齐全并研究详细者为属索县马耳朋蛇绿岩。该带中的蛇绿岩残片形态多样，主要为长透镜状、长条形、卵圆形及圆形，其长轴展露方向均为北西西向，并与区域构造线一致，无一例外，表现出同构造背景的产出特征。且均以构造边界或构造底劈体侵位于侏罗系木嘎岗日岩群中，并被上白垩统竞柱山组红层角度不整合覆盖（图 5-9）。马耳朋蛇绿岩残片为一套假层序较为完整的蛇绿岩组合，由方辉橄榄岩、二辉橄榄岩和堆晶橄长岩、辉石岩、层状辉长岩和辉绿岩及枕状、杏仁状、气孔状、块状、球颗状玄武岩组成，而上覆沉积单元则多见呈角砾状和碎块状的硅质板岩。该残片中堆晶岩表现出正、反粒序叠复显现的现象，其与该结合带中其他地方所见均不同。而且辉绿岩呈墙状穿入基岩熔岩中。除在央钦一带构造小残片中发现变橄榄岩、异剥钙榴岩、玄武岩组合外，其他各残片多见为由方辉橄榄岩和二辉橄榄岩组成。该带中的地幔岩具高 Al、Ca、Ti，低 Mg 特征，富 Cr、Co、Mi 等，贫 Nb、Ta。稀土曲线表现为右倾平坦型，这些特征与该带其他地方所见均不相同，表明形成于一个特殊的构造背景。岩石化学显示为亏损的地幔橄榄岩，岩石化学和地球化学综合特征表明其形成于弧前环境，综合分析认为其形成于早侏罗世早中期。

（二）随罩-安达-藏布倾构造混杂岩带（Ⅱ₂）

构造混杂岩是与蛇绿岩并驾齐驱地组成结合带的一个重要构件，是结合带中的特色产物。它是强变形的变质岩石地层实体在较低的地温梯度下，岩石韧性差增大，在板片俯冲过程中，在构造斜板上因重力和动力效应滑塌堆叠、堆垛和由构造作用搅混而产生的一类特殊地质单元，是可被识别并可填绘的实体，其形成位置大多是海沟内、外壁，或是构造斜坡。

根据岩块形态、大小和磨蚀程度及变质变形等特征将测区构造混杂岩体系划分为五种。第一种为磨砾带，成分复杂，多见为灰岩、砂岩及砾岩，磨圆度高，形态多为圆球状、椭球状、石蛋状、次圆状等，砾径小，一般为几毫米至 30cm±，磨砾在基质中多呈疙瘩状。第二种为磨块带，一般大小为十几厘米至几十厘米，成分复杂，磨圆度较差，块度较大，单磨块成分均一，常见呈长条状、条块状、长椭圆状等。第三种为滑块带，单体滑块块度大，一般宽几米至几十米，长几十米至百余米，内部多见有原始结构或层序结构（图 5-10），成分主要为砾

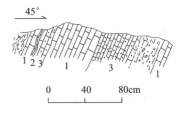

图 5-10 一个滑块中的内部结构关系图
（下马押耳桶）

1.灰色微晶灰岩；2.灰灰红色条带状微晶灰岩；3.灰红色砂质微晶灰岩

岩、灰岩。第四种为层滑体带，表现为一套有序组合的地质体，其全部或部分滑入构造混杂带而得名，一般宽几十米至几百米。第五种为滑块堆垛（叠）带，块径一般几米至几十米，形状多见为不规则状、棱角状、次棱角状、近圆柱状、锥状等，一般单滑块有其内部结构，组成多为灰岩、砾岩，其与滑块带最大区别就是无基质或少量基质，多为滑块与滑块直接接触，或由滑块磨碎物胶结而将其分隔。

随罩-安达-藏布倾构造混杂岩带是与岗拉-马耳朋-郎它蛇绿岩带并存于班公错-索县-丁青-怒江结合带中的一个重要构件。整体呈北西西-南东东向横贯于测区北部，位于结合带北部。其在北西部被结合带南支南界断裂错移，中部安达一带被南北向河谷断切，东部在加勤北一带被南北向沟谷隔断。该混杂带总体特征是在岗拉、安达、凼达桶三地表现出特别明显的磨砾和小磨块混杂特点；岗拉以西至北图边，凼达桶以东进入1:25万丁青县幅，这两地明显地表现为层滑体特征；而在下马押耳桶及凼达桶以西两地则表现为滑块和滑块堆垛和堆叠特征，表现出应力作用非均性特点。南支构造混杂岩带在区域上总体呈近东西向展露，而在测区呈北东—北东东向，略微呈北凸弧形，于央钦与北支汇合。南支西延进入1:25万那曲县幅，并与那曲-夏曲构造混杂岩连接。测区西起茶约，东至央钦，延长33km±，南支具西宽东窄特点，茶约一带宽度约3km，向西5km±在石灰厂处宽度约2.2km，再向西于夏曲镇（原下秋卡）南西方向宽度将近4km，表现为一条横向上宽窄相间的格局。而且据本次调研对那曲地区石灰厂一带的观察，认为属滑块体带。对比看，该处与测区北带的随罩一带具有相同的构造混杂特征。

三、冈底斯-念青唐古拉板片（Ⅲ）

冈底斯-念青唐古拉板片分布于测区南部，总体呈北西西向，与区域构造线一致。该单元出露于索县-丁青结合带南界断裂岗拉-涌达-郎它以南的广大地区，是测区的主体，占测区总面积的4/5，除北部外，其余三方均延入相邻图幅。在测区西南部之董穷一带见有一套片岩组合，因与其他弧后盆地沉积物迥然有别，经区域对比置于前石炭系嘉玉桥岩群。在结合带中见有上白垩统竞柱山组不整合覆于其上，因结合带在早侏罗世晚期已完成两个板片的对接、拼合，故将其置于该构造单元予以描述。

（一）念青唐古拉中生代断隆（Ⅲ$_1$）

测区内仅包含并划出董穷-呀龙前石炭纪古微陆块（Ⅲ$_{1-1}$）一个次级单元。该单元出露于测区西南部的董穷、那龙、冻多、呀龙等地，以构造残体与其南北的K_1d分割，也应属于断隆残片。该单元东端被北西向断裂错失，西部被$E_{1-2}n$不整合覆盖。岩石类型为浅灰色绿泥白云石英片岩、绿泥石英片岩，见夹安山岩和英安岩，偶夹薄层大理岩。原岩为粉砂质泥岩、中酸性火山岩和碳酸盐岩。据区域对比，该单元具有与1:25万丁青县幅嘉玉桥岩群相似的岩石组合和建造基础及变形特征，本书认为该单元表现出活动陆缘的建造特征，作为冈-念板片的基底韧性变形变质岩片。

（二）那曲-沙丁晚中生代弧后盆地（Ⅲ$_2$）

该单元是那曲-比如-沙丁盆地的东延部分，也是一个含煤和含油气的盆地。根据不同阶段盆地发展的规模大小、物质组成、沉积建造和形成环境及构造背景，尤其是赋含资源的特点而予以进一步划分。

1. 热西-江达中侏罗世弧后（周缘）前陆盆地（Ⅲ$_{2-1}$）

该单元为属1:25万丁青县幅所划西昌-沙丁-希湖中侏罗世弧后（周缘）前陆盆地的西延及盆地边缘部分，出露于测区中东部加勤南、江达和次汝一带。由J_2xh的一套灰黑色泥岩、深灰色细碎屑岩夹硅质岩及中基性火山岩建造组成，中含炭泥结核、石碱及黄铁矿颗粒，构造变形较为强烈，在盆地边缘见有中侏罗世花岗岩侵入。

2. 多勒中侏罗世碳酸盐岩台地（III$_{2-2}$）

该单元仅分布于测区西部图边达塘北之多勒和之南的杰差先、坡烟等地。由 J$_2$s 的一套含珊瑚类、腕足类的碳酸盐岩夹泥页岩的建造组成，总体呈东西向延伸，主体出露于 1:25 万那曲县幅东南部，南北两侧均被断层切割，该幅夺列南和多勒一带见其呈背斜而与 J$_{2-3}$l 整合接触，区域上为呈大透镜体。在达塘南因褶皱而致呈中部潜没、东西两端翘起的鼻状构造，为一套浅海台地相沉积环境。

3. 爬舍-白嘎中—晚侏罗世弧后前陆盆地（III$_{2-3}$）

该单元分布于测区西部、中部和东部，出露于热西、加勤西、香曲东、白嘎等地，由 J$_{2-3}$l 的一套黑色泥岩、粉砂岩，夹灰色细碎屑岩，偶夹透镜状灰岩的建造组成，其总体呈近东西向展布，与其他单元均为整合接触，北部与结合带南界断层接触。

4. 达塘-尼木早白垩世弧后局限盆地（III$_{2-4}$）

该单元分布于测区中部和南部，出露于恰则、达塘、宁巴、羊秀、澎错东和尼木南等地，由 K$_1$d 一套三角洲环境下的灰色陆源碎屑岩、灰黑色泥页岩，局部夹火山碎屑岩、火山熔岩的建造组成，在测区内最大特征是含有 4～6 条厚度不等的煤层。

5. 学堆-良曲早白垩世残留盆地（III$_{2-5}$）

该单元呈狭条形透镜状出露于怒江河谷两岸，出露于达塘、学堆、良曲等地。由 K$_1$b 组成，在测区内为一套灰红色、紫红色厚层碳酸盐岩夹红色细碎屑岩建造，在 1:25 万边坝县幅新建地层单位中采获淡水双壳类，为淡水湖相环境下的产物。

6. 扎波-莫达晚白垩世残余盆地（III$_{2-6}$）

该单元在测区分布零散，但规模较大，主要出露于结合带南界边缘的扎波、加勤和怒江两岸的比如、香曲一带，多呈长圆形状。由 K$_2$j 组成，为一套红色、紫红色碎屑岩、泥岩，局部夹碳酸盐岩的建造，多出露位置较高，并不整合于 K$_1$d 之上，为残余海盆沉积环境。

（三）冈底斯中—新生代火山-岩浆弧（III$_3$）

该单元主体位于测区南部冈底斯山脉，在测区较为零星，据其出露位置和岩石特征及同位素年龄划分为两个次级单元。

1. 捌尖-军巴中侏罗世岩浆弧（III$_{3-1}$）

该单元在区域上也仅呈稀散的岩瘤，规模较小。测区仅出露于东部加勤一带，以军巴岩体为代表，由二云二长花岗斑岩、二长花岗岩、花岗闪长岩和英云闪长岩等组成，其侵入于 J$_2$xh 砂板岩中，为属钙碱性岩系，岩石化学和地球化学等综合特征表明为具 A 型、I 型特征，为同碰撞花岗岩，稀土模式表现为向右陡倾的 V 型，具壳幔混源的特点。同位素结果表明其形成于中侏罗世。

2. 杀师-扎西则晚白垩世岩浆弧（III$_{3-2}$）

该单元在测区内出露范围较大，总体呈圆形和不规则状的小岩株，分布于测区北部的剥沙拉、熊塘以及南部的澎错湖盆区的四周和杂然也嘎、雄果、扎西则等地。北部较南部规模小，西部和南部分延进入 1:25 万那曲县幅、门巴区幅和嘉黎县幅并构成大岩基；北部则为具明显相带的小岩株，其侵位于 K$_1$d 中，总体为一套中酸性花岗岩类。主要岩性为钾长花岗岩、二长花岗岩、花岗闪长岩和石英二长闪长岩等。北部以熊塘岩体的红色似斑状钾长花岗岩最具特色。其北紧邻结合带，区域上也未发现此岩类。

总体为属钙碱性岩系的Ⅰ型同碰撞花岗岩,部分具S型、A型特点。北部稀土曲线表现为平缓右倾形式,南部具铕较强亏损,稀土呈左陡右缓的"海鸥"式,具多成因特点。本次调研同位素结果确证其形成时代为晚白垩世。

(四) 夏曲-布隆新生代陆相盆地($Ⅲ_4$)

该单元较为集中地出露于测区西部边缘,均延入1∶25万那曲县幅,总体构成南北向的新生代谷地带,均以角度不整合覆于其他地层之上。依其成因类型和岩石组合划分为以下几个次级单元。

1. 几龙多-央钦古—始新世断陷盆地($Ⅲ_{4-1}$)

该单元总体由三个规模不等的断陷盆地构成,呈南北向断续出露于南部几龙多、中部瓦里和北部央钦一带,为由$E_{1-2}n$的一套山间磨拉石建造,主要由红色、紫红色砂砾岩、粗砂岩、粉砂岩,夹铁质白云质细砂岩组成,其不整合于K_1d之上。在那曲县幅内多见被不同方向的断裂断失,该单元的出现标志着测区陆内造山运动的开始。

2. 那欠中新世山间盆地($Ⅲ_{4-2}$)

该单元分布范围狭小,仅见于测区北部那欠一带的江曲南北岸,总体呈东西向的卵圆形,因其组合特别,且不整合于牛堡组之上而予单独分出。由N_1k组成,岩性为鲜红色、血红色泥晶灰岩、泥灰岩、泥质粉砂岩夹砾岩,其上被上新统不整合,反映为一套局限山间盆地的淡水湖盆沉积,产微古和孢粉化石。

3. 布隆上新世再生盆地($Ⅲ_{4-3}$)

该单元分布于测区北西隅的结合带南支与北支的交合部位,总体呈东西向的近圆形,西延进入那曲县幅。该单元以补龙(布隆)一带层序完整、结构清楚而得名。由N_2b组成,为一套灰色碎屑岩夹泥岩建造,主要岩性为砂岩,砾岩,夹粘土岩,偶夹灰黑色薄饼状灰烬层,测区产孢粉。其与N_1k为小角度不整合,产状近水平。北部直接不整合于$J_{2-3}l$黑色板岩夹砂岩地层之上,代表一次构造运动开始的局限盆地。在东邻1∶25万那曲县幅,前人曾采获三趾马。

4. 索县-巴青更新世湖相盆地($Ⅲ_{4-4}$)

该单元分布范围较大,主要残存于南北向的索曲和东西向的益曲之两侧谷肩上,并以索县为中心向四周辐射,其北延进入1∶25万仓来拉幅。以索县、高口西两地表现明显,前者构成宽阔的平坝;后者残存于索曲与木曲交汇的北侧及木曲西岸谷肩上。主要为一套粗砂、细粉砂及砾石夹灰黑色透镜状淤泥的河湖相沉积,发育水平层理、交错层理、粒序层理、纹层状层理、爬升层理等各种沉积构造。在其上部获采光释光年龄为478ka和666ka,产孢粉化石。其断坪距现代河床垂高96m±,形成时代为早更新世,为藏北古大湖泛湖期产物,本次调研命名为"索县古湖"。

5. 澎错全新世湖沼盆地($Ⅲ_{4-5}$)

该单元可能为藏北湖区最后一次间冰期的产物,区域上其向西有多个此类型盆地,而向东则无。测区内萎缩留存于西南隅,因其意义特殊而予单独建立。其向南延入1∶25万嘉黎县幅,西南伸进1∶25万门巴区幅,西部与1∶25万那曲县幅连通。其南北长度大于40km,东西宽度大于38km,总体为不规则圆形,面积大于1500km²。从区域上总体来看,其中心位于澎错一带,具放射状水系并供给物源,发育多级阶地,最高一级阶地的阶面(4996m,测区)距现代湖面(4828m,那曲县幅)垂差可达168m,具四周高、中间低及北东部、南部高、西部低的特点,水流流向南西,至那曲县幅折而向北再汇入怒江上游而回流测区。其主要组成为砾石、粗砂、细粉砂,局部夹粉砂泥,多见水平层理和砾序层理,且明显地不整合于下白垩统多尼组和晚白垩世花岗岩之上。形成环境可能为向南西泄流的河湖相环境,推测其形成于全新世。

第四节 构造单元边界断裂和区域断裂特征

一、岗拉-涌达-郎它断裂（F_1）

该断裂是冈-念板片与班公错-索县-丁青-怒江结合带的分界断裂，为测区一级边界断裂。起自测区西北角比如县夏曲镇南牙，并延入1:25万仓来拉幅，向东经岗拉、涌达，东止索县加勤乡郎它，再东延入1:25万丁青县幅，并与其F_{40}一并成为结合带的南界断裂。区内延长约155km，宽度2～50m不等，其与F_3共同构成结合带的南、北主边界断裂，二者呈北西向至北西西向近平行延伸。该断裂走向上呈近平直状，岗拉一带呈向北东的弧凸状，并且在此地被北东向的结合带南支边界断裂右旋错移，岗拉以西与F_{2-1}分离而呈向北西撒开、南东聚敛的束状。总体来看，岗拉一带是多条断裂交会、复合的地方。

该断裂作为结合带的南界断裂，同时也作为岗拉-马耳朋-郎它早侏罗世蛇绿岩片组合带的南界断裂，其控制着蛇绿岩片的出露和形态。断裂北东侧出露蛇绿岩、构造混杂岩以及木嘎岗日群；南西侧出露$J_{2-3}l$、K_1d、K_2j，并成为弧后盆地的边界断裂，其控制着中侏罗世至早白垩世弧后盆地的规模和范围，同时也切割盆地沉积物。因此，它既是一条区域性边界断裂，又是一条控盆断裂和毁盆断裂。该断裂在西北角局部被第四系覆盖，但又切割陆相红色断陷盆地，因此也是断陷盆地的边界断裂。东部横切晚白垩世残余盆地，因此该断裂有其长期发展和演化变革的历史。

岗拉一带在木嘎岗日群中见宽37m的构造破碎带，向南为东西向的宽谷，断裂南侧（下盘）为$J_{2-3}l$黑色板岩夹砂岩地层体，其破碎强烈，北侧（上盘）表现出与1:25万丁青县幅色扎一带相同的特征，为一套黑灰色含砂岩结核（本项目俗称"石蛋"）的砂板岩地层体，石蛋中含有立方状黄铁矿颗粒，大小不一，最大者达2cm×2cm×2cm，多呈单晶粒状；另可见立方状黄铁矿大晶粒呈嵌晶状，其与色扎东山明显有别，可能反映其形成环境不同。此处向西见灰红色薄层泥岩卷入构造破碎带，其产状凌乱，破碎强烈，局部可见牵引小褶曲，该处产状为30°∠63°，为逆断层。该断裂在索县南押耳桶北西可见宽2m±的构造破碎带，带内组成较为复杂，主要为板岩、细砂岩。断裂北侧为蛇绿岩，南侧为砂板岩，接触面上见有擦痕及阶步，断裂两侧地层揉变强烈，局部并见尖棱状褶曲，断裂产状215°～190°∠75°～83°，为正断层。

该断裂在东部表现出更加复杂的痕迹。加勤北为构造混杂岩与$J_{2-3}l$砂岩与板岩互层地层体的断裂关系，向西可见宽30～50m的构造破碎带，带内褐铁矿化明显，两侧岩性明显不同，砂岩表面见摩擦镜面和擦痕等，地形上也明显不同。断裂走向上呈波状，产状350°∠70°，为正断层。东边则表现出多期构造踪迹，断裂南侧砂岩中褶皱强烈，褶曲轴面总体北倾，近断裂处砂岩极度破碎；北侧为构造混杂岩带的滑混体系，混杂岩中基质揉褶强烈，岩块也表现出与断面近一致的产状。该断面下部产状10°～15°∠40°～55°，上部产状10°～15°∠75°～80°，具明显的犁式或铲式断裂特点（图5-11）。分析表明，该断裂早期为具从北向南的逆冲，断面具上陡下缓、上弯下平，具逆冲性质，同时并使滑混带内的磨块、磨砾的长轴顺断面产出，并呈串珠状，最大扁平面倾向北；第二期为具由南向北的逆冲，总体具斜冲特点，倾角大于70°。

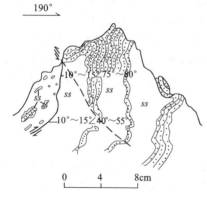

图5-11 构造混杂岩带南界断裂素描图
（加勤北）

在嘎美东该断裂特征表现明显，断裂两侧产状不一，岩石破碎强烈，断裂两侧地层牵引褶皱发育，局部见宽10m±的构造破碎带。最为特征的是在郎它见超基性岩推覆于K_1d之上，断裂上盘基质为JM的灰黑色含石蛋的砂板岩，石蛋中见有完好立方状晶形的黄铁矿。破碎带局部见两期擦痕，产状为10°∠70°

（Ⅰ期）和 190°∠60°（Ⅱ期），但前者不甚明显，说明形成较早。断裂产状 10°∠70°，为压扭性逆断层。

该断裂在地形地貌上表现明显，多表现为沟谷、凹地、鞍部、山隘等负地形，发育断层崖、对头沟等构造地貌。断裂北侧多为高山地形，植被稀少，地形上多呈脊状山梁和尖棱状山峰；南侧多为平滑宽缓地形和低山谷岭地貌，灌草丛生。

综上所述，该断裂显示出多期次、多阶段、多层次活动的特征，至少经历了三次以上构造作用。早期其控制蛇绿岩的成生；第二期控制盆地的形成，活动时代为早侏罗世晚期和末期；第三期表现为向北的逆冲；第四期为向南的逆冲；第五期则表现为伸展体制的正断层效应。

二、动威拉-安达-藏布倾北断裂（F_3）

该断裂是测区一级构造单元边界断裂，为唐古拉板片与班公错-索县-丁青-怒江结合带的分界断裂，起自区内西北角比如县夏曲镇动威拉，再西延入 1:25 万仓来拉幅，向东经舍拉普、安达、弄孟卡，至藏布倾北延入 1:25 万丁青县幅，并与该幅秋宗马-雪拉山-抓进扎断裂（F_{30}）一起构成结合带的北界断裂。区内延长 152km±，构造破碎带在各地宽窄不一，其与 F_1 构成结合带南、北边界断裂，二者呈近北西西向至南东东向平行延伸于测区北部。该断裂在走向上呈缓波状弯曲，舍拉普及其东呈向北东微凸的弧形，微弧西界被 F_{12} 右旋错移，并在弧顶处兼容南东向断裂（F_5）。在安达西 F_6 复合其上。总体来看，该断裂以安达为界，其西见多条分支断裂，其东则无此特征。安达一带被南北向索曲占据，加勤南被南北向构造略微左旋错位，断裂所经过之较高位置多被草甸覆盖。

该断裂分割着中侏罗统雁石坪群与结合带。断裂北东盆整体出露雁石坪群，其控制着中侏罗世上叠盆地的出露规模和分布范围，同时并穿切该盆地不同层位的岩石单元，总体上以安达为界，其西断切布曲组，之东切割雀莫错组，表现出东部断切下部层位，位置较低；西部错失上部层位，错位较高的特点，但该幅内均未见该群上部单元夏里组和索瓦组出现。断裂南西侧出露规模不等的构造混杂岩，且其控制着混杂岩的表露形态和展布范围，同时也成为构造混杂岩不可逾越的边界。该断裂西南侧并未见蛇绿岩出露，而更多的则是异彩纷呈的构造岩块。因此，该断裂不但是一条区域性边界断裂，而且也是一条控制上叠盆地成生和破毁其整体完整性的区域性断裂，具有较为复杂的多期发展历程。

在舍拉普及其以西，该断裂见有 20～40m 不等宽的构造破碎带，断裂经过处地势低凹，带内见有断层角砾岩，其大小不等，形态多见呈次圆状和次棱角状，成分主要为灰岩，少量砂岩。靠近断层破碎带的灰岩中构造劈理发育。在混杂岩带一侧，其基质破碎、揉褶强烈，而且强烈片理化，局部呈现密集劈理特点，断裂产状 10°～25°∠40°～60°，为逆断层，具压扭斜冲特征。

舍拉普至索县城西，发育宽 20m± 的断层破碎带，带内组成较为复杂，见灰色灰岩、灰红色灰岩及灰色砂岩等呈次圆状的断层角砾岩，大小不一，局部并见有断层泥，少数角砾岩表面可见褐红色铁质析出物。整体来看，靠断裂下端断层角砾较小，且大小差不多，而愈向上部则砾径增大，岩性也变得复杂，近断裂南西侧混杂岩基质中发育构造片岩。破碎带北东侧灰岩表面见磨光面及构造镜面，产状 25°∠65°，为北倾逆断层。

安达及其以东，该断裂分割上三叠统黑色炭质板岩夹砂岩地层体与构造磨砾两个单元，可见发育宽 10～30m 不等的断层破碎带，其内组成多见为板岩及砂岩角砾，多呈圆状、次圆状，大小一般为 5cm×3cm，个别稍大；同时并见少数磨砾和基质一起构成断层角砾，一般较大，形态多为次圆状、次棱角状。近断裂的北侧砂板岩破碎强烈，牵引褶皱多见，发育密集劈理，愈远则渐弱。构造混杂岩靠近断裂处发育构造片理，其切割磨砾和磨块，中见不规则方解石脉，同时并见磨砾和磨块压扁拉长，且多呈透镜状及骨节状，其长轴与断面平行或小角度斜交，磨砾表面见擦痕和摩擦镜面，显多组方向，且均不明显。该断裂现今表现为北倾正断层，地形地貌特征明显，断裂南西盘（下盘）地势高耸，而北东盘（上盘）则呈低势谷地。

加勤一带，该断裂断失中侏罗统地层而直接与上三叠统巴贡组接触，显示强劲的逆冲压叠特征。可见宽度 10～15m 的构造破碎带，带内断层角砾岩多呈圆状、次圆状，组成主要为砂板岩以及灰岩、砂岩，砾径多见 4~9cm,并略具定向。断裂两侧岩性明显差异,产状紊乱。断裂北侧地层拖曳褶皱发育,南侧滑块及磨块上均见有摩擦镜面,断面产状 10°∠70°,为压扭性逆断层。

该断裂在航卫片上线性特征清楚,两侧地形地貌特征明显。走向上断裂摆动较大,多表现为沟谷、凹地、鞍部等负地形,并见有断层三角面、断层崖等构造地貌。断裂北侧为较高山地貌,基岩裸露,植被较少,地形上多呈现为刃脊状山梁或尖棱状山峰;南侧地势平缓,山体宽缓平滑,总体为圆顶斜坡低山岭地貌。

综上所述,该断裂南北两侧为同时异相且各自层序不全的中侏罗统地层体,也是一条控盆断裂,伴生紧闭褶皱,轴向与断裂产状一致,且显示两次活动的性质。走向上产状波动较大,在丁青以东总体为 10°~30°∠72°~85°,性质为正断层;雪拉山及其以西产状为 160°~170°∠50°~75°,性质为逆断层。这是一条多期次、多性质的脆性断层,局段因推覆作用在仰冲盘形成拖曳褶皱,而因张扭性质则沿断裂走向发育较多的温泉。该断裂形成于燕山晚期,由地壳收缩挤压体制而引起,同时与该断裂配套的次级裂隙或复合断裂交汇处则构成了很好的储矿构造,拉日卡铜、金矿即为其代表。

三、穷隆格-茶崩拉韧性断层

该断裂位处测区东北隅,总体构成一条宽达千余米的韧性剪切变形带,主体穿切于早白垩世穷隆格岩体中,其东延入 1:25 万丁青县幅,并与昌不格-干岩-布托错韧性断层构成一条区域性韧性断层,在丁青县幅内还穿入前石炭纪吉塘岩群中,但在测区则未穿入其中,可能是伴随花岗岩的形成而同时出现的一条深层次韧性断裂。

该韧性断层具分支复合特点。分支部位多是坚硬的块体,这种强、弱应变域明显间隔出现的规律,在宏观、微观不同尺度上均很明显,强应变域内一般出现糜棱岩、构造片岩,而弱应变域内则形成糜棱岩化岩石以至未变形岩石。其强弱间互频繁地出现除与岩石类型有关外,还与应力不均匀作用和应力分解有关。这种强、弱变形域相间出现的构造岩石组合,总体上表现为透镜状或网结状构造,其中在弱变形域中未变形岩块多呈透镜状,且被强变形剪切网络所包裹。综观整个韧性断层带,穷隆格以东变形强烈,主要变形岩石为糜棱岩;而在茶崩拉等地变形更强烈,多见为糜棱岩,局部为片糜岩、构造片岩。在同一地段一个小域甚或点域内其变形强度也不尽相同,一般表现为中心部位变形最为强烈,渐次向外变形强度递减,有些地带表现处强弱带交替出现特征。这种变形特征无论在全球巨型构造带、造山带和区域断裂中均有明显表现。

区域上该断裂延长 113km,测区内该断裂可见延长约 13km,其主体出露于丁青县幅内。测区内其宽度不等,最宽处在茶崩拉可达 3000m,但测区内总体宽度变化不大。区域上该断裂宽窄不等,东邻丁青县幅干岩一带最窄,仅为 150m。区域上该剪切断层带因穿切地质体复杂,从而也就出现了多种多样的构造岩,并且由于不同地段或同一地域的差异组成或不同部位构造变形的差异,也就造成变形程度不同的构造岩。主要构造岩石有构造片岩、糜棱岩、初糜棱岩、糜棱岩化花岗岩和碎屑岩,其中构造片岩较为少见,糜棱岩和糜棱岩化岩石分布于整个断裂带。测区内该断裂切穿于晚白垩世花岗岩中,韧性变形明显。

该韧性剪切带中构造变形较为复杂,各种变形组构清晰明显,有些仅在局部强应变域内发育,有些组构则遍布整个带中。剪切带中常见 S-C 组构,石英、长石旋转碎斑,石英的核幔结构、矿物拉伸线理、动态重结晶、晶体位错、拔丝构造,局部出现压力影。在穷隆格至茶崩拉一带露头上可见石英呈石香肠状和撕裂状(图 5-12)、不规则撕裂状(图 5-13)韧性构造变形,小尺度露头上可见 S 型旋斑,以及顺层 S 型、N 型、不规则 M 型(图 5-14)、A 型及鞘褶皱和 Z 型、I 型(图 5-15)等弯曲变形。在该地明显可见 S_{n+1} 片理二次变形弯曲,片理产状 25°∠45°,小褶曲轴面产状 15°∠22°,连续小揉皱包络面产状 312°∠47°;同时在该地另测一组小揉曲轴面 60°∠36°,包络面 300°∠49°。

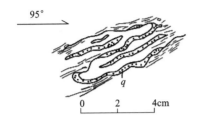
图 5-12 撕裂"I"型构造变形素描图
（干岩南）

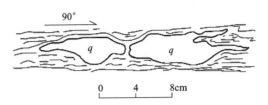
图 5-13 不规则透镜状、撕裂状构造变形素描图
（干岩南）

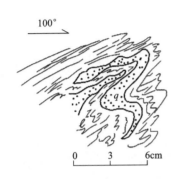
图 5-14 钩状褶曲、不规则倒 M 型构造变形素描图
（干岩南）

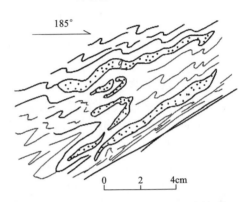
图 5-15 钩状褶皱 I 型构造变形素描图
（茶崩拉）

综述表明，该韧性断层是一个经历多期构造活动，并具不同方向、不同性质、不同动力学机制和运动学特点的复杂构造带，是一条复杂的韧性剪切揉流变形带，结合昌不格等地的变形来看，在早白垩世之前就发生过至少三次构造作用事件，构造运动期相应推测为华力西期、印支期和燕山期，而早白垩世之后的构造变形最为强烈。

该剪切带因受应力变形作用而普遍出现变质矿物，沿糜棱面理或剪切变形面理新生云母类、帘石类等矿物组合，总体属低绿片岩相，为与应力作用同步、温压条件相当的构造变质作用。

四、夏弄多-莫斯卡脆韧性断裂（F_{21}）

该断裂是测区内规模较大的一条区域性断裂，其向东延入 1:25 万丁青县幅，并与雄威峰-交沙错韧性断层连接。该断裂出露于结合带之南，并与结合带南界断裂小角度斜交或近乎平行，测区延伸长度 40km。该断裂西起索县加勤乡西夏弄多，东至江达乡莫斯卡，其中部被北西向洞尖错-德阿拉断裂（F_{19}）左旋错移。宏观上来看，该断裂再向西延可与达塘-达木业拉断裂连接且延伸进入那曲县幅，并与舍里兄-尼玛乡断层（F_{25}，1:25 那曲县幅编号）联合成为一条规模巨大的东西向区域性断裂。据 1:25 万那曲县幅资料，此断裂在该图幅延伸长达 85km，并出现 20～40m 不等的构造角砾岩、构造透镜体和构造劈理化带，断面产状 200°～180°∠30°～45°，为燕山晚期形成的一条逆冲性质断层。分析来看，此断裂在那曲县北复合于所划结合带南界断裂上，但南界断裂却在此陡然折北，极不协调。

该断裂在本测区达塘、达木业拉、希大、永来普一线地形地貌特征明显，多处被第四系掩盖，达塘西穿入牛堡组中。在东部本次调研的 1:25 万丁青县幅内韧性变形特征明显，表现为南倾逆冲性质，详见丁青县幅构造部分描述。

该韧性断层在索县加勤乡南龙格玛一带韧性剪切变形极为明显。剪切带宽度 300m±，其向东、向西宽度均减小，此条断层在测区内穿切希湖组一段与二段界线，总体呈舒缓波状，总体上沿夏弄多和洞嘎舍两个复式背斜轴部活动，脊线位置高耸，枢纽与韧性断层走向一致。此处所见岩性为黑色薄层泥质粉砂岩夹微透镜状细砂岩和灰黑色泥质粉砂岩，该处最大特点是"沙包泥"现象明显，发育透镜状层理和脉状层理。在小范围露头尺度上可见多种构造形迹，石英脉见呈弯曲状斜切砂岩层，为一期构造挤压分泌物。小型平卧褶皱较为多见（图 5-16），表现为上部的转折端呈圆弧状、圆滑状弯折，而下层位则多呈尖棱状,转折部位较为复杂且不圆缓。在该处还见有石英脉的同构造分泌物变形特征(图5-17),石英脉在平卧褶皱核部呈曲弯状变形,在转折端处表现尤为明显,而远离转折端则呈现与两翼平行的同变形特点。分析来看,该处显然存在一个由南南西向北北东的以平卧褶皱轴面为界线的上层位相对于下层位的剪切。该处石英脉还展现出不规则肠揉变形的面貌(图5-18),反映剪切变形的复杂性。

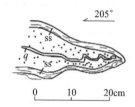

图5-16　平卧褶皱中的石英脉变形特征素描图
(军巴南)

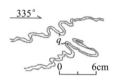

图5-17　肠状变形素描图
(军巴南)

在学玛卡一带粉砂岩中见有上下三个连续平卧褶皱的构造组合,总体表现为上部宽度大,转折端弯滑,下部宽度小,转折端曲尖,上部轴面近于水平,为东西向,而下部轴面倾向北的特征,产状10°∠5°±,反映一次由北向南的推覆。此外该处还见花瓣状不规则石英脉揉流变形特征。叠加褶皱在该处就更显得异常复杂,分析共有三期变形:早期表现为轴面直立平缓形状;第二期为沿轴面为基础的由南东向北西的推覆,而致出现斜歪褶皱;第三期为沿斜歪褶皱或转折端而发生的由北西向南东的顺层剪切,形成平卧褶皱。此中还见有石英脉体不规则肠状变形和S型变形特征(图5-19)。此带见有糜棱岩。

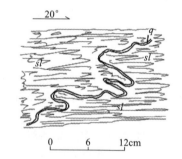

图5-18　石英脉肠揉变形特征素描图
(军巴南)

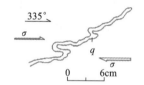

图5-19　石英脉"S"型变形特征素描图
(军巴南)

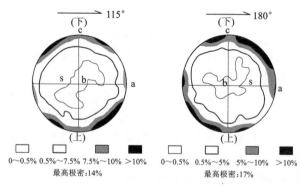

图5-20　岩石组构

根据对索县加勤乡南学玛卡希湖组变质砂岩夹粉砂质绢云硅板岩中的岩石组构观测,其拉伸线理方向为115°,样品产状25°∠12°,观测直径0.05～0.15mm的石英200粒,其略微定向分布,常显波状消光。从构造岩组构图分析可以看出(图5-20),左上图中显示主极密略近于c轴,极密与其夹角为41°,显示面理的北西侧(下盘)向上,南东侧(上盘)向下的逆冲构造运动;次极密近于c轴,二者夹角为35°,显示面理北西侧向下,南东侧向上的构造运动;为属中低温组构,岩组图为单斜对称,此套岩石至少受到了两次构造运动。右上图中显示主极密近于c轴,极密与其夹角为41°,岩组图为单斜对称,显示面理的北侧(下盘)向下,南侧(上盘)向上的逆冲构造运动,属中低温组构;一个近于c轴,极密与其夹角为15°,显示面理北侧向上,南侧向下的构造运动,属中低温组构;另一个近于a轴,极密与a轴夹角为5°,显示面理北侧向下,南侧向上的构造运动,属中高温组构。从构造组构图上可明显看出,至少发生过三期不同方向的构造作用。

该断裂在地形地貌上表现明显,多见呈沟谷、凹地、鞍部、山隘、垭口等负地形,局部并见极为特殊的压覆等构造地貌。断裂南侧多为高山地形,发育脊状山梁和尖棱状山峰。希大以东林木茂密,之西则多为草甸,至于那曲县幅接图处植被稀少。断裂通过之南北地层产状紊乱,岩石破碎,断裂北侧多见为平滑宽缓山地和低山谷岭地貌。航卫片上该断裂线性带状特征清晰。两侧影像略有不同，南侧呈深灰色调，色调比较均匀，纹理连续性较好，反映其岩石组合变化不大，山脊多呈背脊状；北侧呈浅灰色略带红色调，色度不均，纹理不连续，且多见条块状、团块状影像。山脊紊乱，发育树枝状水系。

综上所述，该断裂成生时代较早，表现出伸、缩、推、挤、剪、滑、旋的多体制应力作用特点，显示出三期以上的多期次、多阶段、多层次、多性质活动的特征。早期为浅层次下的与雅鲁藏布洋盆活动有关的挤压活动；第二期为具由南向北的逆冲推覆，此期与那曲县幅具相同特征，西部达塘南的鼻状构造的形成也应与此次活动有关，总体来看，该断裂可能成为冈-念板片上由南向北逆冲推覆构造带的前峰带；第三期为出现由北西向南东的顺层剪切，后期又发生过断面北倾的正断效应。其形成和活动时限应在燕山晚期至喜马拉雅期。

第五节 各构造单元的构造变形特征

根据上述各构造单元边界及其各构造单元的建造特征和构造形迹群组合特点及其格局来阐述其内部构造变形。构造单元的构造变形特征是指在不同构造带中的主导构造事件中所形成的各种构造形迹组合及其他构造事件(时间)所形成的构造联合、复合、叠加等现象的综合表现。它包括不同变形场中不同层次、尺度和序列等的各种构造单元、构造要素和构造单体的组合(马杏垣，1993)。据此而对测区各构造单元内的断裂、褶皱及其派生、伴生的各类面状、线状构造等分别论述，并依其相互关系进一步加深对区域构造组合规律的认识。

一、唐古拉板片

（一）各构造单元构造变形特征

1. 唐古拉中生代断隆

该构造单元为层状无序地层，包括前石炭系吉塘岩群。主要变形特征是特别发育透入性构造面理，新生面理置换先存 S_0、S_1 面理，形成 S_{n+1} 面理，宏观上表现为片理，局部为片麻理。该构造单元构造变形最大特征是构造置换强烈，发生以构造变形面理为主的多期变形、扭曲，同构造分泌石英脉也参与岩石组分交换并发生同步变形，可见石香

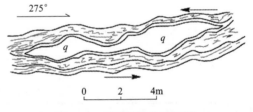

图 5-21 石香肠构造素描图
（茶崩拉）

肠(图 5-21)、云母鱼(图 5-22)等石英脉体同步强变形，其变质程度较高，形成区域动力热流变质作用的低角闪岩相至高绿片岩相变质。褶皱规模小、延伸短，常见呈紧闭褶皱、同斜褶皱、相似型褶皱、尖棱褶皱等，以及复杂的紧闭褶皱、各种叠加褶皱、顺层掩卧褶皱和不对称褶皱、无根褶皱(图 5-23)、钩状褶皱。大理岩中同构造析出了解石脉呈各种复杂揉变及复杂褶曲。中之不同规模、不同方向断裂构造纵横交错，形态各异，表明经历了不同构造背景下的复杂构造变形。

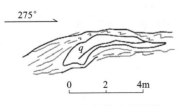

图 5-22 云母鱼构造素描图
（茶崩拉）

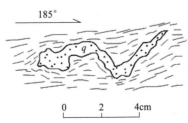

图 5-23 无根褶皱构造变形素描图
（干岩南）

2. 高口-嘎美晚三叠世陆缘盆地

该构造单元为层状有序地层,为与下伏中生代断隆之间存在断代的角度不整合,表现出与其他单元别样的构造变形。该构造单元包括上三叠统东达村组、甲丕拉组、波里拉组、巴贡组,沉积构造不甚发育,但易于识别,宏观上表现为板理,且板理平行于层理。该构造单元构造变形的最大特征是发生以 S_1 为变形面的构造置换,一般表现为横弯褶皱,局部发生以 S_2 为变形面的重褶或置换,还可见同构造石英脉发生同步变形或挤断。表现出区域低温动力变质作用的绿片岩相特点。该构造单元总体上构成一个大型复式背斜,其中包括三个轴向北西西向至南东东向的复式背向斜构造,宏观上常表现为一系列的尖棱褶皱、紧闭褶皱、同斜褶皱、斜歪褶皱、宽缓褶皱等。局部发育层间揉褶和剪切变形。该构造单元中劈理化程度较高,多见密集劈理、板劈理、间隔劈理以及同褶扇形劈理。断裂带或断层附近劈理甚加发育,以致在有沉积构造的层面上也难判别顶底。该单元中的断裂构造多呈北西向-南东向,且多顺层发生,规模较大,具多期次活动特点,且多与结合带平行,一般表现为脆性断裂。

3. 舍拉普-打耳打拉中侏罗世上叠盆地

该构造单元为层序地层,包含两个地层单位,为中侏罗统雀莫错组、布曲组,上部两个地层单位未见出露。其与下伏地层之间缺失早侏罗世沉积单元,此与班公错-索县-丁青海盆的成生密切有关,而致两者间表现为构造不整合。该构造单元地层结构明显,沉积构造发育,古生物化石丰富。该构造单元宏观上层理明显,局部被板理替代,多发生以 S_0 为变形面的构造变形,靠近断裂附近发育密集劈理,一般同构造变形可见轴面劈理、扇形劈理以及间隔劈理。宏观上该构造单元表现为向斜,靠近结合带而被其北界主断裂断失成为单斜构造,在测区北西部并进入结合带。本书综合分析认为,这种现象也并非说中侏罗统地层卷入结合带,而是早侏罗世海盆消失后的上叠盆地褶皱后,北西向区域性断裂承袭结合带北界断裂沿中侏罗统地层所形成的复式褶皱的轴部断切所致,而致其呈宏观上的构造混杂岩或层滑体。该构造单元的构造变形一般表现为较为开阔的褶皱,常见宽缓褶皱、等厚褶皱、直立水平褶皱、开阔褶皱等。发生于该构造单元中的断裂多呈北西-南东向,少数北北西向,总体与区域构造一致,一般规模不大,主要形成于燕山晚期至喜马拉雅期。表现为区域低应力作用下的低温动力变质作用之低绿片岩相变质特征。

(二)主要褶皱特征

现选择大型褶皱进行叙述,其余褶皱列表简述(表 5-3)。

表 5-3 唐古拉板片大型褶皱一览表

名称及编号	轴向	规模	轴面产状	核部地层	两翼地层及产状	伴生、次生构造后期改造
冲雍向斜 (f_3)	300°	延伸 15km	直立	T_3j 红色中厚层细粒长石石英砂岩	北翼 T_3b^1 厚层灰岩,产状:190°~210°∠63°~70°,南翼 T_3b^2 产状:10°~30°∠65°~72°	与格家卡向斜共同构成向扎-松天多复向斜
格家卡向斜 (f_4)	300°	延伸 15km	直立	T_3j 红色细粒长石石英砂岩	两翼均为 T_3b^2 厚层灰岩,北翼产状:190°~210°∠35°~67°,南翼产状:10°~30°∠40°~70°	与冲雍向斜一起构成向扎-松天多复向斜
查松达背斜 (f_5)	300°	延伸 12km	190°~210°∠70°	J_2q 砂岩与灰岩互层	均为 J_2b 厚层灰岩,北翼产状:20°~30°∠30°~35°,南翼产状:190°~210°∠65°±	与同期的脆性断裂伴生
下闸拉背斜 (f_6)	280°	延伸 25km	近于直立	J_2q 砂岩与灰岩互层	均为 J_2b 厚层灰岩,北翼产状:10°~20°∠58°~80°,南翼产状:175°~190°∠30°~60°	与同期的脆性断裂伴生
国洛卡背斜 (f_7)	280°	延伸 30km	近于直立	J_2b 厚层微晶灰岩	北翼 J_2q 微细砂岩与灰岩互层,产状:5°~15°∠52°~83°,南翼为 J_2m,产状:180°~190°∠44°~52°	南翼受 F_{20} 控制

1. 托晒果-东凶普复式向斜（f_5）

该复式向斜主要由 T_3bg^2 构成，并以低部煤层为界，与由 T_3bg^1 构成的复式背斜区别。其由一系列小型背、向斜组成，岩性为灰黑色中薄层状粉砂岩夹灰色中薄层状岩屑石英砂岩，该复式向斜北西方向延入 1:25 万仓来拉幅，南西被 F_6 改变轴向或错失。其次级背、向斜的轴迹具向西收敛、向东撒开的特点，且形态不尽一样，常见有尖棱褶皱、倒转褶皱、斜歪褶皱以及直立褶皱，其褶幅较小，一般宽 150m±，较为紧闭，其枢纽多倾伏向西，总体呈 290°～310° 走向，倾伏角 15°～25° 不等，走向上多呈曲弯状，轴面近于直立。北翼产状 200°～225°∠45°～50°，南翼产状 330°～350°∠50°～55°。同构造应力场中多见轴面劈理，以及沿劈理出现的小型断裂较为发育，形成时代为印支期。

2. 娘卡-八扎复式背斜（f_6）

该复式背斜主要由 T_3bg^1 的灰色中薄层状砂岩及粉砂质板岩构成，以顶部煤线为界而与由 T_3bg^2 构成的复式向斜区别。该复式背斜由多个次级背斜、向斜构成，其向东延伸较远，并被 F_{14} 错移，西边被 F_6 于北凸弧弯处断失，枢纽多倾伏向东，总体呈 110°～130° 走向，轴面多呈直立状，轴迹具东撒西敛的特点。次级褶皱之褶幅一般宽 150～250m，规模均不大，形态也不尽相同，常见有直立褶皱、等厚褶皱以及靠近复式背斜边部的斜歪褶皱、倒转褶皱等。同褶皱构造应力场中发育轴面劈理、破劈理，背斜脊线地貌上多呈凸梁，沿个别次级背斜的轴脊出现塌陷或发育小型断裂。该复式背斜最大特征是在靠近核部的次级背斜中赋存有铅锌矿，测区内已发现三处近等距排列的矿点，这为进一步扩大找矿远景和成矿预测提供了基础资料。据区域综合研究，在其北西部有很大的找矿潜力。该复式背斜形成时代为印支期。

3. 鹅公打向斜（f_7）

该向斜由 J_2q 的紫红色中层状岩屑砂岩和 J_2b 的灰岩组成，与下伏地层呈不整合关系。该向斜位置高耸，地形地貌特征明显，核部出露于高山顶部，但其规模较小，总体构成近东西向的卵形，单翼宽 350m±，北翼产状 160°～170°∠30°～35°，表现为开阔褶皱、平缓褶皱，枢纽平直，轴面直立，为直立褶皱。同构造应力作用下发育轴面劈理、扇形劈理、节理、裂隙比较发育，局部并见同构造析出的方解石脉。该向斜最大特征是在向斜转折端见有黑色沥青，呈被膜状。形成时代为燕山早期。

（三）主要断裂特征

该构造单元中断裂构造比较发育，多见小规模或顺层小断裂。区域断裂多呈与结合带平行的北西走向，一般延伸较远，穿切地质体复杂，具多期活动特点，个别断裂成为主边界断裂的分支断裂或复合其上。现择主要断裂进行叙述，其余断裂列表简述（表 5-4）。

1. 弄热涌-安达断裂（F_6）

该断裂是晚三叠世陆缘盆地与中侏罗世上叠盆地的边界断裂，也是两个不同时期沉积盆地的分割断裂，穿切于后者的沉积底界，因此也可能是控盆断裂。

该断裂起自弄热涌，向北西延伸入 1:25 万仓来拉幅，并具有相同特征。向东在安达西复合于结合带北界断裂之上，区内全长约 30km。该断裂总体呈北西向延伸，在断裂中部动威拉一带呈北东微凸弧形。该断裂斜切巴贡组含煤砂板岩地层体，错切复式背向斜的西端。在断裂西北段，两盘岩性明显有别，北东盘为巴贡组砂岩夹板岩，南西盘为雀莫错组紫红色砂岩。可见宽度 15～20m 的断层破碎带，其内发育构造角砾岩，成分为两侧基岩，但以砂岩居多。破碎带外侧为碎裂状砂岩，断层角砾大小不一，一般为十余厘米，略微定向，长轴及扁平面与断面一致。角砾岩表面可见摩擦镜面、擦痕，断层南侧基岩上并见阶步和被膜状褐铁矿，破碎带中硅化、褐铁矿化明显。断面产状：28°～33°∠45°，为压扭性逆断层。在亚拉镇西可见宽度 35m± 的断层破碎带（图 5-24），其中见有大量的灰岩、砂岩以及板岩夹砂岩的构造角砾，角砾大小不一，小者仅几毫米，大者可达 16cm×10cm×6cm，一般多见为 4cm×3cm×1cm，其最大扁平面平行断面，拉长方向与断裂一致，带内具明显硅化、黄铁矿化及褐铁矿化，断裂下盘基岩表面见摩擦镜面、擦痕和小阶步，其特征均指示逆冲性质，断面产状 200°∠60°。

表 5-4 唐古拉板片断裂特征表

名称及编号	走向	规模	产状及性质	断裂组合	两盘地层	断裂特征
舍拉普断裂（F_4）	NNW 向	测区延长 4.5km，北西延入仓来拉幅	产状不清，右旋走滑性质	该断裂为属近南北向的断裂组合	该断裂横切 J_2q 与 J_2b 的界线，斜切地层走向	地形上为沟谷凹地，山脊错位，断裂两侧岩石破碎，形成时期为燕山晚期
雀鄂断裂（F_8）	NW 向	区内延长 16.5km，北西延入仓来拉幅	220°∠40°，逆断层	该断裂于中部复合于 F_9	该断裂南东部断切于 T_3bg^2 中，属大型层间断裂；北西部横切 T_3j 与 J_2q 界线	断层破碎带宽 12～15m，发育构造角砾岩和碎裂岩，角砾成分主要为砂岩
巴青-那木岁断裂（F_{11}）	NW 向	测区延长 37.5km	10°∠40°，逆断层	该断裂与 F_7 平行延伸，并与结合带北界断裂平行	两端均伸入第四系，中部被南北向沟谷切割和掩盖。穿切不同时代地层界线，并穿入早白垩世花岗岩	断层破碎带宽 1～2m，发育构造角砾岩，角砾成分复杂，主要为砂岩，断裂两侧岩石破碎。沿断裂见有温泉，水温 38°±，流量 3L/s。多期断裂
嘎耳-拉弄断裂（F_{14}）	NW 向	区内延长 42.5km，东延伸入丁青县幅	10°∠45°～50°，逆断层	该断裂作为北西向断裂组的一条大型断裂，与结合带北界断裂平行延伸	该断裂切穿 T_3bg^2 和 T_3bg^1 界线，属区内大型层间断裂	断层破碎带宽 20～50m，其内发育角砾岩及构造透镜体，成分为板岩、砂岩等，带内褐铁矿化硅化明显。断面上见摩擦镜面及擦痕

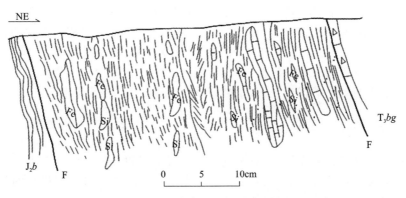

图 5-24 索县亚拉镇西 F_6 构造破碎带结构剖面图

综上可见，该断裂具有至少三期以上的活动，早期形成于印支期，并控制中侏罗世盆地的形成；二期发生由北东向南西的斜向逆冲；三期发生由南西向北东的逆冲。区域上来看，该断裂在与主边界断裂复合、联合后发生过北倾的正断效应，该期活动发生于喜马拉雅期。

2. 特耳千-白秋卡断裂（F_7）

该断裂作为晚三叠世陆缘盆地与古老地块的分界断裂，并切入中侏罗世上叠盆地下部层位，北西部其横切 T_3j 与 $AnCJt.^2$ 的不整合界线，且断失 T_3b。因此该断裂是一条性质复杂并具多期活动的断裂。

该断裂起自巴青县拉西镇特耳千，向北西方向延入 1:25 万仓来拉幅，向南东经速厅达、华群达至白秋卡，并于雅安西潜入第四系冲洪积堆积物中，该断裂中东部多被第四系掩盖其迹象。该断裂与结合带主边界断裂平行，呈北西向平直延伸，区内全长约 54km。断裂北西端特耳千一带，其穿切于 T_3j 与 T_3bg^1 的界面，断失 T_3b 地层，可见 0.5～1.5m 的断层角砾岩带，角砾形态多为次圆状、圆状，成分主要为灰岩、砂岩、板岩及片岩，均属两侧基岩之组成，并见有擦痕，局部见断层泥。断裂倾向南西，倾角 45°，性质不明。断裂南东白秋卡一带，其斜切 $AnCJt.$ 内部界线，横切 J_2q 的界线，该处岩石破碎，发育宽度3~5m不等的断层破碎带,内部组成较为复杂,砾径大小不一,形态多样。从断裂走向上可见断层三角面及断层崖,北盘并见牵引褶皱,断裂产状200°∠40°~45°,为逆断层。该断裂最大特征是在雅安西刀拉达一带见有温泉,估计水温40°±,涌出量约2L/s。

该断裂在航卫片上线性特征明显,断裂两侧在不同地段色调明显不同。走向上断裂通过处多为沟谷、凹地、斜坡及陡坎,发育断层崖,局部见热泉,断裂中东部刀拉达一带见水系肘状弯曲。由此分析,该断裂具多期次、多阶段、多性质活动特点。早期可能是断隆的南界断裂,形成于印支期;中期成为陆缘盆地的边界断裂,为控盆断裂,表现为南倾正断性质;晚期切入中侏罗世上叠盆地,活动时期为燕山期,喜马拉雅期成为张扭性活动构造并延续至今。

二、班公错-索县-丁青-怒江结合带

(一)岗拉-马耳朋-郎它蛇绿岩带构造变形特征

该单元中的各蛇绿岩残片均以构造边界与板岩接触,残片长向与主边界断裂一致,但与板理却呈复杂多样的构造混杂,各残片中蛇纹岩石片理化强烈,而且极具透入性,并构成纵横交错的网状。网状结构在各残片变质橄榄岩中普遍存在,其应是岩石在高温稳态塑性条件下的变形产物,网格中心常见橄榄石残晶。橄榄岩类内部构造变形明显,表现处特别强的片理化。糜棱结构在各蛇绿岩构造残片中普遍见及,其碎斑显拉伸定向,为由长条形橄榄石及眼球状斜方辉石组成,后者多已绢石化,仅残存其外形和辉石式解理。各残片中变橄榄岩类碳酸盐化均较强烈,橄榄石大多数仅有其轮廓。橄榄石、辉石及铬尖晶石等幔源矿物均表现出强烈的塑性变形特征。前者晶体内变形纹及由固态与液态包体装饰形成吕德尔线,橄榄石及辉石中出现扭折带,节理发生弯曲,沿斜方辉石的节理常见单斜辉石的出溶纹,出现不均匀波状和格子状及条带状消光,其晶粒多边化亚构造及动态重结晶和静态重结晶现象明显,铬尖晶石常显多边形亚构造及同构造重结晶颗粒。

组成齐全的蛇绿岩及其上覆沉积岩系共同构成一个较为复杂的紧闭向斜构造,其槽部多被索曲占据,仅剩局部残留。总体反映蛇绿岩的完整顺序是橄榄岩在下、堆晶岩居中、基性熔岩在上、基性侵入岩穿入基性熔岩中,顶部可见残碎砾状硅质(板)岩。从堆晶岩特征来看,下部为堆晶橄长岩和堆晶辉石岩,二者呈明显的浅色、暗色条层,构成层理;上部为堆晶辉长岩,并表现出由粗粒结构至中粒结构到细粒结构的正粒序特点,但在不太宽的范围内即见其呈现逆粒序,这种特点也即是紧闭褶皱的体现。堆晶层理倾斜向南东,倾角65°~75°。该处基性熔岩呈现为块状、杏仁状、气孔状、枕状(图5-25)等类型玄武岩,据对杏仁状玄武岩中的杏仁体的

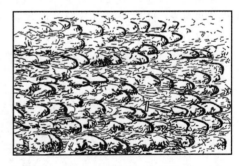

图 5-25 索县马耳朋早侏罗世蛇绿岩中的枕状玄武岩特征素描图

观测,自索曲向北西其粒径由大变小,在较小尺度下其又由小变大,反映为紧闭小褶曲。但因构造压实太紧而不易觉察。在其上近河边可见枕状玄武岩,其枕头多指向北,而枕端多指向南,也可反映褶皱的一个特征。这种小型紧闭褶皱在1:25万丁青县幅折级拉一带也表现得尤为明显。上覆沉积岩系在该处见呈碎裂状或碎块状胶结残体,成分为青灰色、浅灰色、浅紫红色硅质(板)岩,多呈中薄层状,局部为呈页片状,页理明显。总体上应为向斜核部极度压碎而又被胶结的产物。

蛇绿岩中的断裂构造极其复杂且性质多样,但多残存较少。杏仁状玄武岩的节理、裂隙面上清晰可见一组由115°指向295°的擦痕,倾伏角为45°±,表明发生过自南东向北西的逆冲,这种特征与上述小尺度下的杏仁体大小变化所构成的紧闭小褶曲方向一致,也反映了褶皱变形后的持续应力作用特征。

(二)随罩-安达-藏布倾构造混杂岩带构造变形特征

该单元中的各构造搅混体多以构造边界与砂板岩接触或块体与块体直接接触,在各处所见均不相

同,表现出各向异性特点,且其内部组成也不一样。

在结合带内构造混杂现象明显,多见岩块呈滑块体,单个滑块规模较大,一般为十几米至几十米,少数也见磨块,总体表现为愈向北边界块度越大、而向南则变小的特点。滑块多呈直立状或孤立状、不规则柱状,突兀耸立,尤为显然,挺拔于基质之中。滑块内部个别还见其发育紧闭褶皱,向斜轴部多坍塌、虚脱而成空洞,特征明显(图5-26)。该处所见其组成为灰色灰岩,有的为白云质(砂质)灰岩,结构致密,硬度大,抗风化能力强,重结晶程度较高,采获双壳类化石。该处最大特点是见紫红色亮晶灰岩,深红色硅质灰岩岩块,其块体较大。南部边界多见呈北西-南东走向的层滑体,其中含双壳类化石,该套层滑体时代为晚三叠世。基质多见为浅灰红色泥页岩和薄层粉砂质泥岩,局部见夹黑灰色板岩。该处所见构造混杂特征与结合带南支在1:25万那曲县幅石灰厂一带所见相同。据对石灰厂及其东边的观察,所见为一近东西向延伸的层滑体,岩性为大理岩化结晶灰岩,脊状山梁明显,层滑体边部见灰岩自碎次棱角状胶结物,灰岩层滑体内部可见重结晶的粗大方解石晶体,晶内可见变形条纹或具条带状构造,该处基质为杂色薄层泥岩。

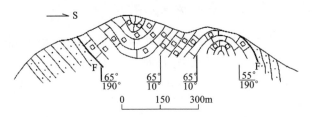

图5-26 比如县央钦道班北灰岩岩块中的褶曲特征素描图

在南北两支构造混杂带交汇处的岗拉西一带,构造混杂明显,而且由于南支南边界的左旋走滑而致在很小范围内,两侧混杂特征都不能对应。该处靠南边界则多见呈滑块或小型层滑体,成分为灰色碎裂状结晶灰岩及浅红色微晶灰岩,基质为灰黑色砂板岩,中含砂岩结核(石蛋),其最大特征是含有立方状黄铁矿,多呈单晶体,较为新鲜,少数见呈奇特的嵌晶,此与1:25万丁青县幅色扎东明显不同。在其北边为磨砾带(图5-27),宽度大于200m,磨砾呈圆状、次圆状,成分复杂,主要见有砂岩、灰岩,少量见有青灰色硅质岩、硅质灰岩以及细条带状硅质岩和玄武岩,个别还见有角砾岩磨砾。磨砾大小一般为几厘米至十几厘米,非常特征。在磨砾或磨块内部其构造变形也非常强烈,有的表现为褶叠层构造。磨砾带内基质褶皱强烈,与磨砾极不协调,构造混杂特征极为特别。

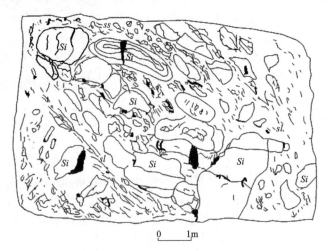

图5-27 比如县岗拉道班北构造混杂岩素描图

在安达和下马押耳桶则表现出另外一番混杂景观(图5-28)。后者多踞高山顶部,表现为滑块和滑块堆垛,滑块垛形成孤峰林,地貌特征明显,蔚为壮观(图5-29)。多见滑块与滑块断层接触,其间发育宽度几厘米至几十厘米的构造角砾岩带或构造泥岩带,构造片理化强烈。并且见有不规则滑块镶嵌的特征(图5-30),表明可能有两次滑混。滑块组成为灰黑色、灰白色、浅灰色微晶灰岩、泥晶灰岩、生屑灰

第五章 地质构造及构造演化史

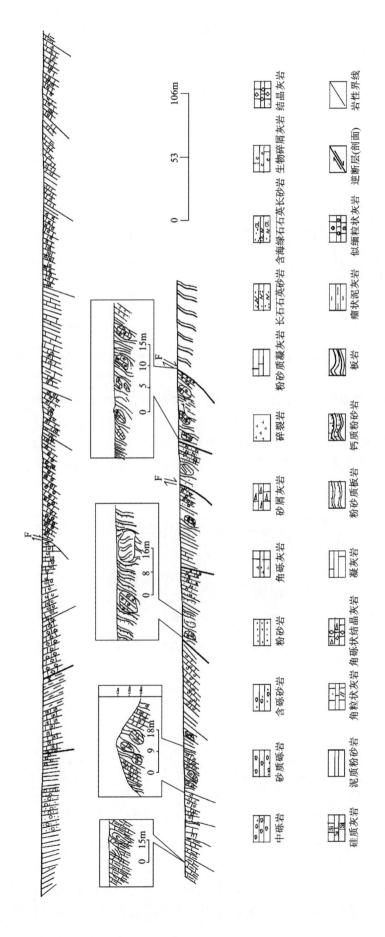

图5-28 索县下马押耳桶构造混杂岩实测剖面图

岩,其中含双壳类、珊瑚类化石。同时在该处还见 1.5m 宽的灰红色硅质微晶灰岩岩块,并且有其内部层序结构,该带之北为磨块带,成分复杂,多见为含双壳类灰岩及砂岩、砂砾岩,基质为磨块相互摩擦而新生的碎粉物,或是浅灰红色、浅黑灰色、灰黄色泥页岩。基质变形强烈,揉褶发育,无方向性。在该带之东,其高差比磨块带低。安达南一带,成为构造磨砾带(图5-31),有的呈单个磨砾,有的揉断、挤压呈透镜状磨砾,其长向顺构造面理,该处则为透镜状磨砾带,发育糜棱岩,透镜状磨砾层之间见有黑色沥青,多围绕磨砾并呈被壳状。由上来看,在该范围内构造混杂岩从上至下,由高处到低处表现出分带特征。总体上看,下部为磨砾带,中部为磨块带,上部为滑块带或滑块堆垛带,其块体与基质的组成大体相同,表现为从下至上构造混杂强度逐渐变弱的特点。

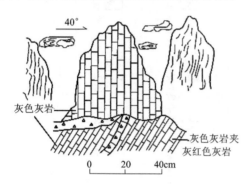

图 5-29　巨型滑块堆叠特征素描图
（下马押耳桶）

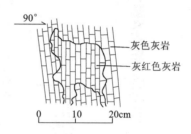

图 5-30　不规则状岩块特征素描图
（下马押耳桶）

在该构造混杂岩带东部加勤北一带,总体表现为以沿南北河谷为中心向东西两边,其由磨砾带、磨块带到滑块带的变化特征(图5-32)。该处所见磨砾呈次圆状、次棱角状,以前者为主,其大小不一,一般是小磨砾磨圆好,球度高,大小为 2mm×2mm,大磨砾常见大小为 (11~4)cm×(8~3)cm,且多呈次圆状、圆状。该处磨砾和滑块成分均为浅灰红色砂岩、硅化砂岩,基质为粉细砂岩及泥岩,构造变形强烈(图5-33)。

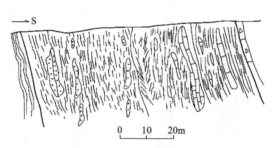

图 5-31　索县亚拉镇安达构造混杂岩带素描图

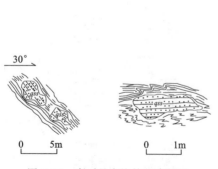

图 5-32　磨砾及磨块特征素描图
（加勤北）

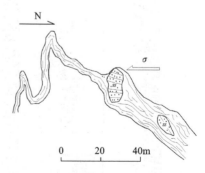

图 5-33　滑块及基质构造变形素描图
（加勤北）

偶见磨砾成分为灰色、红色灰岩及硅质岩和黑色玄武岩。该处向北可见灰岩磨块和滑块,形态特征与下马押耳桶相同,只是位置稍低,基质为粉细砂岩,中采双壳类化石,时代为晚三叠世。

综上可知,该构造混杂岩带在各处特征不同,总体具由下部向上部,由磨砾至磨块到滑块、层滑体的变化特征,其块子成分明显不同于中侏罗统雁石坪群的物质组成。根据不同地段基质和块体中古生物特征,该混杂岩带形成于早侏罗世。其上被上白垩统竟柱山组红色碎屑岩不整合覆盖。

三、冈底斯-念青唐古拉板片

(一) 各构造单元构造变形特征

1. 念青唐古拉中生代断隆构造变形特征

测区内该构造单元构造变形主要表现为强片理化特征,局部可见褶叠层和矿物拉伸线理,以韧性剪切变形为主,并叠加有晚期脆性变形,并见片理褶变,呈现较为复杂的紧闭褶皱,表现出同构造剪切变形特征,局部并见揉流褶皱。总体上看,其变形样式明显有别于弧后盆地,变质程度达区域动力热流变质作用之绿片岩相,构造层次较深。区域对比分析,其与嘉玉桥岩群具相似的构造变形群落。

2. 那曲-沙丁弧后盆地构造变形特征

测区该构造单元内断裂构造纵横交错、褶皱构造形态多样。区域性断裂多呈北西-南东向,规模大,层次深,延伸长,结构复杂,一般表现为韧性、脆韧性断裂,多斜切地质体;后期断裂多复合或斜接其上。晚期断裂一般规模较小,延伸不远,多见顺层发育,一般表现为脆断性质,常呈近东西向和北东向、北西向及南北向,多切断或平移早期断裂及地质体,而且北东向及南北向断裂多成为新构造的活动场所。

褶皱构造表现多样、形态复杂。多见呈紧密褶皱、斜歪褶皱、倒转褶皱(图5-34)、平卧褶皱和箱形褶皱(图5-35)等,以相似型褶皱为主,构造置换比较强烈,多见以 S_0 或 S_1 为变形面的变形,发育片理、千枚理及矿物生长线理、拉伸线理及杆状、布丁和石香肠构造,同构造分异石英脉多沿片理出现,变质程度达绿片岩相。中生代地层多为成层有序,常呈宽缓直立水平褶皱(图5-36),多沿 S_0 发生变形和挠曲,构造变形面理主要为板理、劈理和节理,出现擦痕线理,变质程度较浅。较为特征的是侏罗系—白垩系地层多表现为紧闭褶皱、尖棱褶皱,并呈向西撒开、倾伏,向东收敛、仰起的特点。新生代地层多呈开阔、平缓褶皱,基本未变质。

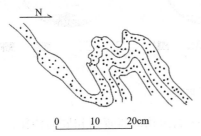

图 5-34 倒转背向形褶变特征素描图
(嘎美南)

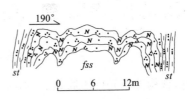

图 5-35 箱形褶皱素描图
(江达南)

索县江达南区陆库一带的希湖组三段中对细粒岩屑砂岩的岩石组构进行观测,其拉伸线理方向为153°,样品产状 NE63°SE∠50°,观测直径 0.05~0.1mm 的石英200粒,其略微定向,见波状消光。从岩石组构图上分析可以看出(图5-37),其显示主极密近于 a 轴,属高中温组构,极密与 a 轴夹角为33°,显示面理的北西侧(下盘)向上,南东侧(上盘)向下的构造运动;次极密近于 c 轴,二者夹角为32°,显示面理北西侧向上,南东侧向下的构造运动,属中低温组构。总体上该岩石所显组构图较为简单,属单斜对称,也表明岩石至少受到过两次北西侧向上、南东侧向下的构造运动作用,其方向是相同的,但应力强弱程度不同。

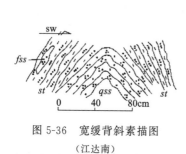

图 5-36　宽缓背斜素描图
（江达南）

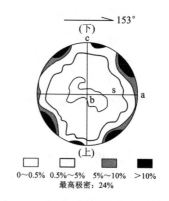

图 5-37　细粒岩屑砂岩岩石组构图

对索县加勤乡北一带的多尼组二段中不同岩性进行岩石组构观测，均表现出较为简单的组构形式。左右两图均为对含炭粉砂质绢云板岩所作的岩石组构分析，其拉伸线理方向为 10°，样品产状 SE80°NE∠75°，对其中的云母进行观测，片径 0.05～0.1mm。从岩石组构图上分析可以看出（图 5-38），主极密近于 c 轴，显示主压应力（σ_1）近于该轴，极密与 c 轴夹角为 5°，且极密与 s 面理近于垂直，显示面理的北东侧（上盘）略有向上，南西侧（下盘）略有向下的构造运动。图中稍显复杂，为对含细砂粉砂岩所作的岩石组构分析，其拉伸线理方向为 40°，样品产状 50°∠25°，对其中粒径 0.03～0.1mm 的石英进行观测，其略显定向，常见波状消光。从岩石组构图上分析可以看出，为单斜对称，主极密近于 c 轴，属低温组构。极密与 c 轴夹角为 5°，显示面理的南西侧（下盘）略向下，北东侧（上盘）略有向下的构造运动。次极密近于 a 轴，属高中温组构，极密与 a 轴夹角为 15°，显示面理南西侧向下，北东侧向上的构造运动。总体上该岩石所显组构图较为简单，但表明岩石至少受到过两次面理南西侧（下盘）向下、北东侧（上盘）向上的构造运动作用，其方向是相同的，但应力强弱程度不同。

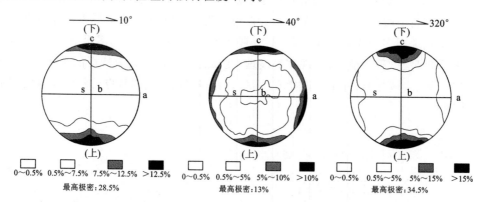

图 5-38　岩石组构图

综上可见，该构造单元中不同地点、不同岩性所作的岩石组构均表现出相同的特征，总体显示为历经了两次相同方向构造应力的作用，只不过应力强弱程度不同。不具有很大的组构差异，因此也反映了该构造单元内的各地层单位之间不存在沉积间断。进而也验证了本书所划的次级构造单元是正确的。

3. 夏曲-布隆陆相盆地构造变形特征

该构造单元内多为成层存序地层，包含第三系及第四系成生的地层单位。该单元为属表部构造变形单元，地层层序清楚，沉积构造明显，多发生以 S_0 为变形面的构造变形，形成开阔褶皱、平缓褶皱，断裂弯侧出现牵引褶皱、拖曳褶皱，断裂面上见擦痕线理，多形成碎裂岩、角砾岩等，发育破劈理、非等距不规则劈理，变质程度极浅或基本未变质。

（二）主要褶皱特征

该构造单元中的褶皱构造形式多样,形态复杂。区域褶皱构造规模大,延伸远,轴迹多与结合带南界断裂斜交,并被其斜切或错移,总体为呈北西西向。小型褶皱异样多变,多见呈紧密褶皱、斜歪褶皱、尖棱褶皱、直立褶皱以及同斜褶皱、倒转褶皱和平卧褶皱等,表现形式异彩纷呈,反映了造山带地区复杂多样的构造轮廓。现择取主要褶皱予以描述,其余详见列表（表 5-5）。

表 5-5 冈-念板片大型褶皱一览表

名称及编号	轴向	规模	轴面产状	核部地层	两翼地层及产状	伴生、次生构造后期改造
辗他曲向斜 (f_8)	100°	延伸>28km	直立	K_1d^2 中层细粒石英砂岩夹黑灰色板岩	两翼地层均为 K_1d^1 板岩与砂岩。北翼产状:340°～10°∠38°～45°,南翼产状:180°～210°∠40°～45°	向西延入那曲县幅,其东被花岗岩侵吞,中部槽部被辗他曲占据
亚安复向斜 (f_9)	110°	延伸>45km	直立	K_1d^2 中层细粒砂岩、粉砂岩夹黑灰色板岩	两翼地层均为 K_1d^1 板岩与砂岩。北翼产状:10°～40°∠55°～65°,南翼产状:190°～210°∠65°～70°	东延较远,西端转折部位受岩体影响产状凌乱,发育轴面劈理
雄也复背斜 (f_{15})	105°	延伸>14km	190°∠70°	J_2xh^2 细粉砂岩夹板岩	两翼为 J_2xh^2 细粉砂岩与板岩互层,北翼产状:10°～35°∠45°～65°,南翼产状:190°～210°∠65°～70°	东延进入丁青县幅,复式褶皱北翼被 F_{16} 断失。西端被花岗岩侵截
达木业拉复背斜 (f_{16})	80°	延伸>28km	近直立	$J_{2-3}l$ 中厚层砂岩与板岩	两翼地层均为 K_1d 砂板岩。北翼产状:10°～20°∠55°～60°,南翼产状:165°～170°∠50°～65°	西延进入那曲县幅,西端被第三系覆盖,东部转折端被第四系占据,发育轴面劈理
坡弄拥错背斜 (f_{18})	90°	延伸>40km	近于直立	J_2xh 细粉砂岩、板岩	两翼为 $J_{2-3}l$ 中厚层砂岩与板岩。北翼产状:10°～20°∠52°～83°,南翼产状:170°～180°∠40°～50°	褶皱两翼产状凌乱。脊部发育现代湖泊,轴面劈理及扇形劈理发育,多见同斜倒转褶皱
巴迁拉背斜 (f_{19})	115°	延伸>9km	220°∠70°	J_2xh^2 细粉砂岩夹板岩	两翼为 J_2xh^3 板岩夹砂岩。北翼产状:10°～30°∠63°～70°,南翼产状:190°～220°∠45°～70°	东延进入丁青县幅,西端被 F_{19} 断失,两翼产状凌乱。板劈理发育,多见倒转褶皱
热西向斜 (f_{20})	90°	延伸>4km	直立	J_2b 红色细粉砂岩、灰岩	K_1d^2 细粒石英砂岩夹板岩,北翼产状:170°～185°∠45°～53°,南翼产状:340°～355°∠35°～40°	褶皱两端被 K_2j 及第四系掩盖,两翼产状凌乱。轴面劈理发育
香曲向斜 (f_{21})	110°	延伸>20km	近直立	K_1d^2 砂岩夹板岩	两翼为 K_1d^1 板岩与砂岩,北翼产状:170°～190°∠52°～70°,南翼产状:20°～35°∠40°～65°	向斜转折端被 K_2j 占据,两翼产状较乱。轴面劈理及板劈理发育
香曲雄达朗背斜 (f_{22})	110°	延伸>20km	近直立	K_1d^1 板岩与砂岩	两翼为 K_1d^2 中层细粒砂岩、粉砂岩夹黑灰色板岩。北翼产状:5°～10°∠48°～63°,南翼产状:185°～205°∠50°～65°	褶皱西部轴线偏移向北,轴部见白云岩夹层。两翼产状较乱。轴面劈理及板劈理发育
几雄背斜 (f_{24})	110°	延伸>20km	直立	K_1d^1 板岩、砂岩	K_1d^2 中层细粒砂岩、粉砂岩夹黑灰色板岩。北翼产状:20°～35°∠55°～75°,南翼产状:200°～215°∠55°～70°	褶皱两翼产状凌乱。轴面劈理及扇形劈理发育
白嘎向斜 (f_{28})	115°	延伸>20km	近直立	K_1d^2 砂岩夹板岩	两翼为 K_1d^1 板岩与砂岩,北翼产状:190°～210°∠55°～60°,南翼产状:15°～25°∠40°～55°	向斜两翼局部被断裂破坏,中部被南北向断层横切,轴线缓波状,槽部见岩脉,产状较乱
洞达母背斜 (f_{29})	100°	延伸>40km	直立	K_1d^1 板岩、砂岩	K_1d^2 中层细粒砂岩、粉砂岩夹黑灰色板岩。北翼产状:5°～15°∠45°～50°,南翼产状:175°～185°∠45°～50°	褶皱东端被南北向断裂错移,并被花岗岩吞噬,西端转折端轴部见岩脉,两翼产状凌乱
纳摸弄向斜 (f_{31})	104°	延伸>40km	直立	K_1d^2 砂岩夹板岩	两翼为 K_1d^1 板岩与砂岩,北翼产状:180°～190°∠50°～60°,南翼产状:5°～20°∠50°～55°	东端转折部位被南北向断层横切,西部受北西向断裂轴线偏北,核部发育花岗岩岩滴。轴线缓波状,产状较乱

1. 宁巴复式向斜(f_{12})

该复式向斜位处早白垩世弧后局限盆地的近中心部位,由 K_1d^2 砂岩、板岩夹煤层的地层体组成。该复式向斜规模较大,延伸较远,总体轴迹与结合带南界断裂斜交,西部转折端被早白垩世曲嘎岩体侵吞,受其影响致其轴迹呈西聚东撒、西抑东伏之特点。该复式向斜最大特点是中含煤层,其煤质比 T_3bg^2 中的好,但以复向斜中段中部煤层最好,且在槽部的小背形核部见石英岩脉及花岗斑岩脉贯入。该复式向斜由一系列背向形构成,总体走向为近东西向,轴面多呈直立状,局部南倾,枢纽多向东倾。次级褶皱之褶幅一般宽 $100\sim150m$,规模均不大,北翼产状 $150°\sim170°\angle50°\sim65°$,南翼产状 $350°\sim15°\angle60°\sim75°$,常见以直立褶皱、紧密褶皱、尖棱褶皱为主,复向斜东西两端部形态相对复杂,以出现斜歪褶皱、局部同斜褶皱等为特点。同构造应力场中伴随出现轴面劈理、扇状劈理。次级褶皱的小背斜轴脊多见塌陷,局部发展成为小型断裂。该复向斜形成于燕山晚期,喜马拉雅早期进一步发展并出现同斜倒转褶皱和斜歪褶皱等,并使煤层成压断状和透镜状。

2. 王红灯复式背斜(f_{18-2})

该复背斜位于中侏罗世弧后前陆盆地西部边缘部位,其东延入 1:25 万丁青县幅内,并与复式褶皱一起构成大型复式背斜构造。该复背斜由 J_2xh 的三个岩性段构成,发育一系列次级褶皱。该复背斜规模大、延伸远,较为连续,但在走向上其岩性组合和次级褶皱形态有较大变化。总体轴线与结合带南界断裂斜交,并于丁青县幅内受其改造和断切。此复背斜核部脊线被 F_{21} 韧性剪切断层承袭,次级背向斜之轴线总体呈西敛东撒、东抑西伏之特点。该复背斜北翼之次级褶皱核部见有与其轴线平行的东西向长条形花岗岩岩瘤,南翼边部次级褶皱中发育黄白色石碱。该复背斜中的次级背向斜构造总体走向为北西西向,轴面多向南倾,近核部呈直立状,枢纽多倾伏向西。次级褶皱之褶幅一般 $100\sim150m$,局部连褶,其褶幅 $50\sim100m$,规模均不大,南翼产状 $175°\sim190°\angle70°\sim80°$,北翼产状 $15°\sim25°\angle60°\sim70°$,局部倾角较小。常见次级褶皱为紧闭褶皱、斜歪褶皱、同斜褶皱、倒转褶皱、同斜倒转褶皱等,同构造应力下伴随出现扇形劈理、轴面劈理等。总体上该复式褶皱中板劈理甚为发育,多见其与层理斜交,该复背斜形成于燕山晚期,后于喜马拉雅期进一步强化,受由南而北主期应力作用而呈轴面南倾的表现特征。

3. 巴迁拉背斜(f_{19})

该背斜位处测区东部,构造位置上位于弧后前陆盆地的南边,东延进入 1:25 万丁青县幅且继续东延,该背斜核部为 J_2xh^3 的灰色薄层粉砂质泥岩、板岩、夹泥质粉砂岩,两翼为 J_2xh^2 的浅黑灰色中层状泥质粉砂岩,其宽度较大,延伸较远,两翼地层产状变化较大,其核部岩性组成在走向上都不均一,变化较大。该背斜轴线呈北西西向,背斜转折端处产状为 $100°\angle10°$,其端部被 F_{19} 横切,为沿轴脊发展起来的一条北北西向断裂,并于后期再次活动,左旋错移地层界线。转折端处轴面劈理、扇形劈理、间隔劈理及节理均较层理发育,且二者间呈大角度相交。在转折端并见小型石英脉顺劈理贯入且较发育。北翼产状 $355°\sim15°\angle55°\sim75°$,南翼产状 $205°\sim220°\angle55°\sim70°$,在转折端附近倾角增大。该背斜形成于燕山晚期。

4. 爬舍冬-旁弄普复式向斜(f_{27})

该复式向斜位处测区弧后局限盆地的南西边缘,核部为由 K_1d^2 砂岩、板岩组成。两翼为板岩夹砂岩的 K_1d^1 地层,该复向斜延伸较远,但构造迹象在西端表现明显。总体轴线为呈近东西向,枢纽向西仰起并止于日阿木嘎雪山(测区最高点),向东倾伏,总体表现为西部宽度小,向东宽度渐大的特点。该复向斜的次级背向斜在西部其单个褶幅宽度比东部小,一般为 $150\sim250m$。轴线呈西聚东撒特征,其中西部被近东西向褶缓波形断裂(F_{31})斜切,并使其平移错位。该复式向斜之槽部的次级背斜核部沿轴部贯入一条规模较大的花岗斑岩脉岩。北翼产状 $170°\sim210°\angle60°$,南翼产状 $15°\sim45°\angle60°\sim70°$,两翼产状变化较大。在复向斜西部,发育反扇形劈理及间隔劈理。该复式向斜形成于燕山晚期。

(三)主要断裂构造

该构造单元中断裂构造复杂多样,纵横交错,小型断层和顺层断层及沿大型节理、劈理发展起来的小断裂极为发育。区域断裂和大型断裂切割地层单位较多,除新构造外,多呈北西向、北东向和东西向断裂。宏观上东西向和北西向断裂规模较大,层次较深,延伸较远,具多期活动特点。北西向断裂多表现为剪切走滑的区域性断裂,各方向断裂均与结合带南界断裂斜交。现选择主要断裂予以叙述,其余断裂见表5-6。

表 5-6　冈-念板片主要断裂特征表

名称及编号	走向	规模	产状及性质	断裂组合	两盘地层	断裂特征
平龙堂断裂（F_{13}）	NE 向	测区延长15.5km,向西延入那曲县幅	155°∠40°,逆断层	该断裂平行结合带南支南主边界断裂,为属北东向的断裂组合	该断裂北东斜切$J_{2-3}l$与K_1d的界线,西北切割$E_{1-2}n$及N_1k底界	地形上为沟谷凹地,山体错位,断裂两侧岩石破碎,中部被第四纪覆盖,形成时期为喜马拉雅期。为继承性断裂
军巴断裂（F_{16}）	NW 向	区内延长31.5km,东延进入丁青县幅	产状不清,性质不明	该断裂平行于结合带南界断裂。为属NNW向断裂组	该断裂北东盘出露K_1d,南西盘出露J_2xh	断层上下盘岩石碎裂,两侧产状不协调,构造变形强烈,发育拖曳褶皱和牵引褶皱,断面舒缓波状。地形上为沟谷凹地
巴可达-纳根断裂（F_{17}）	NW 向	测区延长35.5km	200°∠40°,逆断层	该断裂与F_{16}平行延伸,并与结合带南界断裂平行。为属NNW向断裂组	该断裂切穿J_2xh,中段与上段界限,西部错移J_2xh^3与$J_{2-3}l$界线	断层上下盘岩石碎裂,两侧产状不协调,断面舒缓波状。地形上为沟谷凹地。局部发育断层破碎带,角砾成分为砂岩
俄哈雄断裂（F_{18}）	NNW 向	区内延长15km	张扭性断层	该断裂属为北西向断裂组	该断裂斜切K_1d地层,错移岩层及界线,属区内大型层间断裂	断裂走向上为沟谷负地形,断层上下盘岩石碎裂,两侧产状不协调,断面舒缓波状。局部发育断层破碎带
芒天则-桑嘎断裂（F_{20}）	EW 向	区内延长60km	350°～5°∠40°～45°,逆断层	该断裂属为东西向断裂组	该断裂斜切K_1d^2与K_1d^1界线,错切岩层,属区内大型层间断裂	断层上下盘岩石碎裂,两侧产状不协调,发育拖曳褶皱和牵引褶皱,断面舒缓波状。局部见断层破碎带
打舍普-嘎弄断裂（F_{22}）	NNW 向	区内延长96km,南延进入嘉黎县幅	解译断裂	该断裂属为北西向断裂组。规模较大	该断裂横切K_1d地层,错移岩层及界线,属区内大型断裂	断裂走向上线形构造明显,为沟谷负地形,中部左旋错移东西向断裂,北端被北东向断裂左旋错位。断面舒缓波状
查龙-各龙断裂（F_{23}）	NE 向	区内延长21km,南延进入那曲县幅	解译断裂。倾向北西,正断层	该断裂属为北东向断裂组	该断裂斜切K_1d和$J_{2-3}l$地层,穿切$E_{1-2}n$底界	断裂走向上为沟谷负地形,线形构造明显,断面舒缓波状,上下盘岩石破碎,产状不协调,局部发育断层破碎带
龙牙下-央达断裂（F_{24}）	NE 向	区内延长55km	解译断裂。倾向北西,逆断层	该断裂属为北西向断裂组。北东复合于F_{20}之上	该断裂斜切K_1d^2和K_1d^1地层,控制嘉玉桥岩群片岩西界	断裂走向上线形构造明显,错移山脊,错移岩层及界限,断层上下盘岩石碎裂,两侧产状不协调,断面舒缓波状
荣拉断裂（F_{29}）	NWW 向	区内延长12km	190°∠60°,正断层	该断裂顺切K_1d内部界限,为属NNW向层间断裂	断裂两盘出露K_1d^2与K_1d^1	断层两侧构造变形强烈,发育拖曳褶皱和牵引褶皱,断面舒缓波状。上下盘岩石碎裂,两侧产状不协调
多尔根断裂（F_{34}）	NNW 向	区内延长15km	左旋平移断层	该断裂斜切K_1d内部界限,为北西向断裂组	断裂两侧出露K_1d^2与K_1d^1	断层两侧产状不协调,岩石破碎,错移山体,断裂走向为沟谷,断距100m±

第六节 构造变形相和变形序列

构造变形相即是构造层次,是构造-热事件的综合。各种地质体在时间上经历的变形期次不同,在空间上表现出的变形机制和变形强度也就不同。因此在空间上产生了变形相,在时间上出现了变形相序列及叠加构造,表现在各构造单元的构造变形相序列上的差别。

一、构造变形相

同一构造旋回所产生的变形群落在纵向上的分带性即是构造变形层次或变形相。控制构造变形相的主要因素是温度梯度和压力梯度,与深度密切相关。并且岩石的能干强弱制约着变形地质体各构造变形要素和参数量值的变化,影响着变形地质体的构造样式和几何形态。这是一个比较复杂的地球动力学和物理化学综合性问题。根据褶皱形态、断裂性质、变形面理、线理和显微构造特征、构造置换、变质程度、变形机制等综合因素,将测区内构造变形划分为表部、浅部、中部、下部和深部及幔内六个构造变形相(表5-7)。

(一)幔内构造变形相

幔内构造变形相也称为幔构相。因与其他构造变形相具有截然不同的构造背景、构造群落和形成环境,故在本书中单独分出。该构造变形相是幔内高温稳态蠕变的产物,卷入此类变形的为地幔橄榄岩、辉石岩、角闪岩、斜长角闪岩和堆晶岩、辉长岩以及异剥钙榴岩等,具高温塑性变形特点。发育各种幔内剪切应变和高温流变构造形迹。在上地幔岩中普遍发育叶理面,铬尖晶石出现韵律层理,辉石发育平行叶理面的流面、流带,并且是上地幔内早期形成的滑脱剪切面,发育流动褶皱和剪切褶皱及由橄榄石、斜方辉石等形成的拉伸线理,明显可见橄榄石晶内变形纹和吕德尔线,多见橄榄石、辉石出现扭折带、不均匀波状消光和格子状消光。铬尖晶石强烈拉伸,并见橄榄石及辉石的多边化亚构造及动态、静态重结晶并发育高温和低温双滑移系以及橄榄石和辉石的各种位错构造。以上均反映了幔内上地幔岩在高温状态下物质运移的高温稳态蠕变规律,为幔内流变特征。

该变形相内的各种超基性岩均出现强烈的不均匀片理化,尤其在斜辉橄榄岩、二辉橄榄岩、斜辉辉橄岩以及纯橄岩、橄长岩、辉石岩中更加显著,呈现为饼状、透镜状,同时并见网状交切,这种多期次网络尤为特征,明显与藏南雅鲁藏布蛇绿岩带中的不同。绢石化、蛇纹石化强烈,部分已全部蚀变成为蛇纹岩,辉石多已纤闪石化,仅保留其晶形轮廓,且在大部分岩石中发育糜棱岩,并多见暗色矿物沿糜棱面理定向或半定向排列,见新生矿物绢云母,并形成糜棱面理。辉石岩和斜长角闪片岩等也出现强烈的构造变形,前者可见小型流动褶皱并出现各种韧性剪切变形,发育褶叠层构造及出现扭折变形;后者表现为多期变形,且均较强烈,在与早期片理同构造作用中出现不透明矿物拉长定向并构成片理。二期变形为以 S_1 为变形面,而形成与 S_1 近平行的折劈理 S_2,并出现构造变形分带,也说明二期变形强烈,并使 S_1 改造彻底且使其平行化,同时把 S_1 片理改造为 M 型带、N 型带,S_2 形成 I 型带,以及出现褶叠层构造,并见后期斜切 S_2 的裂纹。

据前所述,该变形相中出现有局部残留的背向斜褶皱,规模较小,后期破坏强烈。其内断裂构造均以韧性剪切和固态流变剪切为主导,后期以脆性构造为主,多发生在边界,并成为大小不等的构造底辟体。蛇纹质构造混杂岩便说明了超基性岩底部构造变形的特征。另外在超基岩现露表面见有不同方向、不同层次的构造擦痕和阶步等,尤为显著的是在亚宗、丁青东拉沙拉等地,进一步反映了进入地壳以后的构造上升和变形历程。

表 5-7　测区构造变形相特征表

变形特征 变形标志 \ 变形相	表部构造变形相 （表构相）	浅部构造变形相 （浅构相）	中部构造变形相 （中构相）	下部构造变形相 （下构相）	深部构造变形相 （深构相）	幔内构造变形相 （幔构相）
卷入地质体	N_2b、N_2t、N_2k、$E_{1-2}n$	K_2j、K_1b、K_1d、$J_{2-3}l$、J_2xh、J_3s、J_2x、J_2b、J_2q、JM	T_3bg、T_3b、T_3j、T_3d	C—P	$AnCJt.$、$AnCJy.$	$J_1Om(\phi\sigma,\upsilon\sigma,\sigma,L\upsilon,\upsilon\beta,cc)$
褶皱构造	开阔褶皱、平缓褶皱、断裂弯侧见牵引褶皱、拖曳褶皱	宽缓褶皱、直立褶皱、等厚褶皱，局部斜歪褶皱、倒转褶皱	宽缓褶皱、紧密褶皱、斜歪褶皱、同斜倒转褶皱，局部近东西向褶皱叠加南北向褶皱、顺层平卧褶皱	开阔褶皱、紧闭褶皱、等厚-相似型褶皱、不对称褶皱	复杂的紧闭褶皱、各种叠加褶皱、顺层掩卧褶皱、A型褶皱、不对称褶皱、钩状褶皱、无根褶皱、揉流褶皱	流动褶皱、剪切褶皱、A型褶皱、B型褶皱、小型不完整背、向形褶皱
断裂构造	脆性断裂	顺层断层、逆冲断层、脆性断裂，局部顺层剪切变形	脆性-韧性断层、顺层断层、顺层剪切带	脆性断层、韧性断层、韧性剪切带	韧性断层、韧性剪切变形带	幔型、壳幔型高温韧性剪切变形、韧性断层、逆冲型推覆剪切断裂
变形面理	层理（S_0）	层理（S_0）、板理（S_1）、大部分$S_1//S_0$，少数S_2斜交S_1	S_0或S_1为变形面的变形，局部透入性面理，局部S_2斜交S_1	片理（S_0）、板理（S_1）、局部千枚理（S_1）和片理（S_1），大多S_2斜交S_1	片理（S_{n+1}）、片麻理（S_{n+1}）、糜棱面理，以S_{n+1}变形面为主，发育S_{n+1}斜交S_n，条带构造	矿物堆积或韵律层理、流面、流带、糜棱面理、叶理、片理等
线理类型	擦痕线理	局部拉伸线理、皱纹线理、交面线理	皱纹线理、交面线理，局部矿物拉伸线理，局部构造透镜化	皱纹线理、局部矿物生长a线理、杆状构造、构造透镜化	拉伸线理、皱纹线理、矿物生长a线理、杆状构造、构造透镜化、布丁构造	流线、矿物拉伸线理、a线理、铬尖晶石等强烈拉伸、强烈构造透镜化
构造岩类型	碎裂岩、角砾岩	角砾岩、碎裂岩、碎粉岩、断层泥类	碎裂岩、碎粒岩、断层泥类、初糜棱岩、糜棱岩化岩	糜棱岩化岩、初糜棱岩、局部糜棱岩	初糜棱岩、糜棱岩、糜斑糜棱岩、局部构造片岩、片糜岩、S-L构造岩	糜棱岩、构造片岩
显微组构	原岩组构保留	原岩组构保留	原岩组构局部被破坏，发育不同级别的S型、M型、Z型层间剪切变形	原岩组构局部多被破坏，层间不同程度地发育剪切变形，局部见片理揉褶	矿物压扁、拉长、弯曲、变形，片理、片麻理揉褶，发育I型、M型、N型、S型及不规则剪切变形，碎斑旋转、压力影、S-C组构	高温塑性变形，晶内变形纹、晶内滑移系、矿物位错、矿物扭折、矿物压扁拉长
构造置换	等距间隔劈理，较大规模节理	S_1不规则置换S_0，局部S_1置换S_0	S_1置换S_0、大多$S_1//S_0$。局部片理化带，局部S_2斜交S_1	S_1置换S_0，局部S_2不完全置换S_1，局部片理化带	S_1置换S_0，发生以S_2为变形面的变形且出现S_2，发育S_{n+1}斜交S_n，褶叠层	以S_1为变形面出现构造变形分带，S_1彻底置换并出现M型带、N型带、I型带、折理S_2并形成I型带、褶叠层
劈理类型	破劈理、间隔劈理、非等距不规则劈理	板劈理、间隔劈理、扇形劈理、轴面劈理	板劈理、折劈理、轴面劈理、区域透入性劈理、局部流劈理和密集劈理	轴面劈理S_2、折劈理、褶劈理、局部应变滑劈理和密集劈理	折劈理S_2、褶劈理、应变滑劈理、流劈理	褶劈理、流劈理、层间微褶劈
变质程度	极浅变质	低绿片岩相之板岩级。新生绢云母、绿泥石，局部同构造变质出现红柱石	低绿岩相之板岩级。新生矿物绿泥石、绢云母、黑云母等。同构造变形新生应力矿物硬绿泥石、雏晶黑云母	低绿岩相之千枚岩级、高绿片岩相叠加变质。同构造变形新生绢云母、绿泥石、绿帘石、白云母及雏晶黑云母	低绿片岩相、高绿片岩相、低角闪岩相递增变质、叠加变质。新生矿物石榴石、钾长石、透辉石等大量出现。尤以矽线石、白云母为特征	埋深变质、高压-中压低温变质、叠加变质。新生蛇纹石、滑石、绢石、葡萄石、绢云母、白云石、闪石等
变形机制	横弯、重力滑脱、局部牵引	纵弯—压扁	纵变—压扁、局部塑性揉流	纵变—压扁、局部弯流、揉流	弹—塑性压扁、韧性弯流、揉流	高温蠕变、塑性、韧性、弯流、揉流、压扁

(二) 深部构造变形相

深部构造变形相也称深构相。该构造变形相为属测区较深构造层次下的构造变形组合,卷入其中的是新元古代觉拉片麻岩、比冲弄片岩和雪拉山片麻岩组、查普玛片岩组,以及前石炭系吉塘岩群和前石炭系嘉玉桥岩群,分属于唐古拉板片结晶基底和冈-念板片褶皱基底的变质杂岩体,均具有显著的塑性变形特点。各非正式单位中岩石普遍具条带状、片状构造,且构成构造岩。其中发育韧性剪切带和透入性面理,多见糜棱岩和剪切变形组构,普遍发育下滑式顺层掩卧褶皱,并见早期同构造分泌结晶(石英)脉在后期递进变形过程中被卷入顺层掩卧褶皱,其中发育各式各样的叠加褶皱并形成轴面劈理 S_2,还见片理褶皱和面理置换现象,局部可见 $S_1 /\!/ S_0$。以上特征反映出古老变质岩系经历了多期构造变形作用。

该构造变形相中出现大量变质矿物,见有低绿片岩相的白云母+绢云母+绿泥石+黑云母组合,高绿片岩相的黑云母+石榴石+白云母组合,低角闪岩相的石榴石+十字石+黑云母+角闪石组合,且在泥质变质岩中见有大量红柱石,表现为低绿片岩相、高绿片岩相、低角闪岩相的递增变质带特征,也表现出在早期区域动力热流变质之上又叠加了区域低温动力变质作用。

该构造变形相中的新元古代和前石炭系地质体,作为变质杂岩系和基底并记录了该板片的演化历史。区域上均呈北西走向,多与澜沧江缝合带和索县-丁青-怒江结合带及其边界断裂平行或小角度斜交,且其各自总体构成一个向东倾伏较为圆滑的"复式背斜",具有十分复杂的构造改造和极其复杂的韧性变形。在吉塘岩群和嘉玉桥岩群中发育反映多期变形的构造叠加现象十分普遍,其中尤以褶皱叠加显著,组成宏观"向形"的褶皱面是以早期形成的典型褶叠层为基础发育的构造置换面,其两翼之褶叠层内包容了一系列 A 型褶皱及不对称褶皱,其以置换面理为变形面的褶皱构造轴迹为北西-南东向。在不同组合的构造岩石单元中均可见顺层掩卧褶皱、平卧褶皱、钩状褶皱、无根褶皱、揉流褶皱等,发育以横向构造置换作用而形成的褶叠层和以早期褶皱轴面为变形面的重褶或共轴叠加。此外还见后期白云母花岗岩脉揉弯褶皱现象。另外其中还发育塑性流动和固态塑性变形特征,尤以发育顺层固态流变和韧性剪切变形更为显著,表现为片理化带以片理置换及透入性拉伸线理为特征和片麻理化带以发育片麻理及眼球状构造为特征,出现条带构造、不规则构造变形(图 5-39)、石香肠、杆状构造、布丁构造及糜棱面理、拉伸线理、皱纹线理、矿物生长 a 线理和各形顺层掩卧褶皱,发育 $S_{n+1} \wedge S_n$ 的叠加变形以及出现 M 型褶皱、I 型褶皱。该套岩系具有由南而北从绿泥石带→黑云母带→石榴石带→透辉石带→矽线石带→钾长石带比较完整的递增变质带,表现出低绿片岩相—高绿片岩相—低角闪岩相—高角闪岩相的多相共存变质特征。表现为在早期区域动力热流变质作用之上叠加区域低温动力变质作用及经历了从晚元古期直至喜马拉雅期的多次叠加变质作用。

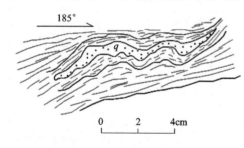

图 5-39 不规则褶皱变形构造素描图
(巴青北)

(三) 下部构造变形相

下部构造变形相也称下构相,属于测区下部构造层次。本测区内虽未见该构造变形相,但在联测区内有大范围的出露,因此为叙述的整体性而构入本节。卷入地质体为石炭系、石炭系—二叠系地层,包括昌都板片上的下石炭统东风岭组、珊瑚河组;唐古拉板片上的玛均弄组、日阿则弄组、哎保那组;冈底斯-念青唐古拉板片上之石炭系—二叠系苏如卡岩组。各自原生构造保留较好,发生以 S_0 为变形面的构造变形,未出现区域上的透入性面理,常形成宽缓褶皱、斜歪褶皱,局部出现直立褶皱和倒转褶皱等,褶皱转折端部位常出现轴面劈理,且表现为 S_2 斜交 S_1,交角一般较小。能干性较强的岩石在区域性纵弯作用下常表现为间隔劈理,出现非透入性面理置换。能干程度较低的岩层,则发育不同级次"S、M、

Z"层间剪切变形,且在局部发育顺层平卧褶皱及小型顺层韧性剪切变形,并出现交面线理、皱纹线理、折劈理等,在局部强应变带内发育密集劈理。在强弱岩层间隔出现或互层情况下,并见劈理折射现象。石炭系地层内含有大量砾岩,砾石变形强烈,定向较为明显,构成宏观区域上的拉伸线理,碳酸盐岩内发育顺层掩卧褶皱及顺层剪切带,断裂构造主要以后期近东西向、北西向为主,其内并见小型顺层断层及局部的顺层剪切变形,并出现比较强的片理化带及密集劈理化带,此构造变形相内所见总体变形较弱,成层性较好,原生组构保留,同构造变形新生矿物绢云母、绿泥石、雏晶黑云母等仅沿 S_1 或 S_2 出现,并在局部的强应变带内定向,总体表现为低绿片岩相的区域低温动力变质作用特点。特殊的是不同构造单元上的石炭系构造变形强度不同,总体来看,从北至南岩石成层性越差,原生组构保留越少,构造变形强度越大。

地处怒江蛇绿岩带中的石炭系—二叠系苏如卡岩组,由于受北东向和北西向两个方向超基性岩体的底劈上冲和复杂的构造作用叠加,表现出更加复杂的构造变形群落。总体表现为以板理、千枚理(S_0)及片理(S_{n+1})为变形面的应力变形,但在不同地域其变形样式不尽相同,以 S_1 面发生的纵弯作用使其褶皱变形,常表现为直立褶皱、开阔褶皱及紧密褶皱,应力进一步加强出现斜歪褶皱、同斜倒转褶皱、近平卧褶皱,并在此基础上叠加了小型褶皱。在褶皱转折端多见扇形轴面劈理,同构造期并见有间隔劈理,局部强应力变形部位出现密集劈理、流劈理、褶叠层及小褶曲、小皱纹。在桑多、苏如卡一带并见矿物线理和多期变形叠加的揉皱现象。沿北西向断裂或在超基性岩体的边缘不同程度地见有更深层次的变形构造,出现强流变带及顺层剪切面理和强变形层间小揉皱,且呈现糜棱面理的分带特征,与此之后,以糜棱面理为变形面出现折劈理,在上述变形之上,还出现间隔劈理及斜切以上各变形面的劈理构造。其总体变形强烈、复杂,变质程度较低,出现同构造作用的绢云母、绿泥石、阳起石等变质矿物。为低绿片岩相千枚岩级的区域低温动力变质作用,为造山变质作用结果。

(四) 中部构造变形相

中部构造变形相也称中构相,属于测区中部构造层次。卷入地质体为上三叠统地层,本测区仅包括唐古拉板片上的东达村组、甲丕拉组、波里拉组、巴贡组。不同构造地质单元中的原生构造保留较好,发生以板理、千枚理($S_1 /\!/ S_0$)为变形面的构造变形,未出现区域上的透入性面理。但在不同地域其变形样式不尽相同,以 S_1 面发生的纵弯作用使其褶皱变形,常表现为直立褶皱、开阔褶皱及紧密褶皱,应力进一步加强出现斜歪褶皱、同斜倒转褶皱、近平卧褶皱,并在此基础上叠加了小型褶皱,其轴面交角30°～40°。上三叠统地层中常见宽缓褶皱、斜歪褶皱,局部出现直立褶皱和倒转褶皱等,褶皱转折端部位常出现轴面劈理,且表现为 S_2 斜交 S_1,交角一般较小。能干性较强的岩石在区域性纵弯作用下常表现为间隔劈理以及斜切以上各变形面的劈理构造,出现非透入性面理置换。能干程度较低的岩层,则发育不同级次"S、M、Z"层间剪切变形,且在局部发育顺层平卧褶皱及小型顺层韧性剪切变形,并出现交面线理、皱纹线理、折劈理等,在局部强应变带内发育密集劈理。在强弱岩层间隔出现或互层情况下,并见劈理折射现象。断裂构造主要以后期北西向为主,其内并见小型顺层断层及局部的顺层剪切变形,并出现比较强的片理化带及密集劈理化带。此构造变形相内所见各地质体总体变形较弱,成层性较好,原生组构保留,变质程度较低。同构造变形新生矿物绢云母、绿泥石、雏晶黑云母等仅沿 S_1 或 S_2 出现,并在局部的强应变带内定向,总体表现为低绿片岩相千枚岩级的区域低温动力变质作用特点,为造山变质作用结果。

(五) 浅部构造变形相

浅部构造变形相为属测区中浅部构造层次,也称浅构相。卷入地质体为侏罗系至白垩系地层及少量白垩纪中基性侵入岩,包括唐古拉板片上的索瓦组、夏里组、布曲组、雀莫错组;冈底斯-念青唐古拉板片上的希湖组、桑卡拉拥组、拉贡塘组、多尼组、边坝组及竞柱山组。其构造变形波及上述各层次变形单元。该变形相内岩石成层性较好,原岩沉积构造大多保留,主体发生以 S_0 为变形面的褶皱变形,在纵弯作用下表现为宽缓褶皱、直立褶皱、等厚褶皱等,进一步构造作用出现斜歪褶皱、倒转褶皱、同斜褶皱等,由于所处构造位置不同并加之后期区域性构造作用,以致在不同部位表现出不同的变形特征。

弧后盆地单元中由于岩石能干程度不同而表现出不同的变形行为,且展现为局部不协调褶皱、平卧褶皱(图 5-40)及同斜倒转褶皱,能干性较强的岩层出现等厚褶皱,而软弱层则表现为顶厚褶皱和极不协调褶皱,其中尤以希湖组软弱层变形明显,层间揉皱发育(图 5-41),甚或局部出现顺层韧性剪切变形,见有拉伸线理、皱纹线理、交面线理、矿物线理等。能干性稍高的岩石发生以 S_0 层理为变形面的构造变形,褶皱转折部位出现扇形劈理并受到后期间隔劈理的作用,发育同斜倒转褶皱和顶厚褶皱。能干程度较低的岩层构造变形强烈,发育区域性透入性面理,并表现出较强的变形,多见 S_1 斜交 S_0,褶皱转折端处并见 S_2 斜交 S_1。局部见有脆韧性和韧性剪切变形特征,出现石香肠构造及石英脉的不规则变形和石英脉拉断呈骨节状(图 5-42)等。尤具特征的是在加勤乡胸多北一带构造变形较为强烈,除发育上述构造形迹外,另还见有砂板岩中之砂岩结核被揉挤呈"马蹄形"(图 5-43),其轴面倾向南,此表明曾发生过由南而北的挤压。分析来看,这种构造形迹与从比如县香曲至索县江达以至边坝县沙丁沿怒江一线江域呈马蹄形弯拐有因果关系。横向对比来看,近相同部位和层位的砂板岩变形在荣布西一带也很明显,表现为叠加褶皱的轴面倾向南(图 5-44),为与结核变形具相同特征。由上可以看出,在同构造变形相中其变形强度和类型要较其他的复杂,表现出局部具中下部构造弧后盆地内的拉贡塘组以上层位具有浅部构造变形特点,总体构成一个复式向斜,是以 S_0 为变形面而发生的构造变形,并在此基础上进一步挤压且又发生由南而北的逆冲推挤,因此致使中之褶皱形态样式复杂,常见斜歪褶皱、倒转褶皱、宽缓褶皱及平卧褶皱,且在区域褶皱的转折端褶皱紧密,形态复杂,多见不协调褶皱。同时并伴随区域构造作用使其枢纽呈弯波形,且伴生自南而北的逆冲断层及顺层断层,断裂弯侧发育牵引褶皱和拖曳褶皱,强烈地段使先存褶皱复杂化。准原地沉积地质体内构造变形较为简单,发生以 S_0 为变形面的弯折、褶皱,主要表现为近直立褶皱、开阔褶皱、等厚褶皱等,伴随主前缘断裂的活动及推覆体的影响,在其附近呈现出较为复杂的构造变形,主要表现为枢纽倾伏、轴迹变向、轴面缓波,出现斜歪褶皱、同斜倒转褶皱、紧密褶皱、平卧褶皱、倾竖褶皱等,在纳尔一带推覆体前缘并见不协调褶皱及叠加褶皱。脆性断裂旁侧发育牵引褶皱和拖曳褶皱。

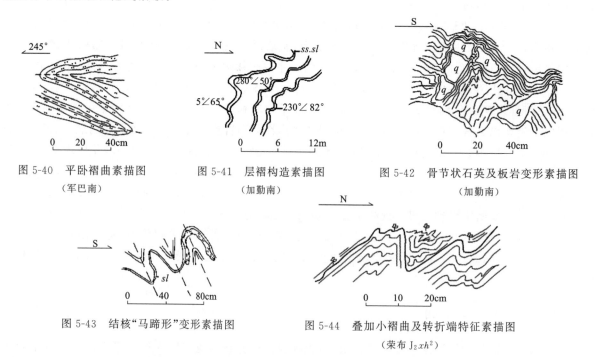

图 5-40　平卧褶曲素描图　　图 5-41　层褶构造素描图　　图 5-42　骨节状石英及板岩变形素描图
　　　　（军巴南）　　　　　　　　（加勤南）　　　　　　　　　　（加勤南）

图 5-43　结核"马蹄形"变形素描图　　图 5-44　叠加小褶曲及转折端特征素描图
　　　　　　　　　　　　　　　　　　　　　　　　　　　　　（荣布 J_2xh^2）

以上总体表现为以层理 S_0 为变形面的纵向挤压体制下的较简单构造变形,随着区域构造强弱快慢和应力强度变化,加之不同地段岩石能干程度的不同,也就呈现了在相同构造变形条件下的不同地域构造变形的差异。沿板理出现绢云母、绿泥石、绿帘石等新生变质矿物,在热玉、西昌、荣布等多期构造复合部位或多期构造岩浆热力作用部位,出现同构造变质的红柱石、硬绿泥石、黑云母等特征变质矿物,表现出局部构造应力较强作用的特点,该变形相同构造变质作用为区域低温动力变质作用的低绿片岩相绢云母-绿泥石带,具造山变质作用的特点。

(六)表部构造变形相

卷入第三纪形成的各类地质体,包括牛堡组、康托组、托林组、布隆组以及白垩纪的花岗岩,均为测区较新的陆源沉积和构造岩浆活动。沉积地层中各种原生沉积构造明显,示顶构造清楚,变形面理为层理(S_0),并沿其横弯成开阔褶皱、平缓褶皱、等厚褶皱,断裂弯侧见牵引褶皱、拖曳褶皱。发育规模较大的节理,等间距间隔劈理和节理在能干性较强的砂岩、火山岩和侵入岩中十分发育,其以压扭性节理最为多见,张扭性次之。劈理主要见有破劈理、板劈理及轴劈理,是伴随多次应力作用而表现的面状构造,此种构造尤其在花岗岩中特别明显,远观似地层产状。在压扭性断裂附近出现压解性密集劈理、滑劈理和流劈理,表现出应力局部集中的特点。发育张(扭)性脆性正断层,并见重力滑脱,基本未变质,局部可见浅表层次的接触变质及动力变质。

二、构造变形序列

(一)构造变形序列建立依据

(1)首先根据各构造单元的变形构造群落来确定其主导变形机制和其形成的构造环境,本区仅在测区西南部少量见有前震旦系嘉玉桥岩群构造残片,其他虽未见及,为使其叙述的完整性和整体性、系统性,故结合本次调研丁青县幅成果予以叙述。新元古代觉拉片麻岩、比冲弄片岩和雪拉山片麻岩、查普玛片岩,以及前石炭系吉塘岩群,分属唐古拉板片及冈-念板片的基底,测区各时期构造作用无不在其中留下深深的印记和痕迹。据前所述,前石炭系吉塘岩群中的主期变形控制了该杂岩系的宏观构造格局,表现为广泛发育的透入性面理-线理组构,以及一系列平行面理的韧性剪切带及滑脱带。据王根厚等(1996)对该期面理及拉伸线理统计表明,以现存宏观背形轴为基准,将其褶皱面展平,分布在面理上的拉伸线理具 SE130°—N310°W 优选方位。综合宏观和微观运动学标志分析,展平面上的运动学特点为上层系相对下层系自 SE-NW 方向的剪切。同位素结果表明,该期变形时代为 361Ma、253±9Ma,相当于晚泥盆世—早二叠世。测区早石炭世卡贡群呈褶叠层构造卷入该期变形中,这种方向的剪切变形与石炭纪—二叠纪苏如卡岩组的蛇绿岩相同,也是与冈瓦纳大陆的斜向裂离即古特提斯域的伸展扩张裂开有关。古特提斯的聚敛闭合期大致发生于中二叠世—中三叠世,其特征是上三叠统甲丕拉组角度不整合于前石炭系吉塘岩群之上,为造山不整合,这就是藏东印支运动的反映。昌都板片上为上三叠统巴钦组不整合于下石炭统地层之上,不整合界面为该聚敛期构造运动的重要表现,并且造成测区普遍缺失早三叠世—中三叠世沉积及岩浆活动。

前震旦系嘉玉桥岩群是一个经历了极其复杂的多期构造变形变质的杂岩系,中之不同岩性变形式样和变形序列各不相同。主期变形在下岩组(褶叠层岩组)中表现为顺层韧性剪切、顺层掩卧褶皱、顺层不对称透镜体构造及同构造结晶变形脉等构造置换群落;在上岩组(片理化岩组)中主要表现为区域性广泛发育的透入性面理-线理组构,以及一系列平行面理的韧性剪切带及滑脱带。据王根厚等(1996)对片理化岩组的主期面理及拉伸线理的大量构造要素统计表明,在以复式褶皱为基准的面理展平面上,其拉伸线理具 SE140°—NW320°优选方位。综合宏观和微观运动学标志分析,展平面上的运动学特点为上层系相对下层系自 SE-NW 方向的剪切。主期变形机制为单剪与收缩体制的复合。其总的特点是与吉塘岩群的主期面理展平后的拉伸线理具有 10°±的交角,且与现今所见区域构造小角度相交。这表明该伸展具非正向伸展,而是带有一定的走滑特征,也即侧向拉分伸展特征,此与早石炭世的走滑有关,具右行走滑特点。走滑的弧弯处出现拉裂,也即转化为晚三叠世弧前背景蛇绿岩的生成,也即是从古特提斯向新特提斯的转换,这种转换与拉分明显有关。

面理是一期透入性的区域性构造置换面,其上发育拉伸线理,构造解析表明,主期面理展平之后,分布于面理之上的拉伸线理具 320°～140°优选方向。据对主期面理宏观、微观运动学研究表明,该期面理具上层系相对下层系自 140°(SE)向 320°(NWW)向方向的近水平横切置换特征。因此该期面理的形成与雅鲁藏布蛇绿岩的形成时代近一致,也即是主期面理的形成与新特提斯晚期洋壳活动密切相关。并由于该期面理彻底的构造置换及构造热事件的影响以致此期之前的构造变形面目全非、难以识别。此外据对前述该岩系中褶叠层内的 A 型褶皱枢纽方向概略统计,呈现具 295°～115°优选方位,结合不对称褶皱运动学分析,构造置换形成的褶叠层运动特征为上层系相对下层序自 NWW(295)°向 SEE(115°)近水平剪切。此外以构造置换为变形面形成的宏观"向形",其轴迹为 NW - SE 向,该期构造线与杂岩系总体北东构造迹线和边界前缘断裂大角度斜交,从某种程度上也表明了该期聚敛的性质。总之,测区内的杂岩系主要发育较深构造层次的以顺层韧性剪切带和褶叠层为主的变质固态流变构造群落,且局部残留早期挤压环境下的逆冲型同斜倒转褶皱、揉流变形和伸展环境下的顺层掩卧褶皱以及侵入其中的石英脉体的变形,均反映其多期次、多体制、多层次的构造变形特征。在石炭纪—二叠纪他念他翁构造岩浆弧中也表现出以变质固态流变构造群落为主的较深层次的韧性变形特征。蛇绿岩亦表现出甚为明显的幔内、壳幔深部层次的以顺层剪切稳态蠕变、褶叠层为主的高温稳态流变构造群落,伸展环境下的超基性、基性堆晶岩的成生和辉长岩、辉绿岩的侵位及挤压环境下的剪切揉褶反映其不同体制、不同期次的韧性变形特征。

(2) 根据各构造单元不同类型构造变形的叠加复合关系及同位素年龄,确定构造变形的相对顺序。据前所述,测区新元古代比冲弄岩组、觉拉岩组以及吉塘岩群、嘉玉桥岩群等古老变质岩均经历了极其复杂的多期构造变形变质,表现出杂岩系的特征,不同岩性变形样式和变形序列各不相同,且多不协调,其中可见以褶叠层的构造置换面为变形面形成宏观向形,并且见共轴叠加褶皱。据王根厚等(1996)对嘉玉桥岩群中不同地段主期变形矿物角闪石所作 $^{40}Ar - ^{39}Ar$ 法的坪年龄为 164.7±1.33Ma,白云母坪年龄为 166.27±0.99Ma。其与 1:25 万安多县幅对班公错-怒江结合带安多蛇绿岩中斜长花岗岩所作锆石 SHIRMP 年龄 175.1±5.1Ma 相比来看,相差近十个百万年。王根厚等(1996)所作年龄值与藏南仁布—白朗一带蛇绿岩具有同时的特点,而且与念青唐古拉岩群的主期变形年龄相当(155±2Ma,Harris et al,1988)。据张旗等(1981)在嘉玉桥岩群中所获钾质白云母 bo 为 9.032×10^{-10}m。按照 Sassi et al(1976)认为 $bo<9.000\times10^{-10}$m 为低压相系,9.000×10^{-10}m$<bo<9.040\times10^{-10}$m 为中压相系,$bo>9.040\times10^{-10}$m 为高压相系,由此认为该杂岩系相当于巴罗型中压相系。

据王根厚等(1996)在昌都那它向共嘎所测斜长角闪片岩中角闪石对片麻岩所测锆石 U - Pb 法等时线年龄为 1250Ma,表明存在古老基底。上述白云母 $^{147}Sm/^{144}Nd$ 模式年龄值为 1229.69Ma,且原岩具大洋玄武岩或洋中脊玄武岩的性质,并认为嘉玉桥变形变质杂岩内可能存在更古老的超镁铁质岩,也即是可能存在更早期结合带的迹象或原特提斯的残迹。据王根厚等(1996)在昌都那它向共嘎沟所测角闪石 $^{40}Ar/^{39}Ar$ 坪年龄为 164.7±1.33Ma,等时线年龄为 160.59±2.73Ma,此年龄代表了一期甚为强烈的构造-热事件年龄。从区域分析来看应代表了嘉玉桥岩群的主期变形时代,而在主期变形之前已发生的韧性变形,年龄为 219.28Ma,其相当于晚三叠世的另一期韧性剪切变形的形成时代。此与上三叠统确哈拉群中的韧性剪切变形应是同构造期产物,发生时间应在早侏罗世,也即是与索县-丁青海盆于早侏罗世的串珠状扩裂有关。此期构造作用并对区内及相邻地区岩石变质组合均有热事件的侵扰和构造变形。也可能该期构造事件造成古老基底的伸展剥离。在昌都板片各构造单元及其他单元中多发育枢纽北西向、轴面南倾的同斜倒转褶皱,局部并见平卧褶皱,以 S_0 为变形面,发育轴面劈理 S_1,浅表层次下多表现为 $S_1//S_0$。中浅层次下多见顺层剪切变形及顺层掩卧褶皱,其普遍叠加枢纽近东西的早期褶皱,并新生轴面劈理 S_2。局部并见晚期枢纽近东西叠加于早期近南北向褶皱,尤其在构造混杂带内更为复杂。表明在古老岩石基础上发生与蛇绿岩形成时同构造期的变质和变形。

本次区调于索县荣布北所划吉塘岩群片岩中采获锆石 U - Pb 法 713Ma、821Ma、1272Ma 三组同位素年龄值,同时并获得谐和年龄为 2383Ma,上交点年龄为 2383±101Ma,下交点年龄为 743±47Ma,说明其形成于新元古代,后者可能反映了元古大洋的闭合,是泛非运动早期的表现。

前已叙及,中侏罗世到早白垩世所形成的弧后盆地中的构造变形总体表现为以 S_0 为变形面的褶皱变形,为在浅表层次下发生纵弯作用而表现出不尽一致的褶皱构造形态,由于所处构造位置不同并加之后期区域性构造作用,以致在不同部位表现出不同的变形特征。除上述的构造变形外,在中侏罗统希湖组中斜歪褶皱和叠加褶皱更为发育和多见。在军巴南希湖组一段中表现出复杂的三期构造叠加变形图景(图5-45),早期形成轴面近直立的直立水平褶皱,此后沿轴面发生由北西向南东的挤压而出现轴面倾向北西的斜歪褶皱或同斜倒转褶皱,后期又发生沿斜歪褶皱或同斜倒转褶皱的包络面进行的由北西向南东的单轴向推挤或近水平剪切,形成平卧褶皱。前述的构造岩组构图中也同样反映出其具三期构造活动。结合前述,砂岩结核轴面呈倾向南的"马蹄形"揉挤变形,此表明曾发生过由南而北的挤压。综合分析表明,测区希湖组曾发生过自北西到南东及由南至北的至少两次不同方向构造应力的作用,军巴南出现的花瓣状构造也可反映这两期构造运动的迹象(图5-46)。区域综合分析认为,测区整个弧后盆地均应有此大变形特征,希湖组的变形特征也可能是在重力压服下层次较深的缘故。

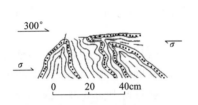

图 5-45 叠加褶皱素描图
(军巴南)

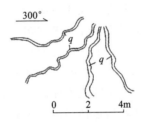

图 5-46 石英脉花瓣状揉曲变形素描图
(军巴南)

(3)根据不同构造单元、不同时期形成的主要构造形迹类型进行对比,并确定不同变形事件的时空联系。据前所叙,测区内不同时期构造作用与古特提斯、新特提斯的开、合极为关联,密不可分。早石炭世卡贡群中洋中脊玄武岩及石炭纪—二叠纪多伦蛇绿岩代表了古特提斯早期洋壳的踪迹,在其裂开直至闭合过程中,致使蛇绿岩上冲肢解,并形成石炭纪—二叠纪苏如卡构造混杂堆积,同时并使其两侧地层(比冲弄片麻岩组、觉拉片岩组以及吉塘岩群和嘉玉桥岩群等古老变质岩)发生强烈挤压出现褶皱。岗拉-马耳朋-郎它(直至丁青县幅内的八格-丁青-觉恩)构造蛇绿岩代表了新特提斯早期洋壳的踪迹,在其裂开直至闭合过程中,致使蛇绿岩上冲肢解,与海沟中的复理石增生楔混杂,并形成早侏罗世的随罩-安达-藏布倾构造混杂堆积带,同时并使其两侧地层(竹卡群、结扎群等和确哈拉群、蒙阿雄群等以及古老变质地体)发生强烈挤压并局部出现韧性剪切变形和出现区域大型褶皱。伴随新特提斯晚期洋盆的成生、闭合复杂历程以及碰撞作用,在缝合带两侧出现不同层次、不同类型的逆冲推覆体系,且并使古老基底上隆、剥离并显露地表。

(4)根据各构造单元不同时代的沉积作用、岩浆活动、变质作用、成矿作用及其形成的构造环境与不同机制和构造变形之间的耦合关系,确定不同时代、不同体制下构造变形的演化过程,新特提斯构造阶段早、晚洋盆的开合和陆内造山阶段的伸展、挤压、走滑,沿索县-丁青断陷谷地带以及藏中南雅鲁藏布江的张裂作用及其构造效应或远程效应,测区在沉积作用、岩浆作用和变质作用及成矿作用之间都存在必然的响应。

(二)测区构造变形序列

依据上述,将测区自晚古生代以来、包括整个中生代、新生代的构造变形序列划分为两大变形阶段、三个变形旋回、九个变形世代、四种构造体制和四种变形机制。

(1)第一期构造作用(D_1),测区最早期的构造作用理应追寻至元古大洋的形成及潜没和泛非事件对古老变质地质单元的影响,其踪迹多已荡然无存。但据上述也可看出,其构造变形非常复杂。

(2)第二期构造作用(D_2),以古特提斯早期洋壳拉张出现早石炭世洋中脊玄武岩及石炭纪—二叠纪多伦非层序型蛇绿岩、蛇绿质构造混杂岩和强蚀变基性岩的侵入以及深海硅质岩、远洋碳酸盐岩沉积以及早石炭世复理石沉积为标志的古特提斯早期板内拉张出现裂谷及陆缘拉张作用形成的伸展构造组合。石炭纪—二叠纪苏如卡构造混杂岩应代表古特提斯洋的闭合。该期构造变形在二叠纪以前形成的地层中表现不明显，主要是由于主期构造作用构造体制和运动方向近于一致而使早期残存彻底改造之故。

（3）第三期构造作用（D_3），以新特提斯早期洋壳拉张出现丁青-觉恩早侏罗世早期洋中脊玄武岩及层序型蛇绿岩、蛇绿质构造混杂岩、强蚀变基性岩、基性侵入岩和深海、半深海硅质岩、远洋碳酸盐岩沉积，以及出现新特提斯早期板内拉张裂谷和陆缘拉张作用形成的伸展构造组合。据前所述该期构造变形在晚三叠世以前形成的地层中表现比较明显，尤其在吉塘岩群和嘉玉桥岩群中表现明显，但主要是由于主期构造作用构造体制和运动方向近于一致而使早期残存彻底改造。

（4）第四期构造作用（D_4），以新特提斯早期洋盆收缩、闭合为标志，出现早侏罗世折级拉-亚宗构造混杂岩及泥砂质沉积混杂岩和滑塌堆积，伴之强烈而又快速的小洋盆内的俯冲构造作用出现高压变质，测区在老变质地质体中测定的白云母 bo 值具高压变质特征，区外据报道存在特征高压变质矿物及其组合，伴之南北两侧形成不同类型大陆边缘，上三叠统及其以前形成的变质地质体和基底岩系中褶皱构造的形成，在各构造单元中局部残存有该期构造挤压的平卧褶皱及轴面劈理 S_{n+1}，以及出现深层次的水平韧性剪切变形，并有同构造期的构造变形和构造岩浆活动。

（5）第五期构造作用（D_5），以中侏罗世地层不整合于结合带和以中侏罗统地层不整合于上三叠统及前石炭系吉塘陆块、嘉玉桥陆块为标志，出现中侏罗世—早白垩世的弧后盆地，这是测区陆内调整较为稳定的时期，但在受区域构造伸展作用影响，局部仍伴有小规模的火山活动及岩浆活动。

（6）第六期构造作用（D_6），以陆内调整为主，出现区域挤压背景下的局部地带的伸展-上隆作用，形成近水平的顺层掩卧褶皱和韧性剪切带，发育糜棱岩、S-C 组构、拉伸线理，各类构造岩及壳源 S 型浅色酸碱性花岗岩的侵入。

（7）第七期构造作用（D_7），发生陆内俯冲作用并导致东西向逆冲推覆构造群落及右行走滑断裂的形成，以及近南北向高角度正断层系和叠加褶皱（轴面劈理 S_2）的形成。

（8）第八期构造作用（D_8），高原地壳进一步缩短加厚，测区快速隆升过程。因索县-丁青近东西向断陷谷地带的形成而出现近南北向走滑断裂，形成拉分盆地。

（9）第九期构造作用（D_9），受雅鲁藏布江的南北向拉裂及剪切作用的远程影响，致使测区内的南北向正断系扩展规模，且同时并新生南北向正断系，形成谷地。当且伴随有北东向、北西向的走滑剪切断层系并呈现大型沟谷凹地。伴随活动构造的成生，后期发育沿索县-丁青近东西向断陷谷地带两侧之边界正断层，出现深切河谷。

第七节　新构造运动

一、概述

根据《西藏地质志》（1993）新构造分区，测区总体上属于青藏高原断块隆起区或青藏高原现代强烈隆起区。测区以班公错-丁青断陷地谷地带为界，其南划分为冈底斯-念青唐古拉断块隆起区，之北划为唐古拉断块隆起区。班公错-丁青断陷盆地谷地带为由断陷盆地、断陷谷地和线状断裂谷地组成的巨型活动构造带。测区该带内构造线以 EW 向为主，断陷盆地主要沿该带两侧边界断裂发育，现代湖泊有布托错青、布托错穷等；断陷谷地沿热曲、巴曲、色曲等分布，湖盆和谷地长轴方向与构造带走向完全一致，其中第四系广泛发育。从北部他念他翁山链脊线平均海拔 6000m 以上，从测区南部平均海拔 5300m 以上，直至带内盆地海拔 4400～4650m，明显低于两侧山地上的盆地面高程（4700～5000m），表现出两边翘起、中间拗陷谷地的特征。沙丁至热玉至当卡断裂谷地呈折线状，沿怒江多见马蹄形折弯。

谷地主要由峡谷组成,其内谷肩阶地和洪积扇以及活动断层较为常见。总的来看,该带规模巨大,活动性强,受老构造控制明显,主要活动期为中新世以后,并以断陷活动为主,还表现有右行走滑运动特征。它横亘于两侧不同方向的活动构造带之间,基本上不受其他影响并独自发育,是一条重要的活动构造分区界线。

冈底斯-念青唐古拉断块隆起区和其下的地幔断陷区相对应。区内隆起区平均海拔5000m±,明显高于两侧的断陷带的平均海拔高程。测区东西向冲断层甚为发育,但其活动构造SN向的张(扭)性断层和剪切断层为主。本区地势和湖泊海拔高度南高北低,水系分布具有南北不对称性。测区还表现出另一番景观,断块山地与南北向断陷盆地相间出现,近等距展露。SN向活动构造带内断陷盆地和断块山块尤为发育,其局部地形高差可达4km以上,表明形成时间较晚,是第四纪以来在高原迅速隆升过程中,可能由于边界条件限制的减弱,在应力松弛状态下而产生的一系列正断裂堑进一步发展而形成的,这种特点在沙丁、嘎木、尺牍、沙贡等地表现明显。唐古拉断块隆起区,测区内平均海拔大于5000m,明显高出两侧活动构造带高程,显示强烈断块隆起特征。区内活动构造主要表现为继承性NW向和NE向的剪切断裂及断陷盆地和谷地平原,这些活动构造将本区切割成长轴近NW向的菱形断块。测区差异升降活动不甚强烈,未造成夷平面的强烈解体和巨大地形高差,现代高原面广泛分布,反映新构造整体隆升的特点。与断陷作用有关的冲洪积、湖积也较为发育,断陷盆地和谷地平原内湖泊星罗棋布,但面积均不大,向心水系发育,流程也较短。总体来看,其地热显示数量和规模远不及冈-念区断隆区,地震活动频度较高,但其强度比冈-念区小得多。

二、新构造断裂特征

新构造以断裂复活和在超碰撞事件中形成的断裂构造、大面积整体掀斜、抬升为特点。新构造不但具有沿承性、重复性、新生性活动特点,还具有明显的间歇性、迁移性和累积性。测区新构造运动特征明显,发育南北向、北东向、北西向及近东西向断裂组,表现为断陷谷地、密集断裂带、串珠状断陷盆地、三级构造夷平面、怒江两岸发育极不对称阶地、沼泽湿地和湖盆线型分布、水热活动以及山前倾斜平原、崩塌、垮滑、滑坡等。

从现今测区地形、地貌、山体展布等特征来看,总体上表现为以索县-丁青结合带为界的拉裂、断陷,而在其南北两侧呈现线型走滑盆地和剪切走滑盆地特征,形成当今较为复杂的构造格局。活动断裂是地壳现代活动最强烈最直观的一种表现,根据活动断裂在地形、地貌、植被、灾害、环境、水文、工程等地质方面的诸多表现形式,将测区活动构造划分为三大活动断裂系,并选择其主要活动断裂予以描述,其余见表5-8。

(一) 主要活动断裂特征

1. 各若-拿荣断裂(F_{19})

该断裂位于测区东部,是在弧后盆地形成后并发生横变褶皱及由南而北的应力作用过程之后,在南北向构造应力作用下发生剪切分力而成生的一条规模较大的左旋剪切断裂。

该断裂北端起自于索县军巴南各若,向南东经江达至拿荣东,且延入1:25万丁青县幅西南部,并与F_{63}连接构成北西向断裂组。该断裂于江达南折转向而呈北北西向。区内全长32km±。该断裂斜切中侏罗统希湖组各岩段,江达以南穿切J_2xh与$J_{2-3}l$、K_1d界线,并使岩层改变走向,铁桥处见其横切砂岩地层,切断多个复式褶皱的轴部。据此来看,测区内该断裂为沿褶皱的包络面发展起来的。在断裂中部江达铁桥处可见宽度0.5~5m的断层破碎带。具上宽下窄特征,带内发育构造角砾岩,成分为灰黑色泥质粉砂岩,呈次圆状、次棱角状,其大小不一,最小为几厘米,最大可达十几厘米。带内最大特征是见斜列状砂岩小透镜体,一般呈长圆状、扇圆状、透镜状等,一般大小2cm×(1.2~1.5)cm,反映其具逆冲特征。该断裂两侧岩石破碎,发育密集劈理带,该裂面上见摩擦面、擦痕,破碎带内绢块砂化明显。地形地貌明显不明,为具西南偏高,北东侧低的特点。断裂产状 70°～80°∠80°～85°,为斜滑区断层。断裂中南部斜切 K_1d 与 J_2xh^3 的界线,沿断裂岩石非带破碎,产状甚乱。局部并见透镜状砂岩斜布于断面之上,指示其具逆冲性质。

表 5-8　测区新构造及活动断裂特征表

名称及编号	走向	规模	产状性质	断裂组合	两盘地层	断裂特征
嘎贡弄断裂(F_9)	NNW向	区内延长9km±	张扭性断裂	该断裂为复合、继承原北东向断裂而活动,其与北图边及图边数条断裂组成北东向活动断裂组	断裂两侧岩性复杂,西侧AnCJt.、东侧T_3bg。断裂中部复合于F_8之上,南侧延入早白垩世花岗岩	破碎带宽10m,带内见有碎裂岩,带中见顺断裂分别的3个温泉,周围发育近圆形钙华、泉华锥,呈土褐黄色、黄灰色等,温泉涌水量6L/s而且喜温动物鼠兔在此地特别多,也可举证。此带草甸质量甚差,当地人多不在此放牧,但该地再向北东方向及北西顺大沟盛产虫草
恰则断裂(F_{15})	EW—NE向	区内延长6.5km	张扭性正断层	该方向断裂为属北东向活动断裂组,多形成北东向的宽谷并被水系占据	该断裂切穿K_1d^1板岩与砂岩地层	断面呈缓平波状。沿该断层见有南北向和东西向排列的泉孔,大小泉眼10个,面积约100m×80m,泉华(石灰华)呈瀑布状、锥状、圆形塌陷状等,最大锥高约5m。为多孔状热泉
亿日阿断裂(F_{27})	SN向	区内延长11km	张扭性断裂,断面倾向西,倾角51°	该断裂为属南北向活动断裂组,宏观上多形成南北向的宽谷并被水系占据,其成曲弯状	该断裂垂切AnCJy.片岩及K_1d砂板岩地层	沿该断裂见有3处泉华,泉华锥呈瀑布状、锥状等,呈线状沿河流两岸崖壁分布,泉口呈近圆形,泉水大小不一,断裂两侧界线被错移,发育断头,局部见擦痕
错饶错断裂(F_{32})	SN向	区内延长36.5km	张性断裂	该断裂属南北向活动断裂组	控制第四纪沉积物的出露和分布	该断裂航卫片上线性特征明显,地貌上为一连串断湖泊、宽谷、凹地等构造地貌,其长向为南北向。山脊及山梁平行断裂展布
澎错断裂(F_{35})	NW向	区内延长15km±	张扭性断裂	该断裂与F_{36}平行展露,属北西向活动断裂组。宏观上该断裂向东南延出图外	控制第四纪沉积物的出露和分布	航卫片上该断裂线性特征明显,地貌上为一连串湖泊、沟谷、凹地负地形,两侧山体杂乱,错移山脊。最具特征的是湖泊呈北西向斜列式串珠状,总体为北西规模大、南东范围小,北西部表现为宽谷地貌,南东为窄条谷
洞希浦断裂(F_{38})	SN向	区内延长6.5km	张扭性断裂	该断裂属南北向活动断裂组,特征明显	该断裂横切K_1d砂岩夹板岩地层体,为较晚期形成的断层	航卫片上线性构造特征明显,地貌上为沟谷、凹地等负地形,水系追踪断裂发育,错移山脊,并使其走向与断裂一致。图外南北向串珠状湖泊,分布范围和规模具南大北小的特点
罗布如拉断裂(F_{39})	NW向	区内延长4.5km±	张扭性断裂	该断裂与F_{35}平行展露,属北西向活动断裂组。该断裂东南延入嘉黎县幅	控制第四纪沉积物的出露和分布,控制现代湖泊的规模	该断裂地貌上表现为北西向的湖泊、沟谷、凹地,最大特征是湖泊呈北西向的长卵圆形,水系追踪断裂发育,两侧山体杂乱,错移山脊。构造地貌上表现为北西部为宽谷,南东向为窄谷。航卫片上该断裂线性特征明显

断裂中段顺水系而行,走向上断裂通过处呈现为沟谷、凹发、鞍部、垭口、山隘等负地形。断裂两侧地形地貌特征也不同,南西侧山脊呈近东西向,中南部呈杂乱状,而且地势相对较缓;北东侧山脊为呈与断裂一致的走向,地势相对较高,地形陡峻。航卫片上断裂线性特征较为明显,两侧影像也不相同,南西呈黑灰色、浅灰色等杂色调,水系杂乱;而北东向则呈浅灰黑色调,水系不发育。综合上述,该断裂至少具有两期以上活动,早期为沿断面发生的由北东向南西的逆冲,性质为压扭性,晚期为沿该断裂的继续性活动,表现为斜向下滑,表现出张扭性正断层的特征。

2. 拉浪拉-达让角断裂（F_{28}）

该断裂位于测区中南部，其横切 K_1d 砂岩、板岩地层，区内全长 18km。断裂北起比如县羊后乡拉浪拉，向南经拉索至达让角，为一条走向南北的断层。该断裂横切多尼组上、下段构成的复式褶皱，并且使两侧地层破碎，产状不协调。断裂中部垂切花岗斑岩和闪长玢岩脉体。据对断裂两侧相同岩性的对比来看，其东侧岩石相对于西侧岩石向南错移 30m±，同层位砂岩也表现出相同的特征，使地层在走向上错位。该断裂通过处表现为南北向河和垭口，呈现负地形。在拉浪拉一带局部见及断层角砾岩，其形态多见呈次棱角状，大小不等。成分为砂岩和板岩夹砂岩，破碎带中绢铁矿化明显。航卫片上断裂线性特征明显，表现为曲弯状。综上所述，该断裂为左旋张扭性正断层，断距达 30m，断面近于直立，略向东倾，形成时代燕山晚期。

3. 松多-喀头断裂（F_{31}）

该断裂位于测区南部，与结合带南界断裂斜交的一条区域性大断裂，是测区内近东西的规模最大的一条断裂。区内延长约 139km。该断裂西起比如县良曲南松乡，向东沿巴木壤木雪山南缘通过，经山扎、白嘎至边坝县尼木乡喀头，并再向东延进入 1:25 万丁青县幅而滑失。断裂西端切过晚白垩世花岗岩而滑迹于第四系湖相沉积物中，松多东横切多尼组复式褶皱。中西部巴木壤木一带穿切于多尼组上下段界线，并横穿白垩纪花岗岩，并与其东张达一带被北西向断裂（F_{22}）右旋错扭，羊秀西级南北向断裂（F_{28}）左旋位移，于羊秀东潜入第四系冲洪积堆积物。白嘎以东呈北西西向沿 K_1d^1 与 K_1d^2 的界线活动，成为二者的分界断裂。松多一带可见宽度 3～5m 的断裂角砾岩带，角砾形态多为次棱角状、棱角状，大小不一，最大者可达 30～50cm，一般多见 10cm×5cm～20cm×30cm，成分为石英砂岩和灰黑色板岩。角砾间之胶结物为硅质、钙质等。断裂北侧见明显错动痕迹，可见擦痕、摩擦镜面及阶步，局部可见级膜状褐铁矿，断裂走向上见四处断层三角面。断面波状起伏，总体为倾向北，倾角 60°±，为正断层。断裂两盘岩石破碎，产状比较乱。东端喀头一带发育 30～50m 的构造破碎带，断裂两侧岩层产状零乱，带内见有断裂角砾岩，其角砾多呈次棱角状，大小一般为几厘米至十几厘米，成分主要为砂岩，少量粉砂质板岩，角砾之间为由钙、泥质胶结。地势上断裂南盘明显高于北盘。断裂产状 10°∠36°，为具斜滑性质的正断层。

断裂走向上为沟谷、凹地、斜坡、鞍部、垭口等构造地貌，发育断层三角面及构造破碎带，断裂东部南侧山体明显高于北侧，在西部并见其错断山体。由上可见，该断裂具明显的正断层效应，活动时期为喜马拉雅期。

（二）活动断裂系特征

1. 南北向活动断裂系

该方向新构造断裂呈南北向或近南北向分布于测区各处，其规模较大，特征明显，具长期性、多期性、继承性发育特点，控制着南北向展布的断陷谷地、断陷盆地的形成和发育。测区内大部分南北向河流、南北向串珠状断陷盆地、南北向山体脊线等均明显受该方向断裂的控制。测区内包括 F_{16}、F_9、F_{64}、F_{65}、F_{65-1}、F_{61} 等数十条规模不等的断裂（表 5-4）。

该方向活动断裂系在航卫片上线性影像清晰，沿线为沟谷、洼地等负地形，局部见水系追踪断裂发育且呈肘状弯拐，其两侧地形反差明显，断裂通过处山体边界平直，顺断裂多见断层崖，陡坎线性分布，并且局部可见南北向水系两侧发育极不对称冲洪积阶地。该组断裂走向南北，倾向西或东，但以倾向西者多见，倾角 65°～86°不等，为属张扭性或张性力学特征，以前者为主。

2. 东西向活动断裂系

该方向新构造断裂呈东西向或近东西向遍布测区,但较为明显而且集中地分布于班公错-丁青断陷谷地带内,其控制着近东西向的谷地带的形成和发育。该断裂系具承袭性、复合性、多期性活动特点,其规模大,特征明显,活动时限长,以剪切走滑为主,走滑拉分次之。测区内近东西向宽谷、河流、串珠状小湖盆等构造地貌明显受该方向断裂的控制,其大多数为复活断裂,部分地段仍在活动。测区内的 F_{34}、F_{35} 以及结合带南北边界断裂等均属该断裂系(表 5-8),但大部分被第四系松散堆积物或塌滑体覆盖而难寻踪迹。该断裂系在航卫片上清楚可见,其影像特征与两侧迥然有别,沿线呈现为宽谷、湖盆、凹地等负地形,并切割早更新世河湖相沉积,并使其拉开形成陡坎,且呈现出南北两侧不对称的平台。沿该方向新构造断裂发育山前冲洪积扇群,垮塌、滑坡等比比皆是,局部堵塞河流而致水流改向。沿线山体边界平直,陡壁线型特征明显,并见断层三角面和断层崖。该组断裂走向近东西,倾向北或南,倾角 60°~75°,表现为张性或张扭性质。

3. 北东向活动断裂系

该方向断裂系在测区内主要分布于中东部,而且出现于断陷谷地带的南北两侧,其切割和控制着北东向的河谷、水流,且追踪其他方向断裂呈齿状弯转,局部地段水流线状泄出。航卫片上该组断裂影像清楚,沿线为沟谷、凹地、鞍部、垭口等负地形,断裂通过处山体边界平直,陡坎线型分布,发育断层崖和断层三角面。少数断裂并见组成复杂的愈合型断层角砾岩。该断裂系最大特点是沿断裂见有线状展布的温泉或古热水遗迹,测区内 F_1、F_{10-1}、F_{44} 等属该方向断裂系。该组断裂规模中等,多延伸不远,其形成稍晚,具多期承袭活动特点,以剪切或走滑拉张兼斜滑为主,产状陡立。

据上所述并综合测区活动断裂特征,本书认为这些不同方向、不同性质、不同规模、不同级别的断裂是继超碰撞或后板块之后在南北向挤压的统一应力场中不同环境下形成的不同序次的产物,是测区新构造活动的主要表现形式,这些断裂的形成、发育对测区当今构造地貌、第四纪盆地、湖泊、水热活动和地质灾害及第四系矿产起到了明显的控制作用。

三、新构造运动表现特征

(一) 重要的不整合面

(1) 古新统—始新统牛堡组与白垩系及其以前地层之间的不整合界面,这种界面关系主要见于测区西部边缘,区域上整体呈近东西向。测区内其多不整合于桑卡拉佣组、拉贡塘组、多尼组之上,不整合关系清楚。其产状平缓,未见褶皱,而且基本未变质。这个不整合界面代表着造山运动的开始。

(2) 中新世康托组与牛堡组之间的不整合,测区内仅见于西北角,其倾向北西,倾角平缓,产状 $320°\angle 7°\sim 8°$,基本未变质,二者间存在明显的小角度不整合。据其地层结构和组成及产状分析,为一套山间湖盆沉积,中心可能位于那曲县幅内。综合特征表明,测区及区域上均缺失渐新统地层。那么这个不整合界面可能代表着造山运动期间又一次序幕的开始。

(3) 上新统布隆组与康托组及牛堡组之间的不整合,二者间存在微角度不整合,可能代表着比较短暂的构造运动的开始。测区内仅见于西北角布隆一带,其产状水平,倾角甚缓,未变质。据其地层结构和组成及产状分析,为一套湖盆相沉积,中心位于布隆,特征是在砂砾岩和中细砂岩中见有黑灰色泥岩。

(4) 下更新统与第三系之前地层之间的不整合,测区内比较广泛地分布于索县-丁青断陷谷地带内以及怒江两岸,在索县亚拉镇、江达乡麦倾、加勤乡南胸多以及巴青、高口、澎错,比如县的白嘎和边坝县的沙丁的尼木、沙丁北等地见下更新统河湖相沉积与上白垩统及上三叠统地层体之间明显的角度不整合。其地层结构和组成基本一样,发育各种沉积构造。倾角平缓,产状不同,北部沿断陷谷地带倾斜向北或北西,南部沿怒江深切河谷多倾向南或南西,总体上为倾向西边。说明它们在同一个"大湖盆"地中沉积时存在多个中心,并连续地向中心退积,应属于早更新世藏东北"泛大湖"的一部分。

(5) 全新统与更新统的不整合面,遍布测区,全新统冲积、洪积、冲洪积、坡积、沼泽堆积等多堆积在更新统湖相沉积和冰水、冰川堆积之上以及该期之前已剥露出来的现处低凹的各类地质体上。河流阶地冲洪积物直接盖于更新统半固结砂砾层上,存在明显的不整合。

(二) 夷平面特征

根据测区现代地形、地势、地貌和堆积物,自高而低划分为以下三级夷平面。

(1) 一级夷平面:主要分布在测区西北部他念他翁山链脊线和中西部岗拉南以及西南部的杂然也嘎、日阿木嘎一带,海拔5300~>5500m,为残留山原剥蚀面,并为大陆型冰川所占据,冰蚀作用强烈,且在上述各地仍保留有冰盖或山岳冰川。其中以西南部范围最大,且比北部及其他地方的残盖多。该级夷平面主要表现为截顶平台、圆顶陡坡、角峰圆化以及极难逾越的垭口,并且测区北部多构成微向班公错-丁青断陷盆地谷地带倾斜、掀斜的山原特征,而西南部则表现为向澎错湖区的倾斜、掀斜的山原特征。据区域地质资料并结合测区特征,此级夷平面可能形成于渐新世,并于中新世晚期抬升受切。

(2) 二级夷平面:围绕一级夷平面外延,分布范围较大,测区内见于高口、巴青、雅安一线之北等地他念他翁山主脊南北,以及测区中南部若巴则嘎和规模最大的澎错、日阿木嘎、杂然也嘎以及测区南部边缘一带,海拔5000~5500m,为构造侵蚀切割中高山区,发育刻蚀阶地,多表现为圆顶山、平顶山,山体呈浑圆状,峰岭或脊线多已钝化,凹谷内多见有岩石碎块、砾石等。上新世局限湖盆沉积的物源可能与此期构造地质作用有关,该级夷平作用主要发生于上新世。

(3) 三级夷平面:广泛分布于盆地、谷地、凹地及江河流域两侧或边部,遍布于测区中部,海拔4200~4700m,为构造侵蚀平原,低山丘陵堆积区。该级夷平面之山顶多为丘陵、坡地,常形成山麓阶梯状台地。布隆北、巴青北、雅安北和恰则、希大、麦倾等地的最高一级阶台和一些山缘卵石台阶等可能与此期夷平有关,此级夷平面形成于早更新世早期,并一直抬升受切。

(三) 河流阶地特征

新构造运动是形成阶地的主要因素之一,由于阶地的发育具区域性,其类型可以反映新构造活动的特性,阶差可说明其上升幅度和活动强度。测区怒江及索曲、嘎布松曲、各曲、七曲、姐曲、军巴曲等二级水系均不同程度地发育四级阶地,尤其在布隆、索县、巴青、江达、军巴、比如、羊秀、白嘎、尼木以及澎错等地表现明显,阶差各地不等,但其最高一级阶地海拔高度近于相等,为4100~4300m。反映了不均匀差异升降,也说明上升幅度均衡,同时也反映了新构造活动强度不大的特点。

(四) 冲洪积扇特征

冲洪积扇体的有规律成生和叠复出现也是新构造活动的表现特征。测区沿怒江及主干河流、班公错-丁青断陷谷地带或支流与干流交汇处等广泛发育冲洪积扇,且多形成于山前地带,并沿活动构造线迹形成平直山体边界,常呈山前倾斜叠复式及串珠状冲洪积扇体群,其扇体大小不一,规模不等,且在其前缘又被新生的扇体切割,说明新构造活动期间地壳间歇性活动的特点。

(五) 垮塌积特征

垮塌体和垮滑体及滑坡等也是新构造运动的宏观表现特征。测区主要发生于南北向、东西向及少数北东向等不同方向的活动断裂一侧,尤其在南北向断裂两侧,多发育在陡切河谷及怒江和其较大支流两侧山前。此种新构造活动特点多是因地壳脉动或构造震动的断裂效应而沿断裂切割的山体陡峭边界发生垮滑、垮塌、滑坡等,这种新构造活动在断陷谷地带中和沿大江大河两侧极为常见,致使出现垮滑体淤塞河道、水流改向等近代构造地貌景观,现多表现为孤立小山或小丘包。

（六）温泉活动特征

温泉活动是一种直接的新构造活动表象。它是被地下热源加热的深部地下水的地表显露。温泉、热泉、沸泉、间歇喷泉及泉华反映了一定时期和新构造活动阶段深部热储及变异状态，一定程度上也反映了活动断裂和新构造运动的特点。根据测区大地热流值的局部热异常和天然流量的不均衡性特征，热泉活动受控于形成时期埋藏深度和体积不等的构造岩浆囊，其形成和发育与陆内聚敛或后板块构造作用有关。测区水热、地热活动显示强烈，但主要集中于恰则、雅安西、羊秀西等地，其总体表现为受北东向张扭断裂控制，或处于北东向与北西向共轭断裂交汇处，多表现为小型热泉活动带，详见矿产地质描述。

四、新构造运动与湖泊的关系

测区内湖泊星罗棋布，形态各异，面积大小不等，成因类型多样。现代湖泊面高程为4950~5100m，总体上分布于残留冰川的外围，测区内的湖泊多为咸水湖，很少淡水湖，湖泊周围地势平坦，多为广阔的湖滨平原或平坝。测区内湖泊比较集中地分布于澎错一带，见有澎错、司错、错饶错、拉弄错以及中东部的永错和北东部的从个错、嘎忠错等，现存的最大湖泊为澎错，面积约11.3km^2。测区内的湖泊其特征也不尽一致，主要表现在湖泊的延伸方向、形态特征、面积大小、湖面拔高、湖水性质，以及生物特征、湖泊形成的力学性质、环湖的地质特征和湖泊形成背景及时代等方面的差异。

总体来看，断陷谷地带以北的他念他翁山的南坡及其上的湖泊，其面积远较谷地带之南的湖泊面积小，而且最大特征是其长向均为近东西向，局部表现为南北向长条形，为属堰塞湖。构造成因类型上应属半地堑式断陷湖（韩同林等，1987），为受构造控制明显。断陷谷地带之南的湖泊面积较小，分布普遍，形态各异，多见有长卵形、近圆形及不规则形状，前者多呈长向北西向，近圆形者则多呈近东西向斜列方式，后者则多呈北宽南窄的近南北向，可能表明其与前述三个不同方向的活动断裂系有关并受其控制。

湖泊周围发育厚度不等的湖相或河湖相沉积，湖积物厚度一般为40~70m，最厚可达110m±，具明显的粒序特征，发育水平层理、交错层理、波状层理等沉积构造，为半成岩状态，具有明显的湖岸阶地，局部并见湖岸滞留砾石。据区域地质特征及本次区调索县古大湖的详细研究，形成于早更新世。综合研究表明，早更新世早期发育起来的青藏高原泛大湖应延至测区及其以东，约在中更新世晚期，随着高原持续隆升，古大湖逐渐萎缩而至今并呈现在湖泊面貌。

五、新构造运动与测区隆升

（一）测区隆升的整体性

测区内现存的高原地貌景观反映了隆升的特点。地貌上测区内部起伏不大，但高原与峡谷之间存在较大的地貌高差。从夷平面特征来看，前述三级夷平面分别保留于三个不同的高度，形态基本完整，表明自形成以来未遭受强烈的差异升降，同时也说明测区在新构造活动期曾发生过三次较大幅度的间歇性整体抬升，这种特征与测区内的冰期与间冰期的出现互为印证，且表现出宁静期遭受外营力剥蚀和夷平，隆升期强烈下切，夷平面解体的震荡性规律。

根据上新世末至早更新世以来的沉积产物类比来看，在布隆、索县、高口、巴青、雅安、加勤、江达、恰则、白嘎、尼木以及沙丁北西等地均残存有海拔高度相同（4100±100m）的沉积类型，且倾角平缓，一般3°~6°，大多为水平状态，未见有区域性水平挤压迹象，表明其以垂直运动为主，具同步降升的特征，也反映出测区隆升的整体性。

(二) 测区隆升的差异性

在测区整体隆升的过程中,由于边界条件变化或地壳蠕动程度不同而致在不同地区其隆升幅度和隆升时期以及隆升状态、隆升产物等方面都存在差异。早期冰川的发育和残存迹象在一定程度上反映出隆升的差异性。测区南部日阿木嘎、杂然也嘎一带均表现为分散形冰盖,而在中部和北部则多为残留小冰盖或冰帽与山岳冰川,而且其冰川前缘或边缘高度均在5400m±。其说明测区中北部比南部隆升快速,总体以索县-丁青断陷谷地带为界,其北部较南部隆升快速。

从怒江两岸和谷地两侧残存的沉积物对比分析来看,其最高残留高度为5100m±(达木业拉—麦倾),加勤南胸多村残存的沉积物高度为4060m,其与现代怒江江面高度3736～3740m,二者相当高差为322m,从区域对比来看,怒江可能在4～6万年间垂切下降了此高度。山缘最低高度为3680～3930m (比如—江达东)。沿江向西上塑,良曲乡处残存物高度4010m,现代江面拔高为3934m,垂差为76m。而在胸多之北约3km的王红灯处残存的沉积物顶面高度为3910m,此距现代河床的高度为15～18m,而且东西两侧沉积物部对称,西边比东边高出15m±,表明其抬升此高度。嘎美乡南一带西边沉积物比东边高出35m±,表明东边比西边下降此高度。尤为典型的是在索县城西以及向北至高口,沿索曲两岸发育4～8级不对称阶地,而且其两岸沉积物表现出非对称性分布特征,而且在亚拉镇西残存的最高一级阶地的阶面距现代索曲河面高差为96m,而其东岸同阶面相比,差高25～30m,表明西边比东边抬高25m±。由此看来,测区内无论东西向断陷谷地还是南北向断陷谷地其两岸沉积物均表现出非对称性分布特征,比比皆是,纵横交织,而且是东西向谷地或峡谷多表现为北部比南部抬升高,南北向沟谷多表现为西部比东部抬升高,幅度多见达几十米,反映出非整体性抬升的特点。从构造抬升来看,测区内的新构造活动多表现为各种断块山地和断陷谷地相间分布的特征,从其构造地貌间的夷平面高差来看,从几十米至几百米不等,反映出新构造运动在平面上的不均衡特征。综合认为,测区存在以班公错-怒江断陷谷地带及沿怒江深切河谷为界的南北差异隆升,以近南北向的索曲、军巴曲、各曲、尼木曲河谷为界存在东西方向的差异抬升,这种差异性也证明了新构造运动的不均衡,也反映了测区隆升的差异性。

(三) 测区隆升的阶段性

测区开始隆升的事件是伴随碰撞-超碰撞事件的发生而进行的,可能始于晚白垩世。上白垩统竞柱山组残余盆地的出现拉开了测区隆升的序幕,其不整合于早期地质体之上,且在其后随着碰撞作用的加强,出现一套古新统—始新统牛堡组断陷盆地沉积,且不整合于上白垩统之上,标志着隆升作用的开始。中新世晚期伴随地球内部系统的转变和调整及区域构造应力场的变化,出现那欠陆相山间盆地沉积,且使蛇绿岩及早侏罗世混杂岩逆冲于上白垩统地层之上,并且又一同逆冲于始新统之上(觉恩),且在其南部伴随有微弱的火山活动。

早更新世早期,由于间冰期期间气候变暖,造成冰川大规模消退,加剧河流下切作用。据本次对索县亚拉镇等地的调研资料,区内河流主要应在该期形成。其沉积物被限制在狭窄的谷地中,部分残留在山原面上或三级夷平面上。测区在西昌西至江达麦倾到比如东一带见有冰水沉积,现在高度为5100m±,并在局部见有铁质风化壳,这种现象在沙丁西至香曲乡一带沿江两岸较为多见,为快速隆升的表现。中更新世,在测区发育各种断陷盆地和走滑谷地,发育不同级数的冲洪积阶地,沿索县-丁青断陷谷地带发育4～8级阶地,沿怒江两岸发育3～5级阶地,在达塘、良曲、比如、香曲、江达等地甚为多见。再向南在羊秀、白嘎、尼木等地则发育2～4级阶地,南部边缘一带通常发育1～2级阶地。由此可以看出,该时期测区大幅度强烈抬升并加剧侵蚀作用强度,强化了高原地貌分割及其格局。同时伴随该构造期活动复活了原有构造,而且新生了许多活动构造,出现强烈的地热活动及局部壳内的岩浆活动。该新构造期对测区活动构造格局和地形地貌格局的最终形成具有重要作用。

在数百万年短暂的地质历史进程中,从测区发育众多的不整合界面及新构造活动表现特征来看,说明测区的隆升具有明显的阶段性,证明青藏高原在隆升的过程中,地壳活动仍十分强烈,测区之所以有目前如此壮观和多彩多姿、变化万千的地貌景观,正是由于第四纪以来整体大幅度快速抬升,并兼有阶段性差异性隆升结果的综合,这也是挽近地壳活动的必然,是自然界客观发展的必然规律。

第八节 构造演化史

时间和空间是一切物质运动的存在形式,时空结构是研究构造演化的基本内容。地质发展演化历史也就是对现存的岩石单元的建造及改造组合关系置于造山系统这么一种复杂的物质运动过程中进行时空结构方面的分析。测区大地构造位置独特,地质发展历史久远,是古特提斯、新特提斯成生、发展、裂离、会聚、消减、增生和重组的关键地带,也是盆山转换的造山带。造山带的形成经历了陆壳基底形成阶段、古特提斯发展阶段、新特提斯发展阶段及碰撞造山阶段和高原隆升阶段(表5-9)。

表5-9 比如县幅构造事件简表

序列	时代	沉积建造及变形特征	演化阶段	构造运动	变质作用	岩浆活动
D_{10}	中晚更新世—全新世	冰蚀谷、河流峡谷形成和发展 澎错全新世湖沼盆地	高原隆升阶段	共和运动	未变质	
D_9	早更新世	内陆盆地面发育 索县古湖的形成和发育阶段 索县-巴青更新世湖相盆地		昆黄运动 青藏运动C幕		
D_8	新近纪	主夷平面形成 布隆上新世再生盆地 那欠中新世山间盆地	碰撞造山阶段	青藏运动A、B幕		
D_7	古近纪	地面抬升以及山顶面的形成 北东向、南北向断裂的形成与发展 江达-央钦古新世—始新世断陷盆地		喜马拉雅运动		
D_6	晚白垩世	内陆盆地发育 扎波-莫达晚白垩世残余盆地			基本未变质	$\gamma\delta\pi K_2$ $\pi\xi\gamma K_2$ $\pi\eta\gamma K_2$ $\eta\gamma K_2$ $\gamma\delta K_2$ $\gamma o\beta K_2$ $\delta\eta o K_2$
D_5	早白垩世末	北西向、北东向断裂和近东西向褶皱发育	岩浆弧及弧后、弧间盆地阶段或多旋回洋陆转换	燕山运动	低级变质	$\pi\eta\gamma K_1$ $\eta\gamma K_1$ $\gamma\delta K_1$ $\gamma o\beta J_2$ $\pi\eta\gamma J_2$ $\eta\gamma J_2$ $\gamma\delta J_2$
D_4	早白垩世—中晚侏罗世	学堆-良曲早白垩世残留盆地 达塘-尼木早白垩世弧后局限盆地 爬舍-白嘎中—晚侏罗世弧后前陆盆地 热西-江达中侏罗世弧后(周缘)前陆盆地 舍拉普-打耳打拉中侏罗世上叠盆地				
D_3	早侏罗世	班公错-索县-丁青-怒江结合带的发展与形成阶段				J_1Om
D_2	晚三叠世	高口-嘎美晚三叠世结扎群被动陆缘盆地		印支运动	低级变质	
D_1	前石炭纪	以吉塘岩群和嘉玉桥岩群为代表的构造混杂与变形、变质,北西西-南东东向构造片麻理或片理的形成、透入性韧性剪切及相关剪切褶皱	褶皱基底形成阶段	加里东运动	中高级变质	

一、陆壳基底形成阶段（Pt—S）

该阶段也称为元古大洋发展阶段。新元古代比冲弄片岩的原岩为一套复理石碎屑岩夹钙碱性岩系基性火山岩建造。1:20万丁青县幅获得石榴二云石英片岩Rb-Sr同位素年龄为619±27Ma，晚元古代觉拉片麻岩的原岩为岛弧型花岗闪长岩，推测侵入比冲弄片岩中。根据变形强度、变质程度的明显差异，说明觉拉片麻岩的时代明显早于他念他翁岩浆弧。本次区调在索县荣布镇八格北前石炭系古塘岩群片麻岩中测得锆石U-Pb法谐和年龄为2383Ma，上交点年龄为2383±101Ma，下交点年龄为743±47Ma，可以说明其形成于古元古代。此外还给出了三组年龄为713Ma、821Ma、1272Ma的同位素数值，这是西藏东北部地区存在的最古老的地质体，也就是说元古代末期在"他念他翁"就已经存在一个未成熟的岩浆弧，下交点年龄可反映一次重要的构造事件，其时间应在早震旦世末（700Ma±），同时并造成测区内比冲弄片岩、觉拉片麻岩、普查玛片岩、雪拉山片麻岩等出现低角闪岩相变质，这个事件可能是元古大洋潜没、消失、关闭、碰撞的重大事件。

而后测区便进入萌特提斯洋发展阶段。

1:20万丁青县幅在他念他翁岩浆弧的花岗岩中获得三组同位素年龄资料，其中最老一组为438.2±3.6Ma～342±9Ma，时代为奥陶纪—早石炭世，它可能说明于晚期二叠纪—三叠纪他念他翁岩浆弧主弧期中携带、包含有岛弧型花岗岩的尚未被熔融均一化的早期残体。也即在早古生代，他念他翁陆缘岩浆弧就已经存在。

他念他翁岛链带南侧分布的前石炭系吉塘岩群和嘉玉桥岩群的原岩建造相似，为粗碎屑岩夹基性、中性火山岩及少量碳酸盐岩、中酸性火山岩的组合。在索县-丁青海盆裂开之前可能是连成一体的，具有原（萌）特提斯洋弧后拉张盆地的特征。也就是说在他念他翁的北侧曾经存在一个已经消失的萌特提斯洋。

根据测区东部青泥洞地区中泥盆统与下奥陶统之间存在平行不整合和吉塘岩群同位素年龄（Rb-Sr法，340±2Ma～371±5Ma）和嘉玉桥岩群（Rb-Sr法，278±8Ma）分析，在志留纪末至泥盆纪初期测区有一次规模较大的上升运动，这或许标志着萌特提斯洋局部地段的碰撞关闭，联合大陆的组建已经开始。

由于测区总体缺失晚石炭世—中三叠世沉积记录及岩浆活动，吉塘岩群和嘉玉桥岩群曾受多次构造作用的叠加，岩层中的S_0已难寻觅，发育片理褶皱和平行片褶轴面的劈理，较难厘定泥盆纪末的构造变形特征。

二、古特提斯阶段（C—T_2）

据区域地质研究，整个古生代时期，在昌都地区、唐古拉地区、冈底斯地区广大区域内均处于同一稳定的时期（冈瓦纳大陆北缘），因此该时期形成的现存各陆块或小（微）板片之地层及古生物面貌均表现为相近或相似的特征，可以对比。

晚古生代是全球古地理面貌发生重大改变的时期，在区域上他念他翁山链是最终导致"古特提斯型"洋壳带发育的一次威尔逊旋回事件，经历了伸展扩张期（P_1—T_3）。

他念他翁北侧的活动型石炭系卡贡群（C_1K）是古特提斯主域中残留下来的遗迹，为厚度较大的复理石沉积，中部夹双峰火山岩，上部夹大洋拉斑玄武岩。早石炭世的化石仅见于该群下部，而其上则被上三叠统巴钦组、结玛弄组英安岩—流纹岩喷发不整合。在东邻类乌齐地区其上被上三叠统甲丕拉组红色磨拉石不整合覆盖。而在昌都板片上则为稳定型的早石炭世含煤建造和碳酸盐岩沉积。同时并在老的岩浆弧上叠加了Ⅰ型、Ⅰ-S型岛弧花岗岩，其中所获三组Rb-Sr全岩等时线年龄（269±18Ma～230±11Ma）代表了花岗岩的成岩年龄，其时代应为晚二叠世—中三叠世。

二叠纪开始强烈俯冲，沿军达-比冲弄断裂即开始形成韧性剪切带。二叠纪末至中三叠世，随着消减,洋域缩小,长贡群也逐渐以靠近被动边缘一侧先是滑脱形成顺层剪切和顺层掩卧的褶叠层构造,后又被挤压、剪切,向北推覆,形成二到三个重叠的推覆叠瓦构造。同时卡贡群产生低温动力变质作用类型的低绿片岩相的单相变质,并具由北向南、愈接近俯冲带愈强的特点。据1:20万丁青县幅成果资料,在片理化板岩中测得白云母 bo 值为 $9.040×10^{-10}\sim9.045×10^{-10}$ m,为低温高压变质特征;而南侧比冲弄片岩和觉拉片麻岩中白云母 bo 值则为 $8.888×10^{-10}\sim8.989×10^{-10}$ m,为高温低压变质类型,二者大体上构成了古特提斯消亡、板片俯冲、碰撞的对变质带。

他念他翁岩浆弧的南侧在石炭纪至中三叠世时期,大部分地区处于隆起状态,而缺少沉积和其他构造事件,只在嘉玉桥古微陆块的边缘存在苏如卡岩组,其中所含冷水型孢粉已说明其所处环境,此为与邬郁盆地石炭纪—二叠纪沉积特征类同。

据区域地质研究,怒江平移剪切带与澜沧江平移剪切带具有相同的变形特征,早期为左行走滑,晚期为右行走滑。许志琴(1992)认为:怒江断裂带是一条具多期活动特点的韧性剪切带,印支运动晚期以来,该断裂在早期俯冲基础上又发生了强大的韧性平移剪切作用,其发展演化及运动特点与板片间的相互作用密切相关。潘桂棠等(1997)认为,班公错-怒江结合带具有向西南方向的斜向俯冲作用。

据上所述,古特提斯洋的关闭时间应在中三叠世之前,而非消亡于侏罗纪(许靖华,1977)或晚三叠世至中侏罗世(Celel Sengor,1977)。

三、新特提斯阶段(T_3—K_2)

一个古老洋盆的萎缩、衰竭历程也就是一个新生洋盆扩张、发展的过程,二者间的转化基本同步,且其规模、速度、方向等具近等的特征。

三叠纪时,沿索县-丁青结合带发育了比较完整的蛇绿岩,既有洋中脊型,也有洋内岛弧型,在其南侧被动边缘靠近大陆斜坡的晚三叠世确哈拉群深海复理石沉积中夹有平坦型稀土配分曲线的大洋拉斑玄武岩。

三叠纪末,结合带内发生洋内俯冲,形成岛弧型拉斑玄武岩,随着消减作用的进行,把三叠纪的蛇绿岩推挤到俯冲带的前缘并构成蛇绿混杂岩,在俯冲过程中形成了区域低温高压变质相系,区内仅见葡萄石,而在东邻类乌齐等地则见有青铝闪石,区域上并见有蓝闪石、黑硬绿泥石、多硅白云母等。

在三叠纪丁青结合带洋内俯冲过程中,怒江带开始关闭,苏如卡岩组产生了区域低温动力变质作用的低绿片岩相变质,并形成合硬玉的长英质糜棱岩,强烈挤压、剪切、推覆形成韧性剪切带,广泛发育长英质糜棱岩、硅质糜板岩,于三叠纪末最终闭合,被中侏罗统希湖组复理石不整合覆盖。

早侏罗世,丁青海域逐渐缩小并达到极限,在色扎、亚宗等地出现早侏罗世含美丽皮狄隆菊石的硅质岩,于早侏罗世末碰撞关闭,发生消减、俯冲,形成构造混杂岩以及确哈拉群中的碳酸盐质糜棱岩。小海盆萎缩,发生向南的洋内俯冲,在其南侧之被动边缘冈-念板片上出现与此活动对应的岩浆岛弧型花岗岩。中侏罗统德吉国组(东部)、雀莫错组(西部)不整合覆盖于早侏罗世蛇绿岩及构造混杂岩之上,中上部蛇绿岩质岩屑砂岩中含有极其丰富的中侏罗世双壳类、螺类、珊瑚类等化石,其与早侏罗世生物面貌迥然有别,指示其完成闭合的最晚时限为中侏罗世初的阿林期。

中晚侏罗世,在唐古拉板片上,由于该结合带又发生向北的消减,在切切卡—色绕巴一线形成了钙碱性系列的安山岩—英安岩—流纹岩组合的火山岩,同时并发育日机碰撞型花岗岩。

至此时,冈-念板片在测区已向北拼合到逐渐增大的华夏板块之上,由于其控制的火山-岩浆活动也已结束,至晚白垩世仅残留陆表海盆,沉积了红色粗碎屑岩。据1:20万丁青县幅在上白垩统宗给组碎屑岩中所获古地磁结果表明,测区在晚白垩世仍处于中纬度地区。

《西藏地质志》认为,班公错-怒江蛇绿岩组合是羌塘-三江板片和冈-念板片之间缝合带的重要组成部分,大部分蛇绿岩都是肢解型的,仅在测区丁青一带保存了比较完整的变质橄榄岩—堆晶岩—均匀辉长岩—席状岩墙—玄武质熔岩—硅质岩层序蛇绿岩。层序顶部以及夹在熔岩层中的硅质岩其放射虫时代都是侏罗纪(王希斌等,1987;李红生,1987)。在丁青南侧发育少量上三叠统,为泻湖相含膏岩层的杂色碎屑岩夹中基性火山岩及火山碎屑岩建造的裂谷盆地沉积(夏代祥,1983)。分布在结合带两侧的上三叠统没有明显差异。结合带南面的冈-念地区在侏罗纪则转化成一个活动的弧岩浆作用地区。因此,班公错-怒江蛇绿岩组合代表了一个在侏罗纪短暂发展的边缘海盆地洋壳和壳下上地幔碎块。沿索县-丁青蛇绿岩带,其各处堆晶结构也不尽相同,显然该带的堆晶岩是在规模小而且彼此孤立的小岩浆房中分异形成的,反映某种不稳定的局部小规模扩张环境。总体来看,该结合带的闭合过程似乎是盆内聚敛作用的结果。该带不存在明显的弧盆结构,双变质带发育特征及俯冲极性不明显,混杂岩带的构造变形以北倾的逆冲断层及伴生的紧密褶皱及倒转褶皱为主要特征,表现出向南强烈逆推的现象。本书认为,沿索县-丁青结合带发育一连串互为分割且单元组成不全的蛇绿岩残体,其上被有确切化石证据的中侏罗统不整合,认为一个大洋岩石圈的演化过程其生命期至少有 400~600Ma 的时间尺度,而测区所恢复的扩张盆地只经历了早侏罗世(30~40Ma)的裂开与闭合,因此测区沿索县-丁青最多只是边缘海盆地,不具有大洋的发生、发展到消亡的生命周期。

四、碰撞造山阶段(K_2—N_2)

世纪之交的晚白垩世末期至古新世初期,随着印度洋的不均匀扩裂,结束了日喀则残余海盆的沉积并涉及到测区,这是一个非常特别的时期,地壳活动异常强烈。伴随出现冈底斯巨型火山-岩浆弧,形成大量碰撞型花岗岩及火山岩,以及出现各地质体的褶皱、变形。伴随此次碰撞并使浅表层次地质体发生挤压,中深部层次地质体则逆向出现抽拉或虚脱,这种构造表象在雅鲁藏布缝合带及其南北的喜马拉雅板片和冈-念板片上均有非常明显的迹象。

在冈底斯构造岩浆弧主弧带之北为东西向伸延的中深层次的弧背断隆,在晚白垩世,伴随喜马拉雅板片的下插、消融以及自身的不均匀状态,加之深层次地质体的阻挡而粘滞了其前进的动力,而致出现小规模的 IS 型、S 型花岗岩深成活动。在测区反映为自南而北其规模越小的特点,并止于他念他翁山链南缘根部,同时并由于他念他翁岛链以及聂荣微地块的反挡,而致使侏罗纪至早白垩世碰撞型花岗岩出现宽度几千米的强构造变形带和韧性剪切带。空隙部位,沿两大块体的边部出现剪切、走滑以及走滑拉分。

古新世至始新世,伴随印度洋持续不断地扩张,据藏南的综合研究,这个时期可能是最强烈扩张时期,两大板片最终碰合并发生造山作用,主要变形特征为褶皱和逆冲推覆,并使陆壳缩短增厚,褶皱和断裂进一步加强。测区内表现为褶皱更加紧闭,局部应力松弛出现始新统宗白组湖相沉积。

上新世时期,由于印度洋的继续扩张,印度板块不断地向北推挤,沿喜马拉雅山南侧西瓦里克一带发生 A 型陆内俯冲,使喜马拉雅板片持续强烈地向北挤压抬升,致使测区浅表层次地质体发生由南向北的逆冲,并且由于受他念他翁山链的阻挡,发生由北向南的反折逆冲,致使测区早期存在的大多数轴面北倾的褶皱发生向北倒转,甚至出现平卧褶皱和极不协调褶皱,同期在结合带南北边界断裂及区域断裂中也不同程度地表现出断面向北倾斜的特征,且产状变化较大。在两个古老山链的同期还出现中新统至上新统的走滑盆地沉积,同期还出现中新统至上新统的走滑盆地沉积,同时并使上白垩统地层逆冲于始新统地层之上,局部见有上三叠统确哈拉群推覆于上白垩统宗给组之上,北部并见上三叠统波里拉组继续沿与古老基底的推覆面再次推覆的特征,这两种现象在测区表现出极为相似的特征。

五、高原隆升阶段(Q)

该阶段是在碰撞造山阶段趋近尾声,沿南部边缘西瓦里克带陆内俯冲机制的建立,测区乃至区域上处于造山后应力松弛状态下的构造体制转换背景下发生的。起始于上新世末至早更新世初。伴随出现伸展剥离、高度下降和全球气候变暖,出现大范围的间冰期期间的冰川消融、退缩和冰川、冰水等类型沉积。据前所述,在测区布嘎、纳给牙嘎以及测区南部等地都残存有早更新世冰水沉积和湖相沉积,冰盖和冰帽现多盘踞于 5400m 的夷平面和山岳或山间谷地内。中晚更新世伴随区域构造应力的变化及体制的转换,出现南北向拉张而伴出现东西向拉分盆地及北东向、北西向剪切走滑谷地,区域上表现为上新世断陷盆地沉积物发生横弯、掀斜、变形等,并出现局部的岩石破碎。晚更新世,在继承张开的基础上持续扩展,进一步扩大规模。全新世是陆内造山和高原隆升的重要时期,出现大规模的南北向挤压,伴随形成南北走向的深切河谷及北东向、北西向的剪滑谷地,并使早期沉积物出现不对称特点。并且由于在局部应力松弛或蠕变以及硬化基底的边缘出现张性断层,使其更加高耸而成岭成峰。全新世晚期至今,南北向或由南向北的推挤力加剧,诱发新构造断裂系的重新活动。并出现地震和地热活动,前者在测区北部及图外玉树等地有过报道;后者在测区内较为普遍,至今仍在活动。

本次调研,据对比如县幅索县县城、高口、巴青西等地第四纪河湖相沉积物的研究,其现存规模超过$100km^2$,向北延伸进入仓来拉幅,向东延至巴青,其南部和西边延伸不远,总体形态为一个南北长、东西窄的椭圆形状,这套沉积组合为由三个层序组成,其中水平层理、斜层理、包卷层理等沉积构造发育,局部见夹黑色淤泥层。上述特征各地表现不尽一样,尤其以索县、高口等地最为典型,本项目命名为"索县古湖"。在上部层位泥砂中所做光释光法年龄为 666ka 和 478ka,说明其形成于早更新世早期,代表测区最早一次间冰期的出现。本图幅中部谷地带与索县古湖同处于索县-丁青断陷谷地带内,因此具有类比性。据对荣布北、尺牍、丁青等地的比较地质学研究,具有与其相似或相同的特征。以上说明测区乃至更大范围内存在早更新世冰湖期沉积,反映了最早一期的隆升下蚀作用。

综上所述,测区处于一个非常特殊的大地构造位置,历经元古大洋的发展及陆壳基底的形成、变化和萌特提斯的变革,古特提斯边缘海形成、发展,尤其是新特提斯边缘海盆地的生成或是弧后盆地串珠状扩裂海盆开与合的强烈运动,以及受雅鲁藏布缝合带形成、发展的影响和沿西瓦里克的俯冲作用而呈现的碰撞造山和陆内造山及高原隆升这样一个不断变化的持续构造演绎过程。在不同体制、不同机制、不同背景下的多期次、多阶段的极其复杂的构造作用下,造就了极为奇特的构造现象,形成了独具特色的藏东地貌景观和绮丽自然景色,是一座绝佳的地质宝库,是一部深蕴着地球系统独特发展过程的史册。

第六章 结 束 语

中华人民共和国1:25万比如县幅区域地质调查项目是由西藏地质调查院完成的中国地质调查局新一轮国土资源大调查部署在青藏高原艰险区段的基础地质调查任务之一。测区位于青藏高原中东部腹地,地处羌塘大湖盆区与藏东高山峡谷区之交接转换部位。大地构造位置上横跨班公错-索县-丁青-怒江板片结合带,测区也是唐古拉多金属成矿带与冈底斯贵金属、多金属成矿带所夹持的一个重要地段。本次调研以现代地质学新理论、新方法、新技术为指导,对测区不同构造单元、不同类型岩石地层单元采用不同的工作方法和技术要求,对系统收集的各项资料进行认真的分析研究和综合提高,在地层古生物、岩相古地理、岩浆岩、蛇绿岩、变质岩及构造变形等诸多方面均有不同程度的新发现、新认识、新进展,取得了丰硕的地质调查成果。

一、主要成果和重要进展

(一) 地层方面

(1) 对分布于嘉黎断裂带南侧的原蒙拉群进行了解体。划分出四个岩组:中新元古代念青唐古拉岩群a岩组、b岩组,前奥陶纪雷龙库组、岔萨岗组。

(2) 新发现一批重要化石。在丁青县色扎硅质岩中新采获早侏罗世皮狄隆菊石化石;在折级拉蛇绿岩质砂岩中首次发现斯氏始心蛤、西藏剑鞘珊瑚、短盾蛤等中侏罗世化石;在雀莫错组、布曲组中新采获双壳类、桦树等化石,为研究丁青-索县结合带的闭合时限提供了化石依据。

在来姑组、洛巴堆组、拉贡塘组、多尼组及边坝组中采获大量古生物化石,初步建立了12个化石带,在年代地层划分和沉积环境分析等方面取得了重要的进展。

(3) 新发现折级拉-亚宗-苏如卡构造混杂岩带、央钦-安达-藏布倾构造混杂岩带,并对基质和岩片进行了较详细的划分,提高了班公错-怒江结合带的研究程度。

(4) 在原多尼组上部建立早白垩世边坝组,为一套泻湖—潮坪环境的碎屑岩和碳酸盐岩组合,含有丰富的淡水双壳类化石。

(二) 岩石方面

(1) 新发现巴格、八达、折级拉、色扎蛇绿岩(套)。其时代分别为C—P、T_3、J_1。通过岩石学、岩石化学、地球化学等研究,对蛇绿混杂岩的形成环境及班公错-怒江结合带的演化历程进行了探讨。

(2) 从原蒙拉群中解体出十多个侵入体,据同位素测年确定侵位时代分别为D_1、P_1、J_1。论证了测区存在海西—印支期的岩浆活动,为探讨雅鲁藏布江结合带及念青唐古拉板片的演化历史提供了新的重要资料。

(3) 对各构造侵入岩带进行了较详细的岩石学、岩石化学、地球化学、年代学研究,探讨了侵入岩的成因类型及形成的构造背景。

(4) 对各时代火山岩进行了岩石学、岩石化学、地球化学研究,探讨了火山活动与板块构造活动的关系。

(5) 较系统总结了测区的区域变质岩、动力变质岩的变质温压条件、变质相、变质相系等特征。

(三) 地质构造方面

(1) 根据沉积建造、岩浆活动、变质作用、构造形迹组合和变形序列等特征,较合理地划分了各图幅的构造单元。

(2) 重新厘定了班公错-怒江结合带在测区内的南部边界为动威拉-安达-藏布倾断裂带,北部边界为岗拉-涌达-郎它断裂带。

(3) 对嘉黎-易贡藏布断裂带的空间展布及运动学、动力学特征进行了较详细的研究,并认为该断裂后期经历了大规模的右行平移。

(4) 注重了新构造运动的调查研究。对测区不同的河流阶地进行了 ESR 年龄测定,确定阶地形成时代为 20.3 ± 1.7ka~59.5 ± 4.91ka,为晚更新世。通过对嘉黎断裂带南北层状地貌结构的分析及裂变径迹研究,表明到在峡谷形成以前经历了较长时期的内陆盆地发育阶段及两侧升降不平衡。

二、存在的主要问题

因测区自然环境恶劣、地理条件艰险、外部环境极差,各地交通状况和其他条件均不一,加之资金缺口较大及自然灾害的频发,有些地质问题综合研究尚显不足。

(1) 吉塘岩群内部还可能存在有未分解出的新老混杂的地质体。

(2) 受外部环境的严重侵扰,对下白垩统边坝组的研究尚显不够。

(3) 区域变质作用类型和变质期次与板块活动的成生联系有待深入研究。

(4) 测区内三个时代、两类构造混杂体、五种构造混杂岩具有重要的地质构造意义,建议设专题或大比例尺进行调查研究。

(5) 受极其艰险的自然地理条件所限和极其恶劣的客观因素的影响,局部地带缺乏必要的样品控制和岩石化学、地球化学证据。

由于时间紧迫、任务繁重,加之工作人员水平所限,文图中错漏和谬误在所难免,恳请各位专家、学者、同仁予以指教。

主要参考文献

程裕淇.中国区域地质概论[M].北京:地质出版社,1994.
赤烈曲扎.西藏风土志[M].拉萨:西藏人民出版社,1985.
从柏林.岩浆岩活动与火成岩组合[M].北京:地质出版社,1979.
崔之久,高全洲,刘耕年,等.夷平面、古岩溶与青藏高原隆升[J].中国科学(D辑),1996,26(4):378–385.
邓晋福,等.岩石成因、构造环境与成矿作用[M].北京:地质出版社,2004.
地质矿产部青藏高原地质文集编委会.青藏高原地质文集(1—18册)[M].北京:地质出版社,1983.
董文杰,汤懋苍.青藏高原隆升和夷平过程的数值模型研究[J].中国科学(D辑),1997,27(1):65–69.
杜光树,等.西藏金矿地质[M].成都:西南交通大学出版社,1993.
国家自然科学基金委员会.全球变化:中国面临的机遇和挑战[M].北京:高等教育出版社,1998.
韩同林,等.喜马拉雅岩石圈构造演化:西藏活动构造[M].北京:地质出版社,1987.
何强,等.环境学导论[M].北京:清华大学出版社,1994.
贺同兴,卢良兆,李树勋,等.变质岩岩石学[M].北京:地质出版社,1988.
胡玲.显微构造地质学概论[M].北京:地质出版社,1998.
黄立言,等.喜马拉雅岩石圈构造演化:西藏高原地壳结构与速度分布特征[M].北京:地质出版社,1982.
科尔曼.蛇绿岩[M].鲍佩声,译.北京:地质出版社,1982.
劳雄.班公错-怒江断裂带的形成——二论大陆地壳层波运动[J].地质力学学报,2000,6(1):69–77.
李昌年.火成岩微量元素岩石学[M].武汉:中国地质大学出版社,1992.
李璞.西藏东部地区的初步认识[M].北京:科学出版社,1955.
李廷栋.青藏高原隆升的过程和机制[J].地球学报(中国地质科学院院报),1995(1):1–9.
林仕良,雍永源.藏东喜马拉雅期A型花岗岩岩石化学特征[J].四川地质学报,1999(3):210–214.
刘宝珺,曾允孚.岩相古地理基础和工作方法[M].北京:地质出版社,1984.
刘朝基.川西藏东板块构造体系及特提斯地质演化[J].地球学报(中国地质科学院院报),1995(2):121–134.
刘南威.自然地理学[M].北京:科学出版社,2000.
刘增乾,等.青藏高原大地构造与形成演化[M].北京:地质出版社,1990.
Le Maitre R W.火成岩分类及术语辞典[M].王碧香,等,译.北京:科学出版社,1991.
马昌前,等.花岗岩类岩浆动力学——理论方法及鄂东花岗岩类例析[M].武汉:中国地质大学出版社,1994.
马冠卿.西藏区域地质基本特征[J].中国区域地质,1998,17(1):16–25.
孟令顺,等.亚东-格尔木岩石圈地学断面综合研究:青藏高原重力测量与岩石圈构造[M].北京:地质出版社,1992.
孟祥化,等.沉积盆地与建造层序[M].北京:地质出版社,1993.
莫宣学,等.三江特提斯火山作用与成矿[M].北京:地质出版社,1993.
潘桂棠,陈智樑,李兴振,等.东特提斯多弧-盆系统演化模式[J].岩相古地理,1996,16(2):52–65.
潘桂棠,等.东特提斯地质构造形成演化[M].北京:地质出版社,1997.
潘桂棠,等.青藏高原新生代构造演化[M].北京:地质出版社,1990.
潘桂棠,王立全,李兴振,等.青藏高原区域构造格局及其多岛弧盆系的空间配置[J].沉积与特提斯地质,2001(3):1–26.

潘桂棠,徐强,王立全.青藏高原多岛弧-盆系格局机制[J].矿物岩石,2001(3):186-189.
潘裕生,孙祥儒.青藏高原岩石圈结构演化和动力学[M].广州:广东科技出版社,1998.
潘裕生.青藏高原的形成与隆升[J].地学前缘,1999,6(3):153-164.
秦大河,等.青藏高原的冰川与生态环境[M].北京:中国藏学出版社,1999.
秦大河.中国西部环境演变评估[M].北京:科学出版社,2002.
饶荣标,等.青藏高原的三叠系[M].北京:地质出版社,1987.
施雅风,李吉均,李炳元.青藏高原晚新生代隆升与环境变化[M].广州:广东科技出版社,1998.
孙鸿烈,郑度.青藏高原形成演化与发展[M].广州:广东科技出版社,1998.
王根厚,周详,曾庆高,等.西藏中部念青唐古拉山链中生代以来构造演化[J].现代地质,1997(3):39-45.
王仁民.变质岩原岩图解判别法[M].北京:地质出版社,1981.
王希斌,等.喜马拉雅岩石圈构造演化:西藏蛇绿岩[M].北京:地质出版,1987.
吴一民.西藏早白垩世含煤地层及植物群[C].//青藏高原地质文集(16).北京:地质出版社,1985.
吴珍汉,胡道功,刘崎胜,等.西藏当雄地区构造地貌及形成演化过程[J].地球学报,2002,23(5):423-428.
武汉地质学院岩石教研室.岩浆岩岩石学[M].北京:地质出版社,1980.
西藏自治区测绘局.西藏自治区地图册[M].北京:中国地图出版社,1995.
西藏自治区地质矿产局.西藏自治区区域地质志[M].北京:地质出版社,1993.
夏斌,王国庆,等.喜马拉雅及邻区蛇绿岩和地体构造图说明书(1:2 500 000)[M].兰州:甘肃科学技术出版社,1993.
肖庆辉,等.花岗岩研究思维与方法[M].北京:地质出版社,2002.
肖序常,李廷栋.青藏高原的构造演化与隆升机制[M].广州:广东科技出版社,2000.
肖序常,李廷栋.青藏高原岩石圈结构、隆升机制及对大陆变形影响[J].地质论评,1998(1):112.
谢云喜,勾永东.冈底斯岩浆弧中段古近纪"双峰式"火山岩的地质特征及其构造意义[J].沉积与特提斯地质,2002,22(2):99-102.
熊盛青,等.青藏高原中西部航磁调查[M].北京:地质出版社,2001.
徐钰林,等.西藏侏罗、白垩、第三纪生物地层[M].武汉:中国地质大学出版社,1989.
杨德明,李才,王天武.西藏冈底斯东段南北向构造特征与成因[J].中国区域地质,2001,20(4):392-397.
杨华,等.青藏高原东部航磁特征及其与构造成矿带的关系[M].北京:地质出版社,1991.
杨巍然,简平.构造年代学:当今构造研究的一个新学科[J].地质科技情报,1996,15(4):39-43.
于庆文,李长安,张克信,等.试论造山带成山运动与环境变化调查方法——以东昆仑1:25万冬给措纳湖幅区调为例[J].中国区域地质,1999(1):92-96.
喻振兴,等.1:100万拉萨幅区域地质矿产调查报告[R].西藏自治区地质局,1979.
张国伟.秦岭造山带与大陆动力学[M].北京:地质出版社,1998.
张克信,等.造山带混杂岩区地质填图理论、方法与实践—以东昆仑造山带为例[M].武汉:中国地质大学出版社,2001.
张旗,周国庆.中国蛇绿岩[M].北京:科学出版社,2001.
张旗.蛇绿岩与地球动力学研究[M].北京:地质出版社,1996.
张守信.理论地层学 现代地层学概念[M].北京:科学出版社,1989.
张晓亮,江在森,陈兵.对青藏东北缘现今块体划分、运动及变形的初步研究[J].大地测量与地球动力学,2002,22(1):63-67.
赵政璋,等.青藏高原大地构造特征及盆地演化[M].北京:科学出版社,2001.
赵政璋.青藏高原地层[M].北京:科学出版社,2001.

中国地质调查局.青藏高原区域地质调查野外工作手册[M].武汉:中国地质大学出版社,2001.
中国地质科学院.喜马拉雅岩石圈构造演化:西藏地球物理文集[M].北京:地质出版社,1990.
中国科学院青藏高原综合考察队.西藏地热[M].北京:科学出版社,1981.
中国科学院青藏高原综合考察队.西藏岩浆活动和变质作用[M].北京:科学出版社,1981.
中国科学院青藏高原综合科学考察队.西藏地貌[M].北京:科学出版社,1983.
中国科学院青藏高原综合科学考察队.西藏第四纪地质[M].北京:科学出版社,1983.
钟大赉,丁林.青藏高原的隆起过程及其机制探讨[J].中国科学(D辑),1996,26(4):289-296.
周详,曹佑功,朱明玉,等.西藏板块构造-建造图及说明书(1:1 500 000)[M].北京:地质出版社,1989.
朱云海,张克信,拜永山.造山带地区花岗岩类构造混杂现象研究——以清水泉地区为例[J].地质科技情报,1999,18(2):11-14.
Coleman M, Hodges K. Evidence for Tibetan Plateau uplift before 14My ago from a new minimum age for east-west extension[J]. Nature, 1995, 374: 49-52.
Eddy J A. Past Global Changes Project: Proposed implementation plans for research activities[R]. Global Change Report No. 19, Sweden, Stockholm: IGBP, 1992.
Gasse F, Amold M, Fontes J C, et al. A 13 000 year climate record from Western Tibet[J]. Nature, 1991, 353(24): 742-745.
Gasse F, Fortes J C, et al. Holocene environmental changes in Bangong Co basin (West Tibet)[J]. Palaeogeography Palaeoclimatology Palaeoecology, 1996, 120(1—2): 79-92.
Harrison T M, Copeland P, Kidd W S F, et al. Raising Tibet[J]. Science, 1992, 255: 1663-1670.
Margaret E, Coleman Kip V, Hodges. Contrasting Oligocene and Miocene thermal histories from the hanging wall and footwall of the South Tibetan detachment in the central Himalaya from $^{40}Ar/^{39}Ar$ thermochronology, Marsyandi Valley, central Nepal[J]. Tectonics, 1998, 17(5): 726-740.
Molnar P, England P. Late Cenozoic uplift of mountain ranges and global climate change: chicken or egg?[J]. Nature, 1990, 346: 29-34.

图版说明及图版

图版 Ⅰ

1. 索县安达北上三叠统巴贡组砂岩中的槽模构造
2. 索县嘎美北上三叠统巴贡组砂岩中的波痕、垂层砂棒,双壳类化石
3. 索县亚拉镇西上三叠统巴贡组中的波痕、砂棒、砂饼及水流方向
4. 索县嘎美南上三叠统巴贡组中薄层砂岩夹板岩地层结构及层序特点
5. 边坝县沙丁-岗堆拉下中侏罗统希湖组地层结构特征
6. 索县加勤南下中侏罗统希湖组一段板岩中的红柱石特征
7. 索县江达乡麦倾下中侏罗统希湖组泥包砂中的砂体特征
8. 索县加勤乡南明索下中侏罗统希湖组泥质粉砂岩中 W 形变形

图版 Ⅱ

1. 索县江达乡南下中侏罗统希湖组砂岩中的槽模特征
2. 索县南下马押耳桶东下白垩统多尼组中的剑鞘褶皱特征
3. 比如县岗拉侏罗系木嘎岗日群板岩夹砂岩地层中的砂岩结核
4. 索县加勤乡南下中侏罗统希湖组泥质粉砂岩中泥质结核马蹄形变形的轴脊特征
5. 索县江达乡下中侏罗统希湖组紧闭的向形构造
6. 索县加勤乡洞嘎舍西下中侏罗统希湖组透镜状纹层特征
7. 索县西昌乡下中侏罗统希湖组中硅质粉砂岩透镜及硅质结核
8. 比如县北西中上侏罗统拉贡塘组中的变粒岩特征

图版 Ⅲ

1. 比如县夏曲镇东 53 道班中新统康托组红色碎屑岩层序结构特征
2. 比如县夏曲镇补龙东上新统布隆组上部灰色泥岩及平行层理
3. 比如县夏曲镇测多上新统托林组薄层泥质灰岩包卷构造
4. 比如县夏曲镇补龙东上新统布隆组灰色碎屑岩中的灰烬层
5. 索县南马耳朋早侏罗世蛇绿岩全景
6. 索县南马耳朋早侏罗世蛇绿岩中的基性熔岩枕状构造
7. 索县南马耳朋早侏罗世蛇绿岩中的玄武岩枕状构造
8. 索县南马耳朋早侏罗世蛇绿岩中的球颗玄武岩的球颗特征

图版 Ⅳ

1. 索县南马耳朋早侏罗世蛇绿岩中的杏仁状玄武岩,指示杏仁体南大北小,南顶北底
2. 索县南马耳朋早侏罗世蛇绿岩的杏仁状玄武岩之冷凝边
3. 索县南马耳朋早侏罗世蛇绿岩中的硅质岩自碎角砾特征
4. 比如县岗拉构造混杂带中的磨砾岩、角砾状灰岩(两次混杂)
5. 比如县岗拉构造混杂带中不同产状、形态各异的灰岩岩块与砂泥质基质特征
6. 比如县夏曲镇东岗拉构造混杂带中灰黑色薄层灰岩中的泥灰岩磨砾

7. 比如县夏曲镇东岗拉北构造混杂岩中八种成分的灰岩混砾特征
8. 索县南下马押耳桶构造混杂带中灰岩滑混砾特征

图版 V

1. 索县安达构造混杂带中的强剪切变形特征
2. 索县加勤北构造混杂带中的复杂成分磨砾特征
3. 索县安达强剪切变形构造混杂带中旋转磨砾特征
4. 索县安达构造混杂带强剪切变形特征
5. 索县安达构造混杂带宏观特征
6. 索县安达构造混杂带中灰岩岩块内方解石脉强变形特征
7. 索县安达构造混杂带中的石香肠、透镜体特征
8. 索县加勤北构造混杂带中滑混砂岩块体特征

图版 VI

1. 巴青县甲不弄沟灰岩构造岩块及构造椅角
2. 索县嘎美乡南上三叠统巴贡组中建议保护的双壳类化石集群遗迹
3. 索县北西图边中侏罗世双壳类化石
4. 比如县夏曲镇岗拉中侏罗统布曲组碳酸盐岩中双壳类化石
5. 索县南下马押耳桶构造混杂带中灰岩块体上的珊瑚
6. 索县亚拉镇早更新世索县古湖动物化石
7. 巴青县高口乡鄂口早更新世索县古湖粗砂中的鱼骨状层理
8. 巴青县高口乡鄂口早更新世索县古湖地层结构特征

图版 VII

1. 索县亚拉镇早更新世索县古湖含泥棒粗细碎屑中的交错层理
2. 比如县夏曲镇测多上更新统托林组含沥青灰岩的沥青特征
3. 索县安达巴贡组中煤层特征
4. 索县安达煤矿石
5. 索县安达构造混杂带中的沥青特征
6. 索县亚拉镇沙热押耳桶铅锌铜钼矿床地貌特征
7. 比如县熊塘红色花岗岩
8. 索县加勤南黑灰色泥质粉砂岩中的碱质析出物

图版 VIII

索县军巴中侏罗世灰白色中粒英云闪长岩中的两相盐水溶液包裹体特征(BT0131)

图版 IX

1. 索县加勤南下中侏罗统希湖组红柱石绢云石英片岩(b0130)，鳞片粒状变晶结构，片状构造，含热接触典型变质矿物——本红柱石(横柱状切面)
2. 索县加勤南下中侏罗统希湖组红柱石绢云(含白云母)石英片岩(b0129-1)，叶片、鳞片粒状变晶结构，片状构造，含变斑晶红柱石(横切面)
3. 索县加勤乡军巴中侏罗世灰白色中粒英云闪长岩(b0131)，半自形粒状结构，主要矿物成分为斜长石(中长石)，石英，黑云母，含少量钾长石(5%～8%)等，中长石具环带结构
4. 索县马耳朋蛇绿岩中橄榄玄武岩(b0140)，斑状结构，基质具间粒间隐结构，斑晶橄榄石均已蚀

变(蛇纹石化、绿泥石化),呈自形假象
5. 索县马耳朋糜棱岩化硅质砾岩(b0142-1a),碎粒结构,微晶粒状结构,碎粒结构,保持砾石外形(照片中白色为砾石)
6. 索县马耳朋糜棱岩化硅质砾岩(b0142-1b),具糜棱结构,显微条带状构造,中下部为由绢云母集合体组成的泥质条带
7. 索县荣布镇八格南橄榄玄武岩($P_{15}b_{92}$-1),岩石全硅化,具变余斑状结构,基质具粒状变晶结构,斑晶为全硅化橄榄石,但保存了自形粒状外形,褐色为析出的铁质
8. 索县安达北上三叠统巴贡组中碳酸盐化蚀变玄武岩($P_{19}b_{15}$-2a),具斑状结构,基性斜长石已蚀变,后期碳酸盐化强烈
9. 索县安达北上三叠统巴贡组中碳酸盐化蚀变玄武岩($P_{19}b_{15}$-2b),正交偏光,变化较清楚
10. 索县嘎美南上三叠统巴贡组中杏仁状玄武岩($P_{17}b_{49}$-1),斑状结构,基质具交织结构,轻微碳酸盐化(浅棕色),圆形的小气孔中充填有碳酸盐
11. 索县安达北上三叠统巴贡组中碳酸盐化玄武质凝灰岩($P_{19}b_2$-1),条带状构造,条带为碳酸盐化残留下的塑性火山玻璃(棕色)已碳酸盐化,其中黑色部分为火山灰尘及铁质混合物
12. 索县安达北上三叠统巴贡组中黑灰色粉砂质板岩($P_{19}b_{33}$-1),板状构造,暗色条带为绢云母及黑蓝色的针状物

图版 Ⅹ

1. 比如县良曲银多下白垩统多尼组中绿泥石化碎裂粗粒粒玄岩(b1214-1),间粒结构,彩色者为普通辉石
2. 巴青县拉西镇北前石炭系吉塘岩群白云石英片岩(b2315-2),鳞片粒状变晶结构,云母鱼特征
3. 巴青县拉西镇北前石炭系吉塘岩群糜棱岩化炭质大理岩(b2315-1a)
4. 比如县恰则北强蚀变石英闪长岩(b2211),自形—半自形晶粒结构
5. 索县马耳朋蛇绿岩中强蚀变杏仁状玄武岩(Ⅳ-55-b),圆形杏仁体及脱玻璃质
6. 索县马耳朋蛇绿岩中强蚀变杏仁状玄武岩(Ⅳ-55-b1),中—左下灰绿色为透辉石斑晶
7. 索县马耳朋蛇绿岩中文象球粒花岗岩(Ⅳ-38-b1)
8. 索县马耳朋蛇绿岩中蚀变辉石橄长岩(Ⅳ-27-b1),灰色自形—半自形者为拉长石
9. 索县马耳朋蛇绿岩中次闪石化辉石岩(Ⅳ-26-b1),深色者为单斜辉石残晶
10. 索县马耳朋蛇绿岩中碎裂硅质岩(Ⅳ-22-b1)

图版 Ⅺ

化石图版(索县下马押耳桶构造混杂带)

1—4、17—20. 水滴状缅甸贝 *Burmirhynchia gutta* Buckman
1—4. 背、腹、侧、前,×1.5;野外编号:Ⅲ-(41)-H22;索县下马押耳桶
17—20. 前、背、腹、侧,×1.5;野外编号:Ⅲ-(41)-H19;时代:J_2^2

5—8. 帕来缅甸贝 *Burmirhynchia hpalaiensis* Buckman
背、腹、侧、前,×1.5;野外编号:Ⅲ-(41)-H8;时代:J_2^2,索县下马押耳桶

9—12. 亚洲缅甸贝 *Burmirhynchia asiatica* Buckman
背,×1.5;野外编号:Ⅲ-(41)-H15;时代:J_2^2,索县下马押耳桶

13—16. 厚同嘴贝 (比较种)*Homoeorhynchia* cf. *crass* Sucic-Protic
背、腹、侧、前,×1.5;野外编号:Ⅲ-(41)-H1;时代:J_1,索县下马押耳桶

21—24. 狗头状同嘴贝 (比较种)*Homoeorhynchia* cf. *cynocephala*(Richard)
侧、前、背、腹,×1.5;野外编号:Ⅲ-(62)-H1;时代:J_1,索县下马押耳桶

25.？亚园沟孔贝 *Holcothyris subovalis* Buckman

腹,×1;野外编号:Ⅲ-(41)-H12;时代:J_2^2,索县下马押耳桶

26. 肥大缅甸贝 *Burmirhynchia obessas* Buckman

腹(不完整),×1.5;野外编号:Ⅲ-(41)-H7;时代:J_2^2,索县下马押尔桶

27—31. 测波隼嘴贝 *Peregrinella cheboensis* Sun

背、腹、侧、前,(幼年壳)×1.5;腹(不完整壳),×1;野外编号 HS4367-2;时代:K_1,索县

32—35. 丰满沃顿贝 *Wattonithyris fullonica* Muir Wood

背、腹、侧、前,×1.5;野外编号:Ⅲ-(41)-H19;时代:J_2^2,索县下马押耳桶

图版 Ⅻ

1. 索县加勤北,垮滑体
2. 索县加勤北多尼组,水石流毁坏路断
3. 比如东垮塌现场
4. 索县江达南,被砍的红松
5. 比如地裂缝
6. 索县北鼠兔"贼眉鼠眼"
7. 索县江达南,原野中的贝母鸡
8. 比如县,国家二类保护动物秃鹫

图版 ⅩⅢ

1. 索县加勤南,希湖组砂板岩中透镜状砂体马蹄形特征
2. 索县嘎美乡水轮十六塔夕照景观
3. 索县江达,希湖组砂板岩中透镜体特征
4. 索县江达,怒江马蹄形拐弯的怒江
5. 索县江达,魅力无穷
6. 比如夏曲岗拉,夕阳中的岗拉神山
7. 索县加勤南,野生菌
8. 索县江达麦倾,经幡

图版 I

图版 II

图版 Ⅲ

图版 IV

图版 V

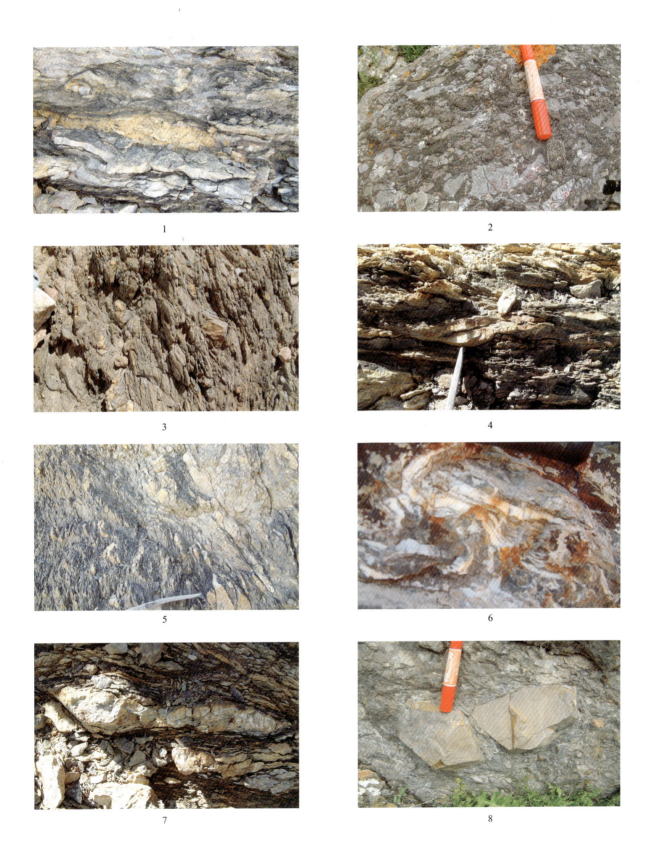

图版 VI

图版 Ⅶ

图版 Ⅷ

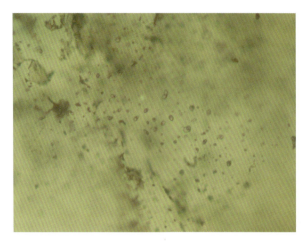

BT0131-1

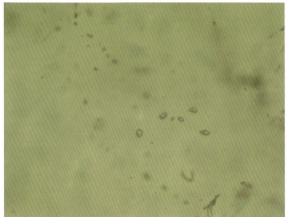

BT0131-4

BT0131-2

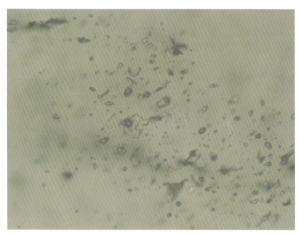

BT0131-5

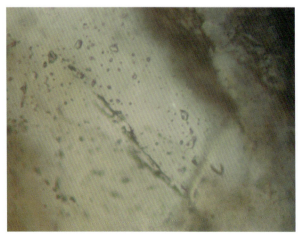

BT0131-3

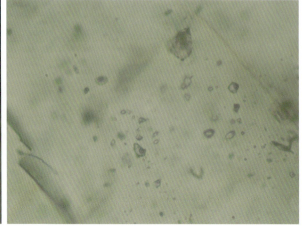

BT0131-6

图版 IX

图版 X

图版 XI

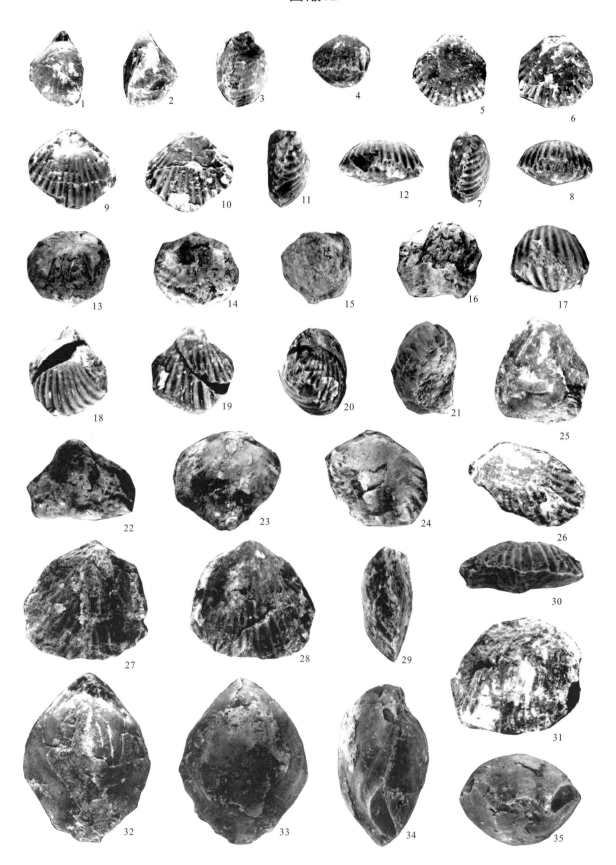

图版 XII

图版 XIII